国家出版基金项目
NATIONAL PUBLICATION FOUNDATION

"十三五"国家重点图书出版规划项目

中国水稻品种志

万建民 总主编

云南卷

袁平荣 戴陆园 主 编

中国农业出版社
北京

内容简介

  水稻是云南省最主要的口粮作物之一，常年种植面积约100万hm²。云南省1935年就开始了水稻新品种的评选工作，1950年，成立了云南省农业试验站，即现在的云南省农业科学院。60多年来云南省农业科学院、云南农业大学以及楚雄、大理、丽江、玉溪、曲靖、文山等州市农业科学院（所）进行的水稻新品种选育，取得了丰硕成果。1981—2015年通过云南省农作物品种审定委员会审定的水稻品种370多个。本书选录了由云南省各育种单位选育并通过各级农作物品种审定委员会审定的品种及部分优良农家品种和杂交水稻不育系共计339个。其中，常规籼稻68个，常规粳稻204个，杂交籼稻11个，杂交粳稻37个，以及14个不育系和5个知名农家品种，按照常规籼稻、常规粳稻、杂交籼稻、杂交粳稻、不育系和农家品种分类加以介绍。入选品种中，222个既有详细文字介绍也有植株、稻穗和籽粒照片，其他117个早期选育的品种因年代久远、种子发芽率低或找不到种子，没有配图。同时，全书还介绍了8位在云南省乃至全国水稻育种中做出突出贡献的著名专家。

  为便于读者查阅，各类品种均按汉语拼音顺序排列。同时为便于读者了解品种选育年代，书后还附有品种检索表，包括类型、审定编号和品种权号。

Abstract

  Rice is the staple food crop in Yunnnan Province. The normal annual plant area is about 1 million hm². Since 1935, Yunnan Province began rice variety improvement by evaluating the landraces. In 1950, Yunnan Agricultural Experiment Station (the former Yunnan Academy of Agricultural Sciences, YAAS) was established and carried out rice breeding programs. Since then, more and more rice varieties were improved by YAAS, Yunnan Agriculture University, and breeding institutions at city level and extended in Yunnan Province. From 1981 to 2015, more than 370 conventional and hybrid rice varieties were approved by the Crop Variety Approval Committee of Yunnan Province. In this book, 339 varieties including 68 conventional *indica* varieties,204 conventional *japonica* varieties, 11 hybrid *indica* varieties, 37 hybrid *japonica* varieties, 14 male sterile lines and 5 famous landraces were selected and described. Among of them, 222 rice varieties were described with detail characteristics and photos of plants, spikes and grains individually, but the other 117 varieties only had descriptions without photos because of no seeds available. Moreover, this book also introduced 8 famous rice breeders who made outstanding contributions to rice breeding in Yunnan Province and even in the whole country.

  For the convenience of readers' reference, all varieties were arranged according to the order of Chinese phonetic alphabet. At the same time, in order to facilitate readers to access simplified variety information, a variety index was attached at the end of the book, including category, approval number and variety right number etc.

《中国水稻品种志》
编辑委员会

云南卷编委会

前　言

　　水稻是中国和世界大部分地区栽培的最主要粮食作物，水稻的产量增加、品质改良和抗性提高对解决全球粮食问题、提高人们生活质量、减轻环境污染具有举足轻重的作用。历史证明，中国水稻生产的两次大突破均是品种选育的功劳，第一次是20世纪50年代末至60年代初开始的矮化育种，第二次是70年代中期开始的杂交稻育种。90年代中期，先后育成了超级稻两优培九、沈农265等一批超高产新品种，单产达到11～12t/hm^2。单产潜力超过16t/hm^{2}的超级稻品种目前正在选育过程中。水稻育种虽然取得了很大成绩，但面临的任务也越来越艰巨，对骨干亲本及其育种技术的要求也越来越高，因此，有必要编撰《中国水稻品种志》，以系统地总结65年来我国水稻育种的成绩和育种经验，提高我国新形势下的水稻育种水平，向第三次新的突破前进，进而为促进我国民族种业发展、保障我国和世界粮食安全做出新贡献。

　　《中国水稻品种志》主要内容分三部分：第一部分阐述了1949—2014年中国水稻品种的遗传改良成就，包括全国水稻生产情况、品种改良历程、育种技术和方法、新品种推广成就和效益分析，以及水稻育种的未来发展方向。第二部分展示中国不同时期育成的新品种（新组合）及其骨干亲本，包括常规籼稻、常规粳稻、杂交籼稻、杂交粳稻和陆稻的品种，并附有品种检索表，供进一步参考。第三部分介绍中国不同时期著名水稻育种专家的成就。全书分十八卷，分别为广东海南卷、广西卷、福建台湾卷、江西卷、安徽卷、湖北卷、四川重庆卷、云南卷、贵州卷、黑龙江卷、辽宁卷、吉林卷、浙江上海卷、江苏卷，以及湖南常规稻卷、湖南杂交稻卷、华北西北卷和旱稻卷。

　　《中国水稻品种志》根据行政区划和实际生产情况，把中国水稻生产区域分为华南、华中华东、西南、华北、东北及西北六大稻区，统计并重点介绍了自1978年以来我国育成年种植面积大于40万hm^{2}的常规水稻品种如湘矮早9号、原丰早、浙辐802、桂朝2号、珍珠矮11等共23个，杂交稻品种如D优63、冈优22、南优2号、汕优2号、汕优6号等32个，以及2005—2014年育成的超级稻品种如龙粳31、武运粳27、松粳15、中早39、合美占、中嘉早17、两优培九、准两优527、辽优1052和甬优12、徽两优6号等111个。

　　《中国水稻品种志》追溯了65年来中国育成的8500余份水稻、陆稻和杂交水稻现代品种的亲源，发现一批极其重要的育种骨干亲本，它们对水稻品种的遗传改良贡献巨大。据不完全统计，常规籼稻最重要的核心育种骨干亲本有矮仔占、南特号、珍汕97、矮脚南特、珍珠矮、低脚乌尖等22个，它们衍生的品种数超过2700个；常规粳稻最重要的核心育种骨干亲本有旭、笹锦、坊主、爱国、农垦 57、农垦 58、农虎 6 号、测 21 等 20 个，衍生的品种数超过 2 400 个。尤其是携带 *sd1* 矮秆基因的矮仔占质源自早期从南洋引进后就成为广西容县一带优良农家地方品种，利用该骨干亲本先后育成了 11 代超过 405 个品种，其中种植面积较大的育成品种有广场矮、珍珠矮、广陆矮 4 号、二九青、先锋 1 号、特青、桂朝 2 号、双桂 1 号、湘早籼 7 号、嘉育 948 等。

《中国水稻品种志》还总结了我国培育杂交稻的历程，至今最重要的杂交稻核心不育系有珍汕 97A、Ⅱ–32A、V20A、协青早 A、金 23A、冈 46A、谷丰 A、农垦 58S、安农 S–1、培矮 64S、Y58S、株 1S 等 21 个，衍生的不育系超过 160 个，配组的大面积种植品种数超过 1 300 个；已广泛应用的核心恢复系有 17 个，它们衍生的恢复系超过 510 个，配组的杂交品种数超过 1 200 个。20 世纪 70 ～ 90 年代大部分强恢复系引自国外，包括 IR24、IR26、IR30、密阳 46 等，它们均含有我国台湾地方品种低脚乌尖的血缘（*sd1* 矮秆基因）。随着明恢 63（IR30／圭 630）的育成，我国杂交稻恢复系选育走上了自主创新的道路，育成的恢复系其遗传背景呈现多元化。

《中国水稻品种志》由中国农业科学院作物科学研究所主持编著，邀请国内著名水稻专家和育种家分卷主撰，凝聚了全国水稻育种者的心血和汗水。同时，在本志编著过程中，得到全国各水稻研究教学单位领导和相关专家的大力支持和帮助，在此一并表示诚挚的谢意。

《中国水稻品种志》集科学性、系统性、实用性、资料性于一体，是作物品种志方面的专著，内容丰富，图文并茂，可供从事作物育种和遗传资源研究者、高等院校师生参考。由于我国水稻品种的多样性和复杂性，育种者众多，资料难以收全，尽管在编著和统稿过程中注意了数据的补充、核实和编撰体例的一致性，但限于编著者水平，书中疏漏之处难免，敬请广大读者不吝指正。

编　者

2018 年 4 月

目　录

前言

第一章　中国稻作区划与水稻品种遗传改良概述 ⋯⋯⋯⋯⋯⋯⋯⋯⋯⋯⋯⋯⋯⋯⋯⋯⋯⋯ 1

　　第一节　中国栽培稻区的划分 ⋯⋯⋯⋯⋯⋯⋯⋯⋯⋯⋯⋯⋯⋯⋯⋯ 3
　　第二节　中国栽培稻的分类 ⋯⋯⋯⋯⋯⋯⋯⋯⋯⋯⋯⋯⋯⋯⋯⋯⋯ 6
　　第三节　水稻遗传资源 ⋯⋯⋯⋯⋯⋯⋯⋯⋯⋯⋯⋯⋯⋯⋯⋯⋯⋯⋯ 9
　　第四节　栽培稻品种的遗传改良 ⋯⋯⋯⋯⋯⋯⋯⋯⋯⋯⋯⋯⋯⋯⋯ 13
　　第五节　核心育种骨干亲本 ⋯⋯⋯⋯⋯⋯⋯⋯⋯⋯⋯⋯⋯⋯⋯⋯⋯ 19

第二章　云南省稻作区划与水稻品种变迁 ⋯⋯⋯⋯⋯⋯⋯⋯⋯⋯⋯⋯⋯⋯⋯⋯⋯⋯⋯⋯⋯ 33

　　第一节　云南省稻作区划 ⋯⋯⋯⋯⋯⋯⋯⋯⋯⋯⋯⋯⋯⋯⋯⋯⋯⋯ 35
　　第二节　云南省水稻品种改良概述 ⋯⋯⋯⋯⋯⋯⋯⋯⋯⋯⋯⋯⋯⋯ 36

第三章　品种介绍 ⋯⋯⋯⋯⋯⋯⋯⋯⋯⋯⋯⋯⋯⋯⋯⋯⋯⋯⋯⋯⋯⋯⋯⋯⋯⋯⋯⋯⋯⋯⋯ 41

　　第一节　常规籼稻 ⋯⋯⋯⋯⋯⋯⋯⋯⋯⋯⋯⋯⋯⋯⋯⋯⋯⋯⋯⋯⋯ 43

25·1（25·1） ⋯⋯⋯⋯⋯⋯ 43　　德优11（Deyou 11） ⋯⋯⋯⋯⋯⋯ 57
622·4（622·4） ⋯⋯⋯⋯⋯⋯ 44　　德优12（Deyou 12） ⋯⋯⋯⋯⋯⋯ 58
八宝谷2号（Babaogu 2） ⋯⋯ 45　　德优2号（Deyou 2） ⋯⋯⋯⋯⋯ 59
版纳15（Banna 15） ⋯⋯⋯⋯ 46　　滇超1号（Dianchao 1） ⋯⋯⋯⋯ 60
版纳18（Banna 18） ⋯⋯⋯⋯ 47　　滇超3号（Dianchao 3） ⋯⋯⋯⋯ 61
版纳21（Banna 21） ⋯⋯⋯⋯ 48　　滇黎312（Dianli 312） ⋯⋯⋯⋯ 62
版纳糯18（Bannanuo 18） ⋯⋯ 49　　滇陇201（Dianlong 201） ⋯⋯⋯ 63
楚籼1号（Chuxian 1） ⋯⋯⋯ 50　　滇瑞306（Dianrui 306） ⋯⋯⋯⋯ 64
大粒香12（Dalixiang 12） ⋯⋯ 51　　滇瑞313（Dianrui 313） ⋯⋯⋯⋯ 65
德农203（Denong 203） ⋯⋯⋯ 52　　滇瑞408（Dianrui 408） ⋯⋯⋯⋯ 66
德农211（Denong 211） ⋯⋯⋯ 53　　滇瑞449（Dianrui 449） ⋯⋯⋯⋯ 67
德糯2号（Denuo 2） ⋯⋯⋯⋯ 54　　滇瑞452（Dianrui 452） ⋯⋯⋯⋯ 68
德双3号（Deshuang 3） ⋯⋯⋯ 55　　滇瑞453（Dianrui 453） ⋯⋯⋯⋯ 69
德双4号（Deshuang 4） ⋯⋯⋯ 56　　滇瑞501（Dianrui 501） ⋯⋯⋯⋯ 70

滇屯502（Diantun 502）…………… 71

滇籼糯1号（Dianxiannuo 1）……… 72

滇新10号（Dianxin 10）…………… 73

耿籼1号（Gengxian 1）……………… 74

广籼2号（Guangxian 2）…………… 75

红稻10号（Hongdao 10）…………… 76

红稻6号（Hongdao 6）……………… 77

红稻8号（Hongdao 8）……………… 78

红稻9号（Hongdao 9）……………… 79

红香软7号（Hongxiangruan 7）…… 80

红优1号（Hongyou 1）……………… 81

红优3号（Hongyou 3）……………… 82

红优4号（Hongyou 4）……………… 83

红优5号（Hongyou 5）……………… 84

宏成20（Hongcheng 20）…………… 85

景泰糯（Jingtainuo）………………… 86

科砂1号（Kesha 1）………………… 87

临籼21（Linxian 21）……………… 88

临籼22（Linxian 22）……………… 89

临籼23（Linxian 23）……………… 90

临籼24（Linxian 24）……………… 91

临优1458（Linyou 1458）………… 92

竜紫11（Longzi 11）………………… 93

农兴4号（Nongxing 4）…………… 94

双多5号（Shuangduo 5）…………… 95

双多6号（Shuangduo 6）…………… 96

思选3号（Sixuan 3）………………… 97

文稻1号（Wendao 1）……………… 98

文稻11（Wendao 11）……………… 99

文稻13（Wendao 13）……………… 100

文稻2号（Wendao 2）……………… 101

文稻4号（Wendao 4）……………… 102

文稻8号（Wendao 8）……………… 103

文糯1号（Wennuo 1）……………… 104

云超7号（Yunchao 7）……………… 105

云恢115（Yunhui 115）…………… 106

云恢290（Yunhui 290）…………… 107

云籼9号（Yunxian 9）……………… 108

云香糯1号（Yunxiangnuo 1）…… 109

云资籼42（Yunzixian 42）………… 110

第二节 常规粳稻 …………………………………………………………………………… 111

04-1267（04-1267）………………… 111

175选3（175 xuan 3）……………… 112

250糯（250 nuo）…………………… 113

4-425（4-425）……………………… 114

83-1041（83-1041）………………… 115

85-764（85-764）…………………… 116

86-167（86-167）…………………… 117

86-1糯（86-1 nuo）………………… 118

86-42（86-42）……………………… 119

86-65（86-65）……………………… 120

86-7糯（86-7 nuo）………………… 121

88-146（88-146）…………………… 122

88-635（88-635）…………………… 123

89-290（89-290）…………………… 124

91-10（91-10）……………………… 125

A210（A 210）……………………… 126

昌粳10号（Changgeng 10）……… 127

昌粳11（Changgeng 11）………… 128

昌粳12（Changgeng 12）………… 129

昌粳8号（Changgeng 8）………… 130

昌粳9号（Changgeng 9）………… 131

昌糯6号（Changnuo 6）………… 132

楚粳12（Chugeng 12）…………… 133

楚粳13（Chugeng 13）…………… 134

楚粳 14（Chugeng 14）·················· 135

楚粳 17（Chugeng 17）·················· 136

楚粳 2 号（Chugeng 2）·················· 137

楚粳 22（Chugeng 22）·················· 138

楚粳 23（Chugeng 23）·················· 139

楚粳 24（Chugeng 24）·················· 140

楚粳 25（Chugeng 25）·················· 141

楚粳 26（Chugeng 26）·················· 142

楚粳 27（Chugeng 27）·················· 143

楚粳 28（Chugeng 28）·················· 144

楚粳 29（Chugeng 29）·················· 145

楚粳 3 号（Chugeng 3）·················· 146

楚粳 30（Chugeng 30）·················· 147

楚粳 31（Chugeng 31）·················· 148

楚粳 37（Chugeng 37）·················· 149

楚粳 38（Chugeng 38）·················· 150

楚粳 39（Chugeng 39）·················· 151

楚粳 4 号（Chugeng 4）·················· 152

楚粳 40（Chugeng 40）·················· 153

楚粳 5 号（Chugeng 5）·················· 154

楚粳 6 号（Chugeng 6）·················· 155

楚粳 7 号（Chugeng 7）·················· 156

楚粳 8 号（Chugeng 8）·················· 157

楚粳香 1 号（Chugengxiang 1）·········· 158

楚粳优 1 号（Chugengyou 1）·········· 159

楚恢 7 号（Chuhui 7）·················· 160

滇超 2 号（Dianchao 2）·················· 161

滇粳糯 1 号（Diangengnuo 1）·········· 162

滇花 2 号（Dianhua 2）·················· 163

滇系 4 号（Dianxi 4）·················· 164

滇系 7 号（Dianxi 7）·················· 165

滇榆 1 号（Dianyu 1）·················· 166

凤稻 10 号（Fengdao 10）·················· 167

凤稻 11（Fengdao 11）·················· 168

凤稻 12（Fengdao 12）·················· 169

凤稻 14（Fengdao 14）·················· 170

凤稻 15（Fengdao 15）·················· 171

凤稻 16（Fengdao 16）·················· 172

凤稻 17（Fengdao 17）·················· 173

凤稻 18（Fengdao 18）·················· 174

凤稻 19（Fengdao 19）·················· 175

凤稻 20（Fengdao 20）·················· 176

凤稻 21（Fengdao 21）·················· 177

凤稻 22（Fengdao 22）·················· 178

凤稻 23（Fengdao 23）·················· 179

凤稻 25（Fengdao 25）·················· 180

凤稻 26（Fengdao 26）·················· 181

凤稻 29（Fengdao 29）·················· 182

凤稻 8 号（Fengdao 8）·················· 183

凤稻 9 号（Fengdao 9）·················· 184

合靖 16（Hejing 16）·················· 185

合系 10 号（Hexi 10）·················· 186

合系 15（Hexi 15）·················· 187

合系 2 号（Hexi 2）·················· 188

合系 22（Hexi 22）·················· 189

合系 24（Hexi 24）·················· 190

合系 25（Hexi 25）·················· 191

合系 30（Hexi 30）·················· 192

合系 34（Hexi 34）·················· 193

合系 35（Hexi 35）·················· 194

合系 39（Hexi 39）·················· 195

合系 4 号（Hexi 4）·················· 196

合系 40（Hexi 40）·················· 197

合系 41（Hexi 41）·················· 198

合系 42（Hexi 42）·················· 199

合系 5 号（Hexi 5）·················· 200

合选 5 号（Hexuan 5）·················· 201

鹤 16（He 16）·················· 202

鹤 89·24（He 89·24）·················· 203

鹤 89·34（He 89·34）·················· 204

黑选 5 号（Heixuan 5）·················· 205

轰杂 135（Hongza 135）·················· 206

会 9203（Hui 9203）·················· 207

会粳 10 号（Huigeng 10）·················· 208

会粳16（Huigeng 16）……………… 209

会粳3号（Huigeng 3）……………… 210

会粳4号（Huigeng 4）……………… 211

会粳7号（Huigeng 7）……………… 212

会粳8号（Huigeng 8）……………… 213

剑粳3号（Jiangeng 3）……………… 214

剑粳6号（Jiangeng 6）……………… 215

京国92（Jingguo 92）……………… 216

靖粳10号（Jinggeng 10）…………… 217

靖粳11（Jinggeng 11）……………… 218

靖粳12（Jinggeng 12）……………… 219

靖粳14（Jinggeng 14）……………… 220

靖粳16（Jinggeng 16）……………… 221

靖粳17（Jinggeng 17）……………… 222

靖粳18（Jinggeng 18）……………… 223

靖粳20（Jinggeng 20）……………… 224

靖粳26（Jinggeng 26）……………… 225

靖粳8号（Jinggeng 8）……………… 226

靖粳优1号（Jinggengyou 1）……… 227

靖粳优2号（Jinggengyou 2）……… 228

靖粳优3号（Jinggengyou 3）……… 229

靖糯1号（Jingnuo 1）……………… 230

昆粳4号（Kungeng 4）……………… 231

昆粳5号（Kungeng 5）……………… 232

昆粳6号（Kungeng 6）……………… 233

丽粳10号（Ligeng 10）……………… 234

丽粳11（Ligeng 11）………………… 235

丽粳14（Ligeng 14）………………… 236

丽粳15（Ligeng 15）………………… 237

丽粳2号（Ligeng 2）………………… 238

丽粳314（Ligeng 314）……………… 239

丽粳3号（Ligeng 3）………………… 240

丽粳5号（Ligeng 5）………………… 241

丽粳6号（Ligeng 6）………………… 242

丽粳7号（Ligeng 7）………………… 243

丽粳8号（Ligeng 8）………………… 244

丽粳9号（Ligeng 9）………………… 245

龙粳6号（Longgeng 6）……………… 246

隆科16（Longke 16）………………… 247

泸选1号（Luxuan 1）………………… 248

陆育3号（Luyu 3）…………………… 249

马粳1号（Mageng 1）………………… 250

马粳3号（Mageng 3）………………… 251

塔粳3号（Tageng 3）………………… 252

腾糯2号（Tengnuo 2）……………… 253

文粳1号（Wengeng 1）……………… 254

武凉41（Wuliang 41）……………… 255

岫4·10（Xiu 4·10）………………… 256

岫42·33（Xiu 42·33）……………… 257

岫5·15（Xiu 5·15）………………… 258

岫82·10（Xiu 82·10）……………… 259

岫87·15（Xiu 87·15）……………… 260

岫粳11（Xiugeng 11）……………… 261

岫粳12（Xiugeng 12）……………… 262

岫粳14（Xiugeng 14）……………… 263

岫粳15（Xiugeng 15）……………… 264

岫粳16（Xiugeng 16）……………… 265

岫粳18（Xiugeng 18）……………… 266

岫粳19（Xiugeng 19）……………… 267

岫粳20（Xiugeng 20）……………… 268

岫粳21（Xiugeng 21）……………… 269

岫粳22（Xiugeng 22）……………… 270

岫粳23（Xiugeng 23）……………… 271

岫糯3号（Xiunuo 3）………………… 272

选金黄126（Xuanjinhuang 126）…… 273

银光（Yinguang）…………………… 274

永粳2号（Yonggeng 2）……………… 275

玉粳11（Yugeng 11）………………… 276

玉粳13（Yugeng 13）………………… 277

玉粳17（Yugeng 17）………………… 278

云超6号（Yunchao 6）……………… 279

云稻1号（Yundao 1）………………… 280

云二天02（Yun'ertian 02）………… 281

云粳12（Yungeng 12）……………… 282

云粳13（Yungeng 13）·············· 283

云粳136（Yungeng 136）·········· 284

云粳15（Yungeng 15）·············· 285

云粳19（Yungeng 19）·············· 286

云粳20（Yungeng 20）·············· 287

云粳219（Yungeng 219）·········· 288

云粳23（Yungeng 23）·············· 289

云粳24（Yungeng 24）·············· 290

云粳25（Yungeng 25）·············· 291

云粳26（Yungeng 26）·············· 292

云粳27（Yungeng 27）·············· 293

云粳29（Yungeng 29）·············· 294

云粳30（Yungeng 30）·············· 295

云粳31（Yungeng 31）·············· 296

云粳32（Yungeng 32）·············· 297

云粳33（Yungeng 33）·············· 298

云粳35（Yungeng 35）·············· 299

云粳38（Yungeng 38）·············· 300

云粳39（Yungeng 39）·············· 301

云粳优1号（Yungengyou 1）········· 302

云粳优5号（Yungengyou 5）········· 303

云恢188（Yunhui 188）·············· 304

云农稻4号（Yunnongdao 4）········· 305

云玉1号（Yunyu 1）················· 306

云玉粳8号（Yunyugeng 8）·········· 307

云资粳41（Yunzigeng 41）·········· 308

云资粳84（Yunzigeng 84）·········· 309

沾粳12（Zhangeng 12）············· 310

沾粳6号（Zhangeng 6）············· 311

沾粳7号（Zhangeng 7）············· 312

沾粳9号（Zhangeng 9）············· 313

沾糯1号（Zhannuo 1）·············· 314

第三节　杂交籼稻 ······························ 315

II优310（IIyou 310）··············· 315

滇优7号（Dianyou 7）·············· 316

富优2·2（Fuyou 2·2）··············· 317

龙特优247（Longteyou 247）········ 318

龙特优927（Longteyou 927）········ 319

文富7号（Wenfu 7）················ 320

粤丰优512（Yuefengyou 512）······· 321

云光14（Yunguang 14）············· 322

云光16（Yunguang 16）············· 323

云光17（Yunguang 17）············· 324

云两优144（Yunliangyou 144）······ 325

第四节　杂交粳稻 ······························ 326

76两优5号（76 liangyou 5）········· 326

保粳杂2号（Baogengza 2）········· 327

滇禾优34（Dianheyou 34）········· 328

滇禾优4106（Dianheyou 4106）····· 329

滇禾优55（Dianheyou 55）········· 330

滇禾优56（Dianheyou 56）········· 331

滇昆优8号（Diankunyou 8）········ 332

滇优34（Dianyou 34）·············· 333

滇优35（Dianyou 35）·············· 334

滇优37（Dianyou 37）·············· 335

滇优38（Dianyou 38）·············· 336

滇杂31（Dianza 31）··············· 337

滇杂32（Dianza 32）··············· 338

滇杂33（Dianza 33）··············· 339

滇杂35（Dianza 35）··············· 340

滇杂36（Dianza 36）··············· 341

滇杂37（Dianza 37）··············· 342

滇杂40（Dianza 40）··············· 343

滇杂41（Dianza 41）··············· 344

滇杂46（Dianza 46）··············· 345

滇杂49（Dianza 49）··············· 346

滇杂501（Dianza 501）············· 347

滇杂701（Dianza 701）················ 348

滇杂80（Dianza 80）·················· 349

滇杂86（Dianza 86）·················· 350

滇杂94（Dianza 94）·················· 351

两优2887（Liangyou 2887）············ 352

寻杂29（Xunza 29）·················· 353

榆杂29（Yuza 29）·················· 354

榆杂34（Yuza 34）·················· 355

云光101（Yunguang 101）············ 356

云光104（Yunguang 104）············ 357

云光107（Yunguang 107）············ 358

云光109（Yunguang 109）············ 359

云光12（Yunguang 12）·············· 360

云光8号（Yunguang 8）·············· 361

云光9号（Yunguang 9）·············· 362

第五节　不育系 ··· 363

H479A（H 479A）··················· 363

合系42A（Hexi 42A）··············· 364

锦103S（Jin 103S）················· 365

锦201S（Jin 201S）················· 366

锦瑞2S（Jinrui 2S）················· 367

锦瑞8S（Jinrui 8S）················· 368

黎榆A（Liyu A）···················· 369

榆密15A（Yumi 15A）··············· 370

云粳202S（Yungeng 202S）··········· 371

云粳206S（Yungeng 206S）··········· 372

云粳208S（Yungeng 208S）··········· 373

云软209S（Yunruan 209S）··········· 374

云软217S（Yunruan 217S）··········· 375

云软221S（Yunruan 221S）··········· 376

第六节　地方农家品种 ·· 377

广南八宝谷（Guangnanbabaogu）········ 377

冷水谷（Lengshuigu）················ 378

丽江新团黑谷（Lijiangxintuanheigu）······· 379

西南175（Xinan 175）··············· 380

小蚂蚱谷（Xiaomazhagu）············ 381

第四章　著名育种专家 ··· 383

第五章　品种检索表 ··· 393

第一章
中国稻作区划与水稻品种
遗传改良概述

水稻是中国最主要的粮食作物之一，稻米是中国一半以上人口的主粮。2014年，中国水稻种植面积3 031万hm²，总产20 651万t，分别占中国粮食作物种植面积和总产量的26.89%和34.02%。毫无疑问，水稻在保障国家粮食安全、振兴乡村经济、提高人民生活质量方面，具有举足轻重的地位。

中国栽培稻属于亚洲栽培稻种（*Oryza sativa* L.），有两个亚种，即籼亚种（*O. sativa* L. subsp. *indica*）和粳亚种（*O. sativa* L. subsp. *japonica*）。中国不仅稻作栽培历史悠久，稻作环境多样，稻种资源丰富，而且育种技术先进，为高产、多抗、优质、广适、高效水稻新品种的选育和推广提供了丰富的物质基础和强大的技术支撑。

中华人民共和国成立以来，通过育种技术的不断改进，从常规育种（系统选择、杂交育种、诱变育种、航天育种）到杂种优势利用，再到生物技术育种（细胞工程育种、分子标记辅助选择育种、遗传转化育种等），至2014年先后育成8 500余份常规水稻、陆稻和杂交水稻现代品种，其中通过各级农作物品种审定委员会审（认）定的水稻品种有8 117份，包括常规水稻品种3 392份，三系杂交稻品种3 675份，两系杂交稻品种794份，不育系256份。在此基础上，实现了水稻优良品种的多次更新换代。水稻品种的遗传改良和优良新品种的推广，栽培技术的优化和病虫害的综合防治等一系列技术革新，使我国的水稻单产从1949年的1 892kg/hm²提高到2014年的6 813.2kg/hm²，增长了260.1%；总产从4 865万t提高到20 651万t，增长了324.5%；稻作面积从2 571万hm²增加到3 031万hm²，仅增加了17.9%。研究表明，新品种的不断育成和推广是水稻单产和总产不断提高的最重要贡献因子。

第一节　中国栽培稻区的划分

水稻是喜温喜水、适应性强、生育期较短的谷类作物，凡温度适宜、有水源的地方，均可种植水稻。中国稻作分布广泛，最北的稻作区位于黑龙江省的漠河（北纬53°27′），为世界稻作区的北限；最高海拔的稻作区在云南省宁蒗县山区，海拔高度2 965m。在南方的山区、坡地以及北方缺水少雨的旱地，种植有较耐干旱的陆稻。从总体看，由于纬度、温度、季风、降水量、海拔高度、地形等的影响，中国水稻种植面积存在南方多北方少，东南集中西北分散的状况。

本书以我国行政区划（省、自治区、直辖市）为基础，结合全国水稻生产的光温生态、季节变化、耕作制度、品种演变等，参考《中国水稻种植区划》（1988）和《中国水稻生产发展问题研究》（2010），将全国分为华南、华中华东、西南、华北、东北和西北六大稻区。

一、华南稻区

本区位于中国南部，包括广东、广西、福建、海南等大陆4省（自治区）和台湾省。本区水热资源丰富，稻作生长季260～365d，≥10℃的积温5 800～9 300℃；稻作生长季日照时数1 000～1 800h，降水量700～2 000mm。稻作土壤多为红壤和黄壤。本区的籼稻面积占95%以上，其中杂交籼稻占65%左右，耕作制度以双季稻和中稻为主，也有部分单季晚稻，部分地区实行与甘蔗、花生、薯类、豆类等作物当年或隔年水旱轮作。

2014年本区稻作面积503.6万hm^2（不包括台湾），占全国稻作总面积的16.61%。稻谷单产5 778.7kg/hm^2，低于全国平均产量（6 813.2kg/hm^2）。

二、华中华东稻区

本区为中国水稻的主产区，包括江苏、上海、浙江、安徽、江西、湖南、湖北7省（直辖市），也称长江中下游稻作区。本区属亚热带温暖湿润季风气候，稻作生长季210～260d，≥10℃的积温4 500～6 500℃；稻作生长季日照时数700～1 500h，降水量700～1 600mm。本区平原地区稻作土壤多为冲积土、沉积土和鳝血土，丘陵山地多为红壤、黄壤和棕壤。本区双、单季稻并存，籼稻、粳稻均有。20世纪60～80年代，本区双季稻面积占全国双季稻面积的50%以上，其中，浙江、江西、湖南的双季稻面积占该三省稻作面积的80%～90%。20世纪80年代中期以来，由于种植结构和耕作制度的变革，杂交稻的兴起，以及双季早稻米质不佳等原因，双季早稻面积锐减，使本区的稻作面积从80年代初占全国稻作面积的54%下降到目前的49%左右。尽管如此，本区稻米生产的丰歉，对全国粮食形势仍然具有重要影响。太湖平原、里下河平原、皖中平原、鄱阳湖平原、洞庭湖平原、江汉平原历来都是中国著名的稻米产区。

2014年本区稻作面积1 501.6万hm^2，占全国稻作总面积的49.54%。稻谷单产6 905.6kg/hm^2，高于全国平均产量。

三、西南稻区

本区位于云贵高原和青藏高原，属亚热带高原型湿热季风气候，包括云南、贵州、四川、重庆、青海、西藏6省（自治区、直辖市）。本区具有地势高低悬殊、温度垂直差异明显、昼夜温差大的高原特点，稻作生长季180～260d，≥10℃的积温2 900～8 000℃；稻作生长季日照时数800～1 500h，降水量500～1 400mm。稻作土壤多为红壤、红棕壤、黄壤和黄棕壤等。本区籼稻、粳稻并存，以单季中稻为主，成都平原是我国著名的单季中稻区。云贵高原稻作垂直分布明显，低海拔（<1 400m）稻区多为籼稻，湿热坝区可种植双季籼稻，高海拔（>1 800m）稻区多为粳稻，中海拔（1 400～1 800m）稻区籼稻、粳稻并存。部分山区种植陆稻，部分低海拔又无灌溉水源的坡地筑有田埂，种植雨水稻。

2014年本区稻作面积450.9万hm^2，占全国稻作总面积的14.88%。稻谷单产6 873.4kg/hm^2，高于全国平均产量。

四、华北稻区

本区位于秦岭—淮河以北，长城以南，关中平原以东地区，包括北京、天津、山东、河北、河南、山西、内蒙古7省（自治区、直辖市）。本区属暖温带半湿润季风气候，夏季温度较高，但春、秋季温度较低，稻作生长季较短，无霜期170～200d，年≥10℃的积温4 000～5 000℃；年日照时数2 000～3 000h，年降水量580～1 000mm，但季节间分布不均。稻作土壤多为黄潮土、盐碱土、棕壤和黑黏土。本区以单季早、中粳稻为主，水源主要来自渠井和地下水。

2014年本区稻作面积95.3万hm^2，占全国稻作总面积的3.14%。稻谷单产7 863.9kg/hm^2，高于全国平均产量。

五、东北稻区

本区是我国纬度最高的稻作区，包括黑龙江、吉林和辽宁3省，属中温带—寒温带，年平均气温2～10℃，无霜期90～200d，年≥10℃的积温2000～3700℃；年日照时数2200～3100h，年降水量350～1100mm。本区光照充足，但昼夜温差大，稻作生长期短，土壤多为肥沃、深厚的黑泥土、草甸土、棕壤以及盐碱土。稻作以早熟的单季粳稻为主，冷害和稻瘟病是本区稻作的主要问题。最北部的黑龙江省稻区，粳稻品质十分优良，近35年来由于大力发展灌溉设施，稻作面积不断扩大，从1979年的84.2万hm^2发展到2014年的320.5万hm^2，成为中国粳稻的主产省之一。

2014年本区稻作面积451.5万hm^2，占全国稻作总面积的14.90%。稻谷单产7863.9kg/hm^2，高于全国平均产量。

六、西北稻区

本区包括陕西、甘肃、宁夏和新疆4省（自治区），幅员广阔，光热资源丰富，但干燥少雨，季节和昼夜气温变化大，无霜期150～200d，年≥10℃的积温3450～3700℃；年日照时数2600～3300h，年降水量150～200mm。稻田土壤较瘠薄，多为灰漠土、草甸土、粉沙土、灌淤土及盐碱土。稻作以单季粳稻为主，分布于河流两岸及有灌溉水源的地区。干燥少雨是本区发展水稻的制约因素。

2014年本区稻作面积28.2万hm^2，占全国稻作总面积的0.93%。稻谷单产8251.4kg/hm^2，高于全国平均产量。

中华人民共和国成立65年来，六大稻区的水稻种植面积及占全国稻作面积的比例发生了一定变化。华南稻区的稻作面积波动较大，从1949年的811.7万hm^2增加到1979年的875.3万hm^2，但2014年下降到503.6万hm^2。华中华东稻区是我国的主产稻区，基本维持在全国稻区面积的50%左右，其种植面积的高峰在20世纪的70～80年代，达到全国稻区面积的53%～54%。西南和西北稻区稻作面积基本保持稳定，近35年来分别占全国稻区面积的14.9%和0.9%左右。华北和东北稻区种植面积和占比均有提高，特别是东北稻区，其稻作面积和占比近35年来提高较快，2014年达到了451.5万hm^2，全国占比达到14.9%，与1979年的84.2万hm^2相比，种植面积增加了367.3万hm^2。我国六大稻区2014年的稻作面积和占比见图1-1。

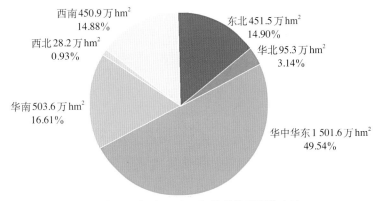

图1-1　中国六大稻区2014年的稻作面积和占比

第二节 中国栽培稻的分类

中国栽培稻的分类比较复杂，丁颖教授将其系统分为四大类：籼亚种和粳亚种，早稻、中稻和晚稻，水稻和陆稻，粘稻和糯稻。随着杂种优势的利用，又增加了一类，为常规稻和杂交稻。本节将根据这五大类分别进行介绍。

一、籼稻和粳稻

中国栽培稻籼亚种（*O. sativa* L. subsp. *indica*）和粳亚种（*O. sativa* L. subsp. *japonica*）的染色体数同为24（$2n=24$），但由于起源演化的差异和人为选择的结果，这两个亚种存在一定的形态和生理特性差异，并有一定程度的生殖隔离。据《辞海》（1989年版）记载，籼稻与粳稻比较：籼稻分蘖力较强；叶幅宽，叶色淡绿，叶面多毛；小穗多数短芒或无芒，易脱粒，颖果狭长扁圆；米质黏性较弱，膨性大；比较耐热和耐强光，主要分布于华南热带和淮河以南亚热带的低地。

按照现代分类学的观点，粳稻又可分为温带粳稻和热带粳稻（爪哇稻）。中国传统（农家/地方）粳稻品种均属温带粳稻类型。近年有的育种家为扩大遗传背景，在育种亲本中加入了热带粳稻材料，因而育成的水稻品种含有部分热带粳稻（爪哇稻）的血缘。

籼稻、粳稻的分布，主要受温度的制约，还受到种植季节、日照条件和病虫害的影响。目前，中国的籼稻品种主要分布在华南和长江流域各省份，以及西南的低海拔地区和北方的河南、陕西南部。湖南、贵州、广东、广西、海南、福建、江西、四川、重庆的籼稻面积占各省稻作面积的90%以上，湖北、安徽占80%～90%，浙江、云南在50%左右，江苏在25%左右。粳稻主要分布在东北、华北、长江下游太湖地区和西北，以及华南、西南的高海拔山区。东北的黑龙江、吉林、辽宁三省是全国著名的北方粳稻产区，江苏、浙江、安徽、湖北是南方粳稻主产区，云南的高海拔地区则以粳稻为主。

2014年，中国籼稻种植面积2 130.8万hm²，约占稻作面积的70.3%；粳稻面积900.2万hm²，占稻作面积的29.7%。据统计，2014年中国种植面积大于6 667hm²的常规水稻品种有298个，其中籼稻品种104个，占34.9%；粳稻品种194个，占65.1%；2014年种植面积最大的前5位常规粳稻品种是：龙粳31（92.2万hm²）、宁粳4号（35.8万hm²）、绥粳14（29.1万hm²）、龙粳26（28.1万hm²）和连粳7号（22.0万hm²）；种植面积最大的前5位常规籼稻品种是：中嘉早17（61.1万hm²）、黄华占（30.6万hm²）、湘早籼45（17.8万hm²）、中早39（16.3万hm²）和玉针香（11.2万hm²）。

二、常规稻和杂交稻

常规稻是遗传纯合、可自交结实、性状稳定的水稻品种类型，杂交稻是利用杂种一代优势、目前必须年年制种的杂交水稻类型。中国是世界上第一个大面积、商品化应用杂交稻的国家，20世纪70年代后期开始大规模推广三系杂交稻，90年代初成功选育出两系杂交稻并应用于生产。目前，常规稻种植面积占全国稻作面积的46%左右，杂交稻占54%左右。

1991年我国年种植面积大于6 667hm² 的常规稻品种有193个，2014年增加到298个（图1-2）；杂交稻品种数从1991年的62个增加到2014年的571个。1991年以来，年种植面积大于6 667hm² 的常规稻品种数每年较为稳定，基本为200～300个品种，但杂交稻品种数增加较快，增加了8倍多。

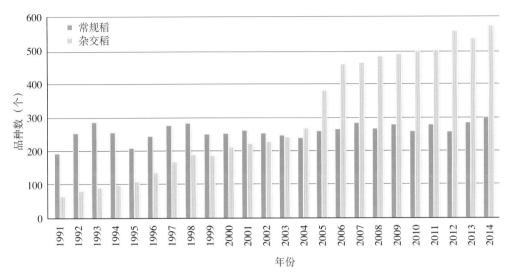

图1-2　1991—2014年年种植面积大于6 667hm² 的常规稻和杂交稻品种数

三、早稻、中稻和晚稻

在稻种向不同纬度、不同海拔高度传播的过程中，在日照和温度的强烈影响下，在自然选择和人为选择的综合作用下，栽培稻发生了一系列感光性和感温性的变异，出现了早稻、中稻和晚稻栽培类型。一般而言，早稻基本营养生长期短，感温性强，不感光或感光性极弱；中稻基本营养生长期较长，感温性中等，感光性弱；晚稻基本营养生长期短，感光性强，感温性中等或较强，但通常晚籼稻的感光性强于晚粳稻。

籼稻和粳稻、杂交稻和常规稻都有早、中、晚类型，每一类型根据生育期的长短有早熟、中熟和迟熟之分，从而形成了大量适应不同栽培季节、耕作制度和生育期要求的品种。在华南、华中的双季稻区，早籼和早粳品种对日长反应不敏感，生育期较短，一般3～4月播种，7～8月收获。在海南和广东南部，由于温度较高，早籼稻通常2月中、下旬播种，6月下旬收获。中稻一般作单季稻种植，生育期稳定，产量较高，华南稻区部分迟熟早籼稻品种在华中和华东地区可作中稻种植。晚籼稻和晚粳稻均可作双季晚稻和单季晚稻种植，以保证在秋季气温下降前抽穗授粉。

20世纪70年代后期以来，由于杂交水稻的兴起，种植结构的变化，中国早稻和晚稻的种植面积逐年减少，单季中稻的种植面积大幅增加。早、中、晚稻种植面积占全国稻作面积的比重，分别从1979年的33.7%、32.0%和34.3%，转变为1999年的24.2%、48.9%和26.9%，2014年进一步变化为19.1%、59.9%和21.0%（图1-3）。

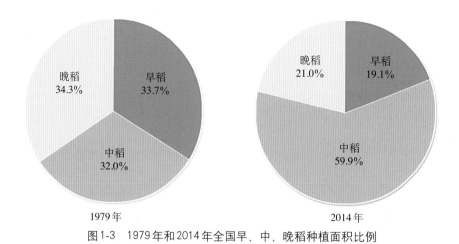

图1-3　1979年和2014年全国早、中、晚稻种植面积比例

四、水稻和陆稻

中国的栽培稻极大部分是水稻，占中国稻作面积的98%。陆稻（Upland rice）亦称旱稻，古代称棱稻，是适应较少水分环境（坡地、旱地）的一类稻作生态品种。陆稻的显著特点是耐干旱，表现为种子吸水力强，发芽快，幼苗对土壤中氯酸钾的耐毒力较强；根系发达，根粗而长；维管束和导管较粗，叶表皮较厚，气孔少，叶较光滑有蜡质；根细胞的渗透压和茎叶组织的汁液浓度也较高。与水稻比较，陆稻吸水力较强而蒸腾量较小，故有较强的耐旱能力。通常陆稻依靠雨水或地下水获得水分，稻田无田埂。虽然陆稻的生长发育对光、温要求与水稻相似，但一生需水量约是水稻的2/3或1/2。因而，陆稻适于水源不足或水源不均衡的稻区、多雨的山区和丘陵区的坡地或台田种植，还可与多种旱作物间作或套种。从目前的地理环境和种植水平看，陆稻的单产低于水稻。

陆稻也有籼稻、粳稻之别和生育期长短之分。全国陆稻面积约57万hm²，仅占全国稻作总面积的2%左右，主要分布于云贵高原的西南山区、长江中游丘陵地区和华北平原区。云南西双版纳和思茅等地每年陆稻种植面积稳定在10万hm²左右。近年，华北地区正在发展一种旱作稻（Aerobic rice），耐旱性较强，在整个生育期灌溉几次即可，产量较高。此外，广东、广西、海南等地的低洼地区，在20世纪50年代前曾有少量深水稻品种，中华人民共和国成立后，随着水利排灌设施的完善，现已绝迹。目前，种植面积较大的陆稻品种有中旱209、旱稻277、巴西陆稻、中旱3号、陆引46、丹旱稻1号、冀粳12、IRAT104等。

五、粘稻和糯稻

稻谷胚乳均有糯性与非糯性之分。糯稻和非糯稻的主要区别在于饭粒黏性的强弱，相对而言，粘稻（非糯稻）黏性弱，糯稻黏性强，其中粳糯稻的黏性大于籼糯稻。化学成分的分析指出，胚乳直链淀粉含量的多少是区别粘稻和糯稻的化学基础。通常，粳粘稻的直链淀粉含量占淀粉总量的8%～20%，籼粘稻为10%～30%，而糯稻胚乳基本为支链淀粉，不含或仅含极少量直链淀粉（≤2%）。从化学反应看，由于糯稻胚乳和花粉中的淀粉基本或完全为支链淀粉，因此吸碘量少，遇1%的碘-碘化钾溶液呈红褐色反应，而粘稻直链淀粉含量高，吸碘量大，呈蓝紫色反应，这是区分糯稻与非糯稻品种的主要方法之一。从外观看，糯稻胚乳在刚收获时因含水量较高而呈半透明，经充分干燥后呈乳白色，这是因为胚乳细胞快速失水，产生许多大小不一的空隙，导致光散射而引起的乳白色视觉。

云南、贵州、广西等省（自治区）的高海拔地区，人们喜食糯米，籼型糯稻品种丰富，而长江中下游地区以粳型糯稻品种居多，东北和华北地区则全部是粳型糯稻。从用途看，糯米通常用于酿制米酒，制作糕点。在云南的低海拔稻区，有一种低直链淀粉含量的籼粘稻，称为软米，其黏性介于籼粘稻和糯稻之间，适于制作饵块、米线。

第三节　水稻遗传资源

水稻育种的发展历程证明，品种改良每一阶段的重大突破均与水稻优异种质的发现和利用相关。20世纪50年代末，矮仔占、矮脚南特、台中本地1号（TN1，亦称台中在来1号）和广场矮等矮秆种质的发掘与利用，实现了60年代我国水稻品种的矮秆化；70～80年代野败型、矮败型、冈型、印水型、红莲型等不育资源的发现及二九南1号A、珍汕97A等水稻野败型不育系育成，实现了籼型杂交稻的"三系"配套和大面积推广利用；80年代农垦58S、安农S-1等光温敏核不育材料的发掘与利用，实现了"两系"杂交水稻的突破；90年代02428、培矮64、轮回422等广亲和种质的发掘与利用，基本克服了籼粳稻杂交的瓶颈；80～90年代沈农89366、沈农159、辽粳5号等新株型优异种质的创新与利用，实现了北方粳稻直立穗型与高产的结合，使北方粳稻产量有了较大的提高；90年代以来光温敏不育系培矮64S、Y58S、株1S以及中9A、甬粳2号A和恢复系9311、蜀恢527等的创新与利用，选育出一系列高产、优质的超级杂交稻品种。可见，水稻优异种质资源的收集、评价、创新和利用是水稻品种遗传改良的重要环节和基础。

一、栽培稻种质资源

中国具有丰富的多样化的水稻遗传资源。清代的《授时通考》（1742）记载了全国16省的3 429个水稻品种，它们是长期自然突变、人工选择和留种栽培的结果。中华人民共和国成立以来，全国进行了4次大规模的稻种资源考察和收集。20世纪50年代后期到60年代在广东、湖南、湖北、江苏、浙江、四川等14省（自治区、直辖市）进行了第一次全国性的水稻种质资源的考察，征集到各类水稻种质5.7万余份。70年代末至80年代初，进行了全国水稻种质资源的补充考察和征集，获得各类水稻种质万余份。国家"七五"（1986—1990）、"八五"（1991—1995）和"九五"（1996—2000）科技攻关期间，分别对神农架和三峡地区以及海南、湖北、四川、陕西、贵州、广西、云南、江西和广东等省（自治区）的部分地区再度进行了补充考察和收集，获得稻种3 500余份。"十五"（2001—2005）和"十一五"（2006—2010）期间，又收集到水稻种质6 996份。

通过对收集到的水稻种质进行整理、核对与编目，截至2010年，中国共编目水稻种质82 386份，其中70 669份是从中国国内收集的种质，占编目总数的85.8%（表1-1）。在此基础上，编辑和出版了《中国稻种资源目录》（8册）、《中国优异稻种资源》，编目内容包括基本信息、形态特征、生物学特性、品质特性、抗逆性、抗病虫性等。

截至2010年，在国家作物种质库［简称国家长期库（北京）］繁种保存的水稻种质资源共73 924份，其中各类型种质所占百分比大小顺序为：地方稻种（68.1%）＞国外引进稻种（13.9%）＞野生稻种（8.0%）＞选育稻种（7.8%）＞杂交稻"三系"资源（1.9%）＞遗传材料（0.3%）（表1-1）。在所保存的水稻地方品种中，保存数量较多的省份包括广西（8 537份）、云南（5 882份）、贵州（5 657份）、广东（5 512份）、湖南（4 789份）、四川（3 964份）、江西（2 974份）、江苏（2 801份）、浙江（2 079份）、福建（1 890份）、湖北（1 467份）和台湾（1 303份）。此外，在中国水稻研究所的国家水稻中期库（杭州）保存了稻属及近缘属种质资源7万余份，是我国单项作物保存规模最大的中期种质库，也是世界上最大的单项国家级水稻种质基因库之一。在入国家长期库（北京）的66 408份地方稻种、选育稻种、国外引进稻种等水稻种质中，籼稻和粳稻种质分别占63.3%和36.7%，水稻和陆稻种质分别占93.4%和6.6%，粘稻和糯稻种质分别占83.4%和16.6%。显然，籼稻、水稻和粘稻的种质数量分别显著多于粳稻、陆稻和糯稻。

表1-1 中国稻种资源的编目数和入库数

种质类型	编 目		繁殖入库	
	份数	占比（%）	份数	占比（%）
地方稻种	54 282	65.9	50 371	68.1
选育稻种	6 660	8.1	5 783	7.8
国外引进稻种	11 717	14.2	10 254	13.9
杂交稻"三系"资源	1 938	2.3	1 374	1.9
野生稻种	7 663	9.3	5 938	8.0
遗传材料	126	0.2	204	0.3
合计	82 386	100	73 924	100

截至2010年，完成了29 948份水稻种质资源的抗逆性鉴定，占入库种质的40.5%；完成了61 462份水稻种质资源的抗病虫性鉴定，占入库种质的83.1%；完成了34 652份水稻种质资源的品质特性鉴定，占入库种质的46.9%。种质评价表明：中国水稻种质资源中蕴藏着丰富的抗旱、耐盐、耐冷、抗白叶枯病、抗稻瘟病、抗纹枯病、抗褐飞虱、抗白背飞虱等优异种质（表1-2）。

表1-2 中国稻种资源中鉴定出的抗逆性和抗病虫性优异的种质份数

种质类型	抗旱		耐盐		耐冷		抗白叶枯病	
	极强	强	极强	强	极强	强	高抗	抗
地方稻种	132	493	17	40	142	—	12	165
国外引进稻种	3	152	22	11	7	30	3	39
选育稻种	2	65	2	11	—	50	6	67

（续）

种质类型	抗稻瘟病			抗纹枯病		抗褐飞虱			抗白背飞虱		
	免疫	高抗	抗	高抗	抗	免疫	高抗	抗	免疫	高抗	抗
地方稻种	—	816	1 380	0	11	—	111	324	—	122	329
国外引进稻种	—	5	148	5	14	—	0	218	—	1	127
选育稻种	—	63	145	3	7	—	24	205	—	13	32

注：数据来自2005年国家种质数据库。

2001—2010年，结合水稻优异种质资源的繁殖更新、精准鉴定与田间展示、网上公布等途径，国家粮食作物种质中期库 [简称国家中期库（北京）] 和国家水稻种质中期库（杭州）共向全国从事水稻育种、遗传及生理生化、基因定位、遗传多样性和水稻进化等研究的300余个科研及教学单位提供水稻种质资源47 849份次，其中国家中期库（北京）提供26 608份次，国家水稻种质中期库（杭州）提供21 241份次，平均每年提供4 785份次。稻种资源在全国范围的交换、评价和利用，大大促进了水稻育种及其相关基础理论研究的发展。

二、野生稻种质资源

野生稻是重要的水稻种质资源，在中国的水稻遗传改良中发挥了极其重要的作用。从海南岛普通野生稻中发现的细胞质雄性不育株，奠定了我国杂交水稻大面积推广应用的基础。从江西发现的矮败野生稻不育株中选育而成的协青早A和从海南发现的红芒野生稻不育株育成的红莲早A，是我国两个重要的不育系类型，先后转育了一大批杂交水稻品种。利用从广西普通野生稻中发现的高抗白叶枯病基因 $Xa23$，转育成功了一系列高产、抗白叶枯病的栽培品种。从江西东乡野生稻中发现的耐冷材料，已经并继续在耐冷育种中发挥重要作用。

据1978—1982年全国野生稻资源普查、考察和收集的结果，参考1963年中国农业科学院原生态研究室的考察记录，以及历史上台湾发现野生稻的记载，现已明确，中国有3种野生稻：普通野生稻（O. rufipogon Griff.）、疣粒野生稻（O. meyeriana Baill.）和药用野生稻（O. officinalis Wall. ex Watt.），分布于广东、海南、广西、云南、江西、福建、湖南、台湾等8个省（自治区）的143个县（市），其中广东53个县（市）、广西47个县（市）、云南19个县（市）、海南18个县（市）、湖南和台湾各2个县、江西和福建各1个县。

普通野生稻自然分布于广东、广西、海南、云南、江西、湖南、福建、台湾等8个省（自治区）的113个县（市），是我国野生稻分布最广、面积最大、资源最丰富的一种。普通野生稻大致可分为5个自然分布区：①海南岛区。该区气候炎热，雨量充沛，无霜期长，极有利于普通野生稻的生长与繁衍。海南省18个县（市）中就有14个县（市）分布有普通野生稻，而且密度较大。②两广大陆区。包括广东、广西和湖南的江永县及福建的漳浦县，为普通野生稻的主要分布区，主要集中分布于珠江水系的西江、北江和东江流域，特别是北回归线以南及广东、广西沿海地区分布最多。③云南区。据考察，在西双版纳傣族自治州的景洪镇、勐罕坝、大勐龙坝等地共发现26个分布点，后又在景洪和元江发现2个普通野生稻分布点，这两个县普通野生稻呈零星分布，覆盖面积小。历年发现的分布点都集中在流沙河和澜沧江流域，这两条河向南流入东南亚，注入南海。④湘赣区。包括湖南茶陵县及江西东乡县的普通野生稻。东乡县的普通野生稻分布于北纬28°14′，是目前中国乃至全球普通野生稻分布的最北限。⑤台湾区。20世纪50年代在桃园、新竹两县发现过普通野生稻，但目前已消失。

药用野生稻分布于广东、海南、广西、云南4省（自治区）的38个县（市），可分为3个自然分布区：①海南岛区。主要分布在黎母山一带，集中分布在三亚市及陵水、保亭、乐东、白沙、屯昌5县。②两广大陆区。为主要分布区，共包括27个县（市），集中于桂东中南部，包括梧州、苍梧、岑溪、玉林、容县、贵港、武宣、横县、邕宁、灵山等县（市），以及广东省的封开、郁南、德庆、罗定、英德等县（市）。③云南区。主要分布于临沧地区的耿马、永德县及普洱市。

疣粒野生稻主要分布于海南、云南与台湾三省（台湾的疣粒野生稻于1978年消失）的27个县（市），海南省仅分布于中南部的9个县（市），尖峰岭至雅加大山、鹦哥岭至黎母山、大本山至五指山、吊罗山至七指岭的许多分支山脉均有分布，常常生长在背北向南的山坡上。云南省有18个县（市）存在疣粒野生稻，集中分布于哀牢山脉以西的滇西南，东至绿春、元江，而以澜沧江、怒江、红河、李仙江、南汀河等河流下游地区为主要分布区。台湾在历史上曾发现新竹县有疣粒野生稻分布，目前情况不明。

自2002年开始，中国农业科学院作物科学研究所组织江西、湖南、云南、海南、福建、广东和广西等省（自治区）的相关单位对我国野生稻资源状况进行再次全面调查和收集，至2013年底，已完成除广东省以外的所有已记载野生稻分布点的调查和部分生态环境相似地区的调查。调查结果表明，与1980年相比，江西、湖南、福建的野生稻分布点没有变化，但分布面积有所减少；海南发现现存的野生稻居群总数达154个，其中普通野生稻136个，疣粒野生稻11个，药用野生稻7个；广西原有的1 342个分布点中还有325个存在野生稻，且新发现野生稻分布点29个，其中普通野生稻13个，药用野生稻16个；云南在调查的98个野生稻分布点中，26个普通野生稻分布点仅剩1个，11个药用野生稻分布点仅剩2个，61个疣粒野生稻分布点还剩25个。除了已记载的分布点，还发现了1个普通野生稻和10个疣粒野生稻新分布点。值得注意的是，从目前对现存野生稻的调查情况看，与1980年相比，我国70%以上的普通野生稻分布点、50%以上的药用野生稻分布点和30%疣粒野生稻分布点已经消失，濒危状况十分严重。

2010年，国家长期库（北京）保存野生稻种质资源5 896份，其中国内普通野生稻种质资源4 602份，药用野生稻880份，疣粒野生稻29份，国外野生稻385份；进入国家中期库（北京）保存的野生稻种质资源3 200份。考虑到种茎保存能较好地保持野生稻原有的种性，为了保持野生稻的遗传稳定性，现已在广东省农业科学院水稻研究所（广州）和广西农业科学院作物品种资源研究所（南宁）建立了2个国家野生稻种质资源圃，收集野生稻种茎入圃保存，至2013年已入圃保存的野生稻种茎10 747份，其中广州圃保存5 037份，南宁圃保存5 710份。此外，新收集的12 800份野生稻种质资源尚未入编国家长期库（北京）或国家野生稻种质圃长期保存，临时保存于各省（自治区）临时圃或大田中。

近年来，对中国收集保存的野生稻种质资源开展了较为系统的抗病虫鉴定，至2013年底，共鉴定出抗白叶枯病种质资源130多份，抗稻瘟病种质资源200余份，抗纹枯病种质资源10份，抗褐飞虱种质资源200多份，抗白背飞虱种质资源180多份。但受试验条件限制，目前野生稻种质资源抗旱、耐寒、抗盐碱等的鉴定较少。

第四节　栽培稻品种的遗传改良

中华人民共和国成立以来，水稻品种的遗传改良获得了巨大成就，纯系选择育种、杂交育种、诱变育种、杂种优势利用、组织培养（花粉、花药、细胞）育种、分子标记辅助育种等先后成为卓有成效的育种方法。65年来，全国共育成并通过国家、省（自治区、直辖市）、地区（市）农作物品种审定委员会审定（认定）的常规和杂交水稻品种共8 117份，其中1991—2014年，每年种植面积大于6 667hm^{2}的品种已从1991年的255个增加到2014年的869个（图1-4）。20世纪50年代后期至70年代的矮化育种、70～90年代的杂交水稻育种，以及近20年的超级稻育种，在我国乃至世界水稻育种史上具有里程碑意义。

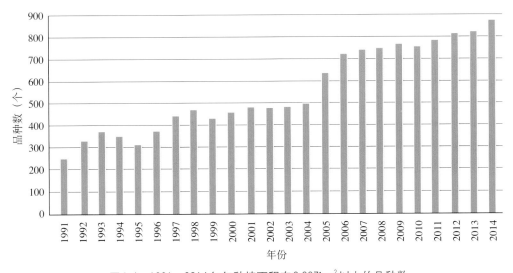

图1-4　1991—2014年年种植面积在6 667hm^{2}以上的品种数

一、常规品种的遗传改良

（一）地方农家品种改良（20世纪50年代）

20世纪50年代初期，全国以种植数以万计的高秆农家品种为主，以高秆（>150cm）、易倒伏为品种主要特征，主要品种有夏至白、马房籼、红脚早、湖北早、黑谷子、竹粘谷、油占子、西瓜红、老来青、霜降青、有芒早粳等。50年代中期，主要采用系统选择法对地方农家品种的某些农艺性状进行改良以提高防倒伏能力，增加产量，育成了一批改良农家品种。在全国范围内，早籼确定38个、中籼确定20个、晚粳确定41个改良农家品种予以大面积推广，连续多年种植面积较大的品种有早籼：南特号、雷火占；中籼：胜利籼、乌嘴川、长粒籼、万利籼；晚籼：红米冬占、浙场9号、粤油占、黄禾子；早粳：有芒早粳；中粳：桂花球、洋早十日、石稻；晚粳：新太湖青、猪毛簇、红须粳、四上裕等。与此同时，通过简单杂交和系统选育，育成了一批高秆改良品种。改良农家品种和新育成的高秆改良品种的产量一般为 2 500 ～ 3 000kg/hm²，比地方高秆农家品种的产量高5%～15%。

（二）矮化育种（20世纪50年代后期至70年代）

20世纪50年代后期，育种家先后发现籼稻品种矮仔占、矮脚南特和低脚乌尖，以及粳稻品种农垦58等，具有优良的矮秆特性：秆矮（＜100cm），分蘖强，耐肥，抗倒伏，产量高。研究发现，这4个品种都具有半矮秆基因 $Sd1$。矮仔占来自南洋，20世纪前期引入广西，是我国20世纪50年代后期至60年代前期种植的最主要的矮秆品种之一，也是60 ～ 90年代矮化育种最重要的矮源亲本之一。矮脚南特是广东农民由高秆品种南特16的矮秆变异株选得。低脚乌尖是我国台湾省的农家品种，是国内外矮化育种最重要的矮源亲本之一。农垦58则是50年代后期从日本引进的粳稻品种。

可利用的 $Sd1$ 矮源发现后，立即开始了大规模的水稻矮化育种。如华南农业科学研究所从矮仔占中选育出矮仔占4号，随后以矮仔占4号与高秆品种广场13杂交育成矮秆品种广场矮。台湾台中农业改良场用矮秆的低脚乌尖与高秆地方品种菜园种杂交育成矮秆的台中本地1号（TN1）。南特号是双季早籼品种极其重要的育种亲源，以南特号为基础，衍生了大量品种，包括矮脚南特（南特号→南特16→矮脚南特）、广场13、莲塘早和陆财号等4个重要骨干品种。农垦58则迅速成为长江中下游地区中粳、晚粳稻的育种骨干亲本。广场矮、矮脚南特、台中本地1号和农垦58这4个具有划时代意义的矮秆品种的育成、引进和推广，标志中国步入了大规模的卓有成效的籼、粳稻矮化育种，成为水稻矮化育种的里程碑。

从20世纪60年代初期开始，全国主要稻区的农家地方品种均被新育成的矮秆、半矮秆品种所替代。这些品种以矮秆（80 ～ 85cm）、半矮秆（86 ～ 105cm）、强分蘖、耐肥、抗倒伏为基本特征，产量比当地主要高秆农家品种提高15%～30%。著名的籼稻矮秆品种有矮脚南特、珍珠矮、珍珠矮11、广场矮、广场13、莲塘早、陆财号等；著名的粳稻矮秆品种有农垦58、农垦57（从日本引进）、桂花黄（Balilla，从意大利引进）。60年代后期至70年代中期，年种植面积曾经超过30万hm²的籼稻品种有广陆矮4号、广选3号、二九青、广二104、原丰早、湘矮早9号、先锋1号、矮南早1号、圭陆矮8号、桂朝2号、桂朝13、南京1号、窄叶青8号、红410、成都矮8号、泸双1011、包选2号、包胎矮、团结1号、广二选二、广秋矮、二白矮1号、竹系26、青二矮等；年种植面积超过20万hm²的粳稻矮秆品种有农垦58、农垦57、农虎6号、吉粳60、武农早、沪选19、嘉湖4号、桂花糯、双糯4号等。

（三）优质多抗育种（20世纪80年代中期至90年代）

1978—1984年，由于杂交水稻的兴起和农村种植结构的变化，常规水稻的种植面积大大压缩，特别是常规早稻面积逐年减少，部分常规双季稻被杂交中籼稻和杂交晚籼稻取代。因此，常规品种的选育多以提高稻米产量和品质为主，主要的籼稻品种有广陆矮4号、二九青、先锋1号、原丰早、湘矮早9号、湘早籼13、红410、二九丰、浙733、浙辐802、湘早籼7号、嘉育948、舟903、广二104、桂朝2号、珍珠矮11、包选2号、国际稻8号（IR8）、南京11、754、团结1号、二白矮1号、窄叶青8号、粳籼89、湘晚籼11、双桂1号、桂朝13、七桂早25、鄂早6号、73-07、青秆黄、包选2号、754、汕二59、三二矮等；主要的粳稻品种有秋光、合江19、桂花黄、鄂晚5号、农虎6号、嘉湖4号、鄂宜105、秀水04、武育粳2号、秀水48、秀水11等。

自矮化育种以来，由于密植程度增加，病虫害逐渐加重。因此，90年代常规品种的选育重点在提高产量的同时，还须兼顾提高病虫抗性和改良品质，提高对非生物压力的耐性，因而育成的品种多数遗传背景较为复杂。突出的籼稻品种有早籼31、鄂早18、粤晶丝苗2号、嘉育948、籼小占、粤香占、特籼占25、中鉴100、赣晚籼30、湘晚籼13等；重要的粳稻品种有空育131、辽粳294、龙粳14、龙粳20、吉粳88、垦稻12、松粳6号、宁粳16、垦稻8号、合江19、武育粳3号、武育粳5号、早丰9号、武运粳7号、秀水63、秀水110、秀水128、嘉花1号、甬粳18、豫粳6号、徐稻3号、徐稻4号、武香粳14等。

1978—2014年，最大年种植面积超过40万hm²的常规稻品种共23个，这些都是高产品种，产量高，适应性广，抗病虫力强（表1-3）。

表1-3　1978—2014年最大年种植面积超过40万hm²的常规水稻品种

品种名称	品种类型	亲本/血缘	最大年种植面积（万hm²）	累计种植面积（万hm²）
广陆矮4号	早籼	广场矮3784/陆财号	495.3（1978）	1 879.2（1978—1992）
二九青	早籼	二九矮7号/青小金早	96.9（1978）	542.0（1978—1995）
先锋1号	早籼	广场矮6号/陆财号	97.1（1978）	492.5（1978—1990）
原丰早	早籼	IR8种子⁶⁰Co辐照	105.0（1980）	436.7（1980—1990）
湘矮早9号	早籼	IR8/湘矮早4号	121.3（1980）	431.8（1980—1989）
余赤231-8	晚籼	余晚6号/赤块矮3号	41.1（1982）	277.7（1981—1999）
桂朝13	早籼	桂阳矮49/朝阳早18，桂朝2号的姐妹系	68.1（1983）	241.8（1983—1990）
红410	早籼	珍龙410系选	55.7（1983）	209.3（1982—1990）
双桂1号	早籼	桂阳矮C17/桂朝2号	81.2（1985）	277.5（1982—1989）
二九丰	早籼	IR29/原丰早	66.5（1987）	256.5（1985—1994）
73-07	早籼	红梅早/7055	47.5（1988）	157.7（1985—1994）
浙辐802	早籼	四梅2号种子辐照	130.1（1990）	973.1（1983—2004）
中嘉早17	早籼	中选181/育嘉253	61.1（2014）	171.4（2010—2014）
珍珠矮11	中籼	矮仔占4号/惠阳珍珠早	204.9（1978）	568.2（1978—1996）
包选2号	中籼	包胎白系选	72.3（1979）	371.7（1979—1993）
桂朝2号	中籼	桂阳矮49/朝阳早18	208.8（1982）	721.2（1982—1995）
二白矮1号	晚籼	秋二矮/秋白矮	68.1（1979）	89.0（1979—1982）
龙粳25	早粳	佳禾早占/龙花97058	41.1（2011）	119.7（2010—2014）
空育131	早粳	道黄金/北明	86.7（2004）	938.5（1997—2014）
龙粳31	早粳	龙花96-1513/垦稻8号的F₁花药培养	112.8（2013）	256.9（2011—2014）
武育粳3号	中粳	中丹1号/79-51//中丹1号/扬粳1号	52.7（1997）	560.7（1992—2012）
秀水04	晚粳	C21///辐农709//辐农709/单209	41.4（1988）	166.9（1985—1993）
武运粳7号	晚粳	嘉40/香糯9121//丙815	61.4（1999）	332.3（1998—2014）

二、杂交水稻的兴起和遗传改良

20世纪70年代初，袁隆平等在海南三亚发现了含有胞质雄性不育基因 *cms* 的普通野生稻，这一发现对水稻杂种优势利用具有里程碑的意义。通过全国协作攻关，1973年实现不育系、保持系、恢复系三系配套，1976年中国开始大面积推广"三系"杂交水稻。1980年全国杂交水稻种植面积479万 hm^2，1990年达到1 665万 hm^2。70年代初期，中国最重要的不育系二九南1号A和珍汕97A，是来自携带 *cms* 基因的海南普通野生稻与中国矮秆品种二九南1号和珍汕97的连续回交后代；最重要的恢复系来自国际水稻研究所的IR24、IR661和IR26，它们配组的南优2号、南优3号和汕优6号成为20世纪70年代后期到80年代初期最重要的籼型杂交水稻品种。南优2号最大年（1978）种植面积298万 hm^2，1976—1986年累计种植面积666.7万 hm^2；汕优6号最大年（1984）种植面积173.9万 hm^2，1981—1994年累计种植面积超过1 000万 hm^2。

1973年10月，石明松在晚粳农垦58田间发现光敏雄性不育株，经过10多年的选育研究，1987年光敏核不育系农垦58S选育成功并正式命名，两系杂交水稻正式进入攻关阶段，两系杂交水稻优良品种两优培九通过江苏省（1999）和国家（2001）农作物品种审定委员会审定并大面积推广，2002年该品种年种植面积达到82.5万 hm^2。

20世纪80～90年代，针对第一代中国杂交水稻稻瘟病抗性差的突出问题，开展抗稻瘟病育种，育成明恢63、测64、桂33等抗稻瘟病性较强的恢复系，形成第二代杂交水稻汕优63、汕优64、汕优桂33等一批新品种，从而中国杂交水稻又蓬勃发展，80年代湖北出现6 666.67 hm^2 汕优63产量超9 000kg/hm^2 的记录。著名的杂交水稻品种包括：汕优46、汕优63、汕优64、汕优桂99、威优6号、威优64、协优46、D优63、冈优22、Ⅱ优501、金优207、四优6号、博优64、秀优57等。中国三系杂交水稻最重要的强恢复系为IR24、IR26、明恢63、密阳46（Miyang 46）、桂99、CDR22、辐恢838、扬稻6号等。

1978—2014年，最大年种植面积超过40万 hm^2 的杂交稻品种共32个，这些杂交稻品种产量高，抗病虫力强，适应性广，种植年限长，制种产量也高（表1-4）。

表1-4　1978—2014年最大年种植面积超过40万 hm^2 的杂交稻品种

杂交稻品种	类型	配组亲本	恢复系中的国外亲本	最大年种植面积（万 hm^2）	累计种植面积（万 hm^2）
南优2号	三系，籼	二九南1号A/IR24	IR24	298.0（1978）	＞666.7（1976—1986）
威优2号	三系，籼	V20A/IR24	IR24	74.7（1981）	203.8（1981—1992）
汕优2号	三系，籼	珍汕97A/IR24	IR24	278.3（1984）	1 264.8（1981—1988）
汕优6号	三系，籼	珍汕97A/IR26	IR26	173.9（1984）	999.9（1981—1994）
威优6号	三系，籼	V20A/IR26	IR26	155.3（1986）	821.7（1981—1992）
汕优桂34	三系，籼	珍汕97A/桂34	IR24、IR30	44.5（1988）	155.6（1986—1993）
威优49	三系，籼	V20A/测64-49	IR9761-19	45.4（1988）	163.8（1986—1995）
D优63	三系，籼	D汕A/明恢63	IR30	111.4（1990）	637.2（1986—2001）

（续）

杂交稻品种	类型	配组亲本	恢复系中的国外亲本	最大年种植面积（万hm²）	累计种植面积（万hm²）
博优64	三系，籼	博A/测64-7	IR9761-19-1	67.1（1990）	334.7（1989—2002）
汕优63	三系，籼	珍汕97A/明恢63	IR30	681.3（1990）	6 288.7（1983—2009）
汕优64	三系，籼	珍汕97A/测64-7	IR9761-19-1	190.5（1990）	1 271.5（1984—2006）
威优64	三系，籼	V20A/测64-7	IR9761-19-1	135.1（1990）	1 175.1（1984—2006）
汕优桂33	三系，籼	珍汕97A/桂33	IR24、IR36	76.7（1990）	466.9（1984—2001）
汕优桂99	三系，籼	珍汕97A/桂99	IR661、IR2061	57.5（1992）	384.0（1990—2008）
冈优12	三系，籼	冈46A/明恢63	IR30	54.4（1994）	187.7（1993—2008）
威优46	三系，籼	V20A/密阳46	密阳46	51.7（1995）	411.4（1990—2008）
汕优46*	三系，籼	珍汕97A/密阳46	密阳46	45.5（1996）	340.3（1991—2007）
汕优多系1号	三系，籼	珍汕97A/多系1号	IR30、Tetep	68.7（1996）	301.7（1995—2004）
汕优77	三系，籼	珍汕97A/明恢77	IR30	43.1（1997）	256.1（1992—2007）
特优63	三系，籼	龙特甫A/明恢63	IR30	43.1（1997）	439.3（1984—2009）
冈优22	三系，籼	冈46A/CDR22	IR30、IR50	161.3（1998）	922.7（1994—2011）
协优63	三系，籼	协青早A/明恢63	IR30	43.2（1998）	362.8（1989—2008）
Ⅱ优501	三系，籼	Ⅱ-32A/明恢501	泰引1号、IR26、IR30	63.5（1999）	244.9（1995—2007）
Ⅱ优838	三系，籼	Ⅱ-32A/辐恢838	泰引1号、IR30	79.1（2000）	663.0（1995—2014）
金优桂99	三系，籼	金23A/桂99	IR661、IR2061	40.4（2001）	236.2（1994—2009）
冈优527	三系，籼	冈46A/蜀恢527	古154、IR24、IR1544-28-2-3	44.6（2002）	246.4（1999—2013）
冈优725	三系，籼	冈46A/绵恢725	泰引1号、IR30、IR26	64.2（2002）	469.4（1998—2014）
金优207	三系，籼	金23A/先恢207	IR56、IR9761-19-1	71.9（2004）	508.7（2000—2014）
金优402	三系，籼	金23A/R402	古154、IR24、IR30、IR1544-28-2-3	53.5（2006）	428.6（1996—2014）
培两优288	两系，籼	培矮64S/288	IR30、IR36、IR2588	39.9（2001）	101.4（1996—2006）
两优培九	两系，籼	培矮64S/扬稻6号	IR30、IR36、IR2588、BG90-2	82.5（2002）	634.9（1999—2014）
丰两优1号	两系，籼	广占63S/扬稻6号	IR30、R36、IR2588、BG90-2	40.0（2006）	270.1（2002—2014）

* 汕优10号与汕优46的父、母本和育种方法相同，前期称为汕优10号，后期统称汕优46。

三、超级稻育种

国际水稻研究所从1989年起开始实施理想株型（Ideal plant type，俗称超级稻）育种计划，试图利用热带粳稻新种质和理想株型作为突破口，通过杂交和系统选育及分子育种方

法育成新株型品种 [New plant type（NPT），超级稻] 供南亚和东南亚稻区应用，设计产量希望比当地品种增产20%～30%。但由于产量、抗病虫力和稻米品质不理想等原因，迄今还无突出的品种在亚洲各国大面积应用。

为实现在矮化育种和杂交育种基础上的产量再次突破，农业部于1996年启动中国超级稻研究项目，要求育成高产、优质、多抗的常规和杂交水稻新品种。广义要求，超级稻的主要性状如产量、米质、抗性等均应显著超过现有主栽品种的水平；狭义要求，应育成在抗性和米质与对照品种相仿的基础上，产量有大幅度提高的新品种。在育种技术路线上，超级稻品种采用理想株型塑造与杂种优势利用相结合的途径，核心是种质资源的有效利用或有利多基因的聚合，育成单产大幅提高、品质优良、抗性较强的新型水稻品种（表1-5）。

表1-5　超级稻品种的主要指标

项　目	长江流域早熟早稻	长江流域中迟熟早稻	长江流域中熟晚稻、华南感光性晚稻	华南早晚兼用稻、长江流域迟熟晚稻、东北早熟粳稻	长江流域一季稻、东北中熟粳稻	长江上游迟熟一季稻、东北迟熟粳稻
生育期（d）	≤105	≤115	≤125	≤132	≤158	≤170
产量（kg/hm²）	≥8 250	≥9 000	≥9 900	≥10 800	≥11 700	≥12 750
品　质	北方粳稻达到部颁二级米以上（含）标准，南方晚籼稻达到部颁三级米以上（含）标准，南方早籼稻和一季稻达到部颁四级米以上（含）标准					
抗　性	抗当地1～2种主要病虫害					
生产应用面积	品种审定后2年内生产应用面积达到每年3 125hm²以上					

近年有的育种家提出"绿色超级稻"或"广义超级稻"的概念，其基本思路是将品种资源研究、基因组研究和分子技术育种紧密结合，加强水稻重要性状的生物学基础研究和基因发掘，全面提高水稻的综合性状，培育出抗病、抗虫、抗逆、营养高效、高产、优质的新品种。2000年超级杂交稻第一期攻关目标大面积如期实现产量10.5t/hm²，2004年第二期攻关目标大面积实现产量12.0t/hm²。

2006年，农业部进一步启动推进超级稻发展的"6236工程"，要求用6年的时间，培育并形成20个超级稻主导品种，年推广面积占全国水稻总面积的30%，即900万hm²，单产比目前主栽品种平均增产900kg/hm²，以全面带动我国水稻的生产水平。2011年，湖南隆回县种植的超级杂交水稻品种Y两优2号在7.5hm²的面积上平均产量13 899kg/hm²；2011年宁波农业科学院选育的籼粳型超级杂交晚稻品种甬优12单产14 147kg/hm²；2013年，湖南隆回县种植的超级杂交水稻Y两优900获得14 821kg/hm²的产量，宣告超级杂交水稻第三期攻关目标大面积产量13.5t/hm²的实现。据报道，2015年云南个旧市的"超级杂交水稻示范基地"百亩连片水稻攻关田，种植的超级稻品种超优千号，百亩片平均单产16 010kg/hm²；2016年山东临沂市莒南县大店镇的百亩片攻关基地种植的超级杂交稻超优千号，实测单产15 200kg/hm²，创造了杂交水稻高纬度单产的世界纪录，表明已稳定实现了超级杂交水稻第四期大面积产量潜力达到15t/hm²的攻关目标。

截至2014年，农业部确认了111个超级稻品种，分别是：

常规超级籼稻7个：中早39、中早35、金农丝苗、中嘉早17、合美占、玉香油占、桂农占。

常规超级粳稻28个：武运粳27、南粳44、南粳45、南粳49、南粳5055、淮稻9号、长白25、莲稻1号、龙粳39、龙粳31、松粳15、镇稻11、扬粳4227、宁粳4号、楚粳28、连粳7号、沈农265、沈农9816、武运粳24、扬粳4038、宁粳3号、龙粳21、千重浪、辽星1号、楚粳27、松粳9号、吉粳83、吉粳88。

籼型三系超级杂交稻46个：F优498、荣优225、内5优8015、盛泰优722、五丰优615、天优3618、天优华占、中9优8012、H优518、金优785、德香4103、Q优8号、宜优673、深优9516、03优66、特优582、五优308、五丰优T025、天优3301、珞优8号、荣优3号、金优458、国稻6号、赣鑫688、Ⅱ优航2号、天优122、一丰8号、金优527、D优202、Q优6号、国稻1号、国稻3号、中浙优1号、丰优299、金优299、Ⅱ优明86、Ⅱ优航1号、特优航1号、D优527、协优527、Ⅱ优162、Ⅱ优7号、Ⅱ优602、天优998、Ⅱ优084、Ⅱ优7954。

粳型三系超级杂交稻1个：辽优1052。

籼型两系超级杂交稻26个：两优616、两优6号、广两优272、C两优华占、两优038、Y两优5867、Y两优2号、Y两优087、准两优608、深两优5814、广两优香66、陵两优268、徽两优6号、桂两优2号、扬两优6号、陆两优819、丰两优香1号、新两优6380、丰两优4号、Y优1号、株两优819、两优287、培杂泰丰、新两优6号、两优培九、准两优527。

籼粳交超级杂交稻3个：甬优15、甬优12、甬优6号。

超级杂交水稻育种正在继续推进，面临的挑战还有很多。从遗传角度看，目前真正能用于超级稻育种的有利基因及连锁分子标记还不多，水稻基因研究成果还不足以全面支撑超级稻分子育种，目前的超级稻育种仍以常规杂交技术和资源的综合利用为主。因此，需要进一步发掘高产、优质、抗病虫、抗逆基因，改进育种方法，将常规育种技术与分子育种技术相结合起来，培育出广适性的可大幅度减少农用化学品（无机肥料、杀虫剂、杀菌剂、除草剂）而又高产优质的超级稻品种。

第五节　核心育种骨干亲本

分析65年来我国育成并通过国家或省级农作物品种审定委员会审（认）定的8 117份水稻、陆稻和杂交水稻现代品种，追溯这些品种的亲源，可以发现一批极其重要的核心育种骨干亲本，它们对水稻品种的遗传改良贡献巨大。但是由于种质资源的不断创新与交流，尤其是育种材料的交流和国外种质的引进，育种技术的多样化，有的品种含有多个亲本的血缘，使得现代育成品种的亲缘关系十分复杂。特别是有些品种的亲缘关系没有文字记录，或者仅以代号留存，难以查考。另外，籼、粳稻品种的杂交和选择，出现了大量含有籼、粳血缘的中间品种，难以绝对划分它们的籼、粳类别。毫无疑问，品种遗传背景的多样性对于克服品种遗传脆弱性，保障粮食生产安全性极为重要。

考虑到这些相互交错的情况，本节品种的亲源一般按不同亲本在品种中所占的重要性和比率确定，可能会出现前后交叉和上下代均含数个重要骨干亲本的情况。

一、常规籼稻

据不完全统计，我国常规籼稻最重要的核心育种骨干亲本有22个，衍生的大面积种植（年种植面积＞6 667hm²）的品种数超过2 700个（表1-6）。其中，全国种植面积较大的常规籼稻品种是：浙辐802、桂朝2号、双桂1号、广陆矮4号、湘早籼45、中嘉早17等。

表1-6 籼稻核心育种骨干亲本及其主要衍生品种

品种名称	类型	衍生的品种数	主要衍生品种
矮仔占	早籼	＞402	矮仔占4号、珍珠矮、浙辐802、广陆矮4号、桂朝2号、广场矮、二九青、特青、嘉育948、红410、泸红早1号、双桂36、湘早籼7号、广二104、珍汕97、七桂早25、特籼占13
南特号	早籼	＞323	矮脚南特、广场13、莲塘早、陆财号、广场矮、广选3号、矮南早1号、广陆矮4号、先锋1号、青小金早、湘早籼3号、湘矮早3号、湘晚早7号、嘉育293、赣早籼26
珍汕97	早籼	＞267	珍竹19、庆元2号、闽科早、珍汕97A、Ⅱ-32A、D汕A、博A、中A、29A、天丰A、枝A不育系及汕优63等大量杂交稻品种
矮脚南特	早籼	＞184	矮南早1号、湘矮早7号、青小金早、广选3号、温选青
珍珠矮	早籼	＞150	珍龙13、珍汕97、红梅早、红410、红突31、珍珠矮6号、珍珠矮11、7055、6044、赣早籼9号
湘早籼3号	早籼	＞66	嘉育948、嘉育293、湘早籼10号、湘早籼13、湘早籼7号、中优早81、中86-44、赣早籼26
广场13	早籼	＞59	湘早籼3号、中优早81、中86-44、嘉育293、嘉育948、早籼31、嘉兴香米、赣早籼26
红410	早籼	＞43	红突31、8004、京红1号、赣早籼9号、湘早籼5号、舟优903、中优早3号、泸红早1号、辐8-1、佳禾早占、鄂早16、余红1号、湘晚籼9号、湘晚籼14
嘉育293	早籼	＞25	嘉育948、中98-15、嘉兴香米、嘉早43、越糯2号、嘉育143、嘉早41、嘉早935、中嘉早17
浙辐802	早籼	＞21	香早籼11、中516、浙9248、中组3号、皖稻45、鄂早10号、赣早籼50、金早47、赣早籼56、浙852、中选181
低脚乌尖	中籼	＞251	台中本地1号（TN1）、IR8、IR24、IR26、IR29、IR30、IR36、IR661、原丰早、洞庭晚籼、二九丰、滇瑞306、中选8号
广场矮	中籼	＞151	桂朝2号、双桂36、二九矮、广场矮5号、广场矮3784、湘矮早3号、先锋1号、泸南早1号
IR8	中籼	＞120	IR24、IR26、原丰早、滇瑞306、洞庭晚籼、滇陇201、成矮597、科六早、滇屯502、滇瑞408
IR36	中籼	＞108	赣早籼15、赣早籼37、赣早籼39、湘早籼3号
IR24	中籼	＞79	四梅2号、浙辐802、浙852、中156，以及一批杂交稻恢复系和杂交稻品种南优2号、汕优2号
胜利籼	中籼	＞76	广场13、南京1号、南京11、泸胜2号、广场矮系列品种
台中本地1号（TN1）	中籼	＞38	IR8、IR26、IR30、BG90-2、原丰早、湘晚籼1号、滇瑞412、扬稻1号、扬稻3号、金陵57

(续)

品种名称	类型	衍生的品种数	主要衍生品种
特青	中晚籼	>107	特籼占13、特籼占25、盐稻5号、特三矮2号、鄂中4号、胜优2号、丰青矮、黄华占、茉莉新占、丰矮占1号、丰澳占，以及一批杂交稻恢复系镇恢084、蓉恢906、浙恢9516、广恢998
秋播了	晚籼	>60	516、澄秋5号、秋长3号、东秋播、白花
桂朝2号	中晚籼	>43	豫籼3号、镇籼96、扬稻5号、湘晚籼8号、七山占、七桂早25、双朝25、双桂36、早桂1号、陆青早1号、湘晚籼32
中山1号	晚籼	>30	包胎红、包胎白、包选2号、包胎矮、大灵矮、钢枝占
粳籼89	晚籼	>13	赣晚籼29、特籼占13、特籼占25、粤野软占、野黄占、粤野占26

矮仔占源自早期的南洋引进品种，后成为广西容县一带农家地方品种，携带 $sd1$ 矮秆基因，全生育期约140d，株高82cm左右，节密，耐肥，有效穗多，千粒重26g左右，单产4 500～6 000kg/hm^2，比一般高秆品种增产20%～30%。1955年，华南农业科学研究所发现并引进矮仔占，经系选，于1956年育成矮仔占4号。采用矮仔占4号/广场13，1959年育成矮秆品种广场矮；采用矮仔占4号/惠阳珍珠早，1959年育成矮秆品种珍珠矮。广场矮和珍珠矮是矮仔占最重要的衍生品种，这2个品种不但推广面积大，而且衍生品种多，随后成为水稻矮化育种的重要骨干亲本，广场矮至少衍生了151个品种，珍珠矮至少衍生了150个品种。因此，矮仔占是我国20世纪50年代后期至60年代最重要的矮秆推广品种，也是60～80年代矮化育种最重要的矮源。至今，矮仔占至少衍生了402个品种，其中种植面积较大的衍生品种有广场矮、珍珠矮、广陆矮4号、二九青、先锋1号、特青、桂朝2号、双桂1号、湘早籼7号、嘉育948等。

南特号是20世纪40年代从江西农家品种鄱阳早的变异株中选得，50年代在我国南方稻区广泛作早稻种植。该品种株高100～130cm，根系发达，适应性广，全生育期105～115d，较耐肥，每穗约80粒，千粒重26～28g，单产3 750～4 500kg/hm^2，比一般高秆品种增产13%～34%。南特号1956年种植面积达333.3万hm^2，1958—1962年，年种植面积达到400万hm^{2}以上。南特号直接系选衍生出南特16、江南1224和陆财号。1956年，广东潮阳县农民从南特号发现矮秆变异株，经系选育成矮脚南特，具有早熟、秆矮、高产等优点，可比高秆品种增产20%～30%。经分析，矮脚南特也含有矮秆基因 $sd1$，随后被迅速大面积推广并广泛用作矮化育种亲本。南特号是双季早籼品种极其重要的育种亲源，至少衍生了323个品种，其中种植面积较大的衍生品种有广场矮、广场13、矮南早1号、莲塘早、陆财号、广陆矮4号、先锋1号、青小金早、湘矮早2号、湘矮早7号、红410等。

低脚乌尖是我国台湾省的农家品种，携带 $sd1$ 矮秆基因，20世纪50年代后期因用低脚乌尖为亲本（低脚乌尖/菜园种）在台湾育成台中本地1号（TN1）。国际水稻研究所利用Peta/低脚乌尖育成著名的IR8品种并向东南亚各国推广，引发了亚洲水稻的绿色革命。祖国大陆育种家利用含有低脚乌尖血缘的台中本地1号、IR8、IR24和IR30作为杂交亲本，至少衍生了251个常规水稻品种，其中IR8（又称科六或691）衍生了120个品种，台中本地1号衍生了38个品种。利用IR8和台中本地1号而衍生的、种植面积较大的品种有原丰早、科梅、双科1号、湘矮早9号、二九丰、扬稻2号、泸红早1号等。利用含有低脚乌尖血缘的IR24、IR26、IR30等，又育成了大量杂交水稻恢复系，有的恢复系可直接作为常规品种种植。

早籼品种珍汕97对推动杂交水稻的发展作用特殊、贡献巨大。该品种是浙江省温州农业科学研究所用珍珠矮11/汕矮选4号于1968年育成，含有矮仔占血缘，株高83cm，全生育期约120d，分蘖力强，千粒重27g左右，单产约5 500kg/hm²。珍汕97除衍生了一批常规品种外，还被用于杂交稻不育系的选育。1973年，江西省萍乡市农业科学研究所以海南普通野生稻的野败材料为母本，用珍汕97为父本进行杂交并连续回交育成珍汕97A。该不育系早熟、配合力强，是我国使用范围最广、应用面积最大、时间最长、衍生品种最多的不育系。珍汕97A与不同恢复系配组，育成多种熟期类型的杂交水稻品种，如汕优6号、汕优46、汕优63、汕优64等供华南、长江流域作双季晚稻和单季中、晚稻大面积种植。以珍汕97A为母本直接配组的年种植面积超过6 667hm²的杂交水稻品种有92个，36年来（1978—2014年）累计推广面积超过14 450万hm²。

特青是广东省农业科学院用特矮/叶青伦于1984年育成的早、晚兼用的籼稻品种，茎秆粗壮，叶挺色浓，株叶形态好，耐肥，抗倒伏，抗白叶枯病，产量高，大田产量6 750～9 000kg/hm²。特青被广泛用于南方稻区早、中、晚籼稻的育种亲本，主要衍生品种有特籼占13、特籼占25、盐稻5号、特三矮2号、鄂中4号、胜优2号、黄华占、丰矮占1号、丰澳占等。

嘉育293（浙辐802/科庆47//二九丰///早丰6号/水原287////HA79317-7）是浙江省嘉兴市农业科学研究所育成的常规早籼品种。全生育期约112d，株高76.8cm，苗期抗寒性强，株型紧凑，叶片长而挺，茎秆粗壮，生长旺盛，耐肥，抗倒伏，后期青秆黄熟，产量高，适于浙江、江西、安徽（皖南）等省作早稻种植，1993—2012年累计种植面积超过110万hm²。嘉育293被广泛用于长江中下游稻区的早籼稻育种亲本，主要衍生品种有嘉育948、中98-15、嘉兴香米、嘉早43、越糯2号、嘉育143、嘉早41、嘉早935、中嘉早17等。

二、常规粳稻

我国常规粳稻最重要的核心育种骨干亲本有20个，衍生的种植面积较大（年种植面积＞6 667hm²）的品种数超过2 400个（表1-7）。其中，全国种植面积较大的常规粳稻品种有：空育131、武育粳2号、武育粳3号、武运粳7号、鄂宜105、合江19、宁粳4号、龙粳31、农虎6号、鄂晚5号、秀水11、秀水04等。

旭是日本品种，从日本早期品种日之出选出。对旭进行系统选育，育成了京都旭以及关东43、金南风、下北、十和田、日本晴等日本品种。至20世纪末，我国由旭衍生的粳稻品种超过149个。如利用旭及其衍生品种进行早粳育种，育成了辽丰2号、松辽4号、合江20、合江21、早丰、吉粳53、吉粳88、冀粳1号、五优稻1号、龙粳3号、东农416等；利用京都旭及其衍生品种农垦57（原名金南风）进行中、晚粳育种，育成了金垦18、南粳11、徐稻2号、镇稻4号、盐粳4号、扬粳186、盐粳6号、镇稻6号、淮稻6号、南粳37、阳光200、远杂101、鲁香粳2号等。

表1-7　常规粳稻最重要核心育种骨干亲本及其主要衍生品种

品种名称	类型	衍生的品种数	主要衍生品种
旭	早粳	>149	农垦57、辽丰2号、松辽4号、合江20、合江21、早丰、吉粳53、吉粳88、冀粳1号、五优稻1号、龙粳3号、东农416、吉粳60、东农416
笹锦	早粳	>147	丰锦、辽粳5号、龙粳1号、秋光、吉粳69、龙粳1号、龙粳4号、龙粳14、垦稻8号、藤系138、京稻2号、辽盐2号、长白8号、吉粳83、青系96、秋丰、吉粳66
坊主	早粳	>105	石狩白毛、合江3号、合江11、合江22、龙粳2号、龙粳14、垦稻3号、垦稻8号、长白5号
爱国	早粳	>101	丰锦、宁粳6号、宁粳7号、辽粳5号、中花8号、临稻3号、冀粳6号、砭1号、辽盐2号、沈农265、松粳10号、沈农189
龟之尾	早粳	>95	宁粳4号、九稻1号、东农4号、松辽5号、虾夷、松辽5号、九稻1号、辽粳152
石狩白毛	早粳	>88	大雪、滇榆1号、合江12、合江22、龙粳1号、龙粳2号、龙粳14、垦稻8号、垦稻10号
辽粳5号	早粳	>61	辽粳68、辽粳288、辽粳326、沈农159、沈农189、沈农265、沈农604、松粳3号、松粳10号、辽星1号、中辽9052
合江20	早粳	>41	合江23、吉粳62、松粳3号、松粳9号、五优稻1号、五优稻3号、松粳21、龙粳3号、龙粳13、绥粳1号
吉粳53	早粳	>27	长白9号、九稻11、双丰8号、吉粳60、新稻2号、东农416、吉粳70、九稻44、丰选2号
红旗12	早粳	>26	宁粳9号、宁粳11、宁粳19、宁粳23、宁粳28、宁稻216
农垦57	中粳	>116	金垦18、双丰4号、南粳11、南粳23、徐稻2号、镇稻4号、盐粳4号、扬粳201、扬粳186、盐粳6号、南粳36、镇稻6号、淮稻6号、扬粳9538、南粳37、阳光200、远杂101、鲁香粳2号
桂花黄	中粳	>97	南粳32、矮粳23、秀水115、徐稻2号、浙粳66、双糯4号、临稻10号、宁粳9号、宁粳23、镇稻2号
西南175	中粳	>42	云粳3号、云粳7号、云粳9号、云粳134、靖粳10号、靖粳16、京黄126、新城糯、楚粳5号、楚粳22、合系41、滇靖8号
武育粳3号	中粳	>22	淮稻5号、淮稻6号、镇稻99、盐稻8号、武运粳11、华粳2号、广陵香粳、武育粳5号、武香粳9号
滇榆1号	中粳	>13	合系34、楚粳7号、楚粳8号、楚粳24、凤稻14、楚粳14、靖粳8号、靖粳优2号、靖粳优3号、云粳优1号
农垦58	晚粳	>506	沪选19、鄂宜105、农虎6号、辐农709、秀水48、农红73、矮粳23、秀水04、秀水11、秀水63、宁67、武运粳7号、武育粳3号、宁粳1号、甬粳18、徐稻3号、武香粳9号、鄂晚5号、嘉991、镇稻99、太湖糯
农虎6号	晚粳	>332	秀水664、嘉湖4号、祥湖47、秀水04、秀水11、秀水48、秀水63、桐青晚、宁67、太湖糯、武香粳9号、甬粳44、香血糯335、辐农709、武运粳7号
测21	晚粳	>254	秀水04、武香粳14、秀水11、宁粳1号、秀水664、武粳15、武运粳8号、秀水63、甬粳18、祥湖84、武香粳9号、武运粳21、宁67、嘉991、矮糯21、常农粳2号、春江026
秀水04	晚粳	>130	武香粳14、秀水122、武运粳23、秀水1067、武粳13、甬优6号、秀水17、太湖粳2号、甬优1号、宁粳3号、皖稻26、运9707、甬优9号、秀水59、秀水620
矮宁黄	晚粳	>31	老来青、沪晚23、八五三、矮粳23、农红73、苏粳7号、安庆晚2号、浙粳66、秀水115、苏稻1号、镇稻1号、航育1号、祥湖25

辽粳5号(丰锦////越路早生/矮脚南特//藤坂5号/BaDa///沈苏6号)是沈阳市浑河农场采用籼、粳稻杂交,后代用粳稻多次复交,于1981年育成的早粳矮秆高产品种。辽粳5号集中了籼、粳稻特点,株高80~90cm,叶片宽、厚、短、直立上举,色浓绿,分蘖力强,株型紧凑,受光姿态好,光能利用率高,适应性广,较抗稻瘟病,中抗白叶枯病,产量高。适宜在东北作早粳种植,1992年最大种植面积达到9.8万hm²。用辽粳5号作亲本共衍生了61个品种,如辽粳326、沈农159、沈农189、松粳10号、辽星1号等。

合江20(早丰/合江16)是黑龙江省农业科学院水稻研究所于20世纪70年代育成的优良广适型早粳品种。合江20全生育期133~138d,叶色浓绿,直立上举,分蘖力较强,抗稻瘟病性较强,耐寒性较强,耐肥,抗倒伏,感光性较弱,感温性中等,株高90cm左右,千粒重23~24g。70年代末至80年代中期在黑龙江省大面积推广种植,特别是推广水稻旱育稀植以后,该品种成为黑龙江省的主栽品种。作为骨干亲本合江20衍生的品种包括松粳3号、合江21、合江23、黑粳5号、吉粳62等。

桂花黄是我国中、晚粳稻育种的一个主要亲源品种,原名Balilla(译名巴利拉、伯利拉、倍粒稻),1960年从意大利引进。桂花黄为1964年江苏省苏州地区农业科学研究所从Balilla变异单株中选育而成,亦名苏粳1号。桂花黄株高90cm左右,全生育期120~130d,对短日照反应中等偏弱,分蘖力弱,穗大,着粒紧密,半直立,千粒重26~27g,一般单产5 000~6 000kg/hm²。桂花黄的显著特点是配合力好,能较好地与各类粳稻配组。据统计,40年来(1965—2004年)桂花黄共衍生了97个品种,种植面积较大的品种有南粳32、矮粳23、秀水115、徐稻2号、浙粳66、双糯4号、临稻10号等。

农垦58是我国最重要的晚粳稻骨干亲本之一。农垦58又名世界一(经考证应该为Sekai系列中的1个品系),1957年农垦部引自日本,全生育期单季晚稻160~165d,连作晚稻135d,株高约110cm,分蘖早而多,株型紧凑,感光,对短日照反应敏感,后期耐寒,抗稻瘟病,适应性广,千粒重26~27g,米质优,作单季晚稻单产一般6 000~6 750kg/hm²。该品种20世纪60~80年代在长江流域稻区广泛种植,1975年种植面积达到345万hm²,1960—1987年累计种植面积超过1 100万hm²。50年来(1960—2010年)以农垦58为亲本衍生的品种超过506个,其中直接经系统选育而成的品种59个。具有农垦58血缘并大面积种植的品种有:鄂宜105、农虎6号、辐农709、农红73、秀水04、秀水11、秀水63、宁67、武运粳7号、武育粳3号、宁粳1号、甬粳18、徐稻3号等。从农垦58田间发现并命名的农垦58S,成为我国两系杂交稻光温敏核不育系的主要亲本之一,并衍生了多个光温敏核不育系如培矮64S等,配组了大量两系杂交稻如两优培九、两优培特、培两优288、培两优986、培两优特青、培杂山青、培杂双七、培杂泰丰、培杂茂三等。

农虎6号是我国著名的晚粳品种和育种骨干亲本,由浙江省嘉兴市农业科学研究所于1965年用农垦58与老虎稻杂交育成,具有高产、耐肥、抗倒伏、感光性较强的特点,仅1974年在浙江、江苏、上海的种植面积就达到72.2万hm²。以农虎6号为亲本衍生的品种超过332个,包括大面积种植的秀水04、秀水63、祥湖84、武香粳14、辐农709、武运粳7号、宁粳1号、甬粳18等。

武育粳3号是江苏省武进稻麦育种场以中丹1号分别与79-51和扬粳1号的杂交后代经复交育成。全生育期150d左右,株高95cm,株型紧凑,叶片挺拔,分蘖力较强,抗倒伏性中等，单产大约8 700kg/hm²，适宜沿江和沿海南部、丘陵稻区中等或中等偏上肥力条件下种植。1992—2008年累计推广面积549万hm²，1997年最大推广面积达到52.7万hm²。以武育粳3号为亲本，衍生了一批中粳新品种，如淮稻5号、镇稻99、香粳111、淮稻8号、盐稻8号、盐稻9号、扬粳9538、淮稻6号、南粳40、武运粳11、扬粳687、扬粳糯1号、广陵香粳、华粳2号、阳光200等。

测21是浙江省嘉兴市农业科学研究所用日本种质灵峰（丰沃/绫锦）为母本，与本地晚粳中间材料虎蕾选（金蕾440/农虎6号）为父本杂交育成。测21半矮生，叶姿挺拔，分蘖中等，株型挺，生育后期根系活力旺盛，成熟时穗弯于剑叶之下，米质优，配合力好。测21在浙江、江苏、上海、安徽、广西、湖北、河北、河南、贵州、天津、吉林、辽宁、新疆等省（自治区、直辖市）衍生并通过审定的常规粳稻新品种254个，包括秀水04、武香粳14、秀水11、宁粳1号、秀水664、武粳15、武运粳8号、秀水63、甬粳18、祥湖84、武香粳9号、武运粳21、宁67、嘉991、矮糯21等。1985—2012年以上衍生品种累计推广种植达2 300万hm²。

秀水04是浙江省嘉兴市农业科学研究所以测21为母本，与辐农70-92/单209为父本杂交于1985年选育而成的中熟晚粳型常规水稻品种。秀水04茎秆矮而硬，耐寒性较强，连晚栽培株高80cm，单季稻95～100cm，叶片短而挺，分蘖力强，成穗率高，有效穗多。穗颈粗硬，着粒密，结实率高，千粒重26g，米质优，产量高，适宜在浙江北部、上海、江苏南部种植，1985—1994年累计推广面积180万hm²。以秀水04为亲本衍生的品种超过130个，包括武香粳14、秀水122、祥湖84、武香粳9号、武运粳21、宁67、武粳13、甬优6号、秀水17、太湖粳2号、宁粳3号、皖稻26等。

西南175是西南农业科学研究所从台湾粳稻农家品种中经系统选择于1955年育成的中粳品种，产量较高，耐逆性强，在云贵高原持续种植了50多年。西南175不但是云贵地区的主要当家品种，而且是西南稻区中粳育种的主要亲本之一。

三、杂交水稻不育系

杂交水稻的不育系均由我国创新育成，包括野败型、矮败型、冈型、印水型、红莲型等三系不育系，以及两系杂交水稻的光敏和温敏不育系。最重要的杂交稻核心不育系有21个，衍生的不育系超过160个，配组的大面积种植（年种植面积＞6 667hm²）的品种数超过1 300个。配组杂交稻品种最多的不育系是：珍汕97A、Ⅱ-32A、V20A、冈46A、龙特甫A、博A、协青早A、金23A、中9A、天丰A、谷丰A、农垦58S、培矮64S和Y58S等（表1-8）。

表1-8　杂交水稻核心不育系及其衍生的品种（截至2014年）

不育系	类型	衍生的不育系数	配组的品种数	代表品种
珍汕97A	野败籼型	＞36	＞231	汕优2号、汕优22、汕优3号、汕优36、汕优36辐、汕优4480、汕优46、汕优559、汕优63、汕优64、汕优647、汕优6号、汕优70、汕优72、汕优77、汕优78、汕优8号、汕优多系1号、汕优桂30、汕优桂32、汕优桂33、汕优桂34、汕优桂99、汕优晚3、汕优直龙

（续）

不育系	类　型	衍生的不育系数	配组的品种数	代表品种
Ⅱ-32A	印水籼型	＞5	＞237	Ⅱ优084、Ⅱ优128、Ⅱ优162、Ⅱ优46、Ⅱ优501、Ⅱ优58、Ⅱ优602、Ⅱ优63、Ⅱ优718、Ⅱ优725、Ⅱ优7号、Ⅱ优802、Ⅱ优838、Ⅱ优87、Ⅱ优多系1号、Ⅱ优辐819、优航1号、Ⅱ优明86
V20A	野败籼型	＞8	＞158	威优2号、威优35、威优402、威优46、威优48、威优49、威优6号、威优63、威优64、威优647、威优77、威优98、威优华联2号
冈46A	冈籼型	＞1	＞85	冈矮1号、冈优12、冈优188、冈优22、冈优151、冈优188、冈优527、冈优725、冈优827、冈优881、冈优多系1号
龙特甫A	野败籼型	＞2	＞45	特优175、特优18、特优524、特优559、特优63、特优70、特优838、特优898、特优桂99、特优多系1号
博A	野败籼型	＞2	＞107	博Ⅲ优273、博Ⅱ优15、博优175、博优210、博优253、博优258、博优3550、博优49、博优64、博优803、博优998、博优桂44、博优桂99、博优香1号、博优湛19
协青早A	矮败籼型	＞2	＞44	协优084、协优10号、协优46、协优49、协优57、协优63、协优64、协优华联2号
金23A	野败籼型	＞3	＞66	金优117、金优207、金优253、金优402、金优458、金优191、金优63、金优725、金优77、金优928、金优桂99、金优晚3
K17A	K籼型	＞2	＞39	K优047、K优402、K优5号、K优926、K优1号、K优3号、K优40、K优52、K优817、K优818、K优877、K优88、K优绿36
中9A	印水籼型	＞2	＞127	中9优288、中优207、中优402、中优974、中优桂99、国稻1号、国丰1号、先农20
D汕A	D籼型	＞2	＞17	D优49、D优78、D优162、D优361、D优1号、D优64、D汕优63、D优63
天丰A	野败籼型	＞2	＞18	天优116、天优122、天优1251、天优368、天优372、天优4118、天优428、天优8号、天优998、天优华占
谷丰A	野败籼型	＞2	＞32	谷优527、谷优航1号、谷优964、谷优航148、谷优明占、谷优3301
丛广41A	红莲籼型	＞3	＞12	广优4号、广优青、粤优8号、粤优938、红莲优6号
黎明A	滇粳型	＞11	＞16	黎优57、滇杂32、滇杂34
甫粳2A	滇粳型	＞1	＞11	甫优2号、甫优3号、甫优4号、甫优5号、甫优6号
农垦58S	光温敏	＞34	＞58	培矮64S、广占63S、广占63-4S、新安S、GD-1S、华201S、SE21S、7001S、261S、N5088S、4008S、HS-3、两优培九、培两优288、培两优特青、丰两优1号、扬两优6号、新两优6号、粤杂122、华两优103
培矮64S	光温敏	＞3	＞69	培两优210、两优培九、两优培特、培两优288、培两优3076、培两优981、培两优986、培两优特青、培杂山青、培杂双七、培杂桂99、培杂67、培杂泰丰、培杂茂三
安农S-1	光温敏	＞18	＞47	安两优25、安两优318、安两优402、安两优青占、八两优100、八两优96、田两优402、田两优4号、田两优66、田两优9号
Y58S	光温敏	＞7	＞120	Y两优1号、Y两优2号、Y两优6号、Y两优9981、Y两优7号、Y两优900、深两优5814
株1S	光温敏	＞20	＞60	株两优02、株两优08、株两优09、株两优176、株两优30、株两优58、株两优81、株两优839、株两优99

珍汕97A属野败胞质不育系，是江西省萍乡市农业科学研究所以海南普通野生稻的野败材料为母本，以迟熟早籼品种珍汕97为父本杂交并连续回交于1973年育成。该不育系配合力强，是我国使用范围最广、应用面积最大、时间最长、衍生品种最多的不育系。与不同恢复系配组，育成多种熟期类型的杂交水稻供华南早稻、华南晚稻、长江流域的双季早稻和双季晚稻及一季中稻利用。以珍汕97A为母本直接配组的年种植面积超过6 667hm^{2}的杂交水稻品种有92个，30年来（1978—2007年）累计推广面积13 372万hm^2。

V20A属野败胞质不育系，是湖南省贺家山原种场以野败/6044//71-72后代的不育株为母本，以早籼品种V20为父本杂交并连续回交于1973年育成。V20A一般配合力强，异交结实率高，配组的品种主要作双季晚稻使用，也可用作双季早稻。V20A是全国主要的不育系之一，配组的威优6号、威优63、威优64等系列品种在20世纪80~90年代曾经大面积种植，其中威优6号在1981—1992年的累计种植面积达到822万hm^2。

Ⅱ-32A属印水胞质不育系。为湖南杂交水稻研究中心从印尼水田谷6号中发现的不育株，其恢保关系与野败相同，遗传特性也属于孢子体不育。Ⅱ-32A是用珍汕97B与IR665杂交育成定型株系后，再与印水珍鼎（糯）A杂交、回交转育而成。全生育期130d，开花习性好，异交结实率高，一般制种产量可达3 000~4 500kg/hm^2，是我国主要三系不育系之一。Ⅱ-32A衍生了优ⅠA、振丰A、中9A、45A、渝5A等不育系，与多个恢复系配组的品种，包括Ⅱ优084、Ⅱ优46、Ⅱ优501、Ⅱ优63、Ⅱ优838、Ⅱ优多系1号、Ⅱ优辐819、Ⅱ优明86等，在我国南方稻区大面积种植。

冈型不育系是四川农学院水稻研究室以西非晚籼冈比亚卡（Gambiaka Kokum）为母本，与矮脚南特杂交，利用其后代分离的不育株杂交转育的一批不育系，其恢保关系、雄性不育的遗传特性与野败基本相似，但可恢复性比野败好，从而发现并命名为冈型细胞质不育系。冈46A是四川农业大学水稻研究所以冈二九矮7号A为母本，用"二九矮7号/V41//V20/雅矮早"的后代为父本杂交、回交转育成的冈型早籼不育系。冈46A在成都地区春播，播种至抽穗历期75d左右，株高75~80cm，叶片宽大，叶色淡绿，分蘖力中等偏弱，株型紧凑，生长繁茂。冈46A配合力强，与多个恢复系配组的74个品种在我国南方稻区大面积种植，其中冈优22、冈优12、冈优527、冈优151、冈优多系1号、冈优725、冈优188等曾是我国南方稻区的主推品种。

中9A是中国水稻研究所1992年以优ⅠA为母本，优ⅠB/L301B//菲改B的后代作父本，杂交、回交转育成的早籼不育系，属印尼水田谷6号质源型，2000年5月获得农业部新品种权保护。中9A株高约65cm，播种至抽穗60d左右，育性稳定，不育株率100%，感温，异交结实率高，配合力好，可配组早籼、中籼及晚籼3种栽培型杂交水稻，适用于所有籼型杂交稻种植区。以中9A配组的杂交品种产量高，米质好，抗白叶枯病，是我国当前较抗白叶枯病的不育系，与抗稻瘟病的恢复系配组，可育成双抗的杂交稻品种。配组的国稻1号、国丰1号、中优177、中优448、中优208等49个品种广泛应用于生产。

谷丰A是福建省农业科学院水稻研究所以地谷A为母本，以[龙特甫B/宙伊B（V41B/汕优菲一//IRs48B）]F$_4$作回交父本，经连续多代回交于2000年转育而成的野败型三系不育系。谷丰A株高85cm左右，不育性稳定，不育株率100%，花粉败育以典败为主，异交特性好，较抗稻瘟病，适宜配组中、晚籼类型杂交品种。谷优系列品种已在中国南方稻区大面积推广应用，成为稻瘟病重发区杂交水稻安全生产的重要支撑。利用谷丰A配组育成了谷优527、谷优964、谷优5138等32个品种通过省级以上农作物品种审定委员会审（认）定，其中4个品种通过国家农作物品种审定委员会审定。

甬粳2A是滇粳型不育系，是浙江省宁波市农业科学院以宁67A为母本，以甬粳2号为父本进行杂交，以甬粳2号为父本进行连续回交转育而成。甬粳2A株高90cm左右，感光性强，株型下紧上松，须根发达，分蘖力强，茎韧秆壮，剑叶挺直，中抗白叶枯病、稻瘟病、细菌性条纹病，耐肥，抗倒伏性好。采用粳不/籼恢三系法途径，甬粳2A配组育成了甬优2号、甬优4号、甬优6号等优质高产籼粳杂交稻。其中，甬优6号（甬粳2A/K4806）2006年在浙江省鄞州取得单季稻12 510kg/hm²的高产，甬优12（甬粳2A/F5032）在2011年洞桥"单季百亩示范方"取得13 825kg/hm²的高产。

培矮64S是籼型温敏核不育系，由湖南杂交水稻研究中心以农垦58S为母本，籼爪型品种培矮64（培迪/矮黄米//测64）为父本，通过杂交和回交选育而成。培矮64S株高65～70cm，分蘖力强，亲和谱广，配合力强，不育起点温度在13h光照条件下为23.5℃左右，海南短日照（12h）条件下不育起点温度超过24℃。目前已配组两优培九、两优培特、培两优288等30多个通过省级以上农作物品种审定委员会审定并大面积推广的两系杂交稻品种，是我国应用面积最大的两系核不育系。

安农S-1是湖南省安江农业学校从早籼品系超40/H285//6209-3群体中选育的温敏型两用核不育系。由于控制育性的遗传相对简单，用该不育系作不育基因供体，选育了一批实用的两用核不育系如香125S、安湘S、田丰S、田丰S-2、安农810S、准S360S等，配组的安两优25、安两优318、安两优402、安两优青占等品种在南方稻区广泛种植。

Y58S(安农S-1/常菲22B//安农S-1/Lemont///培矮64S)是光温敏不育系，实现了有利多基因累加，具有优质、高光效、抗病、抗逆、优良株叶形态和高配合力等优良性状。Y58S目前已选配Y两优系列强优势品种120多个，其中已通过国家、省级农作物品种审定委员会审（认）定的有45个。这些品种以广适性、优质、多抗、超高产等显著特性迅速在生产上大面积推广，代表性品种有Y两优1号、Y两优2号、Y两优9981等，2007—2014年累计推广面积已超过300万hm²。2013年，在湖南隆回县，超级杂交水稻Y两优900获得14 821kg/hm²的高产。

四、杂交水稻恢复系

我国极大部分强恢复系或强恢复源来自国外，包括IR24、IR26、IR30、密阳46等，它们均含有我国台湾省地方品种低脚乌尖的血缘（*sd1*矮秆基因）。20世纪70～80年代，IR24、IR26、IR30、IR36、IR58直接作恢复系利用，随着明恢63（IR30/圭630）的育成，我国的杂交稻恢复系走上了自主创新的道路，育成的恢复系其遗传背景呈现多元化。目前，主要的已广泛应用的核心恢复系17个，它们衍生的恢复系超过510个，配组的种植面积较大（年种植面积＞6 667hm²）的杂交品种数超过1 200个（表1-9）。配组品种较多的恢复系有：明恢63、明恢86、IR24、IR26、多系1号、测64-7、蜀恢527、辐恢838、桂99、CDR22、密阳46、广恢3550、C57等。

表1-9　我国主要的骨干恢复系及配组的杂交稻品种（截至2014年）

骨干亲本名称	类型	衍生的恢复系数	配组的杂交品种数	代 表 品 种
明恢63	籼型	>127	>325	D优63、Ⅱ优63、博优63、冈优12、金优63、马协优63、全优63、汕优63、特优63、威优63、协优63、优Ⅰ63、新香优63、八两优63
IR24	籼型	>31	>85	矮优2号、南优2号、油优2号、四优2号、威优2号
多系1号	籼型	>56	>78	D优68、D优多系1号、Ⅱ优多系1号、K优5号、冈优多系1号、汕优多系1号、特优多系1号、优Ⅰ多系1号
辐恢838	籼型	>50	>69	辐优803、B优838、Ⅱ优838、长优838、川香838、辐优838、绵5优838、特优838、中优838、绵两优838、天优838
蜀恢527	籼型	>21	>45	D奇宝优527、D优13、D优527、Ⅱ优527、辐优527、冈优527、红优527、金优527、绵5优527、协优527
测64-7	籼型	>31	>43	博优49、威优49、协优49、油优49、D优64、油优64、威优64、博优64、常优64、协优64、优Ⅰ64、枝优64
密阳46	籼型	>23	>29	油优46、D优46、Ⅱ优46、Ⅰ优46、金优46、油优10、威优46、协优46、优I46
明恢86	籼型	>44	>76	Ⅱ优明86、华优86、两优2186、油优明86、特优明86、福优86、D297优86、T优8086、Y两优86
明恢77	籼型	>24	>48	油优77、威优77、金优77、优Ⅰ77、协优77、特优77、福优77、新香优77、K优877、K优77
CDR22	籼型	24	34	油优22、冈优22、冈优3551、冈优363、绵5优3551、宜香3551、冈优1313、D优363、Ⅱ优936
桂99	籼型	>20	>17	油优桂99、金优桂99、中优桂99、特优桂99、博优桂99（博优903）、华优桂99、秋优桂99、枝优桂99、美优桂99、优Ⅰ桂99、培两优桂99
广恢3550	籼型	>8	>21	Ⅱ优3550、博优3550、油优3550、油优桂3550、特优3550、天丰优3550、威优3550、协优3550、优I3550、枝优3550
IR26	籼型	>3	>17	南优6号、油优6号、四优6号、威优6号、威优辐26
扬稻6号	籼型	>1	>11	红莲优6号、两优培九、扬两优6号、粤优938
C57	粳型	>20	>39	黎优57、丹粳1号、辽优3225、9优418、辽优5218、辽优5号、辽优3418、辽优4418、辽优1518、辽优3015、辽优1052、泗优422、皖稻22、皖稻70
皖恢9号	粳型	>1	>11	70优9号、培两优1025、双优3402、80优98、Ⅲ优98、80优9号、80优121、六优121

明恢63是我国最重要的育成恢复系，由福建省三明市农业科学研究所以IR30/圭630于1980年育成。圭630是从圭亚那引进的常规水稻品种，IR30来自国际水稻研究所，含有IR24、IR8的血缘。明恢63衍生了大量恢复系，其衍生的恢复系占我国选育恢复系的65%～70%，衍生的主要恢复系有CDR22、辐恢838、明恢77、多系1号、广恢128、恩恢58、明恢86、绵恢725、盐恢559、镇恢084、晚3等。明恢63配组育成了大量优良的杂交稻品种，包括油优63、D优63、协优63、冈优12、特优63、金优63、油优桂33、油优多系1号等，这些杂交稻品种在我国稻区广泛种植，对水稻生产贡献巨大。直接以明恢63为恢复系配组的年种植面积超过6 667hm^{2}的杂交水稻品种29个，其中，油优63（珍汕97A/

明恢63）1990年种植面积681万hm^2，累计推广面积（1983—2009年）6 289万hm^2；D优63（D珍汕97A/明恢63）1990年种植面积111万hm^2，累计推广面积（1983—2001年）637万hm^2。

密阳46（Miyang 46）原产韩国，20世纪80年代引自国际水稻研究所，其亲本为统一/IR24//IR1317/IR24，含有台中本地1号、IR8、IR24、IR1317（振兴/IR262//IR262/IR24）及韩国品种统一（IR8//蜻/台中本地1号）的血缘。全生育期110d左右，株高80cm左右，株型紧凑，茎秆细韧、挺直，结实率85%～90%，千粒重24g，抗稻瘟病力强，配合力强，是我国主要的恢复系之一。密阳46衍生的主要恢复系有蜀恢6326、蜀恢881、蜀恢202、蜀恢162、恩恢58、恩恢325、恩恢995、恩恢69、浙恢7954、浙恢203、Y111、R644、凯恢608、浙恢208等；配组的杂交品种油优46(原名油优10号)、协优46、威优46等是我国南方稻区中、晚稻的主栽品种。

IR24，其姐妹系为IR661，均引自国际水稻研究所（IRRI），其亲本为IR8/IR127。IR24是我国第一代恢复系，衍生的重要恢复系有广恢3550、广恢4480、广恢290、广恢128、广恢998、广恢372、广恢122、广恢308等；配组的矮优2号、南优2号、油优2号、四优2号、威优2号等是我国20世纪70～80年代杂交中晚稻的主栽品种，IR24还是人工制恢的骨干亲本之一。

测64是湖南省安江农业学校从IR9761-19中系选测交选出。测64衍生出的恢复系有测64-49、测64-8、广恢4480（广恢3550/测64）、广恢128（七桂早25/测64）、广恢96（测64/518）、广恢452（七桂早25/测64//早特青）、广恢368（台中籼育10号/广恢452）、明恢77（明恢63/测64）、明恢07（泰宁本地/圭630//测64///777/CY85-43）、冈恢12（测64-7/明恢63）、冈恢152（测64-7/测64-48）等。与多个不育系配组的D优64、油优64、威优64、博优64、常优64、协优64、优I64、枝优64等是我国20世纪80～90年代杂交稻的主栽品种。

CDR22（IR50/明恢63）系四川省农业科学院作物研究所育成的中籼迟熟恢复系。CDR22株高100cm左右，在四川成都春播，播种至抽穗历期110d左右，主茎总叶片数16～17叶，穗大粒多，千粒重29.8g，抗稻瘟病，且配合力高，花粉量大，花期长，制种产量高。CDR22衍生出了宜恢3551、宜恢1313、福恢936、蜀恢363等恢复系24个；配组的油优22和冈优22强优势品种在生产中大面积推广。

辐恢838是四川省原子能应用技术研究所以226（糯）/明恢63辐射诱变株系r552育成的中籼中熟恢复系。辐恢838株高100～110cm，全生育期127～132d，茎秆粗壮，叶色青绿，剑叶硬立，叶鞘、节间和释尖无色，配合力高，恢复力强。由辐恢838衍生出了辐恢838选、成恢157、冈恢38、绵恢3724等新恢复系50多个；用辐恢838配组的Ⅱ优838、辐优838、川香9838、天优838等20余个杂交品种在我国南方稻区广泛应用，其中Ⅱ优838是我国南方稻区中稻的主栽品种之一。

多系1号是四川省内江市农业科学研究所以明恢63为母本，Tetep为父本杂交，并用明恢63连续回交育成，同时育成的还有内恢99-14和内恢99-4。多系1号在四川内江春播，播种至抽穗历期110d左右，株高100cm左右，穗大粒多，千粒重28g，高抗稻瘟病，且配合力高，花粉量大，花期长，利于制种。由多系1号衍生出内恢182、绵恢2009、绵恢2040、明恢1273、明恢2155、联合2号、常恢117、泉恢131、亚恢671、亚恢627、航148、晚R-1、中恢8006、宜恢2308、宜恢2292等56个恢复系。多系1号先后配组育成了汕优多系1号、Ⅱ优多系1号、冈优多系1号、D优多系1号、D优68、K优5号、特优多系1号等品种，在我国南方稻区广泛作中稻栽培。

明恢77是福建省三明市农业科学研究所以明恢63为母本，测64作父本杂交，经多代选择于1988年育成的籼型早熟恢复系。到2010年，全国以明恢77为父本配组育成了11个组合通过省级以上农作物品种审定委员会审定，其中3个品种通过国家农作物品种审定委员会审定，从1991—2010年，用明恢77直接配组的品种累计推广面积达744.67万hm^2。到2010年，全国各育种单位利用明恢77作为骨干亲本选育的新恢复系有R2067、先恢9898、早恢9059、R7、蜀恢361等24个，这些新恢复系配组了34个品种通过省级以上农作物品种审定委员会审定。

明恢86是福建省三明市农业科学研究所以P18（IR54/明恢63//IR60/圭630）为母本，明恢75（粳187/IR30//明恢63）作父本杂交，经多代选择于1993年育成的中籼迟熟恢复系。到2010年，全国以明恢86为父本配组育成了11个品种通过省级以上农作物品种审定委员会品种审定，其中3个品种通过国家农作物品种审定委员会审定。从1997—2010年，用明恢86配组的所有品种累计推广面积达221.13万hm^2。到2011年止，全国各育种单位以明恢86为亲本选育的新恢复系有航1号、航2号、明恢1273、福恢673、明恢1259等44个，这些新恢复系配组了65个品种通过省级以上农作物品种审定委员会审定。

C57是辽宁省农业科学院利用"籼粳架桥"技术，通过籼（国际水稻研究所具有恢复基因的品种IR8）/籼粳中间材料（福建省具有籼稻血统的粳稻科情3号）//粳（从日本引进的粳稻品种京引35），从中筛选出的具有1/4籼核成分的粳稻恢复系。C57及其衍生恢复系的育成和应用推动了我国杂交粳稻的发展，据不完全统计，约有60%以上的粳稻恢复系具有C57的血缘，如皖恢9号、轮回422、C52、C418、C4115、徐恢201、MR19、陆恢3号等。C57是我国第一个大面积应用的杂交粳稻品种黎优57的父本。

参考文献

陈温福,徐正进,张龙步,等,2002.水稻超高产育种研究进展与前景[J].中国工程科学,4(1):31-35.

程式华,曹立勇,庄杰云,等,2009.关于超级稻品种培育的资源和基因利用问题[J].中国水稻科学,23(3):223-228.

程式华,2010.中国超级稻育种[M].北京:科学出版社:493.

方福平,2009.中国水稻生产发展问题研究[M].北京:中国农业出版社:19-41.

韩龙植,曹桂兰,2005.中国稻种资源收集、保存和更新现状[J].植物遗传资源学报,6(3):359-364.

林世成,闵绍楷,1991.中国水稻品种及其系谱[M].上海:上海科学技术出版社:411.

马良勇,李西民,2007.常规水稻育种[M]//程式华,李健.现代中国水稻.北京:金盾出版社:179-202.

闵捷,朱智伟,章林平,等,2014.中国超级杂交稻组合的稻米品质分析[J].中国水稻科学,28(2):212-216.

庞汉华,2000.中国野生稻资源考察、鉴定和保存概况[J].植物遗传资源科学,1(4):52-56.

汤圣祥,王秀东,刘旭,2012.中国常规水稻品种的更替趋势和核心骨干亲本研究[J].中国农业科学,5(8):1455-1464.

万建民,2010.中国水稻遗传育种与品种系谱[M].北京:中国农业出版社:742.

魏兴华,汤圣祥,余汉勇,等,2010.中国水稻国外引种概况及效益分析[J].中国水稻科学,24(1):5-11.

魏兴华,汤圣祥,2011.中国常规稻品种图志[M].杭州:浙江科学技术出版社:418.

谢华安,2005.汕优63选育理论与实践[M].北京:中国农业出版社:386.

杨庆文,陈大洲,2004.中国野生稻研究与利用[M].北京:气象出版社.

杨庆文,黄娟,2013.中国普通野生稻遗传多样性研究进展[J].作物学报,39(4):580-588.

袁隆平,2008.超级杂交水稻育种进展[J].中国稻米(1):1-3.

Khush G S, Virk P S, 2005. IR varieties and their impact[M]. Malina, Philippines: IRRI: 163.

Tang S X, Ding L, Bonjean A P A, 2010. Rice production and genetic improvement in China[M]//Zhong H, Bonjean Alain A P A. Cereals in China. Mexico: CIMMYT.

Yuan L P, 2014. Development of hybrid rice to ensure food security[J]. Rice Science, 21(1): 1-2.

第二章
云南省稻作区划与水稻品种变迁

第一节　云南省稻作区划

云南省地处我国西南低纬度高原，生态复杂，气候类型多样，垂直气候分布差异显著。稻作分布从海拔76m的红河哈尼族彝族自治州河口县至海拔2 670m的丽江市宁蒗县永宁乡，海拔跨度近2 600m；从最南部的西双版纳傣族自治州勐腊县到最北部的昭通市水富县均有水稻种植，南北跨纬度近8°。云南省形成了丰富多样的稻种资源和不同生态类型的稻作区。

20世纪50～60年代，全省基本上沿袭传统的农作物种植制度。滇中地区一般实行小麦—水稻，或蚕豆（油菜）—水稻两熟制；海拔较低的元谋、元江等县种有少量双季稻。70年代，在滇南海拔1 300m左右的地区试种双季稻成功，在北纬24°以南和金沙江等河谷，年平均气温18℃以上的地区，积极试验、示范和推广双季稻，变一年一熟为一年两熟，改单季稻为双季稻。80年代，在北纬24°以南、海拔1 500m以下种植双季稻两季热量不足且一季有余的地区，试验示范、推广再生稻。进入90年代以来，海拔1 200m以下地区种植双季稻，在海拔1 200～1 400m地区种植再生稻，在海拔1 500～2 000m地区种植一季水稻和一季小春作物，在海拔2 000m以上地区只种一季水稻。

在稻田的耕作方式上，1958年以前一直沿袭以畜力耕犁为主，多实行三犁四耙或二犁二耙，有的地区实行一犁一耙。滇中一带蚕豆田多采用人工挖垡。1958年开始引进履带拖拉机耕作，代替一部分畜力犁田的作业。到70年代，大规模改土和条田建设，为机械化耕作创造了条件。1980年起除继续使用履带拖拉机耕作外，在部分城郊稻田还采用轮式拖拉机和手扶拖拉机旋耕和耙田，其他许多坝区相继推广这一技术。南部地区还有干板田、老水田、冬水田等耕作方式，但都是在水稻收割后排干，或灌水翻犁捂谷茬，做法不一。近年来，随着农村经济的不断发展，在收割方式上，利用农机具或者联合收割机进行机械化收割成为减轻劳动强度、提高水稻生产效率的新举措。

在水稻单产上，云南稻作生产总的趋势是不断向前发展的。20世纪50年代稻谷种植面积约104.3万hm²，平均单产约3 150kg/hm²。60年代稻谷种植面积约104.9万hm²，平均单产约3 180kg/hm²。70～80年代，云南省大力开展科学研究，稻谷生产迅速发展，至1984年，稻谷种植面积达到113.1万hm²，平均单产达到了4 440kg/hm²。进入90年代以来，种植面积102.6万hm²，单产提高到4 965kg/hm²，并出现了宜良、玉溪、江川、澄江、华宁、大理、陆良、开远、畹町9个平均单产超7 500kg/hm²的县（市）。2007年云南省水稻种植面积103.2万hm²，平均单产略低于全国平均水平，达到了6 216kg/hm²。2015年云南省水稻种植面积113.5万hm²，呈现微增态势，但是单产降低至5 814kg/hm²。总体来看，水稻种植面积处于稳步增长的趋势，基本保持在100万～113.3万hm²的规模。

2006—2015年10年间，全省水稻年平均种植面积为108万hm²，总产640万～670万t。2006年水稻种植面积占全省粮食播种面积的24.6%，产量占全省粮食总产的42.2%；2015年水稻种植面积占全省粮食播种面积的25.3%，产量占全省粮食总产的35.2%。

云南省以前按传统习惯把全省稻作区划分为籼稻区、籼粳交错区、粳稻区。程侃声(1986)根据云南的自然和社会条件，结合稻作栽培制度和品种类型的分布状况，首次把云南省的稻作区划分为6个，即高寒粳稻区（海拔2 700m以下）、高原粳稻区（海拔多在1 900m左右）、籼粳交错区（海拔一般1 500～1 800m）、单双季籼稻区（双季稻只在海拔1 100m以下种植）、水陆兼作稻区、一季晚籼稻区（海拔多在1 200m以下）。杨诗选（1992）按近20年的品种现状，认为海拔1 450m以下为籼稻区，海拔1 450～1 600m为籼粳交错地带，海拔1 600m以上为粳稻区。根据地理位置、气候特点及稻作类别作进一步划分，则分为三带五区（其中三个为亚区），即高原地带单季粳稻区（滇中温暖稻作亚区、滇中北温凉及滇东北温凉稻作亚区、滇西北冷凉稻作亚区）、低热地带单双季籼稻区、滇南边缘地带水陆兼作稻区，同时指出高原地带单季粳稻区各亚区存在的问题及粳稻育种目标。蒋志农（1995）在前人的基础上，结合水稻生产发生的变化，特别是原有的籼粳交错区已基本上被粳稻代替，杂交籼稻占了以前的绝大部分面积，对原有分区作了适当调整，分为以下5个稻作区，即高寒粳稻区、温凉粳稻区、温暖粳稻区、单双季籼稻区、水陆稻兼作区。

近年来，随着退耕还林政策的推广以及种植结构的调整，原有的陆稻种植区种植面积逐步减少；南部双季籼稻的面积也下降较快，多为一季稻生产。稻区分区调整为5个稻作区，即高寒粳稻区（海拔2 200～2 670m）、温凉粳稻区（海拔1 850～2 200m）、温暖粳稻区（海拔1 450～1 850m）、籼稻区（海拔1 350m以下）、陆稻区。

第二节　云南省水稻品种改良概述

1935年，张广布任云南省昆明县县长期间，就在郊区征集优良谷种试种，劝导农民实行交换，以交换籽种作为改良农业的良法。1940年，云南省建设厅稻麦改进所指导菠萝村、茨坝村、云溪乡、阿拉村等村庄推广信子稻种，产量较未选种前每公顷增产375kg（《官渡区科技志》）。1949年以后，云南省的水稻品种选育工作，基本上是沿着地方品种评选、系统育种、杂交育种、杂种优势利用的轨迹发展，育成了多种类型的水稻新品种供生产应用。

（一）地方品种的评选

20世纪50年代至60年代初，云南省农业厅和省农业试验站(程侃声、李士彰、诸宝楚等)在广泛开展地方品种的调查、征集、整理的基础上，通过群众评选和科研单位的鉴定，筛选出一批丰产性较好、适应性较广的水稻品种，如昆明半节芒、昆明小白谷、李子黄、背子谷、宜良乱脚龙、曲靖海排谷、祥云红帽缨、下关沱沱谷、玉溪大白谷、昭通麻线谷、石屏乌咀白谷、红河大白谷、文山大花谷、广南八宝谷、临沧砂洋谷、德宏毫木西等，通过示范推广选出的这一批水稻良种，更换了当地种植的丰产性差、植株较高、倒伏严重、病虫害抗性差的一般农家品种，实现了水稻品种的第一次更新换代。1956年宜良的品种乱脚龙被农业部评选为地方良种之一。1957年宜良品种乱脚龙在全省推广面积达4.7万 hm²。1957年全省共推广水稻良种48.5万 hm²，约占稻谷面积的49%。

（二）系统选育

1954年，云南省农业试验站开始进行水稻新品种的系统选育工作。从粳稻地方品种背子谷中系统选育出抗稻瘟病的新品种54-88。20世纪60年代初，云南省农业试验站从品种大白谷的变异株中采用系统育种方法选出植株较矮、抗稻瘟病的粳稻品种矮楷红；1971年，从矮楷红中选育出耐寒性极强的粳稻落粒品种粳掉3号。1978年粳掉3号获云南省农业科技大会奖，当时累计推广面积4.7万hm²，1982年该品种最大推广面积达到2.84万hm²。1955年西南农业科学研究所从台湾粳稻中系选，育成了西南175，随后成为云贵高原粳稻区的主要当家品种，而且还是该稻区粳稻育种的主要亲本之一，由其衍生出了3辈27个品种。从西南175引入云南省试验示范后，由于其适应性广，很快在全省得到推广应用。1979年西南175获云南省科技成果二等奖，1980年西南175推广面积达7.9万hm²（单个品种在省内推广面积首次突破百万亩大关），1984年推广面积达8.35万hm²（历史最高年）。1966—1974年云南省农业科学院，从西南175天然杂交株中采用系统育种方法，先后育成174、129、127、373、云粳2号、云粳3号、云粳5号、云粳9号等品种。其中云粳9号在1978年获云南省农业科技大会奖，1980年曾推广2.9万hm²，1981年扩大到4.93万hm²，成为滇中北温凉稻区当家品种。从西南175中先后还育成一批穗重型的粳稻新品种，如云粳136、云粳219、云粳134、红嘴1号、黑选5号、江选2号、8126、79-04、7907-1、67-17、7344、金星1号、65-36、78-251、175选3、晋糯1号、国庆20、65-113、昌稻2号、云二天02、官选1号。

（三）杂交系谱选育和杂种优势利用研究

1. 高原常规粳稻育种

从20世纪60年代开始，云南省农业科学院引进国内外优质、高产、抗病的新材料，与云南地方优良品系杂交，通过品种间杂交，先后选育出一批粳稻新品种，如晋红1号、轰杂135、云粳23、云粳27等新品种。从1981年开始，云南省农业科学院与日本农林水产省热带农业研究中心（后改为日本国际农业研究中心）共开展了4期15年的合作研究，1982—1984年为第一期，1985—1987年为第二期，1988—1991年为第三期，1992—1996年为第四期。利用日本品种与云南地方优良品种杂交培育耐寒优质抗病高产水稻新品种，15年的合作研究期间先后选育出水稻新品系42个，其中合系2号、合系4号、合系5号、合系10号、合系15、合系22、合系24、合系25、合系30、合系34、合系35、合系39、合系40、合系41、合系42共15个合系品种通过云南省农作物品种审定委员会审定。从1994年开始，云南省农业科学院与国际水稻研究所合作进行水稻新株型材料的引进筛选和创新利用研究，选育出滇超2号、云超4号、云超6号、云超8号、云超10号等粳型品种。近20年来，云南省农业科学院分别与韩国农村振兴厅、国际水稻研究所以及国内相关科研单位、高校开展合作研究，引进了一大批优良新材料，通过对引进材料的系统评价和鉴定，并结合"丰产性、耐寒性、稻瘟病抗性和稻米外观品质"四个特性的同步鉴定和评价技术，育成了一批具有优良特性的新品种，如滇粳优1号、滇粳优2号、滇粳优3号、滇粳优5号、滇系4号、云粳19、云粳25、云粳26、云粳30、云粳31、云粳32、云粳33、云粳34、云粳35、云粳38、云粳39、云粳42、云粳43等通过云南省农作物品种审定委员会审定的水稻新品种，还育成了银光、云粳20、云粳29、云粳37、云粳46等粳稻软米新品种。

楚雄彝族自治州农业科学研究所20世纪70年代初开始，以解决中海拔粳稻区的品种问题为重点，开展了新品种的选育工作，先后育成了楚粳2号、楚粳3号、楚粳4号、楚粳5号、楚粳6号、楚粳7号、楚粳8号、楚粳12、楚粳13、楚粳14、楚粳17、楚粳22、楚粳23、楚粳24、楚粳25、楚粳26、楚粳27、楚粳28、楚粳29、楚粳30、楚粳31、楚粳37、楚粳38、楚粳39、楚粳40等中海拔粳稻新品种，其中楚粳27、楚粳28、楚粳37三个品种分别被农业部认定为超级稻品种。大理白族自治州农业科学研究所、丽江市农业科学研究所等以高海拔粳稻品种选育为重点开展的粳稻新品种育种，分别育成了凤稻9号、凤稻11、凤稻14、凤稻15、凤稻16、凤稻17、凤稻18、凤稻19、凤稻20、凤稻21、凤稻22、凤稻23等，丽粳2号、丽粳3号、丽粳9号、丽粳10号等高海拔粳稻区种植的粳稻新品种。玉溪、保山、曲靖等地州农业科学研究所也相继育成了云玉1号、玉粳11、玉粳13、玉粳17等，岫粳11、岫粳12、岫粳14、岫粳15、岫粳16、岫粳18、岫粳19、岫粳20、岫粳21、岫粳22、岫粳23等，靖粳8号、靖粳10号、靖粳11、靖粳12、靖粳19、靖粳20等多个新品种。截至2015年，通过省级审定的常规粳稻新品种总计273个。

2. 优质籼稻和软米新品种选育

籼稻软米是云南省特色的品种类型。据《红河哈尼族彝族自治州农牧业志》，1939—1941年，开蒙区垦殖局与中央农业试验所滇站合作，从富民大白掉中通过穗选选出了中滇1号水稻良种。1949年后，云南省农业科学院（瑞丽稻作站）、云南农业大学及红河、文山、版纳、德宏、临沧等州市农业科学研究所利用云南地方稻作资源材料与引进的省外和国际水稻所的优异材料杂交，先后育成滇瑞306（香糯米）、滇瑞307、滇瑞313、滇瑞408、滇瑞409、滇瑞410、滇瑞449、滇瑞456、滇瑞457、滇瑞458（香软）、滇瑞501（紫香糯）、云恢290、滇屯502、大粒香12、滇陇201、文稻1号、文稻2号、文稻3号、文稻10号、文稻16、红优1号、红优3号、红优5号、红优6号、红优7号、德优2号、德农211、双多2号、双多3号等一批优质软米、糯米、香米、紫米新品种；育成滇超1号、滇超3号、云超5号、云超7号、云超9号和云超11等籼型超级稻品种。共计68个通过省级审定。

3. 两系杂交稻研究

云南省两系杂交稻研究与应用起步较晚，通过对引进的大量光（温）敏核不育系的筛选鉴定选育出适宜云南生产利用的光（温）敏核不育系3502s、4087s、5088s、7001s、蜀光612s、蜀光582s、新蜀光612s、蜀光357s、N95076s等；选育出云恢11、云恢124、云恢808、云恢72、云恢290、云恢168、香飞、象牙等不同类型的优质强恢复系。利用不同类型的优质强恢复系与光敏核不育系测配，已选育出云光8号（5088s/云恢11）、云光9号（7001s/云恢124）、云光14（蜀光612s/云恢808）、云光12、云光101、云光23、云光25、云光31等粳型两系杂交稻；测配出云光15、云光16、云光17、云光32等籼型两系杂交稻优质高产后备组合。近年来，云南省农业科学院粮食作物研究所以及云南农业大学等充分利用云南的气候生态优势和稻种资源优势，进行了新不育系的转育筛选，选育出了云粳202S、云粳206S、云粳208S、云粳209S、云粳217S、云粳221S、锦103S、锦201S等通过鉴定的两系不育系；也筛选出了云恢808、云恢501、云R127等优良恢复系；测配出云光107、云光109、云两优501、云两优502等新组合。

4. 滇型杂交水稻研究

自1965年云南农业大学李铮友教授等在保山发现水稻雄性低育株后，云南便开始了滇型杂交水稻的研究和利用：1969年育成滇型红帽缨不育系，1973年人工创制恢复系成功，实现粳稻三系配套，随后以滇1型红帽缨不育系为基础，先后转育成滇2型、滇3型、滇4型、滇5型、滇7型、滇8型、滇9型、滇10型不育系；筛选出南29等恢复系，组配成功寻杂29等组合；近20年来，先后转育出榆密15A、黎榆A、合系42A和H479A等滇型三系不育系，杂交测配出了榆杂29、滇杂31、滇杂32、滇杂33、滇杂34、滇杂35、滇杂36、滇杂37、滇杂40、滇杂41、滇杂46、滇杂49、滇杂80、滇杂86、滇杂94、滇优34、滇优35、滇优37、滇优38、滇禾优34、滇禾优55、滇禾优56等新组合。

参考文献

程侃声,1980.中国稻作学[M].北京:农业出版社:116-121.

后栋才,卢义宣,贺庆瑞,等,2002.云南特种米开发[M].昆明:云南民族出版社.

李铮友,1990.滇型杂交水稻论文集[M].昆明:云南科技出版社:207.

林世成,闵绍楷,1991.中国水稻品种及其系谱[M].上海:上海科学技术出版社.

谭学林,陈丽娟,等,2015.滇型杂交水稻50年创研与应用[M].昆明:云南科技出版社:330.

云南省农业科学院粮食作物研究所,2007.云南省农业科学院粮食作物研究所志(1979—2005)[M].昆明:云南科技出版社:12-78.

第三章
品种介绍

ZHONGGUO SHUIDAO PINZHONGZHI·YUNNAN JUAN

第一节　常规籼稻

25-1（25-1）

品种来源：云南省西双版纳傣族自治州农业科学研究所，于1975年引进云南省水稻杂优协作组杂交组合IR22/毫糯籼的第三代材料，经多代系统选育而成。1985年通过云南省农作物品种审定委员会审定，审定编号：滇籼糯3号。

形态特征和生物学特性：籼型常规糯稻。作早稻生育期162.0d，株高70.0 ~ 90.0cm；作晚稻生育期124.0d，株高90.0 ~ 105.0cm。株型紧凑，叶片稍厚，分蘖中等，根系发达，生长旺盛。每穗总粒数110粒左右，结实率89.2%。谷粒稃毛稀少，无芒，千粒重27.8g。

品质特性：米乳白，糯性中等。

抗性：田间抗病性中。

产量及适宜地区：1980—1981年参加云南省西双版纳傣族自治州水稻品种区域试验，比对照品种博罗矮增产13.9%，大田生产示范产量6 000.0 ~ 6 750.0kg/hm²，适宜于云南省南部海拔540.0 ~ 1 000.0m地区种植。

栽培技术要点：作早稻12月初播种，秧龄35 ~ 40d；作晚稻6月上、中旬播种，秧龄30 ~ 35d，作一季中稻4月中旬播种，秧龄35 ~ 40d。宜安排在上、中等肥力田块种植，施足底肥，早追分蘖肥，早稻栽插密度52.5万穴/hm²，晚稻栽插密度45.0万穴/hm²，每穴1 ~ 2苗。

622-4 （622-4）

品种来源：云南农业大学农学与生物技术学院，于1977年以六南/IR22为杂交组合选育而成。1989年通过云南省农作物品种审定委员会审定，审定编号：滇籼10号。

形态特征和生物学特性：籼型常规水稻。全生育期150.0d，株高97.0cm。株型紧凑，穗长21.0cm，每穗粒数115.0粒，千粒重31.4g。

品质特性：精米率70.3%，直链淀粉含量17.7%，糙米蛋白质含量9.5%，胶稠度55.0mm，碱消值7.0级。

抗性：抗稻瘟病和白叶枯病。

产量及适宜地区：1986—1987年参加云南省低海拔籼稻区域试验，平均产量6 538.5kg/hm²，生产示范产量6 000.0～7 500.0kg/hm²。适宜于云南省海拔1 400m以下的地区种植。

栽培技术要点：稀播匀播，湿润育秧。中等肥力田块栽插密度52.5万～60.0万穴/hm²，每穴2～3苗，栽插基本苗150.0万苗/hm²。施农家肥15 000.0kg/hm²、尿素150.0kg/hm²、普通过磷酸钙600.0kg/hm²作底肥，圆秆后看苗适当追氮、磷、钾肥，注意防治螟虫和稻飞虱。

八宝谷2号（Babaogu 2）

品种来源：云南省文山壮族苗族自治州广南县八宝米研究所，于2006年以广稻2号/文稻2号为杂交组合，经多年多代系统选育而成。2015年通过云南省农作物品种审定委员会审定，审定编号：滇审稻2015008。

形态特征和生物学特性：籼型常规水稻。全生育期158.4d，株高112.5cm。株型紧凑，叶色浓绿，耐肥抗倒伏。有效穗数298.5万穗/hm²，穗长21.9cm，每穗总粒数131.3粒，每穗实粒数109.3粒，结实率83.2%。落粒性适中，千粒重27.9g。

品质特性：糙米率81.2%，精米率72.7%，整精米率48.4%，糙米粒长6.0mm，糙米长宽比2.1，垩白粒率79.0%，垩白度9.5%，直链淀粉含量13.3%，胶稠度88.0mm，碱消值4.3级，透明度3级，水分13.0%。

抗性：中抗稻瘟病，中感白叶枯病。

产量及适宜地区：2012—2013年参加云南省常规籼稻品种区域试验，两年平均产量为8 826.0kg/hm²，比对照红香软7号增产5.5%；生产试验平均产量为7 707.0kg/hm²，比对照红香软7号增产4.9%。适宜于云南省海拔1 350m以下地区种植。

栽培技术要点：大田用种量为37.5kg/hm²，采用旱育秧技术，培育带蘖壮秧，带蘖率80.0%。栽插密度30.0万～37.5万穴/hm²，每穴2～3苗。施农家肥22 500.0kg/hm²、碳酸氢铵600.0kg/hm²、普通过磷酸钙750.0kg/hm²、硫酸钾150.0kg/hm²作基肥，移栽后7～9d施尿素225.0kg/hm²作分蘖肥。整个生育期中注意病虫害的防治，90.0%稻谷成熟时收获。

版纳15 (Banna 15)

品种来源：云南省西双版纳傣族自治州良种场，用博罗矮/IR29//滇瑞408为杂交组合，经5年10代系统选育而成。1993年通过西双版纳傣族自治州农作物品种审定小组审定。

形态特征和生物学特性：籼型常规水稻。早、晚稻全生育期分别为158.0d、122.0d，株高分别为85.0cm、95.0cm。株型稍松散，叶色绿，根系发达，分蘖力强，成穗率高，叶片宽1.5cm，剑叶长24.1cm，剑叶角度25°。穗长23.8 cm，每穗粒数97.8粒。谷粒无芒，千粒重27.8g。

品质特性：米饭柔软可口，冷不回生。

抗性：高抗白叶枯病、黄矮病和恶苗病，中抗纹枯病。

产量及适宜地区：1992年参加西双版纳傣族自治州水稻品比试验，平均产量7 617.0kg/hm²，晚稻区域试验平均产量6 273.0kg/hm²；1993年西双版纳傣族自治州大面积种植，早、晚稻平均产量5 250.0 ～ 7 500.0kg/hm²。适宜于海拔500 ～ 1 100m籼稻区种植。

栽培技术要点：适时播种，培育带蘖壮秧。适时移栽，合理密植，早稻株行距(10 ～ 12) cm×24cm，栽插密度60.0万穴/hm²；晚稻株行距(10 ～ 12) cm×26cm，栽插密度49.5万穴/hm²。科学施肥，施足底肥，早追分蘖肥，适施穗肥。综合防治稻瘟病、螟虫、稻飞虱等。

版纳18 (Banna 18)

品种来源：云南省西双版纳傣族自治州农业科学研究所与西双版纳傣族自治州良种场，用景农3号/墨江紫糯为杂交组合，经5年10代系统选育而成。2000年通过西双版纳傣族自治州农作物品种审定小组审定。

形态特征和生物学特性：籼型常规水稻。早、晚稻全生育期分别为158.0d、122.0d，株高分别为85.0cm和95.0cm。株型紧凑，叶色绿，叶片宽1.6cm，剑叶长28.3cm，根系发达，分蘖力中上等，成穗率高，休眠期稍长。穗长27.5 cm，每穗粒数148.0粒，空秕率28.5%。谷粒无芒，千粒重29.8g。

品质特性：糙米率73.8%，精米率68.1%，整精米率49.8%，垩白粒率0，糙米长宽比2.1，直链淀粉含量5.3%，胶稠度85.0mm，碱消值6.6级。米饭柔软适中，清香可口，冷不回生。

抗性：抗病性较强。

产量及适宜地区：1998年参加西双版纳傣族自治州水稻预试验，平均产量6 300.0kg/hm²；1999年参加西双版纳傣族自治州区域试验，平均产量5 634.0kg/hm²；2001年西双版纳傣族自治州种植面积333.3 hm²，平均产量5 250.0 ~ 6 000.0kg/hm²。适宜于海拔500 ~ 1 100m籼稻区种植。

栽培技术要点：适时播种，培育带蘖壮秧。适时移栽，合理密植，早中稻栽插密度27.0万 ~ 30.0万穴/hm²；晚稻栽插密度22.5万 ~ 27.0万穴/hm²。科学施肥，施足底肥，早追分蘖肥，适施穗肥。综合防治稻瘟病、螟虫、稻飞虱等。

版纳21 （Banna 21）

品种来源：云南省西双版纳傣族自治州农业科学研究所与西双版纳州良种场，用滇陇201/滇黎401-1为杂交组合，经3年6代系统选育而成。1993年通过西双版纳傣族自治州农作物品种审定小组审定。

形态特征和生物学特性：籼型常规水稻。早、晚稻全生育期分别为140.0d、125.0d，株高分别为95.0cm和110.0cm。株型紧凑，剑叶挺直，叶片宽1.5cm，剑叶长34.7cm，叶色绿，青秆成熟。穗长25.9cm，每穗粒数143.0粒，空秕率14.2%。谷粒无芒，千粒重26.5g。

品质特性：糙米率75.6%，精米率69.8%，整精米率58.2%，垩白粒率7%，垩白度5%，糙米长宽比3.1，直链淀粉含量14.34%，胶稠度52.0mm，碱消值4.8。米饭滋润，清香可口，冷不回生。

抗性：抗稻瘟病、白叶枯病、纹枯病和黄矮病。

产量及适宜地区：在品比试验中，平均产量5 781.0kg/hm²，比对照滇瑞456增产6.1%。生产示范平均产量5 640.0 ~ 6 619.5kg/hm²。适宜于海拔1 200m以下籼稻区种植。

栽培技术要点：适时播种，培育带蘖壮秧，大田用种量30.0kg/hm²。适时移栽，合理密植，早稻栽插密度27.0万 ~ 30.0万穴/hm²，晚稻栽插密度22.5万 ~ 27.0万穴/hm²，每穴2 ~ 3苗。移栽后5 ~ 6d追施分蘖肥，适施穗肥。综合防治稻瘟病、螟虫、稻飞虱等。

版纳糯18（Bannanuo 18）

品种来源：云南省西双版纳傣族自治州农业科学研究所，于1996年以滇引313/勐腊糯为杂交组合，经6年11代系统选育而成。2014年通过云南省农作物品种审定委员会审定，审定编号：滇特(版纳)审稻2014002。

形态特征和生物学特性：籼型常规糯稻。全生育期153.0d，比对照滇籼糯1号早3d，株高115.3cm。分蘖力强，长势旺盛，穗层整齐。最高茎蘖数462.0万个/hm²，有效穗数283.5万穗/hm²，每穗总粒数135.8粒，结实率74.0%。谷粒椭圆形，千粒重33.4g。

品质特性：米乳白，糯性好，品质优良。

抗性：田间抗病性中等。

产量及适宜地区：2011—2012年参加云南省西双版纳傣族自治州常规糯稻区域试验，两年平均产量7 189.5kg/hm²，比对照红香软7号增产9.3%；2012年生产试验，平均产量5 923.5kg/hm²，比对照红香软7号增产1.8%。适宜于西双版纳傣族自治州海拔1 200m以下区域种植，稻瘟病高发区慎用。

栽培技术要点：扣种稀播，培育壮秧，秧龄30～35d。适时移栽，合理密植，栽插密度22.5万～27.0万穴/hm²，每穴1～2苗。控氮增磷、钾，优化施肥结构，中等肥力田块，施用腐熟农家肥15 000.0kg/hm²、尿素150.0～180.0kg/hm²，按"前重、中控、后补"的要求将70%的氮肥作基肥、20%的氮肥作分蘖肥、10%的氮肥作花肥。科学管水，在有效分蘖期放浅水促其分蘖，当其总茎蘖数达到要求有效穗数的80.0%时，分次适度搁田，控制其无效分蘖；孕穗期确保其水分需求量，切忌缺水；抽穗扬花后干湿交替灌溉，以养根保叶；齐穗后30d左右断水，不宜断水过早。病虫害综合防治。做好重大病虫害监测，重点防治稻飞虱、二化螟、三化螟、稻纵卷叶螟和稻瘟病、稻曲病、条纹叶枯病、白叶枯病等病虫害。返青后，草害以化学除草为主。

楚籼1号（Chuxian 1）

品种来源：云南省楚雄彝族自治州农业科学研究所，以南特粘14-4/秕五升为杂交组合，经系统选育而成。1983年通过云南省农作物品种审定委员会审定，审定编号：滇籼1号。

形态特征和生物学特性：籼型常规水稻。全生育期157.0～164.0d，株高90.0cm。株型紧凑，苗期叶片弯垂，长势较旺，穗分化后长出的叶片上举，茎秆粗壮，耐肥抗倒伏，成熟期有早衰现象，谷草比为1：0.9。单穗重2.5～3.0g，着粒较密，每穗实粒数95.0～120.0粒，结实率70.0%～81.0%。粒型较长，谷壳黄色，无芒，不易落粒，千粒重28.0g。

品质特性：糙米率85.0%，精米率75.0%～77.0%，糙米蛋白质含量7.8%。

抗性：抗稻瘟病B_1、E_1、F_1、$G_1$4个生理小种，抗白叶枯病和纹枯病，易感赤枯病。

产量及适宜地区：1982年参加云南省中海拔水稻区域试验，中肥组12个试点，平均产量10 029.0kg/hm^2，比对照西南175增产9.3%；高肥组10个试点，平均产量9 838.5kg/hm^2；1983年参加省中海拔区域试验，12个试点，平均产量8 047.5kg/hm^2；生产示范产量7 500.0kg/hm^{2}左右。适宜于云南省中部海拔1 400～1 800m的地区推广。

栽培技术要点：适时早栽。本品种生育期短，分蘖和穗分化重叠，早栽可以延长本田分蘖期，使分蘖与幼穗分化拉开，促进抽穗整齐一致。另外，早栽早熟可以避开后期低温，达到高产稳产的目的。培育适龄带蘖壮秧。45～50d秧龄的带蘖秧移栽后，返青快、分蘖早，群体抽穗整齐，穗子大小均匀。合理施肥。在施足基肥的基础上，根据土壤肥力，施尿素75.0～150.0kg/hm^2、普通过磷酸钙450.0～750.0kg/hm^{2}作分蘖肥；在抽穗期施用尿素30.0～45.0kg/hm^2，防止早衰。合理密植，栽插密度60万～75万穴/hm^2，每穴1～2苗带蘖壮秧。浅水勤灌，适时晒田。

大粒香12 (Dalixiang 12)

品种来源：云南农业大学农学与生物技术学院，于1982年以密阳23/毫双7号为杂交组合选育而成。1997年通过云南省农作物品种审定委员会审定，审定编号：滇籼16。

形态特征和生物学特性：籼型常规水稻。全生育期160.0d，株高105.0cm。株型紧凑，分蘖力中等。最高茎蘖数600.0万个/hm²，有效穗数420.0万穗/hm²，成穗率70.0%，穗长23.0cm，每穗粒数113.0粒，结实率75.0%。谷壳黄色，无芒，落粒性好，千粒重29.0g。

品质特性：糙米率82.0%，精米率75.0%，整精米率61.0%，直链淀粉含量16.0%，糙米蛋白质含量7.9%，胶稠度83.0mm，碱消值3.0级，食味性好。1994年被评为云南省优质稻品种。

抗性：高抗稻瘟病，耐肥抗倒伏。

产量及适宜地区：1993—1994年参加云南省籼稻区域试验，平均产量6 090.0kg/hm²。适宜于云南省南部海拔1 300～1 700m地区种植。

栽培技术要点：适时播种，培育带蘖壮秧，秧田播种量450.0kg/hm²，秧龄50d，栽插基本苗105.0万～135.0万苗/hm²。该品种秆硬抗倒伏，耐肥，适量增施氮、磷、钾肥，移栽时施普通过磷酸钙750.0kg/hm²，返青后施尿素300.0kg/hm²，以后看苗追肥。

德农203（Denong 203）

品种来源：云南省德宏傣族景颇族自治州农业科学研究所，以毫棍干/IR22//滇陇201为杂交组合，于1989年选育而成。1997年通过云南省农作物品种审定委员会审定，审定编号：滇籼15。

形态特征和生物学特性：籼型常规水稻。全生育期145.0～150.0d，株高110.0cm。分蘖力中等，生长势强，抗逆性强，丰产性好，适应性广。穗长24.0cm，每穗粒数95.0～110.0粒，黄壳，白米，长粒，有芒，千粒重35.0～37.0g。

品质特性：精米率在70.0%以上，食味达到优质软米的标准，糙米蛋白质含量16.9%，直链淀粉含量7.8%。

抗性：高抗各种病害，耐肥抗倒伏。

产量及适宜地区：1992年参加云南省德宏傣族景颇族自治州水稻品种区域试验，产量8 667.0kg/hm²，比对照种滇陇201增产10.6%；在芒市坝扩大示范13 .3hm²，平均产量7 500.0kg/hm²以上，最高产量10 702.5kg/hm²，比滇陇201增产1 500.0～2 250.0kg/hm²。适宜于海拔1 450m以下或年平均气温在16℃以上的稻作区种植。

栽培技术要点：进行种子消毒，采用湿润培育带蘖壮秧，4月15日左右播种。严格控制秧田播种量，播种量450.0kg/hm²，秧龄30～35d，栽插密度36.0万～37.5万穴/hm²，每穴栽2～3苗。适时追施肥料，以底肥为主，施农家肥15 000.0kg/hm²或油枯1 500.0kg/hm²以上、尿素75.0kg/hm²、普通过磷酸钙375.0kg/hm²，栽后7d内追施尿素150.0kg/hm²、普通过磷酸钙150.0kg/hm²。如有需要，还可补追尿素75.0kg/hm²、氯化钾75.0～150.0kg/hm²。及时防治病、草害。

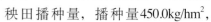

德农211（Denong 211）

品种来源：云南省德宏傣族景颇族自治州农业科学研究所，以滇陇201/黄板所//印选1号/毫安旺灭断为杂交组合，经过多年系统选育而成。2000年通过云南省农作物品种审定委员会审定，审定编号：滇籼(优)19。

形态特征和生物学特性：籼型常规水稻。全生育期145.0～155.0d，株高100.0～110.0cm。株型紧凑，分蘖中等。穗长22.5cm，每穗总粒数125.0粒，每穗实粒数100.0粒，结实率85.0%～94.6%，千粒重30.0～30.5g。

品质特性：精米率73.2%，糙米粒长6.7mm，糙米长宽比2.8，透明度4.0级，碱消值6.9级，胶稠度74.0mm，直链淀粉含量11.8%，糙米蛋白质含量9.4%。

抗性：高抗白叶枯病，轻感稻瘟病。

产量及适宜地区：1992—1993年参加德宏傣族景颇族自治州优质米区域试验，两年平均产量8 595.0kg/hm²，比对照种滇陇201增产2 469.0kg/hm²；1997—1998年参加保山市区域试验，两年平均产量12 234.0kg/hm²，比对照种汕优63增产208.5kg/hm²；1997—1998年参加云南省区域试验，平均产量10 750.5kg/hm²，比对照种汕优63增产2 304.0kg/hm²。适宜于德宏傣族景颇族自治州和云南南部及缅甸海拔1 400m以下地区推广种植。

栽培技术要点：做好药剂浸种工作，并在秧田期间，防稻瘟病1～2次。力争4月中下旬播种，5月中下旬移栽。合理密植，栽插密度37.5万穴/hm²，株行距以13.3cm×20cm为宜。施足底肥，早施追肥，栽秧前施农家肥15 000.0kg/hm²、普通过磷酸钙375.0kg/hm²、尿素75.0kg/hm²作底肥，移栽后5～7d，结合施除草剂施尿素150.0～225.0kg/hm²。

德糯2号 (Denuo 2)

品种来源：云南省德宏傣族景颇族自治州农业科学研究所，于1994年以德农211//// 滇瑞306// 毫糯秕/IR22/// 云香糯/盈选55为杂交组合，经过连续7年系统选育而成。2003年通过云南省农作物品种审定委员会审定，审定编号：滇审稻DS006—2003。

形态特征和生物学特性：籼型常规糯稻。全生育期140.0～158.0d，与滇陇201相近，比汕优63晚熟5～6d，株高110.0cm左右。每穗总粒数110.0～135.0粒，每穗实粒数101.1粒，结实率80.0%～85.0%，千粒重32.0～34.0g。

品质特性：精米率、胶稠度和蛋白质含量3项指标达到国标一级优质米标准，粒长、直链淀粉含量2项指标达国标二级优质米标准。在云南省第三届优质米评审会上被评为优质糯谷品种。

抗性：抗稻瘟病和白叶枯病，轻感纹枯病。

产量及适宜地区：1999—2000年参加德宏傣族景颇族自治州优质稻区域试验，1999年平均产量为8 550.0kg/hm^2，比对照种滇陇201增产10.8%；2000年平均产量为8 962.5kg/hm^2，比对照滇陇201增产27.6%。2001—2002年参加云南省优质稻区域试验，两年平均产量7 828.5kg/hm^2。适宜于云南省南部和缅甸海拔1 400m以下的籼稻区作一季中稻种植。

栽培技术要点：适时早播，争取在4～5月播种，秧龄25～30d。做好种子药剂浸种工作，要求用0.02%的强氯精浸种24～36h，冲洗干净后催芽。采用旱育稀植栽培技术，株行距13 cm×（20～26）cm，每穴3～4苗。合理施肥，大田要求施混合肥300.0kg/hm^2；移栽后5～7d追施尿素150.0～225.0kg/hm^2、普通过磷酸钙75.0～150.0kg/hm^2；移栽15～20d看苗补追尿素45.0～75.0kg/hm^2。及时防治病虫害，一般要求栽秧前8～10d在秧田期防治病虫害一次。

德双3号 (Deshuang 3)

品种来源：云南省德宏傣族景颇族自治州农业科学研究所，从德农206的变异株中系统选育而成，原品系号为德优13。2007年通过云南省农作物品种审定委员会审定，审定编号：滇审稻200701。

形态特征和生物学特性：籼型常规水稻。全生育期154.0d，株高103.5cm。茎秆粗壮，剑叶直立，分蘖力中等。成穗率62.6%，穗长22.7cm，每穗总粒数137.0粒，每穗实粒数109.0粒，结实率77.4%。粒型中长，易脱粒，千粒重31.4g。

品质特性：糙米率80.7%，精米率75.2%，整精米率69.2%，糙米粒长7.2mm，糙米长宽比3.0，垩白粒率7.0%，垩白度0.4%，透明度1级，碱消值7.0级，胶稠度56.0mm，直链淀粉含量16.8%，糙米蛋白质含量8.7%，质量指数为87，达到国标三级优质米标准。

抗性：稻瘟病抗性强，但在部分稻区轻感稻瘟病。

产量及适宜地区：2005—2006年参加云南省常规籼稻品种区域试验，两年平均产量9 220.5kg/hm²，较对照品种滇屯502增产18.5%，生产示范平均产量8 137.5kg/hm²。适宜于云南省南部海拔1 400m以下的籼稻区种植。

栽培技术要点：做好药剂浸种工作，并适当提早播种。采用旱育秧技术育秧，秧龄25～40d。栽足基本苗，栽插密度37.5万穴/hm²，每穴3～5苗。施足底肥，及时追肥，移栽后4～8d及时施尿素和普通过磷酸钙各150.0～225.0kg/hm²。移栽后10～15d补施尿素45.0～75.0kg/hm²，栽后15～20d施钾肥和硅肥各75.0～150.0kg/hm²。做好病虫害防治工作，其中重点做好稻瘟病和稻曲病的防治工作。适时收割，要求稻谷九成熟时立即收割。

德双4号 （Deshuang 4）

品种来源：云南省德宏傣族景颇族自治州农业科学研究所，以德农206/文稻1号为杂交组合，经过多次系统选育而成，原品系号为德优14。2007年通过云南省农作物品种审定委员会审定，审定编号：滇审稻200702。

形态特征和生物学特性：籼型常规水稻。全生育期155.0d，株高112.8cm。分蘖力中等，茎秆粗壮，耐肥抗倒伏。穗长25.1cm，每穗总粒数109.0粒，每穗实粒数89.0粒，结实率80.9%，成穗率67.4%。粒型中长，易脱粒，千粒重34.4g。

品质特性：糙米率79.6%，精米率73.9%，整精米率68.7%，糙米粒长7.4mm，糙米长宽比3.0，垩白粒率10.0%，垩白度1.1%，透明度1级，碱消值7.0级，胶稠度52.0mm，直链淀粉含量17.0%，糙米蛋白质含量7.9%，质量指数88，达到国标一级优质米标准。

抗性：稻瘟病抗性稍强，但在部分稻区轻感稻瘟病，耐肥抗倒伏。

产量及适宜地区：2005—2006年参加云南省常规籼稻品种区域试验，两年平均产量8 730.0kg/hm²，较对照品种滇屯502增产12.2%，生产示范平均产量8 026.5kg/hm²。适宜于云南省南部海拔1 400m以下的籼稻区作一季中稻种植。

栽培技术要点：做好药剂浸种工作，并适当提早播种。采用旱育秧技术育秧，秧龄25～40d。栽足基本苗，栽插株行距为13.3cm×23.3cm，每穴插3～4苗。施足底肥，及时追肥，移栽后4～8d及时施尿素和普通过磷酸钙各150.0～225.0kg/hm²。移栽后10～15d补施尿素45.0～75.0kg/hm²，栽后15～20d施氯化钾75.0～150.0kg/hm²。做好病虫害防治工作，其中重点做好稻瘟病和稻曲病的防治工作。适时收割，要求稻谷九成熟时立即收割。

德优11（Deyou 11）

品种来源：云南省德宏傣族景颇族自治州农业科学研究所，于1993年以德优3号/德农211为杂交组合，经过多年系统选育而成，2001年定名为德优11。2005年通过云南省农作物品种审定委员会审定，审定编号：滇审稻200503。

形态特征和生物学特性：籼型常规水稻。全生育期132.0～143.0d，比汕优63早熟3～5d，株高115.2～116.7cm。分蘖力较弱，耐肥性和抗倒伏能力强，但遇缺水、缺肥或秧龄过长，均会出现早穗现象。每穗粒数为108.3～133.9粒，结实率72.6%～87.2%，易落粒，千粒重28.9g。

品质特性：米质较好，米质有7项指标达到了国标一、二级优质米标准。

抗性：抗白叶枯病和稻瘟病，轻感纹枯病，耐肥性和抗倒伏能力好。

产量及适宜地区：2001—2002年参加德宏傣族景颇族自治州优质稻区域试验，平均产量9 160.5kg/hm²；2003—2004年参加云南省优质稻区域试验，两年平均产量8 565.0kg/hm²，比对照滇屯502增产14.23%。生产示范平均产量8 145.0～8 550.0kg/hm²。适宜于云南省海拔1 400m以下的籼稻区种植。

栽培技术要点：该品种如遇缺水、缺肥和秧龄太长，很容易出现早穗现象，造成减产。安排在灌溉条件好的中上等肥力田块种植；除了用强氯精做好药剂浸种外，还需在栽秧前7～8d和水稻破肚期各防稻瘟病1～2次。采用旱育秧方式育秧，秧龄要求以20～30d为宜；栽足基本苗，株行距13.3cm×20cm，每穴3～5苗。在施足农家肥和复合肥作底肥的基础上，栽秧后6～8d追施尿素150.0～225.0kg/hm²、普通过磷酸钙150.0～225.0kg/hm²，栽秧后15～20d看苗补施尿素45.0～75.0kg/hm²。做好虫害防治工作。该品种的栽培管理不能缺水、缺肥，秧龄不能偏长，如因这些原因造成早穗，应及时重施尿素。

德优12（Deyou 12）

品种来源：云南省德宏傣族景颇族自治州农业科学研究所，以德优3号/德农211为杂交组合，经过多次系统选育而成，2001年定名为德优12。2005年通过云南省农作物品种审定委员会审定，审定编号：滇审稻200504。

形态特征和生物学特性：籼型常规水稻。全生育期142.0～148.0d，与滇陇201相近，比汕优63晚熟5～10d，株高125.0～134.0cm。分蘖力中等，每穗粒数129.2～150.0粒，结实率78.9%～82.0%，易落粒，千粒重29.1g。

品质特性：米质在糙米率、精米率、粒长、长宽比、碱消值、胶稠度、直链淀粉含量、蛋白质含量8个指标上达到国标一、二级优质米标准，属于优质软米类型。

抗性：中抗稻瘟病和白枯叶病，轻感纹枯病。

产量及适宜地区：2001—2002年参加德宏傣族景颇族自治州优质米区域试验，平均产量9 867.0kg/hm²，比对照品种滇陇201增产36.5%，比对照种汕优63增产3.5%；2003—2004年参加云南省优质米区域试验，两年平均产量8 824.5kg/hm²，比对照种滇屯502增产17.7%。生产示范平均产量8 250.0kg/hm²。适宜于云南省海拔1 400m以下的籼稻区种植。

栽培技术要点：适时早播，争取4月至5月中上旬播种，秧龄25～40d；做好药剂浸种工作，用0.2%的强氯精药剂浸种12～24h，冲洗干净后催芽播种，栽秧前6～7d防稻

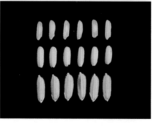

瘟病一次，稻谷抽穗前的破肚期预防稻瘟病和稻曲病各一次。株行距13.3cm×（20～26.7）cm，每穴3～4苗。合理施肥，移栽后5～7d追尿素和普通过磷酸钙各150.0～225.0kg/hm²、氯化钾75.0～120.0kg/hm²，移栽后15～20d补追尿素45.0～75.0kg/hm²。该品种容易落粒，是比较适宜德宏傣族农民收打要求的一个优质稻新品种，但收打时间需比正常收割提前2～3d，即要求稻谷有九成熟时立即收割，真正做到"九黄十收"。

德优2号（Deyou 2）

品种来源：云南省德宏傣族景颇族自治州农业科学研究所，于1993年以滇陇201/IR64//德农204为杂交组合，经过6年系统选育而成。2002年通过德宏傣族景颇族自治州农作物品种审定小组审定。2003年通过云南省农作物品种审定委员会审定，审定编号：DS005—2003。

形态特征和生物学特性：籼型常规水稻。全生育期140.0d左右，比德农203早熟3～5d，株高110.0cm左右，每穗粒数130.0～150.0粒，结实率70.0%，千粒重32.0～34.0g。

品质特性：精米率、粒长、碱消值、胶稠度、蛋白质含量5项指标达到了国标一级优质米标准，糙米率、长宽比、透明度、直链淀粉含量4项指标达到了国标二级优质米标准。

抗性：轻感稻瘟病，中抗白叶枯病。

产量及适宜地区：1999—2000年参加德宏傣族景颇族自治州优质稻区域试验，1999年平均产量8 224.5kg/hm²，比对照种滇陇201增产6.5%；2000年产量7 875.0kg/hm²，比对照种增产12.3%；2001—2002年参加云南省优质稻区域试验，2001年平均产量8 049.0kg/hm²，2002年平均产量7 665.0kg/hm²；2003年在德宏傣族景颇族自治州、临沧市和大理白族自治州漾濞彝族自治县生产示范，平均产量6 846.0kg/hm²，比对照种滇陇201增产13.6%。适宜于云南省南部和缅甸海拔1 400m以下的籼稻区作一季中稻种植。

栽培技术要点：做好种子药剂浸种工作，要求用0.2%～0.3%的强氯精或多菌灵浸种12～24h，用清水冲洗干净后催芽播种。采用旱育稀植栽培技术栽培，株行距13cm×（18～25）cm，每穴3～4苗。控制尿素施用量，大田要求施复合肥75.0kg/hm²作底肥，移栽后5～7d追施尿素和普通过磷酸钙各75.0kg/hm²，移栽后15d左右补追尿素30.0～45.0kg/hm²。及时防治病虫害，要求移栽前8～10d结合防虫工作，用富士一号或三环唑预防稻瘟病1～2次。

滇超1号 （Dianchao 1）

品种来源：云南省农业科学院粮食作物研究所，于1995年从国际水稻所引进的新株型新品系IR64446-7-10-5的F_4分离世代材料中，筛选出的1号单株IR64446-1，经多年系统选育而成。2001年通过云南省农作物品种审定委员会审定，审定编号：滇籼21。

形态特征和生物学特性：籼型常规水稻。全生育期165.0～170.0d，株高105.0～110.0cm。株型好，叶色淡绿，苗期长势好，叶上挺，剑叶稍内卷，分蘖力中等，穗长、大，着粒稍稀，穗长21.0～26.0cm，每穗总粒数140.0～160.0粒，结实率75.0%～89.0%，成熟时，青丝亮秆，谷壳黄色，熟相好，谷粒细长，千粒重31.4g。

品质特性：糙米率82.2%，精米率70.3%，整精米率53.5%，直链淀粉含量11.1%，胶稠度34.0mm，碱消值6.0级，糙米蛋白质含量10.3%，白米，半透明，米饭松软，适口性好，冷不回生，品质优良。

抗性：高抗稻瘟病和白叶枯病；抗倒性较强。

产量及适宜地区：1999—2000年参加云南省优质籼稻区域试验，两年平均产量7 600.5kg/hm²；在宾川、鹤庆连续多年试验示范平均产量达12 000.0kg/hm²以上，较当地对照品种滇屯502增产270.0～960.0kg/hm²。适宜于云南省海拔1 500m的籼稻区种植。

栽培技术要点：控制开花期温度在23～27℃，可以按照生育期170.0d、灌浆期40d来推算开花期和播种期。培育多蘖壮秧，秧龄不超过50d。栽插密度49.5万～54.0万穴/hm²，每穴2～3苗。70%化肥前期施用，栽后5～7d施分蘖肥尿素180.0～225.0kg/hm²，抽穗齐穗期补施尿素37.5kg/hm²。浅水灌溉、浅水分蘖，适时排水晒田，至田起鸡脚裂复水。加强虫害防治，抽穗期注意防治螟虫和老鼠。

滇超3号 (Dianchao 3)

品种来源：云南省农业科学院粮食作物研究所，从国际水稻所引进的新株型材料IR64446-7-10-5（MD2STR-1/PAKISAN）经系统选育而成。2001年通过云南省农作物品种审定委员会审定，审定编号：滇籼22。

形态特征和生物学特性：籼型常规水稻。全生育期160.0～165.0d，株高100.0～110.0cm。主茎叶龄19片，前期分蘖力强，茎秆扁薄，叶窄内卷，挺直，后期整齐清秀，穗大粒大，早熟，穗长20.0～22.0cm，每穗总粒数150.0粒，每穗实粒数120.0～140.0粒，结实率80.0%～90.0%，千粒重35.0～38.0g。

品质特性：糙米率81.5%，精米率70%，整精米率60.7%，直链淀粉含量14.4%，胶稠度63.0mm，碱消值2.0级，糙米蛋白质含量7.7%，糙米粒长5.7mm，糙米粒宽2.1mm，米饭清香口感好，食口性优于汕优63。

抗性：高抗白叶枯病和纹枯病，中抗稻瘟病。

产量及适宜地区：1999—2000年参加云南省籼稻区域试验，两年平均产量8 448.0kg/hm²。适宜于云南省海拔1 500m以下、年平均温度17℃以上籼稻区种植。

栽培技术要点：播前晒种，适时播种，培育壮秧，中稻区3月中旬播种，4月底5月初移栽，秧龄不超过40d。栽足基本苗，栽插密度22.5万～37.5万穴/hm²，每穴2～3苗，保证有效穗数300.0万穗/hm²左右。总施尿素量150～210.0kg/hm²，基蘖肥50.0%～60.0%，穗肥40.0%～50.0%，注意氮、磷、钾肥配合施用。干湿交替灌溉。综合防治病虫害。

滇黎312 (Dianli 312)

品种来源：云南省西双版纳傣族自治州良种场，于1984年毫木西////毫木西/科3//博罗矮///IR20/毫棍干为杂交组合，经7年13代系统选育而成。1993年通过西双版纳傣族自治州农作物品种审定小组审定。

形态特征和生物学特性：籼型常规水稻。全生育期145.0d左右，株高109.8cm。株型紧凑，剑叶长而挺直，抗逆性强，分蘖力中等。有效穗数246.0万穗/hm²，穗长24.4 cm，每穗总粒数143.4粒，每穗实粒数107.9粒，千粒重31.0g。

品质特性：米饭柔软可口，冷不回生。

抗性：轻感穗茎瘟病，高抗白叶枯病及纹枯病。

产量及适宜地区：1988年晚稻区域试验，平均产量5 674.5kg/hm²，较对照博罗矮增产24.7%；1990年参加中海拔一季中稻区区域试验，平均产量5 002.5kg/hm²，较对照滇陇201增产9.9%；1991—1992年大面积生产示范，平均产量4 639.5 ～ 5 902.5kg/hm²；1993年晚稻种植约200.0hm²，平均产量7 567.5kg/hm²。适宜于海拔700 ～ 1 100m籼稻区种植。

栽培技术要点：适时播种，培育带蘖壮秧，秧田播种量375.0kg/hm²，秧龄30 ～ 35d。适时移栽，合理密植，栽插密度30.0万～ 37.5万穴/hm²，每穴2 ～ 3苗。科学施肥，施足底肥，早追分蘖肥，适施穗肥。综合防治稻瘟病、螟虫、稻飞虱等。

滇陇201 (Dianlong 201)

品种来源：云南省德宏傣族景颇族自治州农业科学研究所，于1975年引进云南省水稻杂优协作组以亳木细/IR24为杂交组合的第四代材料，经过多年系统选育而成。1986年通过云南省农作物品种审定委员会审定，审定编号：滇籼4号。

形态特征和生物学特性：籼型常规水稻。全生长期150.0d左右，株高110.0～115.0cm。株型紧凑，分蘗力中等，适应性强，属中熟、中秆、高产软米。穗长24.0cm，每穗粒数100.0～150.0粒，结实率80.0%左右，谷粒中长型，呈细弧状，单穗顶部少许谷粒有短芒，落粒性中，千粒重33.0g。

品质特性：精米率65.0%～70.0%，糙米粒长8.0mm，糙米长宽比3.2，米粒呈透明带少许腹白，直链淀粉含量11.0%，糙米蛋白质含量7.0%。

抗性：抗病抗倒伏。

产量及适宜地区：产量6 000.0kg/hm²左右。适宜于云南南部和缅甸海拔1 500m以下地区，年平均气温16.5℃以上的亚热带地区作一季中稻种植。

栽培技术要点：培育适龄壮秧，秧田播种量600.0kg/hm²，秧龄30～40d。宜采用条栽，栽插密度31.5万～45.0万穴/hm²，每穴3～4苗。施足底肥，移栽后5～6d结合施除草剂追施尿素112.5kg/hm²、普通过磷酸钙300.0～375.0kg/hm²。

滇瑞306（Dianrui 306）

品种来源：云南省农业科学院粮食作物研究所瑞丽稻作站，于1975年引进云南省水稻杂优协作组用地糯/IR24为杂交组合的第一代材料，经多代系统选育而成。1986年通过云南省农作物品种审定委员会审定，审定编号：滇籼糯6号。

形态特征和生物学特性：籼型常规糯稻。全生育期130.0d左右，株高90.0cm左右。株型紧散适中，叶片深绿，叶长挺举，剑叶角度小，谷熟叶绿，茎节不外露，茎秆粗壮，根系发达，抗倒伏，黄熟时稻穗低垂藏叶下，分蘖中等，抽穗整齐一致。单株有效穗数6～8穗，穗长20.0cm，每穗实粒数90.0～110.0粒。落粒性中等，千粒重34.0g。

品质特性：米白色，直链淀粉含量0%，米香质糯，用作酿酒，出醪率高，酒香醇，加工米花糖产量高，香脆化渣。

抗性：感纹枯病和恶苗病，轻感稻瘟病和白叶枯病。

产量及适宜地区：经三年籼稻区域试验，大面积生产示范推广，平均产量7 500.0kg/hm²左右。适宜于云南省海拔1 600m以下肥水条件较好的田块种植。

栽培技术要点：作中稻可于3月上旬播种，薄膜育秧，4月下旬至5月上旬移栽，栽插密度37.5万～45.0万穴/hm²，每穴栽2～4苗，温凉地区可适当密植。施肥以攻前、稳中、补后为原则，注意防治恶苗病和稻曲病。

滇瑞313（Dianrui 313）

品种来源：云南省农业科学院粮食作物研究所瑞丽稻作站，以SONA/三棵一撮为杂交组合，于1980年选育而成。1991年通过云南省农作物品种审定委员会审定，审定编号：滇籼糯11。

形态特征和生物学特性：籼型常规糯稻。全生育期170.0～180.0d，株高90.0cm左右。株型紧凑，分蘖力中等。穗长24.0cm，每穗总粒数95.0～140.0粒，空秕率12.0%～30.0%，千粒重32.0g。

品质特性：糙米率79.5%，精米率72.1%，直链淀粉含量0%，糯性好，香味浓郁。

抗性：感稻曲病和纹枯病，耐肥抗倒伏。

产量及适宜地区：1986—1987年参加云南省低海拔组籼稻区域试验，两年平均产量7 170.0kg/hm²，生产示范平均产量7 500.0kg/hm²左右。适宜于云南省海拔1 600m以下的中上等肥力田种植。

栽培技术要点：3月上旬播种，栽插密度45.0万～60.0万穴/hm²，每穴2～3苗，施足底肥，早施分蘖肥，巧施穗肥，高肥田注意防治稻曲病及纹枯病。

滇瑞408 (Dianrui 408)

品种来源：云南省农业科学院粮食作物研究所瑞丽稻作站，于1974年引进云南省水稻杂优协作组用亳木细/IR24为杂交组合的第二代材料，经多代系统选育而成。1986年通过云南省农作物品种审定委员会审定，审定编号：滇籼5号。

形态特征和生物学特性：籼型常规水稻。全生育期176.5d，株高88.5cm。叶片较直，剑叶角度小，苗期茎叶较松散，拔节期抽穗后逐渐集拢紧凑，分蘖力强，茎秆中粗，直立抗倒。单株有效穗9穗左右，穗长21.2cm，每穗总粒数88.0粒，结实率71.5%。粒型细长，颖壳黄白色，落粒性中等，千粒重33.0g。

品质特性：精米率75.3%，直链淀粉含量11.9%，糙米蛋白质含量9.0%，中等胶稠度，低糊化温度，米质较好，米饭香软可口，冷不回生。1984年被评为农业部优质稻种。

抗性：较抗稻瘟病和白叶枯病，中抗纹枯病，不抗褐稻虱，较耐肥。

产量及适宜地区：经品比、省区域试验和大面积生产示范，产量5 250.0～7 500.0kg/hm²。适宜于云南省海拔1 500m以下、肥水条件好的田块推广种植。

栽培技术要点：作中稻宜在惊蛰、春分催芽播种，用薄膜育秧，谷雨、立夏移栽，栽插密度37.5万～45.0万穴/hm²，每穴2～4苗；在比较温凉、土质较差的田块，可适当密植。应以施足底肥为主，移栽后7～10d追施分蘖肥，当茎蘖数达450.0万～525.0万个/hm²时撤水晒田，复水后追施磷、钾肥，齐穗期看苗看天，施尿素15.0～22.5kg/hm²，也可将尿素稀释100倍作叶面喷施。

滇瑞449（Dianrui 449）

品种来源：云南省农业科学院粮食作物研究所瑞丽稻作站与西双版纳傣族自治州农业科学研究所合作，以IET283381/班利一号// IR24为杂交组合，经多年多代系统选育而成。1990年通过西双版纳傣族自治州农作物品种审定小组审定。

形态特征和生物学特性：籼型常规水稻。全生育期175.0～185.0d，株高85.0～90.0cm。株型紧凑，根系发达，耐肥，叶片功能期长，茎叶夹角小，叶片挺立，分蘖力较强。成穗率55.0%左右，每穗总粒数115.0粒，每穗实粒数98.9粒，结实率85.9%。易脱粒，千粒重27.3g。

品质特性：精米率71.4%，直链淀粉含量17.9%，糙米蛋白质含量9.1%，糙米长宽比3.0，透明度1级，碱消值7.0级，胶稠度84.0mm，达到国标一级优质米标准，米饭滋润可口，冷不回生，口感好，获云南省首批优质籼稻良种称号，1992年荣获首届全国农业博览会银质奖。

抗性：抗稻瘟病和白叶枯病。

产量及适宜地区：1988—1989年参加西双版纳傣族自治州籼稻区域试验，两年平均产量5 400.0～7 275.0kg/hm²，在高产栽培条件下产量可达11 250.0kg/hm²，比当地推广品种增产10.0%～20.0%。适宜于海拔1 500m以下稻区中上等肥力田种植。

栽培技术要点：作中稻宜在惊蛰、春分催芽播种，薄膜育秧，谷雨、立夏移栽，栽插密度37.5万～45.0万穴/hm²，每穴2～4苗。在比较温凉、土质较差的田块，可适当密植。施足底肥，移栽后7～10d追施分蘖肥；当茎蘖数达450.0～525.0万个/hm²时撤水晒田，复水后追施磷、钾肥；齐穗期看苗看天，施尿素15.0～22.5kg/hm²，也可稀释100倍作叶面喷施。

滇瑞452（Dianrui 452）

品种来源：云南省玉溪市农业科学院，于1988年从云南省农业科学院瑞丽作站引进的IR562/滇瑞409杂交组合，经多年试验筛选，性状稳定，于1994年12月通过玉溪市农作物品种审定小组审定。

形态特征和生物学特性：籼型常规水稻。全生育期137.0d，株高102.5cm。株型好，分蘖力强，叶片直立。穗长20.2cm，每穗总粒数116.0粒，每穗实粒数83.0粒，千粒重26.0g。

品质特性：米粒细长，半透明，口感好，米质达部颁二级优质米标准。

抗性：较抗稻瘟病和白叶枯病。

产量及适宜地区：田间表现综合丰产性好，产量6 000.0 ~ 9 000.0kg/hm²。适宜于云南省海拔800 ~ 1 300m的籼稻区种植。

栽培技术要点：适时播种，培育适龄壮秧，3月上旬播种，秧田播种量525.0 ~ 600.0kg/hm²，秧龄30 ~ 40d。采用拉线条栽，栽插密度37.5万 ~ 45.0万穴/hm²，每穴3 ~ 4苗。施足底肥，移栽后5 ~ 7d结合施除草剂追施尿素150.0kg/hm²、普通过磷酸钙300.0 ~ 375.0kg/hm²。

滇瑞453 (Dianrui 453)

品种来源：云南省玉溪市农业科学院，于1988年从云南省农业科学院瑞丽作站引进的 IR24/滇瑞306杂交组合，经多年试验筛选，性状稳定，于1994年12月通过玉溪市农作物品种审定小组审定。

形态特征和生物学特性：籼型常规水稻。全生育期135.0d，株高80.0 ~ 100.0cm。株型紧凑，剑叶长度适中，分蘖力强。穗长16.6 ~ 20.0cm，每穗实粒数70.0 ~ 80.0粒，千粒重24.0g左右。

品质特性：口感好，米质达部颁二级优质米标准。

抗性：较抗稻瘟病和白叶枯病。

产量及适宜地区：田间表现综合丰产性好，产量6 000.0 ~ 9 000.0kg/hm²。适宜于云南省海拔800 ~ 1 300m的籼稻区种植。

栽培技术要点：适时播种，培育适龄壮秧，3月上旬播种，秧田播种量525.0 ~ 600.0kg/hm²，秧龄30 ~ 40d。采用拉线条栽，栽插密度37.5万 ~ 45.0万穴/hm²，每穴3 ~ 4苗。施足底肥，移栽后5 ~ 7d结合施除草剂追施尿素150.0kg/hm²、普通过磷酸钙300.0 ~ 375.0kg/hm²。

滇瑞501 （Dianrui 501）

品种来源：云南省农业科学院粮食作物研究所瑞丽稻作站，以滇瑞306/滇瑞500为杂交组合，经多代系统选育而成。1988年通过云南省农作物品种审定委员会审定，审定编号：滇籼紫糯7号。

形态特征和生物学特性：籼型常规紫糯稻。全生育期150.0d左右，株高90.0cm。植株清秀整齐，分蘖中等，耐肥抗倒伏，大穗，大粒，穗长23.6cm，每穗实粒数144.5粒，空秕率11.7%，有效穗数315.0万～360.0万穗/hm²，千粒重27.0g。

品质特性：直链淀粉含量甚微，糯性好，糙米蛋白质含量8.1%，种皮深紫色，无心腹白，香味浓郁，营养价值高。

抗性：抗稻瘟病，耐肥抗倒伏。

产量及适宜地区：大面积生产示范平均产量6 000.0kg/hm²左右。适宜于海拔1 400m以下的地区种植。

栽培技术要点：宜选择中上等肥力田块种植，尤其前茬作物为绿肥、蚕豆、油菜为好。早播早栽，栽插密度37.5万～45.0万穴/hm²，每穴2～4苗，栽插基本苗120.0万～150.0万苗/hm²，搞好肥水管理。

滇屯502 (Diantun 502)

品种来源：云南省红河哈尼族彝族自治州个旧市种子管理站和云南省滇型杂交水稻研究中心合作，于1982年以滇侨20/毫皮为杂交组合，经系统选育而成。1993年通过云南省农作物品种审定委员会审定，审定编号：滇籼12。

形态特征和生物学特性：籼型常规水稻。全生育期155.0d，株高80.3cm。株型紧凑，有效穗数345.0万～390.0万穗/hm²，成穗率71.4%，穗长21.3cm，每穗总粒数85.5粒，每穗实粒数73.0粒，结实率85.0%。易落粒，千粒重31.7g。

品质特性：直链淀粉含量10.5%，糙米蛋白质含量10.5%，米粒细长，糙米长宽比2.9，饭质柔软，香味浓郁。1992年被评为农业部和云南省优质稻品种，1994年获云南省优质稻银奖。

抗性：抗稻瘟病和白叶枯病，感纹枯病。

产量及适宜地区：生产示范产量7 050.0kg/hm²。适宜于云南省海拔1 450m以下籼稻区种植。

栽培技术要点：3月中下旬播种，秧田播种量300.0～450.0kg/hm²，秧龄35～40d。栽插密度37.5万～52.5万穴/hm²，每穴2苗。施肥上应重视底肥，氮、磷、钾合理配合施用，早施追肥，适当补充穗肥。浅水勤灌，够蘖晒田，中后期干湿交替，收获前一周排干田水。

滇籼糯1号（Dianxiannuo 1）

品种来源：云南省滇型杂交水稻研究中心、云南农业大学稻作研究所与西双版纳傣族自治州种子管理站合作，于1989以金南特43/滇新10号为杂交组合选育而成。2009年通过云南省农作物品种审定委员会审定，审定编号：滇审稻2009006。

形态特征和生物学特性：籼型常规糯稻。全生育期160.0d，株高104.0cm。株型紧凑，分蘖力强，成熟期转色好。穗长22.1cm，每穗总粒数137.0粒，每穗实粒数107.0粒，有效穗数288.0万穗/hm²，成穗率60.0%。谷粒黄色、稍小，护颖和颖尖白色，有顶刺，易落粒，千粒重26.9g。

品质特性：糙米率79.3%，精米率73.4%，整精米率71.2%，糙米粒长5.7mm，糙米长宽比2.1，碱消值7.0级，胶稠度100.0mm，直链淀粉含量1.9%，糙米蛋白质含量8.6%。

抗性：强抗稻瘟病（2级）。

产量及适宜地区：2005—2006年参加云南省常规籼稻品种区域试验，两年平均产量7 887.0kg/hm²，较对照滇屯502增产1.4%；生产示范平均产量8 853.0kg/hm²，较对照滇屯502增产21.3%。适宜于云南省海拔1 300m以下的籼稻区种植。

栽培技术要点：适时播种，培育带蘖壮秧，秧田播种量为450.0kg/hm²，秧龄40～45d，栽插基本苗105.0万～135.0万苗/hm²。移栽时施普通过磷酸钙750.0kg/hm²，返青后施尿素225.0kg/hm²，以后看苗追肥。

滇新10号 (Dianxin 10)

品种来源：云南农业大学稻作研究所，以意大利B/科情3号为杂交组合，经系统选育而成。1988年通过云南省农作物品种审定委员会审定，审定编号：滇籼糯9号。

形态特征和生物学特性：籼型常规糯稻。作中稻栽培全生育期180.0d，作早稻栽培全生育期150.0 ～ 155.0d，株高90.0 ～ 95.0cm。株型紧凑，分蘖力中等，耐肥中等，叶色淡绿。穗长18.0 ～ 20.0cm，每穗实粒数80.0粒。谷粒长椭圆形，淡黄，无芒，有少量顶刺或短芒，易落粒，千粒重34.0g。

品质特性：米粒大，乳白色，黏性强，糯性好，有香味，食味佳。

抗性：抗稻瘟病和白叶枯病。

产量及适宜地区：生产示范产量6 000.0 ～ 6 750.0kg/hm²。适宜于云南省海拔1 300m以下的中等肥力田块种植。

栽培技术要点：适时播种，培育带蘖壮秧，以3月上旬播种为宜，播前用药剂浸种消毒。该品种叶香色绿，易引起虫害，从苗期起就应做好对病虫的防治工作。该品种易落粒，注意及时收获。

耿籼1号 （Gengxian 1）

品种来源：云南省耿马县农业技术推广中心与临沧市农业科学研究所合作，以台中1号//A类型/IR22为杂交组合，采用系谱法选育而成，原编号为临优2号。2007年通过云南省农作物品种审定委员会审定，审定编号：滇审稻200704。

形态特征和生物学特性：籼型常规水稻。全生育期160.0d，株高115.0cm。株型适中，分蘖力中等。有效穗数292.5万穗/hm²，成穗率63.8%，穗长26.1cm，每穗总粒数127.0粒，每穗实粒数97.0粒，结实率74.1%，千粒重31.1g。

品质特性：糙米率80.5%，精米率73.4%，整精米率58.0%，糙米粒长7.6mm，糙米长宽比3.3，直链淀粉含量14.5%，垩白度4.3%，垩白粒率33.0%，透明度2级，碱消值7.0级，胶稠度56.0mm，糙米蛋白质含量7.9%，达到国标二级优质米标准。

抗性：中抗稻瘟病和白叶枯病。

产量及适宜地区：2005—2006年参加云南省优质籼稻区域试验，两年平均产量为8 160.0kg/hm²，较对照滇屯502增产6.9%，生产示范平均产量8 310.0kg/hm²。1987—2013年先后在临沧、耿马、沧源、双江、云县等示范推广1.5万hm²。近几年来耿马傣族佤族自治县的种植面积每年稳定在800hm²左右，平均产量6 840.0kg/hm²左右，较对照滇屯502增产10.0%。适宜于云南省海拔510～1 400m籼粳交错地区种植。

栽培技术要点：培育壮秧，采用湿润育秧或旱育秧培育壮秧，秧田施优质农家肥7 500.0～15 000.0kg/hm²、复合肥600.0kg/hm²，秧田播种量450.0～600.0kg/hm²，秧龄35～40d。适时栽插，合理密植。秧龄35d开始移栽，栽插密度根据土壤肥力而定，肥力高的田块栽插密度45.0万～52.5万穴/hm²，肥力低的田块栽插密度52.5万～60.0万穴/hm²，每穴栽2～3苗。合理施肥，施农家肥7 500.0～15 000.0kg/hm²、水稻专用肥600.0kg/hm²作底肥一次性施下，栽后7d施尿素150.0～225.0kg/hm²作追肥。后期根据秧苗长势轻施、巧施穗粒肥，施尿素45.0～75.0kg/hm²、硫酸钾75.0kg/hm²。科学管水，水浆管理做到浅水栽秧，寸水活棵，浅水分蘖，够蘖晒田。加强病、虫、草、鼠害防治。

广籼2号（Guangxian 2）

品种来源：云南省文山壮族苗族自治州广南县八宝米研究所，于2000年以德优8号/滇屯502为杂交组合，经多年系统选育而成。2010年通过云南省农作物品种审定委员会审定，审定编号：滇审稻2010021。

形态特征和生物学特性：籼型常规水稻。全生育期161.0d，株高110.5cm。株型前期紧凑、后期微散，叶色浅绿，有效穗数267.0万穗/hm²，成穗率58.3%，穗长23.7cm，每穗总粒数142.0粒，每穗实粒数101.1粒，结实率70.3%，落粒性适中，千粒重29.9g。

品质特性：糙米率81.2%，精米率71.8%，整精米率63.6%，糙米粒长7.0mm，糙米长宽比3.2，垩白粒率81.2%，垩白度14.8%，直链淀粉含量26.8%，胶稠度45.0mm，碱消值5.0级，透明度1级，水分10.6%。

抗性：中抗稻瘟病和白叶枯病。

产量及适宜地区：2007—2008年参加云南省常规籼稻品种区域试验，两年平均产量7 050.0kg/hm²，比对照滇屯502增产11.8%；生产试验平均产量8 007.0kg/hm²，比对照滇屯502增产22.9%。适宜于云南省海拔1 300m以下的籼稻区种植。

栽培技术要点：大田用种量37.5kg/hm²，采用旱育秧技术培育带蘖壮秧，带蘖率80.0%。栽插密度30.0万～37.5万穴/hm²，每穴2～3苗。施农家肥22 500.0kg/hm²、碳酸氢铵600.0kg/hm²、普通过磷酸钙750.0kg/hm²、硫酸钾150.0kg/hm²作基肥，移栽后7～9d施尿素225.0kg/hm²作分蘖肥。整个生育期中注意病虫害的防治，90.0%稻谷成熟时收获。

红稻10号 （Hongdao 10）

品种来源：云南省红河哈尼族彝族自治州农业科学研究所，于1996年以红优1号/云恢290为杂交组合，经10年10代系谱选育而成。2014年通过云南省农作物品种审定委员会审定，审定编号：滇审稻2014009。

形态特征和生物学特性：籼型常规水稻。全生育期160.4d，株高113.4cm。株型紧凑，剑叶较长，分蘖力强。有效穗数270万穗/hm²，每穗总粒数149.9粒，每穗实粒数121.8粒，结实率81.25%。落粒性适中，千粒重27.4g。

品质特性：糙米率78.3%，精米率71.1%，整精米率69.8%，糙米粒长7.2mm，糙米长宽比3.6，垩白粒率24.0%，垩白度2.4%，直链淀粉含量13.8%，胶稠度70.0mm，碱消值6.0级，透明度2级，水分12%。

抗性：中感稻瘟病、中抗白叶枯病，2011年文山点穗瘟中抗，2012年临沧点穗瘟重感。

产量及适宜地区：2011—2012年参加云南省常规籼稻品种区域试验，两年平均产量8 322.0kg/hm²，比对照红香软7号增产0.4%；2013年生产试验，平均产量8 329.5kg/hm²，比对照红香软7号增产8.7%。适宜于云南省海拔1 350m以下籼稻区种植。

栽培技术要点：扣种稀播，培育壮秧，湿润薄膜育秧播种量为450.0～750.0kg/hm²，旱育秧播种量375.0～450.0kg/hm²，适宜在3月中、下旬播种，秧龄30～35d，施尿素150.0kg/hm²作送嫁肥。合理密植，在中等肥力田栽插密度37.5万穴/hm²，栽插规格株行距13.3cm×20cm；在下等肥力田块栽插密度55.5万穴/hm²，每穴1～2苗。施足底肥，适时追肥，施氮、磷、钾含量为25%三元复合肥600.0～750.0kg/hm²作底肥，移栽后7d左右施尿素225.0～300.0kg/hm²作追肥，始穗至扬花期喷施磷酸二氢钾2次，既可提高结实率又能增加千粒重。水浆管理采用浅水分蘖、干湿交替的管理方法。病害重点防治稻瘟病，虫害重点防治稻飞虱，秧苗移栽后常到田间查看病虫发生情况，做到早发现、早预防、综合防治病虫害。

红稻6号 （Hongdao 6）

品种来源：云南省红河哈尼族彝族自治州农业科学研究所，于1995年以红优1号/云恢290为杂交组合，经连续6年系统选育而成，原品系号为红优6号。2010年通过云南省农作物品种审定委员会审定，审定编号：滇审稻2010026。

形态特征和生物学特性：籼型常规水稻。全生育期164.0d，株高113.0cm。有效穗数294.0万穗/hm²，穗长26.0cm，每穗总粒数138.0粒，结实率70.4%。易落粒，千粒重33.9g。

品质特性：糙米率80.1%，精米率74.0%，整精米率65.7%，糙米粒长7.3mm，糙米长宽比3.3，垩白粒率29.0%，垩白度3.2%，直链淀粉含量15.6%，胶稠度58.0mm，碱消值7.0级，透明度1级，糙米蛋白质含量8.8%，达到国标三级优质米标准。

抗性：抗稻瘟病。

产量及适宜地区：2005—2006年参加云南省常规籼稻品种区域试验，两年平均产量7 393.5kg/hm²，比对照品种滇屯502减产2.4%；生产试验平均产量7 041.0kg/hm²，比对照品种滇屯502增产9.5%。适宜于云南省海拔1 300m以下的籼稻区种植。

栽培技术要点：培育壮秧，早育或薄膜育秧，秧田播种量375.0～450.0kg/hm²，秧龄40d左右，带蘖2～3个。合理密植，栽插密度30.0万～37.5万穴/hm²，栽插基本苗105.0万～135.0万苗/hm²。科学施肥，施尿素240.0～270.0kg/hm²，氮、磷、钾比例为1：0.5：0.5，底肥占总用肥量的60.0%～70.0%，追肥占30.0%～40.0%。水浆管理，浅水移栽，寸水护苗活棵，浅水分蘖，够苗搁田，齐穗后干湿交替。

红稻8号 （Hongdao 8）

品种来源：云南省红河哈尼族彝族自治州农业科学研究所，以滇屯502/薄竹谷为杂交组合，经10年10代系谱选育而成。2011年通过云南省农作物品种审定委员会审定，审定编号：滇审稻2011012。

形态特征和生物学特性：籼型常规水稻。全生育期150.0d，株高95.7cm。株型紧凑，叶片挺立，抗倒伏。穗长22.0cm，每穗总粒数116.0粒，每穗实粒数91.0粒，结实率77.3%，千粒重29.5g。

品质特性：糙米率81.0%，精米率70.6%，整精米率62.7%，垩白粒率7.0%，垩白度8.4%，透明度1级，碱消值5.0级，胶稠度68.0mm，直链淀粉含量16.8%，糙米粒长7.2mm，糙米长宽比2.8。

抗性：感稻瘟病，中抗白叶枯病。

产量及适宜地区：2007—2008年参加云南省常规籼稻区域试验，两年平均产量6 988.5kg/hm²，比对照滇屯502增产10.8%；生产试验平均产量7 482.0kg/hm²，比对照滇屯502增产16.4%。适宜于云南省海拔1 450m以下的籼稻区种植。注意防治稻瘟病。

栽培技术要点：扣种稀播，培育壮秧，湿润薄膜育秧播种量450.0 ～ 750.0kg/hm²，旱育秧播种量为375.0 ～ 450.0kg/hm²，适宜在3月中、下旬播种，秧龄30 ～ 35d，施尿素150.0kg/hm²作送嫁肥。合理密植，在中等肥力田栽插密度37.5万穴/hm²；在下等肥力田块栽插密度55.5万穴/hm²，每穴1 ～ 2苗。施足底肥，适时追肥，施氮、磷、钾含量为25%三元复合肥600.0 ～ 750.0kg/hm²作底肥，移栽后7d左右施尿素225.0 ～ 300.0kg/hm²作追肥，始穗至扬花期喷施磷酸二氢钾2次，既可提高结实率又能增加千粒重。水浆管理采用浅水分蘖、干湿交替的管理方法。病害重点防治稻瘟病，虫害重点防治稻飞虱，秧苗移栽后常到田间查看病虫发生情况，做到早发现、早预防、综合防治病虫害。

红稻9号 （Hongdao 9）

品种来源：云南省红河哈尼族彝族自治州农业科学研究所，以红优1号/2001082为杂交组合，经6年6代系谱选育而成。2011年通过云南省农作物品种审定委员会审定，审定编号：滇审稻2011013。

形态特征和生物学特性：籼型常规水稻。全生育期148.0d，株高109.6cm。株型紧凑，分蘖力强，叶片挺举，茎秆软，叶鞘、叶耳色淡。穗长24.8cm，每穗总粒数151.0粒，每穗实粒数116.0粒，结实率76.8%。谷粒细长、无芒，落粒性适中，千粒重23.6g。

品质特性：糙米率80.6%，精米率70.4%，整精米率65.9%，透明度3级，碱消值7.0级，胶稠度65.0mm，直链淀粉含量11.8%，糙米粒长7.0mm，糙米长宽比2.9，粉质粒。

抗性：高感稻瘟病（9级），感白叶枯病（7级）。

产量及适宜地区：2009—2010年参加云南省常规籼稻区域试验，两年平均产量8 397.0kg/hm²，比对照红香软7号增产2.6%；2010年在临沧、普洱、文山、景洪、保山和蒙自6个点进行小面积生产示范平均产量9 396.0kg/hm²，比对照红香软7号增产7.8%。适宜于云南省的红河、文山、保山、普洱、临沧等州（市）海拔1 400m以下的籼稻区种植，但在稻瘟病高发区禁种。注意防治白叶枯病。

栽培技术要点：扣种稀播，培育壮秧，湿润薄膜育秧播种量450.0～750.0kg/hm²，旱育秧播种量375.0～450.0kg/hm²，适宜在3月中下旬播种，秧龄30～35d，施尿素150.0kg/hm²作送嫁肥。合理密植，中等肥力田栽插密度37.5万穴/hm²，株行距13.3cm×20cm；下等肥力田块栽插密度55.5万穴/hm²，每穴1～2苗。施足底肥，适时追肥，施氮、磷、钾含量为25%三元复合肥600.0～750.0kg/hm²作底肥，移栽后7d左右施尿素225.0～300.0kg/hm²作追肥，始穗至扬花期喷施磷酸二氢钾2次，既可提高结实率又能增加千粒重。水浆管理采用浅水分蘖、干湿交替的管理方法。病害重点防治稻瘟病，虫害重点防治稻飞虱，秧苗移栽后常到田间查看病虫发生情况，做到早发现、早预防、综合防治病虫害。

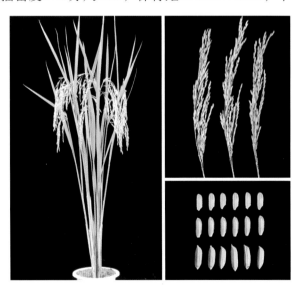

红香软7号 （Hongxiangruan 7）

品种来源：云南省红河哈尼族彝族自治州农业科学研究所，以滇屯502/云恢290为杂交组合，经多年系统选育而成，原品系号为红优7号。2007年通过云南省农作物品种审定委员会审定，审定编号：滇审稻200703。

形态特征和生物学特性：籼型常规水稻。全生育期153.0d，株高115.6cm。株型杯状，分蘖力中等，叶片挺举，成熟期熟相好，不早衰，不倒伏。有效穗数340.5万穗/hm²，成穗率65.8%，穗长22.1cm，每穗总粒数126.0粒，每穗实粒数93.0粒，结实率72.7%。易落粒，千粒重28.7g。

品质特性：糙米率80.9%，精米率74.7%，整精米率67.2%，垩白粒率2.0%，垩白度0.2%，直链淀粉含量16.1%，胶稠度67.0mm，糙米粒长7.3mm，糙米长宽比3.2，透明度1级，碱消值7.0级，糙米蛋白质含量8.1%，质量指数89，达到国标三级优质米标准。

抗性：稻瘟病抗性强。

产量及适宜地区：2005—2006年参加云南省常规籼稻品种区域试验，两年平均产量8 619.0kg/hm²，较对照品种滇屯502增产10.76%，生产示范产量6 975.0～9 564.0kg/hm²。适宜于云南省海拔1 400m以下籼稻区种植。

栽培技术要点：3月20日前播种，大田用种量30.0～45.0kg/hm²，秧龄35～40d，条栽。中等肥力田块栽插密度37.5万～45.0万穴/hm²。重施底肥，增施磷、钾肥，中等肥力田块施尿素255.0kg/hm²、普通过磷酸钙180.0kg/hm²。硫酸钾150.0kg/hm²。加强病、虫、草、鼠害的综合防治。

红优1号 （Hongyou 1）

品种来源：云南省红河哈尼族彝族自治州农业科学研究所，以东风$F_3$31/IR64为杂交组合，于1994年选育而成。2001年通过云南省农作物品种审定委员会审定，审定编号：滇籼（优）20。

形态特征和生物学特性：籼型常规水稻。全生育期150.0d，株高95.0cm。株型紧凑，茎秆粗壮，分蘖力中等，抗倒伏，后期熟相好，不早衰。穗长20.4～25.4cm，每穗实粒数87.9～98.9粒，结实率85.3%。谷粒有顶芒，千粒重33.0g。

品质特性：糙米率82.2%，精米率76.0%，整精米粒57.8%，糙米粒长7.5mm，糙米长宽比3.0，垩白粒率49.0%，垩白度11.4%，透明度2级，碱消值7.0级，胶稠度60.0mm，直链淀粉含量17.1%，糙米蛋白质含量8.6%。

抗性：田间试验未发现稻瘟病和白叶枯病，但轻感纹枯病。抗倒伏。

产量及适宜地区：1995年在品比试验中平均产量9 576.0kg/hm²；1996年在建水、蒙自、弥勒等县进行多点试种，平均产量8 376.0kg/hm²；1997—1998年参加红河哈尼族彝族自治州区试，两年平均产量8 755.5kg/hm²；1999—2000年参加云南省优质籼稻区域试验，两年平均产量6 757.5kg/hm²。适宜于云南省海拔1 500m以下籼稻区种植。

栽培技术要点：3月上、中旬播种，秧龄35～40d。栽插密度37.5万～45.0万穴/hm²，每穴栽2苗。施足有机底肥，氮、磷、钾肥合理配合施用，施肥掌握前重、中控、后补的原则。浅水勤灌，够蘖晒田，中后期干湿交替，收获前一周排干田水。

红优3号（Hongyou 3）

品种来源：云南省红河哈尼族彝族自治州农业科学研究所，以四喜占/滇屯502为杂交组合，于1999年选育而成。2005年通过云南省农作物品种审定委员会审定，审定编号：滇审稻200515。

形态特征和生物学特性：籼型常规水稻。全生育期152.0d，比对照滇屯502迟熟3d，株高98.0cm。株型紧凑，茎秆粗壮，后期熟相好，不早衰。穗长24.3cm，每穗粒数130.0粒，结实率83.0%。谷粒细长，有顶芒，千粒重31.9g。

品质特性：稻米品质经农业部食品质量监督检验测试中心（武汉）和云南省农产品质量监督站测试分析，达到国标优质米标准，2002年被评为云南省优质稻品种。

抗性：抗稻瘟病，抗倒伏。

产量及适宜地区：2003—2004年参加云南省籼稻区域试验，两年平均产量8 538.0kg/hm²，比对照汕优63减产7.1%，生产示范产量6 600.0 ~ 9 000.0kg/hm²。适宜于云南省海拔1 500m以下籼稻区种植。

栽培技术要点：培育壮秧。适时早播，肥床旱育，大田用种量30.0 ~ 45.0kg/hm²，秧龄35 ~ 45d。合理密植，规格条栽。中等肥力田块栽插密度37.5万 ~ 45.0万穴/hm²，每穴栽1 ~ 2苗。配方施肥，中等肥力田块以施尿素255.0kg/hm²、普通过磷酸钙180.0kg/hm²、硫酸钾150.0kg/hm²为宜，重施底肥，早施追肥，补施穗粒肥，加强管理。水浆管理，前期浅水勤灌，中后期干湿交替，用对口农药防除病、虫、草害。

红优4号 (Hongyou 4)

品种来源：云南省红河哈尼族彝族自治州农业科学研究所，以四喜占/滇屯502为杂交组合，于1999年选育而成。2005年通过云南省农作物品种审定委员会审定，审定编号：滇审稻200516。

形态特征和生物学特性：籼型常规水稻。全生育期148.0d，与滇屯502同期成熟，株高100.0cm。株型紧凑，叶片挺举，分蘖力强，茎秆粗壮，不倒伏，生长清秀、整齐，后期熟相好，不早衰。有效穗数277.5万～352.5万穗/hm²，成穗率68.5%，穗长23.5cm，每穗粒数138.0粒，结实率78.6%，谷粒无顶芒，着粒密度高，糙米长宽比3.0，千粒重31.7g。

品质特性：经农业部食品质量监督检验中心（武汉）和云南省农产品质量监督站测量分析，稻米品质达到国家优质米标准，2002年被评为云南省优质稻品种。

抗性：田间试验未发现稻瘟病和白叶枯病。

产量及适宜地区：2003—2004年参加云南省常规籼稻区域试验，两年平均产量7 782.0kg/hm²，比对照品种滇屯502增3.7%，生产示范产量6 750.0～9 000.0kg/hm²。适宜于云南省海拔在1 500m以下稻区种植。

栽培技术要点：适时早播，培育壮秧。在红河哈尼族彝族自治州最佳播种期为3月10～20日，大田用种量30.0～45.0kg/hm²，肥床旱育，培育带蘖壮秧，秧龄35～45d。合理密植、规格条栽。肥力田块栽插密度37.5万～45.0万穴/hm²，株行距13.3cm×20cm，每穴1～2苗，保证有效穗数300.0万穗/hm²左右。合理施肥，科学管水，重施底肥，增施有机肥，早施分蘖肥，氮、磷、钾肥配合施用。中等肥力田块施尿素255.0kg/hm²、普通过磷酸钙180.0kg/hm²、硫酸钾150.0kg/hm²。在水浆管理上，做到浅水插秧，寸水活棵，浅水分蘖，适时晒田，后期浅水勤灌，干干湿湿，收获前一周排干田水以利收获。加强病、虫、草、鼠害的综合防治。

红优5号 （Hongyou 5）

品种来源：云南省红河哈尼族彝族自治州农业科学研究所，于1998年在滇屯502生产田中发现异株并进行多年选育而成。2005年通过云南省农作物品种审定委员会审定，审定编号：滇审稻200517。

形态特征和生物学特性：籼型常规水稻。全生育期155.0d，株高118.2cm。株型紧凑，叶色青绿，剑叶直立并内卷，成熟期转色好。有效穗数319.5万穗/hm²，穗长22.3cm，每穗总粒数120.0粒，每穗实粒数103.0粒，结实率85.3%。谷粒黄色、无芒，千粒重26.4g。

品质特性：糙米率79.0%，整精米率62.3%，垩白粒率5.0%，垩白度0.3%，直链淀粉含量17.2%，胶稠度78.0mm，糙米粒长6.7mm，糙米长宽比3.0，水分11.8%，2002年被云南省评为优质稻品种。

抗性：轻感纹枯病和稻曲病，大田生产未见稻瘟病和白叶枯病。

产量及适宜地区：2003—2004年参加云南省优质常规稻品种区域试验，两年平均产量9 504.0kg/hm²，比对照滇屯502增产3.9%；2004年生产试验，平均产量8 400.0kg/hm²，示范产量6 000.0～11 250.0kg/hm²。适宜于云南省海拔1 500m以下稻区种植。

栽培技术要点：培育壮秧，早育或薄膜育秧，秧田播种量375.0～450.0kg/hm²，秧龄40d左右，带蘖2～3个。合理密植，栽插密度30.0万～37.5万穴/hm²，栽插基本苗105.0万～135.0万苗/hm²。科学施肥，施尿素240～270kg/hm²，氮、磷、钾比例为1：0.5：0.5，底肥占总用肥量的60.0%～70.0%，追肥占30.0%～40.0%。水浆管理，浅水移栽，寸水护苗活棵，浅水分蘖，够苗搁田，齐穗后干湿交替。

宏成 20（Hongcheng 20）

品种来源：云南省玉溪宏成水稻育种研究开发公司和楚雄彝族自治州种子公司合作，以优天杂/华成2号为杂交组合，经多年系统选育而成。2004年通过云南省农作物品种审定委员会审定，审定编号：滇审稻200405。

形态特征和生物学特性：籼型常规水稻。全生育期154.0d，株高85.0～100.0cm。株型紧凑，叶色淡绿，分蘖力强，单株有效穗数7～12穗，成穗率高，穗长17.0～19.0cm，每穗实粒数120.0～130.0粒，结实率80.0%～90.0%，千粒重25.0～27.0g，米粒白而透明，食味可口，品质优，口感好，软硬适中。

品质特性：糙米率83.3%，整精米率63.5%，垩白粒率3.3%，垩白度4.4%，直链淀粉含量17.0%，胶稠度85.0mm，糙米粒长4.9mm，糙米长宽比2.7。

抗性：抗病性较强。

产量及适宜地区：2002—2003年参加云南省籼稻区域试验，两年区试多点试验平均产量9 544.5kg/hm²，比对照滇屯502增产1 930.5kg/hm²，生产示范产量10 350.0kg/hm²。适宜于云南省海拔600～1 550m籼稻区和籼粳交错区种植。

栽培技术要点：旱育稀植，栽插规格株行距13.3cm×30cm，栽插密度24.0万～30.0万穴/hm²，施尿素225.0～300.0kg/hm²作基肥，施普通过磷酸钙750.0kg/hm²、碳酸氢铵450.0～600.0kg/hm²、氯化钾150.0kg/hm²作分蘖肥，栽后55d施尿素90.0～150.0kg/hm²、氯化钾75.0～120.0kg/hm²作穗肥，防治稻曲病和稻飞虱。

景泰糯（Jingtainuo）

品种来源：云南省西双版纳纳丰种业有限公司，于2006年以泰国糯//6/景为杂交组合，经6年12代的系统选育而成。2014年通过云南省农作物品种审定委员会审定，审定编号：滇特（版纳）审稻2014001。

形态特征和生物学特性：籼型常规糯稻。全生育期154.0d，比对照滇籼糯1号长4d，株高98.0cm。株型适中，长势旺盛，分蘖力强，穗层整齐。最高茎蘖数471.0万个/hm²，有效穗数259.5万穗/hm²，每穗总粒数121.3粒，结实率最高81.8%。谷粒细长，千粒重30.7g。

品质特性：米乳白，糯性好，品质优良。

抗性：田间抗病性好。

产量及适宜地区：2011—2012年参加云南省西双版纳傣族自治州常规糯稻区域试验，两年平均产量7 185.0kg/hm²，比对照滇籼糯1号增产9.2%；2012年生产试验，平均产量5 985.0kg/hm²，比对照滇籼糯1号增产2.8%。适宜于西双版纳傣族自治州海拔1 200m以下区域种植，稻瘟病高发区慎用。

栽培技术要点：扣种稀播，培育壮秧，秧龄30～35d。适时移栽，合理密植，栽插密度22.5万～27.0万穴/hm²，每穴1～2苗。控氮增磷、钾，优化施肥结构，中等肥力田块，施用腐熟农家肥15 000.0kg/hm²、尿素150.0～180.0kg/hm²，按"前重、中控、后补"的要求将70%的氮肥用作基肥、20%的氮肥用作分蘖肥、10%的氮肥作穗肥。科学管水，在有效分蘖期放浅水促其分蘖，当其总茎蘖数达到要求有效穗数的80.0%时，分次适度搁田，控制其无效分蘖；孕穗期确保其水分需求量，切忌缺水；抽穗扬花后干湿交替灌溉，以养根保叶；齐穗后30d左右断水，不宜断水过早。病虫害综合防治。做好重大病虫害监测，重点防治稻飞虱、二化螟、三化螟、稻纵卷叶螟和稻瘟病、稻曲病、条纹叶枯病、白叶枯病等病虫害。返青后，草害以化学除草为主。

科砂1号 （Kesha 1）

品种来源：云南省临沧市农业科学研究所，于1973年以科字6号（IR8）/砂洋谷辐射选系138为杂交组合，采用系谱法选育而成。1985年通过云南省农作物品种审定委员会审定，审定编号：滇籼2号。

形态特征和生物学特性：籼型常规水稻。全生育期150.0～175.0d，株高90.0～105.0cm。株型略散，分蘖力强，茎秆粗壮，抗倒伏。成穗率74.7%以上，每穗总粒数120.0～150.0粒，结实率70.0%～80.0%。落粒性适中，千粒重29.0～30.0g。

品质特性：糙米率80.0%以上，精米率72.0%～76.0%，食味中等。

抗性：抗稻瘟病和胡麻叶斑病，易感白叶枯病和稻曲病。

产量及适宜地区：1980—1984年参加临沧市、云南省水稻品种区域试验，大田生产示范产量为7 500.0kg/hm²。适宜于云南省南部海拔1 600m以下的地区种植。

栽培技术要点：宜作麦后稻栽种。春分播种，在中海拔地区秧龄55～60d，低海拔地区秧龄45～50d。移栽密度45.0万～60.0万穴/hm²，每穴2～3苗；施足底肥，早追分蘖肥，酌情施穗肥。注意防治稻飞虱、白叶枯病和稻曲病。

临籼21 (Linxian 21)

品种来源：云南省临沧市农业科学研究所以龙特普/IR26为杂交组合，采用系谱法选育而成，原编号为1530-5。2004年通过云南省农作物品种审定委员会审定，审定编号：滇审稻200407。

形态特征和生物学特性：籼型常规水稻。全生育期160.0～170.0d，株高100.0～110.0cm。株型紧凑，叶色淡绿，剑叶稍长，分蘖力中等。单株有效穗5～10穗，穗长23.0～27.0cm，每穗总粒数130.0～150.0粒，结实率85.0%～90.0%。谷粒椭圆形，米白色，碾磨品质好，千粒重29～30g。

品质特性：糙米率80.9%，精米率67.5%，垩白粒率10.0%～20.0%，直链淀粉含量24.3%，胶稠度27.0mm，碱消值6.5级。特别适宜加工米线、米干等副食品。

抗性：较抗稻瘟病和白叶枯病。抗倒伏。

产量及适宜地区：1999—2000年参加云南省常规籼稻区域试验，两年平均产量8 332.5kg/hm^2，较对照汕优63减产3.7%；2004年临沧市示范推广5 500hm^2，平均产量6 930.00kg/hm^2，较对照科1-55增产12.0%。适宜于云南省海拔1 300～1 600m稻区作一季中稻种植。

栽培技术要点：培育适龄壮秧，秧龄40～50d为宜。适时早栽，合理密植，谷雨至立夏为最适移栽时期，栽插密度37.5万～45.0万穴/hm^2，每穴栽2苗。合理施肥，施肥严格遵循"前促、中控、后补"的原则，施足底肥，早施分蘖肥，轻施穗粒肥。注意氮、磷、钾肥平衡搭配，氮肥用量以施用尿素300kg/hm^{2}为宜。注意防治病虫害。

临籼22 (Linxian 22)

品种来源：云南省临沧市农业科学研究所，以207（红帽缨/IR24）//1819-3（毫双8号选3/香谷）为杂交组合，采用系谱法选育而成。2005年通过云南省农作物品种审定委员会审定，审定编号：滇审稻200514。

形态特征和生物学特性：籼型常规水稻。全生育期156.0d，株高121.0cm。株型适中，分蘖力中等。成穗率65.0%～70.0%，穗长23.1cm，每穗粒数135.0粒，结实率83.0%，千粒重27.8g。

品质特性：糙米率79.0%，整精米率64.1%，垩白粒率10.0%，垩白度1.5%，直链淀粉含量17.0%，胶稠度85.0mm，糙米粒长6.8mm，糙米长宽比3.0，理化指标达国标一级优质米标准。

抗性：较抗稻瘟病和白叶枯病，耐寒性好。

产量及适宜地区：2000年临沧市品比试验，平均产量8 955.0kg/hm²，较对照临优1458增产750.0kg/hm²；2003—2004年参加云南省优质稻区域试验，两年平均产量8 935.5kg/hm²，较对照滇屯502增产19.0%；2004年云南省种子站组织保山、红河、文山、大理、临沧等地生产试验，平均产量9 552.0kg/hm²，比对照汕优63减产7.9%；2004年临沧市示范3 000hm²，平均产量6 810.0kg/hm²，较对照临优1458增产13%。适宜于云南省海拔1 000～1 500m稻区作中稻种植。

栽培技术要点：培育适龄壮秧，秧龄50d左右为宜。科学施肥，施足底肥，早施分蘖肥，轻施穗粒肥，并注意氮、磷、钾合理搭配，切忌偏施氮肥。合理密植，栽插密度以30.0万穴/hm²为宜，栽插规格25cm×13.3cm或20cm×16.7cm。科学管水，做到浅水勤灌，苗够晒田，合理调控群体结构。加强田间管理，注意防治病虫害。

临籼23 (Linxian 23)

品种来源：云南省临沧市农业科学研究所，以95玉109/IR63882-4-1为杂交组合，采用系谱法选育而成。2012年通过云南省农作物品种审定委员会审定，审定编号：滇审稻2012012。

形态特征和生物学特性：籼型常规水稻。全生育期180.0d左右，株高110.0～115.0cm。株型紧凑，叶片挺直，叶色深绿，分蘖力中等。穗长25.0～28.0cm，每穗粒数160.0粒，结实率80.0%左右。谷粒细长，千粒重27.5g，大米半透明，蜡白色，米饭软硬适中，冷不回生，口感较好。

品质特性：糙米率78.0%，整精米率70.4%，糙米粒长7.2mm，糙米长宽比3.6，垩白粒率22.0%，垩白度2.4%，透明度2级，胶稠度68.0mm，直链淀粉含量23.6%，达到国标三级优质米标准。

抗性：高感稻瘟病，抗白叶枯病，轻感纹枯病和稻曲病，耐肥抗倒伏。大田生产示范较抗稻瘟病。

产量及适宜地区：2009—2010年参加云南省常规籼稻区域试验，两年平均产量8 965.5kg/hm²，比对照红优7号增产9.6%；生产试验平均产量8 703.0kg/hm²，比对照红优7号增产10.9%；2011—2014年大面积生产产量7 500.0～9 000.0kg/hm²。适宜于云南省海拔550～1 400m籼稻区作一季中稻种植。

栽培技术要点：培育壮秧，适时早栽。秧龄45～50d，栽插时间宜早不宜迟。适当稀植浅插，掌握合理密度。施足底肥，早施分蘖肥，该品种前期需肥量大，若脱肥则容易出现僵苗及生长缓慢现象，因此一定要注意前期早施肥、重施肥，并注意氮、磷、钾肥合理搭配，切忌中后期偏施氮肥。由于该品种叶色较其他品种绿，容易诱发稻飞虱集中为害，因此要注意及早防治稻飞虱。

临籼24（Linxian 24）

品种来源：云南省临沧市农业科学研究所，以湘晚籼3号/中国香稻为杂交组合，采用系谱法选育而成。2014年通过云南省农作物品种审定委员会审定，审定编号：滇审稻2014012。

形态特征和生物学特性：籼型常规水稻。全生育期161.0d，株高105.0cm。株型松散，叶色淡绿，剑叶较长，分蘖力中等，群体整齐度好，成熟期转色好，活秆成熟。穗长24.0cm，每穗总粒数133.0粒，每穗实粒数107.0粒，结实率80.0%。落粒性强，千粒重28.0g。

品质特性：糙米率81.4%，精米率72.4%，整精米率68.0%，糙米粒长7.1%，糙米长宽比3.2，垩白粒率20.0%，垩白度1.4%，直链淀粉含量15.0%，胶稠度86.0mm，碱消值6.8级，透明度1级，达到国标三级优质米标准，大米有香味，米饭油润，软硬适中，口感较好。

抗性：感稻瘟病和白叶枯病，生产示范较抗稻瘟病和白叶枯病，轻感纹枯病和稻曲病，耐寒性一般。

产量及适宜地区：2008年参加临沧市品比试验，平均产量9 345.0kg/hm²，较对照临籼22增产7.8%；2009年在临沧市多点试验，平均产量9 087.0kg/hm²，较对照临籼22增产5.2%；2010年临沧市生产示范1 hm²，最高产量11 295.0kg/hm²，平均产量7 545.0kg/hm²，较对照临籼22增产5.0%～8.0%；2011—2012年参加云南省优质常用规籼稻区域试验，两年平均产量8 421.0kg/hm²，比对照种红优7号增产1.6%；2012年临沧市在海拔1 400m以下稻区示范33hm²，平均产量9 195.0kg/hm²，最高产量10 875.0kg/hm²，与当地杂交稻产量相当。云南省海拔1 400m以下籼稻区作一季中稻种植。

栽培技术要点：培育适龄壮秧，海拔1 400m左右稻区秧龄应控制在45～50d，移栽时叶龄4～5片叶，带1～2个分蘖。控制栽插密度，一般中等肥力田块栽插密度22.5万～30.0万穴/hm²，每穴栽2苗。科学施肥，施足底肥，早施分蘖肥，合理施用穗粒肥，肥料要做到氮、磷、钾合理搭配。科学管水，采用干湿交替灌溉方法，苗够晒田，控制无效分蘖。加强中耕管理和病虫害防治。

临优1458 （Linyou 1458）

品种来源：云南省临沧市农业科学研究所，以那招细老鼠牙/科砂1号为杂交组合，采用系谱法选育而成，原编号为1458-2。1998年通过云南省农作物品种审定委员会审定，审定编号：滇籼17。

形态特征和生物学特性：籼型常规水稻。全生育期180.0d，株高100.0～120.0cm。株型适中，分蘖力中等，穗颈长，剑叶短，谷穗外露，成熟时转色好，谷黄叶绿。成穗率60.0%～65.0%，穗长20.0～25.0cm，每穗总粒数150.0～180.0粒，结实率80.0%左右，千粒重28.0g。

品质特性：糙米率为80.5%，精米率为74.9%，整精米率64.4%，糙米粒长6.4mm，糙米长宽比2.8，垩白粒率7.0%，直链淀粉含量16.7%，胶稠度82.0mm，达到国标二级优质米标准。1994年在云南省第二届优质米评选会上评为优质米品种。

抗性：抗稻瘟病和白叶枯病，轻感纹枯病和稻曲病。

产量及适宜地区：1992年品比试验，平均产量9 619.5kg/hm^2，较对照科砂1号增加709.5kg/hm^2；1993—1994年参加云南省籼稻区域试验，两年平均产量7781.2kg/hm^2；1995—1997年临沧市示范推广6 000hm^2，平均产量6 810.0kg/hm^2，比对照科砂1号增产6.6%。适宜于云南省海拔1 000～1 650m稻区作中稻种植。

栽培技术要点：培育适龄壮秧，秧龄50d左右为宜。科学施肥，施足底肥，早施分蘖肥，轻施穗粒肥，并注意氮、磷、钾肥合理搭配，切忌偏施氮肥。合理密植，栽插密度以30.0万穴/hm^{2}为宜，栽插规格25cm×13.3cm或20cm×16.7cm。科学管水，做到浅水勤灌，苗够晒田，合理调控群体结构。加强田间管理，注意防治病虫害。

竜紫11 (Longzi 11)

品种来源：云南省西双版纳傣族自治州勐海县农业科学研究所，以毫薅//广二矮/IR24为杂交组合，经多代系统选育而成。1988年通过西双版纳傣族自治州农作物品种审定小组审定。

形态特征和生物学特性：籼型常规糯稻。全生育期145.0～150.0d，株高110.0～115.0cm。叶色淡绿，叶片挺直稍长，剑叶较长，分蘖力中上等。穗长24.0～25.0cm，每穗粒数150.0～200.0粒，结实率80.0%～85.0%。颖壳黄色，颖毛较多，无芒，易落粒，千粒重28.0～30.0g。

品质特性：米乳白，米质优良，糯性好，饭香可口，冷不回生。

抗性：抗病性好，耐肥中等。

产量及适宜地区：生产示范产量5 250.0～6 000.0kg/hm²，适宜于海拔700～1 100m籼稻区中下等肥力田块种植。

栽培技术要点：扣种稀播，培育带蘖壮秧。适时移栽，合理密植，栽插密度45.0万～52.5万穴/hm²，每穴2～3苗。宜安排在中下等肥力田块种植，施足底肥，增施磷、钾肥，栽后7～10d追施速效肥。

农兴4号 (Nongxing 4)

品种来源：云南省西双版纳农兴科技有限责任公司，以2000型/滇瑞456为杂交组合，经4年7代的系统选育而成。2014年通过云南省农作物品种审定委员会审定，审定编号：滇特(版纳)审稻2014003。

形态特征和生物学特性：籼型常规水稻。全生育期152.0d，比对照早2d，株高108.2cm。株型适中，分蘖力强，长势一般，穗层整齐。最高茎蘖数462.0万个/hm²，有效穗数265.5万穗/hm²，每穗总粒数129.9粒，结实率73.6%。谷粒细长，千粒重30.7g。

品质特性：米饭柔软，冷不回生。

抗性：田间抗病性一般。

产量及适宜地区：2011—2012年参加云南省西双版纳傣族自治州常规糯稻区域试验，两年平均产量7 084.5kg/hm²，比对照滇陇201增产7.7%；2012年生产试验，平均产量6 021kg/hm²，比对照滇陇201增产3.5%。适宜于西双版纳傣族自治州海拔1 200m以下区域种植。

栽培技术要点：扣种稀播，培育壮秧，秧龄30～35d。适时移栽，合理密植，栽插密度22.5万～27.0万穴/hm²，每穴1～2苗。控氮增磷、钾，优化施肥结构，中等肥力田块，施用腐熟农家肥15 000.0kg/hm²、尿素150.0～180.0kg/hm²，按"前重、中控、后补"的要求将70%的氮肥用作基肥、20%的氮肥用作分蘖肥、10%的氮肥作花肥。科学管水，在有效分蘖期放浅水促其分蘖，当其总茎蘖数达到要求有效穗数的80.0%时，分次适度搁田，控制其无效分蘖；孕穗期确保其水分需求量，切忌缺水；抽穗扬花后干湿交替灌溉，以养根保叶；齐穗后30d左右断水，不宜断水过早。病虫害综合防治。做好重大病虫害监测，重点防治稻飞虱、二化螟、三化螟、稻纵卷叶螟和稻瘟病、稻曲病、条纹叶枯病、白叶枯病等病虫害。返青后，草害以化学除草为主。

双多5号 （Shuangduo 5）

品种来源：云南省德宏傣族景颇族自治州农业科学研究所，以德农211/海旱籼为杂交组合，经过多次系统选育而成，原品系号为德优19。2010年通过云南省农作物品种审定委员会审定，审定编号：滇审稻2010011。

形态特征和生物学特性：籼型常规水稻。全生育期159.0d，株高105.5cm。分蘖力中等，有效穗数286.5万穗/hm²，穗长21.4cm，每穗总粒数135.0粒，每穗实粒数100.0粒，结实率73.0%。落粒性中等，千粒重26.3g。

品质特性：糙米率81.2%，精米率71.8%，整精米率63.6%，糙米粒长7.0mm，糙米长宽比3.2，垩白粒率81.2%，垩白度14.8%，直链淀粉含量26.8%，胶稠度45.0mm，碱消值5.0级，透明度1级，水分10.6%。该品种直链淀粉含量高达26.8%，属优质饵丝、米线和凉粉的专用加工型品种。

抗性：中抗稻瘟病和白叶枯病。

产量及适宜地区：2007—2008年参加云南省常规籼稻品种区域试验，两年平均产量7 600.5kg/hm²，比对照品种滇屯502增产20.6%；生产试验平均产量7 408.5kg/hm²，比对照品种滇屯502增产13.7%。适宜于云南省海拔1 300m以下的籼稻区作一季中稻种植。

栽培技术要点：重点做好恶苗病预防工作。在播种前先用强氯精兑水浸种24h，冲洗干净后再用0.2%的多菌灵药液浸种12h，冲洗干净后再催芽播种，即通过两次两种药剂浸种并冲洗干净后可有效预防恶苗病发生。浸种后注意冲洗干净种子，可避免种子不出芽或出芽率低问题。采用旱育秧方法育秧，做到扣播稀播，秧田播种量300.0～450.0kg/hm²，施足底肥，做好病、虫、草害防治，秧龄25～35d。栽足基本苗，栽插规格以13.3cm×20.0cm为宜，每穴3～5苗（蘖）。及时追肥，移栽后10～15d，追施尿素150.0～225.0kg/hm²、氯化钾45.0～75.0kg/hm²，尽量控制尿素施用量，少施穗肥。干湿交替灌溉，做到浅水灌溉，干湿交替。做好秧田和大田期病虫防治工作，尤其要做好破肚期稻瘟病和稻曲病的预防工作。

双多6号（Shuangduo 6）

品种来源：云南省德宏傣族景颇族自治州农业科学研究所，以滇屯502/177（四川永久水稻新品系）为杂交组合，经过多次系统选育而成，原品系号为德优16。2010年通过云南省农作物品种审定委员会审定，审定编号：滇审稻2010027。

形态特征和生物学特性：籼型常规水稻。全生育期161.0d，株高120.9cm。有效穗数294.0万穗/hm²，成穗率72.7%，穗长23.4cm，每穗总粒数153.0粒，结实率61.9%。落粒性适中，千粒重24.3g。

品质特性：糙米率81.2%，精米率71.6%，整精米率61.0%，糙米长宽比3.2，垩白粒率30%，垩白度2.0%，直链淀粉含量17.6%，胶稠度66.0mm，碱消值5.0级，透明度1级，达到国标三级优质米标准。

抗性：抗稻瘟病，中感白叶枯病。

产量及适宜地区：2007—2008年参加云南省常规籼稻品种区域试验，两年平均产量6 238.5kg/hm²，比对照品种滇屯502减产1.1%；生产试验平均产量7 806.0kg/hm²，比对照品种滇屯502增产21.5%。适宜于云南省海拔1 200m以下的籼稻区作一季中稻种植。

栽培技术要点：该品种最佳播种期宜选择在3月下旬至4月下旬。播种前晒种1～2d，做好种子药剂浸种工作。采用旱育秧方法育秧，要求施农家肥15 000kg/hm²、三元复合肥300kg/hm²作底肥，秧田播种量300kg/hm²，扣种稀播，盖好细粪和细土；播后灌足水，秧苗二叶一心时喷施多效唑一次，追施尿素150kg/hm²；移栽前8～10d预防病虫害一次，追施送嫁肥75kg/hm²，秧龄25～30d即可移栽。规范化栽培，栽插密度30万～37.5万穴/hm²，每穴3～4苗。移栽后7～10d，追施三元复合肥225～300kg/hm²，移栽后15～20d，施尿素45～75kg/hm²、钾肥60～75kg/hm²。移栽后采用浅水灌溉，够蘖后晒田6～7d，然后保持浅水灌溉。移栽前8～10d预防病害一次，在破肚期还需预防稻曲病1～2次。适时收割，"九黄十收"。

思选3号（Sixuan 3）

品种来源：云南省普洱市农业科学研究所，于1986年从糯稻77-24中选取的天然杂交株，并经11年8代系统选育而成。2011年通过云南省农作物品种审定委员会审定，审定编号：滇审稻2011014。

形态特征和生物学特性：籼型常规水稻。全生育期158.0d，株高104.5cm。株型适中，分蘖中等，剑叶短而挺直，叶片发红，耐肥抗倒伏。穗长21.7cm，每穗总粒数123.0粒，每穗实粒数88.0粒，结实率72.6%。落粒性适中，千粒重31.2g。

品质特性：糙米率81.2%，精米率72.1%，整精米率55.1%，垩白粒率52.0%，垩白度5.7%，透明度1级，碱消值5.0级，胶稠度72.0mm，直链淀粉含量17.5%，糙米粒长6.6mm，糙米长宽比2.5。

抗性：中抗稻瘟病（3级），中抗白叶枯病（3级）。

产量及适宜地区：2007—2008年参加云南省常规籼稻区域试验，两年平均产量7 435.5kg/hm²，比对照滇屯502增产17.9%，增产极显著；生产试验平均产量7 570.5kg/hm²，比对照滇屯502增产16.2%。适宜于云南省海拔1 400m以下的籼稻区种植。

栽培技术要点：该品种适宜于海拔1 400m以下稻区种植，熟期与汕优63相当，作早稻种植，宜采用薄膜育秧，稀播培育壮秧，秧龄40~50d，栽插密度45.0万穴/hm²，最好采用条栽，每穴2~3苗，栽插基本苗105.0万~135.0万苗/hm²。注意多施农家肥，配施氮、磷、钾肥，中后期防好纹枯病。

文稻1号（Wendao 1）

品种来源：云南省文山壮族苗族自治州农业科学院稻作研究所，于1985年以广南八宝谷/滇瑞408为杂交组合，经多年系统选育而成。1995年通过云南省农作物品种审定委员会审定，审定编号：滇籼13。

形态特征和生物学特性：籼型常规水稻。全生育期150.0～160.0d，株高90.0～100.0cm。分蘖力强，单株最高茎蘖数16.2个，有效分蘖数14.2个，完全叶14～16叶，叶片及叶鞘呈绿色，叶环无色，叶舌二裂型，叶茸毛较为稀疏，叶片直立，剑叶角度为15°～20°，剑叶长25.0～30.0cm、宽1.5～1.8cm，幼苗期茎基宽大、根系发达，茎叶较为松散，拔节抽穗后逐渐集拢紧凑，茎秆粗壮，节间无色，茎节不外露，柱头无包不外露，后期转色较快，叶片早衰现象不突出。穗长20.0～23.0cm，每穗总粒数128.2粒，每穗实粒数89.6粒，粒型稍细长，落粒性适中，千粒重27.7～30.0g。

品质特性：糙米率80.7%，精米率75.5%，整精米率66.1%，糙米长宽比3.0，直链淀粉含量15.7%，胶稠度85.0mm，碱消值6.0级，糙米蛋白质含量7.3%。

抗性：高抗稻瘟病，中抗白叶枯病。

产量及适宜地区：1991—1992年参加云南省籼稻区域试验，两年平均产量7 179.0kg/hm²；1992年在广南、砚山、文山三个县大面积示范，平均产量7 044.0kg/hm²，比当地常规主栽品种增产26.8%。适宜于云南省海拔1 560m以下稻区种植。

栽培技术要点：播种区分三个层次：一是海拔1 000m以下的稻区作旱稻栽培时，应适时提早播种。作晚稻栽培时，应按抽穗扬花期的日均温不低于22℃推算播种时间。二是海拔1 100～1 500m稻区以春分至清明开始的五天播种为宜。三是海拔1 500～1 600m

的稻区应在惊蛰至春分实行保温育秧。稀播、均播、扣种撒秧，培育壮苗，秧田播种量以300.0～375.0kg/hm²为宜，秧龄35～45d、6～7叶移栽。合理密植，栽插密度37.5万～49.5万穴/hm²，栽插基本苗7.0万～10.0万苗/hm²。肥水管理：该品种需肥力较强，对磷、钾肥需用量较为敏感，应采用前促、中稳、后补的方法进行田间管理；水分管理上应坚持浅水插秧，寸水返青、薄水促蘖。坚持够苗晒田、有水打苞、干湿壮籽的原则。防治病虫害及草、鼠、雀害。

文稻11（Wendao 11）

品种来源：云南省文山壮族苗族自治州农业科学院稻作研究所，于2002年以文稻4号/红香软米为杂交组合，经8代系统选育而成。2014年通过云南省农作物品种审定委员会审定，审定编号：滇审稻2014010。

形态特征和生物学特性：籼型常规水稻。全生育期158.5d，株高108.7cm。株型紧凑，叶色深绿，剑叶较宽挺直，分蘖力中等，后期青秆黄熟，综合抗性好。有效穗数280.5万穗/hm^2，每穗总粒数120.7粒，每穗实粒数97.6粒，结实率80.9%，谷粒细长，短芒，落粒性适中，千粒重30.7g。

品质特性：糙米率82.0%，精米率74.8%，整精米率69.0%，糙米粒长7.5mm，糙米长宽比3.1，垩白粒率26.0%，垩白度1.6%，直链淀粉含量15.6%，胶稠度86.0mm，碱消值6.5级，透明度1级，水分11.8%，达到国标三级优质米标准。米粒细长透明，米饭油润柔软，弹性好，香味浓。

抗性：中抗稻瘟病和白叶枯病，2011年芒市点穗瘟中抗，2012年临沧点穗瘟重感。

产量及适宜地区：2011—2012年参加云南省常规籼稻品种区域试验，两年平均产量8 500.5kg/hm^2，比对照红香软7号增产2.6%；2013年生产试验，平均产量8 602.5kg/hm^2，比对照红香软7号增产12.2%。适宜于云南省内海拔1 350m以下籼稻区推广种植。

栽培技术要点：大田用种量37.5kg/hm^2，采用旱育秧技术培育带蘖壮秧，带蘖率80.0%。栽插密度30.0万～37.5万穴/hm^2，每穴2～3苗，株行距13.3cm×20cm或16.7cm×20cm。施农家肥22 500.0kg/hm^2、碳酸氢铵600.0kg/hm^2、普通过磷酸钙750.0kg/hm^2、硫酸钾150.0kg/hm^{2}作基肥，移栽后7～9d施尿素225.0kg/hm^{2}作为分蘖肥促进分蘖。整个生育期中注意病虫害的防治，80%稻谷成熟时收获。

文稻13 （Wendao 13）

品种来源：云南省文山壮族苗族自治州农业科学院稻作研究所，于2002年以滇屯502/紫宝香为杂交组合，经10代系统选育而成。2014年通过云南省农作物品种审定委员会审定，审定编号：滇审稻2014011。

形态特征和生物学特性：籼型常规水稻。全生育期153.1d，株高97.3cm。株型紧凑，茎秆粗壮，抗倒伏，剑叶宽大挺直，叶色淡绿。有效穗数277.5万穗/hm^2，每穗总粒数137.4粒，每穗实粒数115.1粒，结实率83.8%，谷粒细长无芒，易落粒，色泽好，落粒性适中，千粒重31.8g。

品质特性：糙米率82.3%，精米率71.0%，整精米率48.7%，糙米粒长7.2mm，糙米长宽比3.0，垩白粒率40.0%，垩白度3.2%，直链淀粉含量17.2%，胶稠度83.0mm，碱消值4.8级，透明度1级，水分12.8%。

抗性：中感稻瘟病和白叶枯病，2011年临沧点白叶枯病重，2012年临沧和广南点穗瘟重。

产量及适宜地区：2011—2012年参加云南省常规籼稻品种区域试验，两年平均产量9 135.0kg/hm^2，比对照红香软7号增产10.2%；2013年生产试验平均产量7 914.0kg/hm^2，比对照红香软7号增产3.2%。适宜于云南省海拔1 400m以下区域种植，注意防治稻瘟病和白叶枯病。

栽培技术要点：大田用种量37.5kg/hm^2，采用旱育秧技术培育带蘖壮秧，带蘖率80.0%。栽插密度30.0万～37.5万穴/hm^2，每穴2～3苗，株行距13.3cm×20cm或16.7cm×20cm。施农家肥22 500.0kg/hm^2、碳酸氢铵600.0kg/hm^2、普通过磷酸钙750.0kg/hm^2、硫酸钾150.0kg/hm^{2}作基肥，移栽后7～9d施尿素225.0kg/hm^{2}作为分蘖肥促进分蘖。整个生育期中注意病虫害的防治，80%稻谷成熟时收获。

文稻2号（Wendao 2）

品种来源：云南省文山壮族苗族自治州农业科学院稻作研究所，于1985年以广南八宝谷/滇瑞408为杂交组合，经多年系统选育而成。1994年通过文山壮族苗族自治州农作物品种审定小组审定，1995年通过云南省农作物品种审定委员会审定，审定编号：滇籼14。

形态特征和生物学特性：籼型常规水稻。全生育期150.0～155.0d，株高90.0～98.0cm。株型好，分蘖力强，在单株稀植情况下，发苗数达18个左右，成穗率80%以上，主茎叶片数15.5～16.0叶；苗期叶色深绿，叶环无色，叶舌二裂型，叶茸毛稀疏，叶片直立，前期松散适中，后期紧凑；剑叶长25～32cm、宽1.2～1.5cm，茎秆稍软而弹性强，在中等肥力田块上种植易发挥其增产优势。穗长18.0～21.0cm，每穗粒数97.2粒，千粒重29.5～32.0g。

品质特性：糙米率81.6%，精米率76.1%，整精米率70.0%，糙米粒长6.8mm，糙米长宽比2.6，垩白粒率46.0%，碱消值6.0级，胶稠度82.0mm，直链淀粉含量13.4%，糙米蛋白质含量8.5%。

抗性：高抗C_{13}、D_1、E_1、F_1、G_1等生理小种，对A_1、A_{13}等生理小种的抗瘟反应为绝大多数，仅有少数植株呈感瘟反应，高抗稻瘟病和白叶枯病。

产量及适宜地区：1990年参加文山壮族苗族自治州水稻品比试验，平均产量10 276.5kg/hm^2；1991年生产试验产量9 265.5kg/hm^2；1994年参加云南省籼稻区域试验，平均产量7 963.5kg/hm^2。适宜于云南省海拔1 600m以下稻区种植。

栽培技术要点：充分发挥该品种的分蘖优势，稀播均播培育带蘖壮秧。合理密植，海拔1 000m以下稻区栽插密度30.0万～36.0万穴/hm^2，海拔1 000～1 400m稻区栽插密度37.5万～49.5万穴/hm^2，海拔1 400～1 600m稻区栽插密度52.5万～66.0万穴/hm^2，栽插基本苗120.0万～180.0万苗/hm^2。重点防治稻飞虱、稻纵卷叶螟及鼠害。对稻瘟病、白叶枯病重灾区应采取以防治为主、防重于治等综合防治措施。

文稻4号（Wendao 4）

品种来源：云南省文山壮族苗族自治州农业科学院稻作研究所，以RY87-208///毫棍干/IR20//毫补卡为杂交组合，经多年系统选育而成，原品系号为62-3。2000年通过云南省农作物品种审定委员会审定，审定编号：滇籼（糯）18；2008年通过贵州省农作物品种审定委员会审定，审定编号：黔审稻2008013。

形态特征和生物学特性：籼型常规糯稻。全生育期153.4d，株高85.0～108.5cm。株型紧散适中，叶色深绿，茎秆粗壮，耐肥，抗倒伏，分蘖力中等，主茎叶片数16.0～16.5叶，穗型较好。穗长22.0～25.7cm，每穗粒数150.0～168.0粒，结实率70.3%，籽粒半纺锤形，颖尖紫色带芒，其芒长0.6～1.2cm，千粒重29.0～32.0g。

品质特性：糙米率70.0%，精米率54.5%，整精米率48.0%，直链淀粉含量2.7%，糙米蛋白质含量10.0%，胶稠度100.0mm，糙米长宽比2.5。

抗性：高抗瘟病B_{13}、C_{13}、D_1、E_1、F_1、G_1 6个生理小种，对A_1生理小种的抗瘟反应为绝大多数，具有较广的抗谱性；抗倒伏。

产量及适宜地区：1997—1998年参加云南省优质籼稻良种区域性试验，两年平均产量7 399.5kg/hm²。适宜于云南省海拔1 550m以下籼稻区种植。

栽培技术要点：坚持稀播匀播，培育适龄壮秧。湿润育秧播种量300.0～375.0kg/hm²，秧龄30～45d；旱育秧播种量以375.0～450.0kg/hm²、秧龄20～30d为宜。合理密植，海拔1 000m以下稻区栽插密度27.0万～30.0万穴/hm²，双苗移栽；海拔1 000～1 300m稻区栽插密度30.0万～36.0万穴/hm²，旱育秧单苗移栽，湿润秧双苗插植；海拔1 300～1 500m稻区栽插密度33.0万～37.5万穴/hm²，双苗插植。该品种需肥仅次于籼型杂交水稻，在施

农家肥15 000.0kg/hm²、普通过磷酸钙600.0kg/hm²、碳酸氢铵600.0kg/hm²、硫酸钾150.0kg/hm²作基肥的基础上，插秧后10d左右追尿素225.0～300.0kg/hm²作分蘖肥；拔节孕穗期看苗补施平衡肥150.0～225.0kg/hm²，以氮、磷、钾施肥比例1：0.5：0.2为宜。在管水上应坚持浅水插秧、薄水促蘖、够苗控田、有水打苞、干湿壮籽的管水原则。该品种为香型糯稻，易受虫害，应重点强调稻飞虱、稻纵卷叶螟、鼠，以及稻曲病、纹枯病、稻瘟病等病虫害的防治工作。

文稻8号（Wendao 8）

品种来源：云南省文山壮族苗族自治州农业科学院稻作研究所，于1996年以滇屯502/泰引1号为杂交组合，经6年8代系统选育而成。2005年通过云南省农作物品种审定委员会审定，审定编号：滇审稻200505。

形态特征和生物学特性：籼型常规水稻。全生育期143.0～148.0d，株高100.0～110.0cm。株型紧凑，叶色浓绿，剑叶挺直，分蘖力强，主茎叶片12.8叶，后期青秆黄熟，适应性强。成穗率73.3%，穗长21.0～26.0cm，每穗总粒数129.0～168.0粒，每穗实粒数110.0～127.0粒，结实率83.6%，谷粒无芒或少许短芒，易落粒，千粒重29.0g。

品质特性：稻株和谷粒都具有香味，米粒细长透明，糙米长宽比2.8，米饭油润柔软、入口有弹性、味回甜、适口性好，胶稠度100.0mm，直连淀粉含量16.5%，碱消值4.7级。

抗性：稻瘟病抗性较强，反应型为R（S），对绝大多数菌株表现抗病，仅对少数菌株表现感病，中抗稻瘟病，病情指数平均为0.5；轻感纹枯病，病情指数平均为7.8；抗白叶枯病。

产量及适宜地区：2003—2004年参加云南省籼稻区域试验，两年平均产量8 091.0kg/hm²，比对照品种滇屯502增加7.2%，生产示范平均产量8 587.5kg/hm²。适宜于云南省海拔1 500m以下稻区种植。

栽培技术要点：培育带蘖壮秧，移栽前带蘖率达80%以上，秧龄25～30d；栽插密度27.0万～30.0万穴/hm²，每穴2～3苗，确保栽插基本苗105.0万苗/hm²以上。施用农家肥22 500.0kg/hm²，一般施尿素150.0～180.0kg/hm²、普通过磷酸钙105.0kg/hm²、硫酸钾90.0kg/hm²，氮肥70%作底肥、30%作追肥。干湿交替促分蘖，当总蘖数达到要求有效穗数的80%时，分次适度搁田，孕穗期确保3～5cm水层；齐穗后30d断水，切忌断水过早。综合防治病虫害。

文糯1号（Wennuo 1）

品种来源：云南省文山壮族苗族自治州农业科学院稻作研究所，于1989年以顺甫革/大白掉//双早籼///毫勐享为杂交组合，经多年系统选育而成。2008年通过云南省农作物品种审定委员会审定，审定编号：滇审稻200719。

形态特征和生物学特性：籼型常规糯稻。全生育期153.0d，株高128.0cm。株型紧凑，茎秆粗壮，叶片宽厚直立，叶色浓绿，分蘖力中等，熟期落色好，全株具有清香味。穗长22.8cm，有效穗数256.5万穗/hm²，成穗率60.7%，每穗总粒数113.0粒，每穗实粒数90.0粒，结实率78.7%，谷粒无芒或短芒，易落粒，千粒重36.4g。

品质特性：糙米率78.3%，精米率72.1%，整精米率68.7%，糙米粒长6.7 mm，糙米长宽比2.5，白度1级，阴糯率2.0%，碱消值7.0级，胶稠度100.0mm，直链淀粉含量2.2%，糙米蛋白质含量9.4%，质量指数84，综合评定4级。

抗性：稻瘟病抗性强。

产量及适宜地区：2005—2006年参加云南省常规籼稻品种区域试验，两年平均产量8 208.0kg/hm²，比对照滇屯502增产5.5%，生产示范平均产量8 325.0kg/hm²。适宜于云南省海拔800～1 500m的稻区种植。

栽培技术要点：扣种稀播，采用肥床旱育秧技术培育壮秧，秧龄控制在30～35d，移栽时带蘖率达80.0%以上为佳。合理密植，种植密度37.5万穴/hm²，每穴2～3苗，栽插基本苗105.0万苗/hm²。控氮增磷、钾，优化施肥结构，一般肥力田块，施用腐熟农家肥15 000.0kg/

hm²、尿素150.0～180.0kg/hm²，氮、磷、钾比例为10：7：6。按"前重、中控、后补"的要求将70.0%～80.0%的氮肥用作基肥、20.0%～30.0%的氮肥用作分蘖肥、10%的氮肥作花肥。科学管水，在有效分蘖期放浅水促其分蘖，当其总茎蘖数达到要求有效穗数的80.0%时，分次适度搁田，控制其无效分蘖；孕穗期确保其水分需求量，切忌缺水；抽穗扬花后干湿交替灌溉，以养根保叶；齐穗后30d左右断水，不宜断水过早。综合防治病虫害。

云超7号 （Yunchao 7）

品种来源：云南省农业科学院粮食作物研究所和玉溪市农业科学院合作，以八宝米/滇瑞409//DR138为杂交组合，经多年多代系统选育而成，原品系名为滇超7号。2004年通过云南省农作物品种审定委员会审定，审定编号：滇审稻200404。

形态特征和生物学特性：籼型常规水稻。全生育期140.0～170.0d，株高110.0cm。株型好，叶色淡绿，分蘖力强，成穗率高，单株有效穗数7～12穗，穗长23.4cm，每穗总粒数159.0粒，每穗实粒数147.0粒，千粒重27.5g。

品质特性：糙米率81.7%，精米率69.5%，整精米率53.2%，垩白粒率3.3%，垩白度4.4%，直链淀粉含量15.9%，碱消值7.0级，糙米蛋白含量7.7%，外观和食味品质较好。

抗性：抗稻瘟病及白叶枯病，耐肥抗倒伏。

产量及适宜地区：2001—2002年参加云南省籼稻区域试验，两年区试、多点试验平均产量8 052.0kg/hm²，2003年生产示范平均产量7 500.0～8 250.0kg/hm²。适宜于云南省海拔1 500m以下籼稻区种植。

栽培技术要点：扣种稀播，培育壮秧。薄膜湿润育秧秧田用种量450.0～525.0kg/hm²，旱育秧播种量300.0～375.0kg/hm²；适时移栽，旱育秧移栽，中上等肥力田块栽插密度22.5万～37.5万穴/hm²，中下等肥力田块栽30.0万～45.0万穴/hm²，水膜秧栽30.0万～45.0万穴/hm²，以每穴2苗为宜。

云恢 115 (Yunhui 115)

品种来源：云南省农业科学院粮食作物研究所与开远市种子公司合作，于1999年以云恢290/GUANG122//云恢290为杂交组合，经多年多代系统选育而成。2005年通过云南省农作物品种审定委员会审定，审定编号：滇审稻200509。

形态特征和生物学特性：籼型常规水稻。全生育期158.0d，株高100.0cm。株型紧凑，剑叶直立，中等需肥，后期耐寒，抗倒伏性强，综合性状好。最高茎蘖数546.0万个/hm²，成穗率64.0%，每穗总粒数130.0粒，每穗实粒数98.0粒，千粒重26.2g。

品质特性：糙米率80.7%，整精米率56.1%，垩白粒率20.0%，垩白度2.0%，直链淀粉含量17.0%，胶稠度80.0mm。米粒半透明，属软米类型。

抗性：高抗稻瘟病。

产量及适宜地区：2003—2004年云南省常规籼稻品种区域试验，两年平均产量8 235.0kg/hm²，比对照滇屯502增产9.8%，生产示范产量8 565.0～10 860.0kg/hm²。适宜于云南省海拔1 400m以下籼稻地区种植。

栽培技术要点：扣种稀播，培育壮秧，秧田播种量300.0～450.0kg/hm²，大田用种量30.0～45.0kg/hm²。适时早栽，单本浅插，施足底肥，早施分蘖肥，后期不再追施氮肥，搞好病虫防治。

云恢290（Yunhui 290）

品种来源：云南省农业科学院粮食作物研究所，于1988年从国际水稻研究所引种材料IR15429-268-1-7-1（混合群体）中发现的一株变异株，当年亲本圃编号为元江80135号，1989年整株带往弥勒县农业技术推广中心，经6年系统选育而成。2001年通过云南省农作物品种审定委员会审定，审定编号：滇籼（优）23。

形态特征和生物学特性：籼型常规水稻。全生育期160.0～175.0d，株高95.0～110.0cm。株型紧凑，分蘖力强，落黄好，茎叶、穗粒清秀，成熟期不早衰，成穗率58.0%～74.0%，谷粒细长，稍有顶芒，米粒乳白色，易脱粒，千粒重25.0～27.0g。

品质特性：糙米率76.1%，精米率63.2%，整精米率57.3%，垩白度0%，胶稠度74.0mm，碱消值7.0级，直链淀粉含量18.9%，糙米蛋白质含量8.5%，总淀粉含量79.4%。品质较好，食味滋润可口，带有回甜清香味，冷不回生，油亮光滑。

抗性：抗稻瘟病和白叶枯病，中抗纹枯病和稻曲病，抗倒伏。

产量及适宜地区：1999—2000年参加云南省籼稻区域试验，两年平均产量7 087.5kg/hm²；大面积生产示范，平均产量7 500.0～9 000.0kg/hm²。适宜于云南省海拔1 450m以下地区种植。

栽培技术要点：扣种稀播，培育壮秧，3月中旬秧田播种量450.0～600.0kg/hm²，薄膜育秧，三叶期施断奶肥尿素90.0～120.0kg/hm²，秧龄45～55d。建立合理的群体结构，栽插规格10cm×20cm，栽插密度45.0万～52.5万穴/hm²，每穴栽2～3苗。合理施肥，大田在施足农家肥的前提下，氮、磷、钾肥配合施用，施农肥12 000.0～18 000.0kg/hm²、普通过磷酸钙600.0～750.0kg/hm²作底肥，中上等肥力田施尿素150.0～195.0kg/hm²为宜。加强田间管理，及时防治病虫害。

云籼9号 （Yunxian 9）

品种来源：云南省农业科学院粮食作物研究所和玉溪市农业科学院，于1995年以IR64446-7-10-5/IR63910-161-1为杂交组合，经6年10代系统选育而成，原品系名为滇超9号。2011年通过云南省农作物品种审定委员会审定，审定编号：滇审稻2011021。

形态特征和生物学特性：籼型常规水稻。全生育期148.0d，株高107.0cm。株型紧凑，分蘖力中等，叶片厚、直立、略内卷，穗长23.4cm，每穗总粒数125.0粒，每穗实粒数102.0粒，结实率81.6%，落粒性适中，千粒重28.6g。

品质特性：糙米率78.7%，精米率70.0%，整精米率61.0%，垩白粒率26.0%，垩白度5.2%，直链淀粉含量18.1%，胶稠度85.0mm，糙米粒长7.4mm，糙米长宽比3.4，水分12.8%，达到国标三级优质米标准，米粒透明，具有香味。

抗性：高抗稻瘟病和白叶枯病，抗倒伏。

产量及适宜地区：2003—2004年参加云南省常规籼稻区域试验，两年平均产量8 406.0kg/hm²，比对照滇屯502增产12.1%，增产显著；小面积生产示范产量7 332.0～9 501.0kg/hm²，比当地主栽品种增产9.3%～10.4%。适宜于云南省海拔1 300m以下的籼稻区种植。

栽培技术要点：播前晒种，适时播种，培育壮秧，中稻区3月中旬播种，4月底5月初移栽，秧龄不超过40d。栽足基本苗，栽插密度22.5万～37.5万穴/hm²，每穴1～2苗，保证有效穗数300.0万穗/hm²左右。总施尿素量150.0～210.0kg/hm²，基蘖肥为50.0%～60.0%，穗肥为40.0%～50.0%，注意氮、磷、钾肥配合施用。干湿交替灌溉。综合防治病虫害。

云香糯1号 （Yunxiangnuo 1）

品种来源：云南农业大学农学与生物技术学院，以IR29/毫糯干相为杂交组合，经系统选育而成。1988年通过云南省农作物品种审定委员会审定，审定编号：滇籼糯8号。

形态特征和生物学特性：籼型常规糯稻。全生育期150.0～170.0d，株高85.0～90.0cm。每穗粒数89.7～91.8粒，空秕率较高。谷粒椭圆形，颖壳蜡黄，颖尖无芒，千粒重37.0～39.0g。

品质特性：直链淀粉含量0.9%，胶稠度98.0～115.0mm，碱消值7.0级，糙米蛋白质含量9.5%，糯性好，有香味，食味佳。1991年被评为云南省首批优质稻品种。

抗性：较抗稻瘟病和白叶枯病，轻感纹枯病。

产量及适宜地区：生产示范产量6 000.0～6 750.0kg/hm²。适宜于云南省海拔1 300m以下的地区种植。

栽培技术要点：适时播种，培育带蘖壮秧，栽插密度42.0万～52.5万穴/hm²，每穴2～3苗，栽插基本苗105.0万～120.0万苗/hm²。拔节后有叶尖发黄现象，结合追肥喷施硫酸锌后可逐渐转绿。该品种再生力强，可作再生稻栽培。

云资籼42（Yunzixian 42）

品种来源：云南省农业科学院生物技术与种质资源研究所、陆良县种子管理站和元江县农业技术推广站合作，于2001年以合系35/元江普通野生稻为杂交组合，F0代种子在实验室进行胚挽救成F1代苗，经回交2次、自交若干次，进行单株和系谱选择，于2007年选育而成。2012年通过云南省农作物品种审定委员会审定，审定编号：滇审稻2012002。

形态特征和生物学特性：籼型常规水稻。全生育期153.1d，比对照长3.8d，株高105.8cm。株型紧凑，茎秆粗壮，坚韧有弹性，抗倒性强，生长旺盛。有效穗数244.5穗/hm²。每穗总粒数149.7粒，每穗实粒数121.5粒。有短芒，落粒性适中，千粒重31.8g。

品质特性：糙米率78.8%，精米率70.0%，整精米率66.0%，糙米粒长7.0mm，糙米长宽比2.8，垩白粒率12.0%，垩白度14.0%，透明度1级，碱消值7.0级，胶稠度80.0mm，直链淀粉含量15.6%，达到国标三级优质米标准。

抗性：感稻瘟病（7级），感白叶枯病（7级）。田间稻瘟病发病最重：2010年蒙自穗瘟重感，潞西穗瘟重感、白叶枯病中抗、纹枯病中抗，文山穗颈瘟中抗。

产量及适宜地区：2009—2010年参加云南省常规籼稻品种区域试验，两年平均产量8 952.0kg/hm²，比对照红香软7号增产9.4%；生产试验平均产量8 656.5kg/hm²，比对照红香软7号增产10.3%。适宜于云南省海拔1 500m以下籼稻区种植。

栽培技术要点：播种前必须进行种子消毒，预防恶苗病。适时适量播种，大田用种量45.0～52.5kg/hm²，做到扣种稀播，培育壮秧。双季稻区早稻于1月上旬播种，晚稻于5月底、6月初播种，中稻区于3月上旬播种。适时早栽，早、中稻秧龄40～45d，晚稻秧龄15～20d应适时移栽。栽插规格10cm×23.3cm，栽插密度42.0万穴/hm²，每穴2苗。有条件的施肥应以农家肥、有机肥为主，氮、磷、钾肥配合使用。基肥施用农家肥15 000.0kg/hm²；中层肥施用普通过磷酸钙375.0kg/hm²、尿素150.0kg/hm²、硫酸锌30.0kg/hm²；栽后5～7d结合化学除草，施碳酸氢铵600.0kg/hm²、尿素75.0～150.0kg/hm²；栽后40d左右施尿素75.0～120.0kg/hm²作穗肥、硫酸钾75.0～120.0kg/hm²。按水稻生长需水特性进行科学管水，即浅水栽秧，寸水返青，薄水分蘖，苗够晒田，寸水促穗，湿润壮籽。综合防治病虫害。

第二节　常规粳稻

04-1267 （04-1267）

品种来源：云南省曲靖益东总厂沾益农场，于1975年以700粒/老来黄为杂交组合，经多年系统选育而成。1987年通过云南省农作物品种审定委员会审定，审定编号：滇粳11。

形态特征和生物学特性：粳型常规水稻。全生育期180.0～185.0d，株高90.0～110.0cm。株型较好，叶片挺直，分蘖力强，成穗率高，秆细而坚韧，谷黄秆青，叶下禾。穗长17.0～20cm，每穗总粒数130.0粒，空秕率18.0%。颖壳黄色，颖尖褐色，有不规则短芒，较易落粒，千粒重22.0～23.0g。

品质特性：糙米率79.6%，精米率75.0%，糙米蛋白质含量8.7%，米质中等。

抗性：中抗稻瘟病，轻感褐斑病和白叶枯病，较耐寒，耐肥抗倒伏。

产量及适宜地区：生产示范产量6 000.0～7 500.0kg/hm²。适宜于云南省中北部海拔1 900～2 100m地区中上等肥力田块种植。

栽培技术要点：做好种子处理，培育壮秧，薄膜育秧，3月中下旬播种，5月上旬移栽，秧龄在50d，栽插密度60.0万～75.0万穴/hm²，每穴2～4苗。增施农家肥作底肥，氮、磷、钾肥配合施用。防治白叶枯病和稻瘟病。

175选3 (175 xuan 3)

品种来源：云南省玉溪市农业科学院和通海县种子公司合作，于1973年从西南175变异株，经单株系统选育而成。1989年通过云南省农作物品种审定委员会审定，审定编号：滇粳17。

形态特征和生物学特性：粳型常规水稻。全生育期178.0d，株高105.0cm。株型紧凑，分蘖力较弱。穗长18.0cm，每穗实粒数97.0粒。谷粒椭圆形，颖壳黄褐色，颖尖紫褐，不落粒，千粒重29.0g。

品质特性：糙米率86.0%，精米率75.0%，总淀粉含量78.5%，直链淀粉含量10.8%，糙米蛋白质含量6.3%，胶稠度78.0mm，碱消值5.0级。

抗性：较抗稻瘟病、白叶枯病和恶苗病。

产量及适宜地区：1987—1988年参加云南省中北部水稻区域试验，平均产量7 588.5kg/hm²，比对照云粳9号增产7.4%，生产示范产量7 500.0 ～ 9 000.0kg/hm²。适宜于云南省海拔1 600 ～ 1 900m的地区种植。

栽培技术要点：薄膜育秧，早播早栽。栽插密度67.5万穴/hm²，栽插基本苗195.0万 ～ 210.0万苗/hm²。肥田施尿素150.0kg/hm²，瘦田施尿素225.0kg/hm²，并配合施用磷、钾肥，注意防治病虫害。

250糯 （250 nuo）

品种来源：云南省大理白族自治州农业科学推广研究院粮食作物研究所，以77糯/竹云糯为杂交组合，采用系谱法选育而成。1985年通过大理白族自治州农作物品种审定小组审定。

形态特征和生物学特性：粳型常规糯稻。全生育期180.0d左右，早熟，株高85.0cm左右。株型较好，分蘖力中偏强，叶色较深，剑叶上举。穗长16.0～19.0cm，着粒适中，每穗总粒数65.0～90.0粒，每穗实粒数55.0～70.0粒，空秕率20.0%左右。颖壳金黄色，籽粒卵圆形，无芒或有顶芒，不易落粒，千粒重26.0g左右。

品质特性：糙米蛋白质含量7.3%，赖氨酸0.4%，直链淀粉含量0%，胶稠率123.5mm，碱消值6.0级，食味优。

抗性：较抗稻瘟病及白叶枯病，极少感染恶苗病，耐寒性较强。

产量及适宜地区：1985—1986年大理白族自治州中北部糯谷区域试验，两年平均产量6 150.0kg/hm²左右，较对照种增产25.0%左右；大面积推广种植产量7 500.0kg/hm²左右，高产田块产量可达9 000.0kg/hm²。适宜于云南省海拔1 950～2 200m稻区推广种植。

栽培技术要点：严格进行种子处理，预防种子传播病害。坚持旱育秧，培育带蘖壮秧。适期早栽，避过八月低温冷害。合理密植，在多穗的基础上争大穗夺高产。合理施肥，增施磷、钾肥。加强田间管理，坚持间歇灌溉方式，增加土壤通透性。病、虫、草、鼠害综合防控。

4-425（4-425）

品种来源：云南省曲靖益东总厂沾益农场，于1972年从粳118天然变异单株中系统选育而成。1985年通过云南省农作物品种审定委员会审定，审定编号：滇粳6号。

形态特征和生物学特性：粳型常规水稻。全生育期180.0～190.0d，株高90.0～105.0cm。分蘖力中等，后期不早衰。每穗实粒数120.0粒左右。颖壳黄色，颖尖紫红色，有短芒，易落粒，千粒重26.0～27.0g。

品质特性：糙米率83.7%，精米率75.5%，蛋白质含量9.7%，食味好。

抗性：抗病耐寒，耐肥不倒伏。

产量及适宜地区：1981—1982年参加曲靖市沾益县、云南省水稻品种比较试验，大田示范一般产量7 500.0kg/hm²。适宜于云南省中北部海拔1 900m左右地区种植。

栽培技术要点：做好种子处理，培育壮秧，3月中旬播种，薄膜育秧秧龄55d，栽插密度60.0万～75.0万穴/hm²，每穴3～5苗。增施底肥，合理追肥；适时收获，减少抛撒；防治螟虫和白叶枯病。

83-1041 （83-1041）

品种来源：云南省大理白族自治州农业科学推广研究院粮食作物研究所从7564系统中选育而成。1987年通过大理白族自治州农作物品种审定小组审定。

形态特征和生物学特性：粳型常规水稻。全生育期180.0d左右，株高90.0cm左右。分蘖力强，穗长18.0cm，着粒适中，每穗总粒数65.0～80.0粒，每穗实粒数50.0～65.0粒，空秕率25.0%左右。颖壳金黄色，籽粒卵圆形，无芒或有短紫芒，不易落粒，千粒重26.0g左右，白米。与7564的最大差异：株高、穗长、千粒重略增，穗层整齐度提高。

品质特性：直链淀粉含量22.6%，胶稠度57.5mm，碱消值7.0级，糙米蛋白质含量7.3%，精米率73.9%，品质中偏上。

抗性：较抗白叶枯病，易感恶苗病，耐寒性与7564相近。

产量及适宜地区：1985年参加云南省中北部区域试验，产量10 588.5kg/hm²，较对照云粳9号增产21.9%。适宜于云南省海拔1 950～2 200m的地区推广种植。

栽培技术要点：严格种子处理，防治恶苗病。坚持薄膜育秧，培育壮秧。适期早栽，控制好秧龄。合理密植，栽插密度75.0万～90.0万穴/hm²，栽插基本苗225.0万～270.0万穴/hm²。合理施肥，科学管理。

85-764（85-764）

品种来源：云南省大理白族自治州农业科学推广研究院粮食作物研究所，以7564/04-2774为杂交组合，采用系谱法选育而成。1993年通过大理白族自治州农作物品种审定小组审定。

形态特征和生物学特性：粳型常规水稻。全生育期185.0d左右，株高95.0cm左右。株型一般，分蘖力强，耐肥抗倒伏。有效穗数450.0万～570.0万穗/hm²，每穗总粒数95.0～100.0粒，结实率80.0%左右，颖壳黄色，颖尖褐色，落粒性中等，千粒重22.0g左右。

品质特性：米色透明，米粒短圆，蒸煮时清香四溢，米饭柔软清香可口，食味好，米质好，被评为云南省第二届优质米品种。

抗性：抗病性好，耐寒性稍差。

产量及适宜地区：1988—1989年参加大理白族自治州中海拔地区水稻区域试验，两年平均产量7 855.5kg/hm²，较对照楚粳3号减产12.4%，与西南175产量相近；1988年生产示范产量7 500.0kg/hm²左右。适宜于云南省海拔1 600～2 000m地区推广种植。

栽培技术要点：严格种子处理，防治恶苗病。薄膜育秧，扣种稀播，培育带蘖壮秧。合理密植，争大穗夺高产。合理施肥，增施磷、钾肥。加强管理，及时防除病虫害。

86-167 (86-167)

品种来源：云南省大理白族自治州农业科学推广研究院粮食作物研究所以76174/50-701//768///秋光为杂交组合，采用系谱法选育而成。1993年通过云南省农作物品种审定委员会审定，审定编号：滇粳30。

形态特征和生物学特性：粳型常规水稻。全生育期180.0d左右，属早熟类型，株高95.0cm左右。株型好，分蘖力中偏强，植株生长健壮，剑叶上举，耐寒性强，适应性广。穗长17.0～19.0cm，着粒适中，每穗总粒数130.0粒左右，每穗实粒数95.0粒左右，空秕率25.0%左右。颖壳金黄色，籽粒卵圆形，不易落粒，千粒重26.0～28.0g。在保持了鹤16的耐寒、抗病、适应性广、稳产高产等优点的基础上，又较之早熟5d左右，株高降低，耐肥抗倒性增强，千粒重提高，丰产潜力增大。

品质特性：适口性好。

抗性：抗稻瘟病和白叶枯病，抗倒伏。

产量及适宜地区：1988—1989年参加云南省高海拔水稻良种区域试验，两年平均产量5 773.5kg/hm²，较对照丽粳2号增产17%；1989年参加云南省中北部水稻良种区试，平均产量7 923.0kg/hm²，较对照云粳9号增产12.4%。大面积推广种植平均产量8 250.0kg/hm²左右。适宜于云南省海拔1 900～2 200m的冷凉稻区推广种植。

栽培技术要点：严格种子处理，防治恶苗病。薄膜育秧，培育无病壮秧。适期早栽，栽期最迟不宜超过6月5日。合理密植，适当增加基础群体，栽插基本苗225.0万～270.0万苗/hm²。科学施肥，增施磷、钾肥。科学管水，注重够苗晒田。及时防治病、虫、草害。

86-1糯 （86-1 nuo）

品种来源：云南省大理白族自治州农业科学推广研究院粮食作物研究所，以滇榆1号/乙女糯为杂交组合，采用系谱法选育而成。1990年通过大理白族自治州农作物品种审定小组审定。

形态特征和生物学特性：粳型常规糯稻。全生育期170.0～180.0d，较250糯迟熟3d左右，株高70.0cm左右。株型较好，分蘖力强，剑叶上举，适于密植，耐寒性较强，耐肥抗倒伏，丰产性好。有效穗数510.0万～600.0万穗/hm²，每穗总粒数85.0～95.0粒，每实粒数60.0～80.0粒，空秕率20.0%左右。籽粒短圆形，颖壳金黄色，颖尖紫，千粒重22.0～24.0g。

品质特性：直链淀粉含量0，胶稠度127.0mm，碱消值0.5级，蛋白质6.5%，外观及食味品质优。

抗性：中抗稻瘟病及白叶枯病。

产量及适宜地区：1987—1988年参加大理白族自治州中北部糯稻良种区域试验，两年平均产量7 036.1kg/hm²，较对照250糯增产0.3%；生产试验产量7 500.0kg/hm²左右，产量水平已基本接近适宜区的主栽种。适宜于云南省海拔2 200m左右的高产稻区推广种植。

栽培技术要点：严格进行种子处理，预防恶苗病。坚持薄膜育秧，扣种稀播，培育带蘖壮秧。合理密植，栽插密度75.0万～90.0万穴/hm²，栽插基本苗225.0万～270.0万苗/hm²，确保有效穗数525.0万～600.0万穗/hm²。慎施氮肥，增施磷、钾肥。及时防除病虫害。

86-42 （86-42）

品种来源：云南省大理白族自治州农业科学推广研究院粮食作物研究所，以省551/768为杂交组合，采用系谱法选育而成。1990年通过大理白族自治州农作物品种审定小组审定。

形态特征和生物学特性：粳型常规水稻。全生育期183.0d左右，较7564迟熟7d左右，株高85.0cm左右。株型较好，分蘖力较强，植株生长健壮，茎秆粗壮，剑叶上举，耐寒性较强，耐肥抗倒伏。最高茎蘖数600.0万～750.0万个/hm²，有效穗数510.0万～600.0万穗/hm²，穗长15.0cm左右，着粒密度每10cm 63.3粒，每穗总粒数85.0～100.0粒，每穗实粒数65.0～75.0粒，空秕率25.0%左右。颖壳金黄色，籽粒短圆形，无芒，不易落粒，千粒重27.0～30.0g。

品质特性：糙米率81.2%，精米率68.0%，整精米率46.5%，直链淀粉含量12.6%，胶稠度34.0mm，碱消值6.0级，糙米蛋白质含量8.4%，总淀粉77.4%，品质中偏上。

抗性：苗瘟1级、叶瘟2级、穗瘟3级，属苗叶穗瘟均抗类型，较抗恶苗病，较感白叶枯病。

产量及适宜地区：1987—1988年参加大理白族自治州中北部水稻良种区域试验，两年平均产量7 540.5kg/hm²，较7564减产不显著；大面积推广种植平均产量8 250.0kg/hm²，高产田块可达10 500.0kg/hm²。适宜于云南省海拔2 200m左右的高产稻区推广种植。

栽培技术要点：严格进行种子消毒。坚持薄膜育秧，扣种稀播，培育带蘖壮秧。适期早栽充分利用5～7月的高温时段，避过后期低温为害。合理密植，群体结构动态控制在75.0万～90.0万穴/hm²，基本苗180.0万～225.0万苗/hm²，有效穗数510.0万～600.0万穗/hm²。合理施肥，氮肥的施用原则是前促、中控、后补。注重氮、磷、钾肥的合理配比。抓好白叶枯病系统防控，把好白叶枯病预防和够苗晒田两个关键环节。根据病虫害预报及时认真防除。

86-65 (86-65)

品种来源：云南省大理白族自治州农业科学推广研究院粮食作物研究所从大穗大粒种晋768中系统选育而成。1990年通过大理白族自治州农作物品种审定小组审定。

形态特征和生物学特性：粳型常规水稻。全生育期175.0～180.0d，较7564早熟5d左右，株高75.0cm左右。株型好，分蘖力中等，叶色深绿，剑叶及倒二叶短宽上举，后期功能叶多，成熟时青枝蜡秆，适于密植，高肥高密度下谷草比大，肥水不足时往往生长量不足，耐寒性强，耐肥抗倒伏。最高茎蘖数675.0万～900.0万个/hm^2，有效穗数525.0万～675.0万穗/hm^2，穗长16.0cm左右，着粒适中，每穗总粒数80.0～100.0粒，每穗实粒数70.0～90.0粒，空秕率18.0%。颖壳金黄色，籽粒椭圆形，不易落粒，千粒重26.0g左右。

品质特性：糙米率81.0%，精米率72.0%，直链淀粉含量13.8%，糙米蛋白质含量7.7%，总淀粉78.9%，胶稠度45.0mm，碱消值6.0级，米色好，外观及食味品质优。

抗性：中抗稻瘟病及白叶枯病，轻感恶苗病，易感稻曲病。

产量及适宜地区：1987—1988年参加大理白族自治州中北部水稻良种区域试验，两年平均产量7 623.0kg/hm^2，较对照7564减产不显著；大面积推广种植平均产量900.0kg/hm^{2}左右，高产田块产量可突破11 250.0kg/hm^2。适宜于云南省海拔1 900～2 200m的稻区推广种植。

栽培技术要点：宜选择在土层深厚、土壤肥沃的上中等肥力田块上种植。严格进行种子处理，预防恶苗病、稻曲病。坚持薄膜育秧，扣种稀播，培育带蘖壮秧。适期早栽，充分利用5～7月的高温时段，秧龄以控制在45～55d为最佳。适当增强基础群体、确保实现高产所需的足够穗数，基础群体以90.0万～105.0万穴/hm^2、栽插基本苗以240.0万～300.0万苗/hm^{2}为宜。合理施肥，适当增加氮素营养。及时防除病、鼠、雀害。

86-7糯（86-7 nuo）

品种来源：云南省大理白族自治州农业科学推广研究院粮食作物研究所，以金垦18/崇良糯//诱变2号为杂交组合，采用系谱法选育而成。1990年通过大理白族自治州农作物品种审定小组审定。

形态特征和生物学特性：粳型常规糯稻。全生育期165.0～175.0d，较250糯早熟3d左右，株高75.0cm左右。株型较好，分蘖力强，剑叶角度小，穗层整齐一致，耐寒性强。有效穗数480.0万～570.0万穗/hm²，每穗总粒数80.0～100.0粒，每穗实粒数65.0～90.0粒，空秕率25.0%左右。籽粒圆形，颖壳金黄色，无芒或有短顶芒，千粒重23.0～25.0g。

品质特性：直链淀粉含量0，胶稠度129.3mm，碱消值6.5级，糙米蛋白质含量7.3%，外观及食味品质优。

抗性：抗稻瘟病病。

产量及适宜地区：1987—1988年参加大理白族自治州中北部糯稻新良种区域试验，两年平均产量7 296.0kg/hm²，较250糯增产4.0%；大面积推广种植平均产量8 250.0kg/hm²左右，高产田产量可达9 750.0kg/hm²。适宜于云南省海拔1 900～2 200m的稻区推广种植。

栽培技术要点：宜选择在土层深厚、土壤肥沃的上、中等肥力田块上种植。严格进行种子处理，预防恶苗病、稻曲病。坚持薄膜育秧，扣种稀播，培育带蘖壮秧。适期早栽充分利用5～7月的高温时段，秧龄以控制在45～55d为最佳。适当增强基础群体、确保实现高产所需的足够穗数，基础群体以90.0万～105.0万穴/hm²、栽插基本苗以240.0万～300.0万苗/hm²为宜。合理施肥，适当增加氮素营养。及时防除病、鼠、雀害。

88-146 (88-146)

品种来源：云南省大理白族自治州农业科学推广研究院粮食作物研究所，以滇榆1号/北京7708为杂交组合，采用系谱法选育而成。1993年通过大理白族自治州农作物品种审定小组审定。

形态特征和生物学特性：粳型常规水稻。全生育期190.0d左右，株高75.0cm左右。株型好，茎秆粗壮，耐肥抗倒伏，分蘖力强，剑叶直立，熟期适中。最高茎蘖数750.0万～825.0万个/hm²，有效穗数600.0万～675.0万穗/hm²，成穗率80.0%左右，穗长17.0cm，每穗总粒数80.0～90.0粒，结实率85.0%左右，着粒稍稀，单穗重1.9g左右。颖壳金黄色，籽粒长卵圆形，无芒，千粒重25.0～26.0g。

品质特性：糙米率80.8%，精米率72.0%，直链淀粉含量20.5%，胶稠度52.0mm，碱消值6.5级，糙米蛋白质含量7.0%。白米，米粒透明，米饭柔软可口，食味好。1994年2月被评定为云南省第二届优质米。

抗性：较抗稻瘟病、恶苗病及稻曲病，轻感白叶枯病。

产量及适宜地区：1991—1992年参加大理白族自治州中北部水稻区域试验，两年平均产量8 733.0kg/hm²，较对照83-1041增产13.3%；1992年生产示范产量10 050.0kg/hm²左右。适宜于云南省海拔2 000m左右的高产田上推广种植。

栽培技术要点：选择在高肥田种植。严格进行种子处理，预防种子传播病害。扣种稀播，培育壮秧。适期早栽，避过后期低温。壮秧少本密植，适当加大基础群体，栽插基本苗225.0万～270.0万苗/hm²。合理施肥，适当增加氮素营养。科学管理，及时防除病、虫、草害。

88-635 （88-635）

品种来源：云南省楚雄彝族自治州农业科学研究所，于1981年从云粳136中系统选育而成。1993年通过云南省农作物品种审定委员会审定，审定编号：滇粳31。

形态特征和生物学特性：粳型常规水稻。全生育期186.0d，株高105.0cm。株型紧凑，有效穗数325.5万穗/hm²，成穗率70%，每穗实粒数105.9粒，结实率68.3%左右，千粒重25.0g。

品质特性：糙米率84.3%，白米油润。

抗性：中抗稻瘟病，耐寒性强，易感恶苗病和稻曲病。

产量及适宜地区：1991—1992年参加云南省中北部水稻品种区域试验，两年平均产量为8 055.0kg/hm²，比对照品种云粳9号增产13%。适宜于云南省中北部海拔1 850～2 150m地区种植。

栽培技术要点：播种前严格进行种子处理，预防恶苗病。3月下旬播种，5月中下旬移栽。该品种耐肥力强，施农家肥22 500.0kg/hm²、尿素150.0～225.0kg/hm²、硫酸钾150.0kg/hm²、普通过磷酸钙300.0kg/hm²，以中层肥为主、分蘖肥次之，在7月10日前后施一次穗肥。后期灌水要干湿交替，不宜过早断水，以免植株失水，引起早衰和倒伏。

89-290 (89-290)

品种来源：云南省大理白族自治州农业科学推广研究院粮食作物研究所，以731057///弥1/7451//78糯/4768为杂交组合，采用系谱法选育而成。1993年通过大理白族自治州农作物品种审定小组审定。

形态特征和生物学特性：粳型常规水稻。全生育期185.0d左右，株高85.0cm左右。分蘖力较强，分蘖期叶片披散，拔节后特别是剑叶直立，表现出前松后紧的动态株型特征，受光态势好，耐肥抗倒伏，耐寒性强，熟期适中。有效穗数480.0万～525.0万穗/hm²，每穗总粒数100.0粒左右，着粒密度稍稀，结实率高，千粒重26.0～28.0g。

品质特性：白米，米粒透明，外观及食味品质优。

抗性：抗稻瘟病及恶苗病，轻感稻曲病。

产量及适宜地区：1991—1992年参加大理白族自治州中北部水稻区域试验，两年平均产量9 159.0kg/hm²，较对照83-10411增产18.8%；1993年生产示范平均产量10 500.0kg/hm²左右。适宜于云南省海拔1 900m以上的高海拔地区推广种植。

栽培技术要点：严格进行种子处理，预防种子传播病害。扣种稀播，培育带蘖壮秧。适时早栽，合理密植，适当增大基础群体。合理施肥，坚持氮素化肥前促、中控、后补施肥原则。加强水浆管理，够苗晒田。及时防除病、虫、草害。

91-10 (91-10)

品种来源：云南省玉溪市农业科学院、通海县种子公司和江川县前卫乡农科站合作，于1986年以楚粳3号/嘉19为杂交组合，采用系谱法，于1991年选育而成。1998年通过云南省农作物品种审定委员会审定，审定编号：滇粳49。

形态特征和生物学特性：粳型常规水稻。全生育期170.0～180.0d，株高95.0～100.0cm。分蘖力中等，叶色深绿，抽穗后剑叶角度稍大，成熟时谷黄叶绿，不早衰，需肥量中等。穗长16.7cm，每穗总粒数115.0粒左右，每穗实粒数90.0～100.0粒，结实率85.0%～94.0%。谷粒淡黄色，清秀充实饱满，谷壳薄，籽粒密，落粒性适中，千粒重25.0～27.0g。

品质特性：食味较好。

抗性：较抗稻瘟病，高抗稻曲病，较耐寒。

产量及适宜地区：1993—1994年参加云南省水稻区域试验，两年平均产量9 693.0kg/hm²，比对照楚粳3号增产4.1%。适宜于云南省海拔1 600～1 900m的地区种植。

栽培技术要点：宜早播早栽，以5月上旬栽完为好，栽插密度60.0万穴/hm²，每穴2～3苗，在海拔1 700m以下地区种植，氮肥用量不宜过多，并注意后期适当提早撤水晾田，防止倒伏。该品种落粒性不强，可"十黄十收"。

A210 (A 210)

品种来源：云南省楚雄彝族自治州武定县农技站，于1979年从云南省农业科学院引入杂交组合材料174/大白谷//晋宁277，经系谱法选育而成。1991年通过云南省农作物品种审定委员会审定，审定编号：滇粳27。

形态特征和生物学特性：粳型常规水稻。全生育期180.0d，株高94.0cm。有效穗数315.0万穗/hm²，穗长18.0cm，每穗总粒数132.0粒，每穗实粒数92.0粒，空秕率27.0%左右。

品质特性：食味性较好。

抗性：抗稻瘟病，耐寒性较强。

产量及适宜地区：1987—1988年参加云南省中北部水稻品种区域试验，两年平均产量7 665.0kg/hm²，比对照云粳9号增产11.1%，生产示范产量6 750.0 ~ 8 250.0kg/hm²。适宜于云南省海拔1 900 ~ 2 100m地区种植。

栽培技术要点：播种前搞好种子处理，预防恶苗病。播种以惊蛰尾、春分头为宜，秧田播种量1 125.0 ~ 1 350.0kg/hm²，薄膜育秧，秧龄50 ~ 60d。栽插密度90.0万穴/hm²，每穴2 ~ 3苗。在施农家肥22 500.0kg/hm²的基础上加施磷、钾肥，施尿素75.0 ~ 120.0kg/hm²，以中层肥为主，酌施分蘗肥，慎施穗肥。后期灌水要干湿交替，不宜过早断水，以免植株失水，引起早衰和倒伏。

昌粳10号 (Changgeng 10)

品种来源：云南省保山市昌宁县农业科学技术推广所，于1998年从云南省农业科学院粮食作物研究所引进的武运粳8号种植田中选变异单株，经多代系统选育，2004年获得1个稳定株系，编号为汰优2号选2，暂定为昌优1号。2010年通过云南省农作物品种审定委员会审定，审定编号：滇特（保山）审稻2010023。

形态特征和生物学特性：粳型常规水稻。全生育期171.3d，株高104.6cm。株型紧凑，剑叶直立。穗长18.2cm，每穗总粒数137.2粒，每穗实粒数112.0粒，空秕率17.6%。中等落粒，千粒重24.0g。

品质特性：糙米率83.4%，精米率73.4%，整精米率49.9%，糙米粒长4.8mm，糙米长宽比1.7，垩白粒率38.0%，垩白度2.3%，透明度2级，碱消值7.0级，胶稠度86.0mm，直链淀粉含量13.8%，水分11.9%，色泽正常。

抗性：抗稻瘟病，高抗白叶枯病。

产量及适宜地区：2006—2007年参加云南省保山市水稻区域试验，两年平均产量10 476.0kg/hm²，比对照合系41增产16.6%，生产示范平均产量10 200.0kg/hm²以上。适宜于云南省保山市海拔1 400～1 700m中上等肥力粳稻区种植。

栽培技术要点：种子处理，用浸种灵泡种48～72h，预防恶苗病。旱育稀植，培育壮秧，4月10～20日播种，秧龄35～40d，大田用种量22.5～30.0kg/hm²，秧田施足基肥，增施磷、钾肥。合理密植，栽插密度30.0万～37.5万穴/hm²，每穴2苗。合理施肥，施有机肥15 000.0kg/hm²作底肥，重施中层肥，巧施穗粒肥，氮、磷、钾配合施肥，70%作中层肥、20%作分蘖肥、10%作穗粒肥，全生育期施尿素150.0～210.0kg/hm²、普通过磷酸钙450.0kg/hm²、硫酸钾225.0kg/hm²。拉线单行条栽，行距20.0～25.0cm，株距13.3cm，浅水栽秧，寸水活苗，栽后35d左右，总茎蘖数达到525.0万个/hm²左右，晒田5～7d，控制无效分蘖。加强病、虫、草、鼠害预防。

昌粳11（Changgeng 11）

品种来源：云南省保山市昌宁县农业科学技术推广所，以昌稻3号/84-7F$_1$//岫4-10为杂交组合，经过8代系谱选育而成。2010年通过云南省农作物品种审定委员会审定，审定编号：滇特（保山）审稻2010024。

形态特征和生物学特性：粳型常规水稻。全生育期171.1d，株高119.1cm。株型适中，剑叶直立。有效穗数312.0万穗/hm^2，成穗率81.9%，穗长18.4cm，每穗总粒数130.1粒，每穗实粒数116.3粒，结实率89.4%。难落粒，千粒重24.6g。

品质特性：糙米率83.4%，精米率73.4%，整精米率49.9%，糙米粒长4.8mm，糙米长宽比1.7，垩白粒率38.0%，垩白度2.3%，透明度2级，碱消值7.0级，胶稠度86.0mm，直链淀粉含量13.8%，水分11.9%，色泽正常。

抗性：抗稻瘟病，高抗白叶枯病。

产量及适宜地区：2004—2005年参加云南省保山市水稻区域试验，两年平均产量8 550.0kg/hm^2，比对照合系41增产4.4%；生产示范平均产量9 300.0kg/hm^{2}以上，比对照合系41增产10%。适宜于云南省保山市海拔1 400～1 700m中上等肥力粳稻区种植。

栽培技术要点：种子处理，用浸种灵泡种48～72h，预防恶苗病。旱育稀植培育壮秧，4月10～20日播种，秧龄35～40d，大田用种量22.5～30.0kg/hm^2，秧田施足基肥，增施磷、钾肥。合理密植，栽插密度30.0万～37.5万穴/hm^2，每穴2苗。合理施肥，施有机肥15 000.0kg/hm^{2}作底肥，重施中层肥，巧施穗粒肥，氮、磷、钾配合施肥，70%作中层肥、20%作分蘖肥、10%作穗粒肥，全生育期施尿素150.0～210.0kg/hm^2、普通过磷酸钙450.0kg/hm^2、硫酸钾225.0kg/hm^2。拉线单行条栽，行距20～25cm，株距13.3cm，浅水栽秧，寸水活苗，栽后35d左右，总茎蘖数达到525.0万个/hm^{2}左右，晒田5～7d，控制无效分蘖。加强病、虫、草、鼠害预防。

昌粳 12 （Changgeng 12）

品种来源：云南省保山市昌宁县农业科学技术推广所，于1991年以预110/80-731为杂交组合，经过12代系谱选育而成。2010年通过云南省农作物品种审定委员会审定，审定编号：滇特（保山）审稻2010025。

形态特征和生物学特性：粳型常规水稻。全生育期176.8d，株高134.9cm。株型适中，剑叶直立。有效穗数334.5万穗/hm²，成穗率82.9%，穗长18.4cm，每穗总粒数163.4粒，穗实粒数133.0粒，结实率81.4%，难落粒，千粒重21.4g。

品质特性：糙米率83.0%，精米率74.2%，整精米率51.1%，糙米粒长4.8mm，糙米长宽比1.7，垩白粒率24%，垩白度1.4%，透明度2级，碱消值7.0级，胶稠度83.0mm，直链淀粉含量13.7%，水分12.3%，色泽正常。

抗性：抗稻瘟病，高抗白叶枯病。

产量及适宜地区：2006—2007年参加云南省保山市水稻区域试验，两年平均产量9 360.0kg/hm²，比对照合系41增产4.2%，生产示范平均产量9 450.0kg/hm²以上。适宜于云南省保山市海拔1 400～1 700m中上等肥力粳稻区种植。

栽培技术要点：种子处理，用浸种灵浸种48～72h，预防恶苗病。旱育稀植培育壮秧，4月10～20日播种，秧龄35～40d，大田用种量22.5～30.0kg/hm²，秧田施足基肥，增施磷、钾肥。合理密植，栽插密度30.0万～37.5万穴/hm²，每穴2苗。合理施肥，施有机肥15 000.0kg/hm²作底肥，重施中层肥，巧施穗粒肥，氮、磷、钾配合施肥，70%作中层肥、20%作分蘖肥、10%作穗粒肥，全生育期施尿素150.0～210.0kg/hm²，普通过磷酸钙450.0kg/hm²、硫酸钾225.0kg/hm²。拉线单行条栽，行距20.0～25.0cm，株距13.3cm，浅水栽秧，寸水活苗，栽后35d左右，总茎蘖数达到525.0万个/hm²左右，晒田5～7d，控制无效分蘖。加强病、虫、草、鼠害预防。

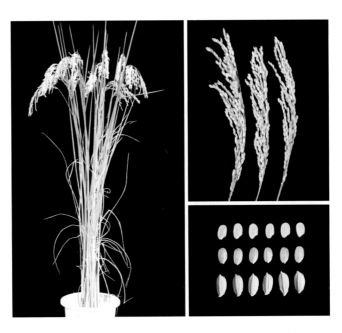

昌粳8号 （Changgeng 8）

品种来源：云南省保山市昌宁县农业科学技术推广所，于1995年从水稻品种示范田中选到的变异单株，经系统选择培育而成。2004年通过云南省农作物品种审定委员会审定，审定编号：滇特（保山）审稻200403。

形态特征和生物学特性：粳型常规水稻。全生育期170.0～176.0d，株高90.0～105.0cm。株型紧凑，剑叶直立，叶片内卷，分蘖较强。穗长17.0～20.0cm，每穗总粒数135.0粒，结实率85.0%～92.0%。谷粒椭圆形，白壳，千粒重25.0～26.0g。

品质特性：糙米率82.6%，整精米率73.9%，垩白粒率38.0%，垩白度8.9%，直链淀粉含量19.5%，胶稠度46.0mm，碱消值7.0级，糙米蛋白质含量9.1%。

抗性：抗白叶枯病，中抗稻瘟病，耐肥、抗倒伏。

产量及适宜地区：2000—2001年参加云南省保山市中海拔水稻良种区域试验，两年平均产量8 115.0kg/hm²，比对照合系41增产13.8%，生产示范平均产量8 700.0kg/hm²。适宜于云南省保山市昌宁、腾冲海拔1 500～1 800m多雨稻区种植。

栽培技术要点：选择最佳节令播种，采用旱育秧培育壮秧，秧龄35～40d，栽插密度27.0万～30.0万穴/hm²，每穴1～2苗，在施农家肥22 500.0kg/hm²的基础上，施尿素195.0～225.0kg/hm²、普通过磷酸钙750.0kg/hm²、硫酸钾225.0kg/hm²，中层肥占70.0%、分蘖肥占20.0%、穗粒肥占10.0%。进行种子处理，重点防治稻瘟病。

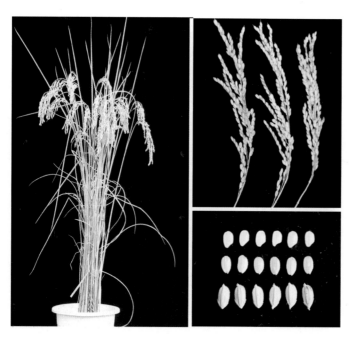

昌粳9号 （Changgeng 9）

品种来源：云南省保山市昌宁县农业科学技术推广所，以7613/04-212为杂交组合，采用系谱法选育而成，原品系号为昌86-11。2007年通过云南省农作物品种审定委员会审定，审定编号：滇特（保山）审稻200701。

形态特征和生物学特性：粳型常规水稻。全生育期169.0d，株高115.9cm。株型紧凑，剑叶直立，分蘖力偏弱。有效穗数337.5万穗/hm²，穗长22.0cm，每穗总粒数126.0粒，结实率80.8%。难落粒，千粒重26.3g。

品质特性：糙米率83.2%，整精米率71.4%，垩白粒率76.0%，垩白度23.7%，糙米蛋白质含量9.5%，直链淀粉含量19.4%，碱消值6.0级，胶稠度45.0mm，糙米长宽比1.7。

抗性：抗稻瘟病、纹枯病、细菌性条斑病和稻曲病。

产量及适宜地区：2002—2003年参加云南省保山市粳稻品种区域试验，两年平均产量8 560.5kg/hm²，比对照合系41减产7.05%，生产示范平均产量9 433.5 ～ 10 929.0kg/hm²。适宜于云南省保山市海拔1 500 ～ 1 900m的温凉稻区种植。

栽培技术要点：做好种子处理；旱育法培育壮秧，秧龄35 ～ 40d；栽插密度30.0万 ～ 37.5万穴/hm²，每穴2苗，拉线单行条栽，行距20.0 ～ 27.0cm，株距13.0cm，浅水栽秧，寸水活苗，栽后35d左右，总茎蘖数450.0万个/hm²左右，晒田3 ～ 5d；施有机肥22 500.0kg/hm²作底肥，重施中层肥，巧施穗粒肥，氮、磷、钾配合施用，70%作中层肥、20%作分蘖肥、10%作穗粒肥，全生育期施尿素195.0 ～ 225.0kg/hm²、普通过磷酸钙750.0kg/hm²、硫酸钾225.0kg/hm²。加强病、虫、草、鼠害防治。

昌糯6号（Changnuo 6）

品种来源：云南省保山市昌宁县农业科学技术推广所，以小粒黄／京黄126为杂交组合，经过5代系谱选育，于1990年育成。1993年12月通过云南省保山市农作物品种审定委员会审定通过。

形态特征和生物学特性：粳型常规糯稻。全生育期180.0～185.0d，株高80.0～90.0cm。叶色浓绿，活秆成熟不早衰。穗长18.0cm左右，每穗粒数80.0～120.0粒，空秕率10.0%～15.0%。谷粒黄色，难脱粒，千粒重23.0～24.0g。

品质特性：米乳白，糯性较好，品质优良。

抗性：耐寒性强，抗稻瘟病，易感恶苗病。

产量及适宜地区：丰产性好，生产示范平均产量9 000.0kg/hm²，高产田产量可达9 750.0～10 500.0kg/hm²，比其他粳糯品种增产15%～20%。适宜于云南省保山市海拔1 400～1 700m地区中上等肥力田种植。

栽培技术要点：注意种子处理，防治恶苗病。适期播种，扣种稀播，4月中旬播种为宜，秧田播种量375.0kg/hm²左右。适时移栽，秧龄60d左右。合理密植，栽插密度67.5万～75.0万穴/hm²，栽插基本苗135.0万～150.0万苗/hm²，有效穗数450.0万穗/hm²左右。合理施肥，底肥为主，早施分蘖肥，施农家肥15 000.0kg/hm²、尿素225.0kg/hm²、普通过磷酸钙375.0kg/hm²、硫酸钾150.0kg/hm²作底肥，移栽后7d左右，施尿素75.0kg/hm²作分蘖肥。加强田间管理，适时防除病虫害。

楚粳12（Chugeng 12）

品种来源：云南省楚雄彝族自治州农业科学研究所，于1982年以楚粳4号／楚粳2号为杂交组合选育而成。1993年通过云南省农作物品种审定委员会审定，审定编号：滇粳32。

形态特征和生物学特性：粳型常规水稻。全生育期169.0～171.0d，株高91.0cm。株型较好，分蘖中等。有效穗数420万～480.0万穗/hm²，成穗率80.0%，穗长17.0cm，每穗粒数90.0～102.0粒，结实率85.0%，颖壳淡黄色，颖尖紫褐色，无芒，落粒性适中，千粒重25.0～26.0g。耐寒性中等。在海拔1 650m以下地区栽培，后期易倒伏。

品质特性：白米，总淀粉含量80.4%，直链淀粉含量15.9%，糙米蛋白质含量5.4%，胶稠度32.0mm，碱消值7.0级。

抗性：轻感叶瘟病和穗瘟病，较抗条纹叶枯病。

产量及适宜地区：1991—1992年参加云南省水稻区域试验，两年平均产量8 720.9kg/hm²，较对照楚粳3号增产5.2%。适宜于云南省中部海拔1 600～1 850m的地区种植。

栽培技术要点：培育带蘖壮秧，合理密植，争取穗大粒多夺高产。该品种对土壤要求不严，适宜中等肥力的田块种植。由于后期易早衰和倒伏，栽培上要掌握足蘖晒田，控制茎基部中间伸长，抽穗后采用干干湿湿的水浆管理，增加根的活力，达到保根保叶，并适量施用穗粒肥，防止早衰和倒伏。

楚粳13 (Chugeng 13)

品种来源：云南省楚雄彝族自治州农业科学研究所，于1988年以25-3-3／楚粳8号为杂交组合选育而成。1994年通过楚雄彝族自治州品种审定小组审定。

形态特征和生物学特性：粳型常规水稻。全生育期180.0d左右，较楚粳3号迟熟6d左右，株高105.0cm左右。分蘖力强，成穗率偏低，茎秆软，后期易倒伏。有效穗数450.0万穗/hm²，穗长21.0cm，每穗粒数120.0粒，结实率80.0%左右，颖壳淡黄色，无芒，落粒性适中，千粒重24.0g。

品质特性：糙米率83.3%，精米率74.5%，白米，食味品质较优，被云南省第二届优质米评选会评为优质米。

抗性：抗稻瘟病，轻感条纹叶枯病和稻曲病。

产量及适宜地区：1992—1993年参加楚雄彝族自治州水稻区域试验，两年平均产量9 830.0kg/hm²，较对照种楚粳3号增产，生产示范平均产量为10 785.0kg/hm²。适宜于云南省海拔1 550～1 850m的地区种植。

栽培技术要点：宜早育早栽，培育带蘖壮秧，栽插密度45.0万～60.0万穴/hm²，每穴2～3苗。加强水浆管理，足蘖晒田，控制无效分蘖，提高成穗率和防止倒伏。合理施肥，施尿素120.0～150.0kg/hm²，适当增施磷、钾肥，提高抗倒能力。及时防治病、虫、草害，确保稳产高产。

楚粳 14（Chugeng 14）

品种来源：云南省楚雄彝族自治州农业科学研究所，于1985年以楚粳4号／滇渝1号为杂交组合选育而成。1995年通过云南省农作物品种审定委员会审定，审定编号：滇粳41。

形态特征和生物学特性：粳型常规水稻。全生育期175.0d，株高99.0cm。株型紧凑，分蘖力中等。有效穗数420.0万～480.0万穗/hm²，成穗率78.0%，每穗总粒数114.0～120.0粒，结实率80.0%，颖壳淡黄色，颖尖无色，无芒，落粒性适中，千粒重24.0g。

品质特性：糙米率84.0%，精米率74.9%，整精米率70.0%，直链淀粉含量17.0%，胶稠度78.0mm，碱消值6.2级，糙米蛋白质含量5.8%。

抗性：中抗稻瘟病及条纹叶枯病，耐肥性和耐寒性较强。

产量及适宜地区：1993—1994年参加云南省水稻区域试验，两年平均产量9 559.5kg/hm²，较对照楚粳3号增产2.7%。适宜于云南省中部海拔1 500～1 900m的地区种植。

栽培技术要点：该品种穗型偏大，应充分发挥其大穗特性夺取高产，培育带蘖壮秧，适宜秧龄50～55d，栽插密度45.0万～60.0万穴/hm²。施尿素150.0～180.0kg/hm²，并配合磷、钾肥施用，适时晒田，防止后期倒伏。

楚粳17（Chugeng 17）

品种来源：云南省楚雄彝族自治州农业科学研究所，于1988年以楚粳8号／25-3-1为杂交组合选育而成。1997年通过云南省农作物品种审定委员会审定，审定编号：滇粳42。

形态特征和生物学特性：粳型常规水稻。全生育期176.0d，株高98.0cm。株型紧凑，分蘖力中等。有效穗数435.0万穗/hm²，每穗粒数115.0粒，结实率79.0%。颖尖无色，无芒，千粒重27g。

品质特性：糙米率77.2%，整精米率74.9%，直链淀粉含量19.2%，胶稠度80mm，碱消值7.0级，糙米蛋白质含量8.0%。

抗性：高抗稻瘟病。

产量及适宜地区：1995—1996年参加云南省水稻品种区域试验，两年平均产量9 750.0kg/hm²，较对照合系24增产7.6%。适宜于云南省中部海拔1 500 ～ 1 850m的地区种植。

栽培技术要点：3月15 ～ 20日播种，播种量300.0 ～ 375.0kg/hm²。根据该品种大穗大粒的特点，高产栽培施尿素150.0 ～ 180.0kg/hm²，70% ～ 80%肥料用作中层肥和分蘖肥，酌情施用穗粒肥和增施磷、钾肥。高产田块后期易倒伏，要适时晒田，增强抗倒伏能力。

楚粳2号 (Chugeng 2)

品种来源：云南省楚雄彝族自治州农业科学研究所，于1973年以植生1号/若叶为杂交组合，经系统选育而成。1988年通过云南省农作物品种审定委员会审定，审定编号：滇粳14。

形态特征和生物学特性：粳型常规水稻。全生育期161.0～172.0d，株高85.0～90.0cm。株型紧凑，叶色深绿，茎秆坚硬抗倒伏，分蘖力弱，成熟后叶绿秆青。成穗率78.0%～88.0%，穗长16.0～20.5cm，每穗粒数73.5～89.5粒，空秕率18.2%～21.7%，谷粒椭圆形，颖尖褐色，落粒性适中，千粒重25.0～27.0g。

品质特性：糙米蛋白质含量8.0%。

抗性：较抗稻瘟病，抗寒力中等。

产量及适宜地区：1983—1984年参加云南省水稻品种区域试验，两年平均产量7 500.0kg/hm²，生产示范产量6 750.0～8 250.0kg/hm²。适宜于云南省海拔1 400～1 900m稻区种植。

栽培技术要点：早栽嫩壮秧，薄膜育秧秧龄不宜超过45d。适当增加栽插密度，肥田栽插密度67.5万～75.0万穴/hm²，瘦田栽插密度82.5万～90.0万穴/hm²，每穴2～3苗。在施足底肥的基础上，栽后7～10d早施分蘖肥，追肥时配合磷、钾肥施用。

楚粳22（Chugeng 22）

品种来源：云南省楚雄彝族自治州农业科学研究所，于1990年以楚粳7号／辽宁85-54为杂交组合，经系谱选育而成。1999年通过云南省农作物品种审定委员会审定，审定编号：滇粳54。

形态特征和生物学特性：粳型常规水稻。全生育期175.0～180.0d，比合系24迟熟5～7d，株高95.0～100.0cm。株型好，茎秆粗壮，下部节间短，抗倒伏，分蘖力中等。每穗粒数120.0～140.0粒，结实率80.0%～85.0%。谷壳黄色，谷粒椭圆形，颖尖褐色，无芒，易落粒，千粒重26.0～27.0g。

品质特性：糙米率84.7%，精米率76.7%，整精米率67.0%，粒长5.1mm，直链淀粉含量17.3%，糙米蛋白质含量8.4%等八项指标达优质米一级标准，垩白度2.3%，透明度2级，胶稠度67.0mm，达二级标准。白米，食味可口。

抗性：稻瘟病抗性强。

产量及适宜地区：1997—1998年参加云南省中部水稻区域试验，两年平均产量9 520.5kg/hm²，比对照合系24增产7.3%。适宜于云南省中部海拔1 500～1 800m的地区种植。

栽培技术要点：严格进行种子处理，预防恶苗病危害，浸种药剂选用"施保克"效果较好。早播早栽，于3月初播种，5月初移栽，秧龄55d左右。合理密植，该品种株型紧凑，可适当密植，栽插密度60.0万穴/hm²左右，每穴2～3苗。施足中层肥，增施磷、钾肥；施尿素150.0～180.0kg/hm²、普通过磷酸钙450.0kg/hm²、硫酸钾150.0kg/hm²作秒耙肥；栽后一周内施尿素150.0kg/hm²作分蘖肥；后期视苗情苗施复合肥300.0kg/hm²作穗肥。及时防治稻曲病，在孕穗期和初穗期用井冈霉素防治。

楚粳23（Chugeng 23）

品种来源：云南省楚雄彝族自治州农业科学研究所，于1992—1996年以25-3-3/楚粳9号//楚粳8号为杂交组合，经系谱选育而成。1999年通过云南省农作物品种审定委员会审定，审定编号：滇粳55。

形态特征和生物学特性：粳型常规水稻。全生育期170.0～175.0d，与合系24相近，株高95.0～100.0cm。株型好，剑叶挺直，分蘖力强，成穗率较高，每穗总粒数100.0～130.0粒，结实率85.0%左右。谷粒椭圆形，颖壳黄色，颖尖褐色，无芒，白米，落粒性适中，千粒重23.0～24.0g。

品质特性：糙米率84.3%，精米率77.0%，碱消值7.0级，胶稠度74.0mm，粒型五项指标达优质一级米标准；整精米率62.5%，透明度2级，直链淀粉含量19.4%达二级标准。

抗性：中抗稻瘟病。

产量及适宜地区：1997—1998年参加云南省中部水稻区域试验，两年平均产量9 846.2kg/hm^2，比对照合系24增产11.0%。适宜于云南省中部海拔1 500～1 850m的地区种植。

栽培技术要点：培育带蘖壮秧，秧田播种量375～450kg/hm^2，适宜秧龄45～50d，栽嫩壮秧，切忌栽老秧。合理密植，该品种分蘖力强，栽插密度52.5万～60.0万穴/hm^2，最高茎蘖数控制在525.0万～600.0万穗/hm^2，够蘖晒田，控制无效分蘖，提高成穗率和防止后期倒伏。合理施肥，施肥采用前促、中控、后补的施肥原则，施尿素375.0～450.0kg/hm^2。肥料总量的70%～80%用作中层肥和分蘖肥，20%～30%作穗粒肥，增施磷、钾肥。切忌重施穗粒肥，防止贪青迟熟。适时防治病虫害，及时防治稻曲病和稻瘟病，在孕穗期和初穗期用井冈霉素、三环唑预防病害。

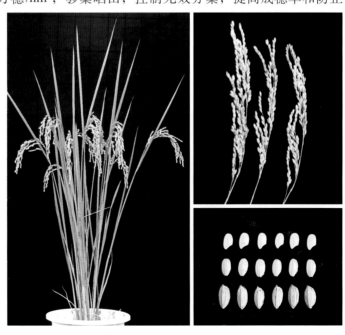

楚粳 24 （Chugeng 24）

品种来源：云南省楚雄彝族自治州农业科学研究所，于 1992 年以合系 2 号/楚粳 14 为杂交组合，经系谱选育而成。2003 年通过云南省农作物品种审定委员会审定，审定编号：DS002—2003。

形态特征和生物学特性：粳型常规水稻。全生育期 170.0d 左右，株高 100.0cm 左右。株型好，分蘖力强，稳产性好，适应性广。有效穗多，成穗率高，每穗粒数 100.0 ～ 105.0 粒，结实率 85.0%～ 90.0%。颖壳淡黄色，颖尖无色、无芒，落粒性适中，千粒重 25.0g 左右。

品质特性：糙米率 85.0%，精米率 78.6%，整精米率 78.3%，糙米粒长 5.0mm，糙米长宽比 1.8，透明度 1 级，碱消值 7.0 级，胶稠度 80.0mm，直链淀粉含量 17.2%，糙米蛋白质含量 7.3%，这 10 项指标达优质米一级标准。垩白度 1.2%达二级标准，米质优，食味佳。

抗性：抗稻瘟病和条纹叶枯病。

产量及适宜地区：2001—2002 年参加云南省中部水稻区域试验，两年区试平均产量 9 900.8kg/hm^2，比对照合系 41 增产 8.9%。适宜于云南省中部海拔 1 500 ～ 1 850m 的地区种植。

栽培技术要点：严格进行种子处理，预防恶苗病危害，浸种药剂选用"施保克"效果较好。秧田播种 375.0 ～ 450.0kg/hm^2。合理密植，该品种分蘖力强，中上等肥力栽插密度 37.5 万 ～ 45.0 万穴/hm^2，中下等肥力栽插密度 45.0 万 ～ 52.5 万穴/hm^2，每穴 2 ～ 3 苗。施足中层肥尿素 150.0 ～ 180.0kg/hm^2、分蘖肥 120.0 ～ 150.0kg/hm^2、穗肥 75.0 ～ 120.0kg/hm^2，增施磷、钾肥。加强水浆管理，及时防治病虫害。

楚粳25 （Chugeng 25）

品种来源：云南省楚雄彝族自治州农业科学研究所，于1995年以楚粳17/合系24为杂交组合，经系谱选育而成。2002年通过云南省农作物品种审定委员会审定，审定编号：DS002—2002。

形态特征和生物学特性：粳型常规水稻。全生育期165.0～170.0d，株高95.0～105.0cm。株型集散适中，叶色深绿，分蘖力中等，成穗率高，剑叶角度小，叶片挺直，茎秆粗壮，秆硬抗倒伏，耐肥性强，后期熟色好，成熟时青枝蜡秆。每穗总粒数104.0～120.0粒，着粒均匀，结实率80%～85%。籽粒较大，谷粒椭圆形，谷壳黄色，颖尖无色，无芒，落粒性适中，千粒重27.0～28.0g。

品质特性：糙米率85.2%，精米率77.7%，整精米率73.5%，糙米长宽比1.6，碱消值7.0级，糙米蛋白质含量9.3%，这6项指标达优质米一级标准；透明度2级，胶稠度62.0mm，直链淀粉含量18.5%，这3项指标达优质米二级标准。

抗性：抗叶瘟，中抗穗瘟。

产量及适宜地区：1999—2000年参加云南省中部水稻区域试验，两年区试平均产量9 254.7kg/hm²。适宜于云南省中部海拔1 500～1 900m的地区种植。

栽培技术要点：严格进行种子处理，预防恶苗病危害，浸种药剂选用"施保克"效果较好。适时播种，培育壮秧，3月上中旬播种，秧田播种量375.0～450.0kg/hm²。适时移栽，合理密植，秧龄45～50d，中上等肥力田栽插密度45.0万穴/hm²，中下等肥力田栽插密度52.5万～60.0万穴/hm²，每穴2～3苗。合理施肥，施尿素180.0～210kg/hm²，氮肥总量的70%～80%用作中层肥和分蘖肥，氮肥总量的20%～30%作穗粒肥，增施磷、钾肥。及时防治病虫害。

楚粳26（Chugeng 26）

品种来源：云南省楚雄彝族自治州农业科学研究所，于1992年以楚粳2号/768//云玉一号///合系30为杂交组合，经多年系统选育而成，2000年定名为楚粳26。2005年通过云南省农作物品种审定委员会审定，审定编号：滇审稻200521。

形态特征和生物学特性：粳型常规水稻。全生育期165.0～170.0d，株高95.0～100.0cm。株型较好，生长势强，分蘖力强，抽穗整齐，穗型较好，着粒均匀。每穗总粒数120.0～130.0粒，结实率80.0%～85.0%。谷壳淡黄色，颖尖无色、无芒，落粒性适中，千粒重25～27g。

品质特性：糙米率84.5%，精米率77.4%，整精米率75.8%，糙米粒长5.0mm，糙米长宽比1.7，碱消值7.0级，胶稠度82.0mm，直链淀粉含量15.0%，糙米蛋白质含量8.2%，透明度2级。米质优，食味佳。

抗性：中抗稻瘟病和条纹叶枯病。

产量及适宜地区：2003—2004年参加云南省中部水稻区域试验，两年省区试平均产量为10 372.8kg/hm²，比对照合系41增产5.9%，生产示范平均单产9 158.3kg/hm²。适宜于云南省海拔1 500～1 850m稻区种植。

栽培技术要点：严格进行种子消毒，播种前用"施保克"等药剂浸泡72h，预防恶苗病。适时播种，培育嫩壮，3月上旬播种，秧田播种量375.0～450.0kg/hm²，秧龄40～50d，切忌栽老秧。合理密植，该品种分蘖力强，可根据土壤肥力高低调整栽插密度，中上等肥力田栽插密度37.5万～45.0万穴/hm²；中下等肥力田栽插密度45.0万～52.5万穴/hm²，每穴2～3苗。合理施肥，该品种繁茂性好，对土壤肥力要求不严，易栽培，施中层肥尿素150.0～180.0kg/hm²、分蘖肥120.0～150.0kg/hm²、穗肥75.0～120.0kg/hm²，增施磷、钾肥。加强水浆管理，够蘖晒田，控制下部节间伸长，增强抗倒伏能力。及时预防病虫害，在孕穗和初穗期喷施三环唑、叶枯灵、井冈霉素预防稻瘟病、白叶枯病和稻曲病。

楚粳27（Chugeng 27）

品种来源：云南省楚雄彝族自治州农业科学研究所，于1997年以楚粳22/合系39为杂交组合，经多年系统选育而成，2001年定名为楚粳27。2005年通过云南省农作物品种审定委员会审定，审定编号：滇审稻200522。

形态特征和生物学特性：粳型常规水稻。全生育期170.0～175.0d，株高100.0cm左右。株型好，分蘖力中等，成穗率高，茎秆基部节间短，抗倒伏能力强。每穗总粒数130.0～150.0粒，着粒较密，结实率80.0%～85.0%。颖壳淡黄，颖尖褐色，无芒，落粒性适中，千粒重23.0～24.0g。

品质特性：糙米率85.0%，精米率78.6%，整精米率78.3%，糙米长宽比1.5，透明度1级，碱消值7.0级，胶稠度82mm，直链淀粉含量17.5%，糙米蛋白质含量8.3%，食味品质好。

抗性：叶、穗瘟抗性强。

产量及适宜地区：2003—2004年参加云南省水稻区域试验，两年区试平均产量9 864.0kg/hm²，比对照合系41增产0.8%，生产示范单产9 432.8kg/hm²。适宜于云南省海拔1 500～1 800m稻区种植。

栽培技术要点：严格进行种子消毒，预防恶苗病。适时播种，培育壮秧，于3月5～15日播种，秧田播种量375.0～450.0kg/hm²，适宜秧龄50～55d，根据前作或茬口，可适当早播。合理密植，栽插密度45.0万～52.5万穴/hm²，每穴2～3苗，采用宽窄行条栽。合理施肥，重施底肥和早施分蘖肥，视苗情施用穗粒肥，增施磷、钾肥。施中层肥尿素150.0～180.0kg/hm²、分蘖肥150.0～180.0kg/hm²、穗肥75.0～90.0kg，后期施钾肥90.0～120.0kg/hm²。及时预防病虫害，在孕穗和初穗期喷施多菌灵或粉锈宁、井冈霉素、三环唑防治叶鞘腐败病、稻曲病和预防稻瘟病。

楚粳28（Chugeng 28）

品种来源：云南省楚雄彝族自治州农业科学研究所，以楚粳26/96Y-6为杂交组合，经多年系统选育而成。2007年通过云南省农作物品种审定委员会审定，审定编号：滇审稻200722。

形态特征和生物学特性：粳型常规水稻。全生育期174.0d，株高106.2cm。株型好，叶色淡绿，剑叶挺直，抽穗整齐，成熟转色正常。有效穗数472.1万穗/hm^2，成穗率78.4%，每穗总粒数125.0粒，每穗实粒数104.0粒，结实率83.1%。谷壳黄色，颖尖无色，落粒性适中，千粒重22.3g。

品质特性：糙米率84.4%，精米率78.0%，整精米率77.5%，糙米粒长4.6mm，糙米长宽比1.7，垩白粒率2.0%，垩白度0.4%，透明度1级，碱消值7.0级，胶稠度64.0mm，直链淀粉含量15.1%，糙米蛋白质含量8.7%，质量指数94，达到国标一级优质米标准。

抗性：稻瘟病抗性强。

产量及适宜地区：2005—2006年参加云南省中部粳稻品种区域试验（一组），两年区试平均产量10 627.5kg/hm^2，比对照合系41增产0.3%，生产示范产量9 375.0 ~ 11 250.0kg/hm^2。适宜于云南省海拔1 500 ~ 1 850m的地区种植。

栽培技术要点：严格种子消毒，预防恶苗病。扣种稀播，秧田播种量375.0 ~ 450.0kg/hm^2，秧龄50 ~ 55d。中上等肥力田栽插密度37.5万 ~ 45.0万穴/hm^2，中下等肥力田栽插45.0万 ~ 52.5万穴/hm^2，每穴2 ~ 3苗。施中层肥尿素150.0 ~ 180.0kg/hm^2、分蘖肥150.0 ~ 180.0kg/hm^2、穗肥75.0 ~ 120.0kg/hm^2，增施磷、钾肥。够蘖晒田，及时防治病虫害。

楚粳29（Chugeng 29）

品种来源：云南省楚雄彝族自治州农业科学研究所，以94预46/滇系10号为杂交组合，经多年系统选育而成。2007年通过云南省农作物品种审定委员会审定，审定编号：滇审稻200723。

形态特征和生物学特性：粳型常规水稻。全生育期172.0d，株高105.6cm。株型好，叶色淡绿，剑叶挺直，熟期转色好。有效穗数459.2万穗/hm^2，成穗率76.5%，每穗总粒数120.0粒，每穗实粒数100.0粒，结实率83.6%。谷壳黄色，颖尖无色，落粒性适中，千粒重24.7g。

品质特性：糙米率83.6%，精米率77.2%，整精米率74.4%，糙米粒长4.8mm，糙米长宽比1.6，垩白粒率20.0%，垩白度1.3%，透明度1级，碱消值7.0级，胶稠度68.0mm，直链淀粉含量16.3%，糙米蛋白质含量8.5%，达到国标二级优质米标准。

抗性：稻瘟病抗性稍强。

产量及适宜地区：2005—2006年参加云南省中部粳稻品种区域试验（二组），两年区试平均产量10 581.0kg/hm^2，比对照合系41增产1.0%，生产示范产量9 750.0 ～ 11 250.0kg/hm^2。适宜于云南省海拔1 500 ～ 1 850m的地区种植。

栽培技术要点：严格种子消毒，预防恶苗病。扣种稀播，秧田播种量375.0 ～ 450.0kg/hm^2，秧龄50 ～ 55d。中上等肥力田栽插密度37.5万 ～ 45.0万穴/hm^2，中下等肥力田栽插密度45.0万 ～ 52.5万穴/hm^2，每穴2 ～ 3苗。施中层肥尿素150.0 ～ 180.0kg/hm^2、分蘖肥150.0 ～ 180.0kg/hm^2、穗肥75.0 ～ 120.0kg/hm^2，增施磷、钾肥。够蘖晒田，及时防治病虫害。

楚粳3号（Chugeng 3）

品种来源：云南省楚雄彝族自治州农业科学研究所，于1973年以植生1号／若叶（假）为杂交组合，经系统选育而成。1987年通过云南省农作物品种审定委员会审定，审定编号：滇粳12。

形态特征和生物学特性：粳型常规水稻。全生育期170.0～182.0d，比西南175晚1～2d，株高85.0～95.0cm。叶色深绿，叶姿较挺，根系发达，分蘖力中等，秆中粗有弹性，较抗倒伏。穗长16.8～18.1cm，每穗粒数76.0～88.0粒，空秕率12.0%左右，颖壳黄色，颖尖褐色，无芒，落粒性适中，千粒重26.0～27.0g。

品质特性：糙米率85.0%，精米率76.0%，糙米蛋白质含量8.1%。米质和食味均好，1994年获云南省优质米银质奖。

抗性：中抗稻瘟病，耐寒耐旱。

产量及适宜地区：1984—1986年参加云南省中部水稻区域试验，两年平均产量7 593.0kg/hm²，比对照西南175增产10.1%，生产示范产量7 500.0～9 000.0kg/hm²。适宜于云南省中部海拔1 600～1 850m稻区种植。

栽培技术要点：薄膜育秧秧龄，秧田播种量750.0kg/hm²。惊蛰播种秧龄不超过60d，春分播种秧龄不超过55d，清明播种秧龄不超过50d，忌栽老秧。肥田栽插密度60.0万～67.5万穴/hm²，瘦田栽插密度67.5万～75.0万穴/hm²，每穴2～3苗。施有机肥22 500.0kg/hm²作底肥，施尿素105.0～120.0kg/hm²和磷肥作中层肥，分蘖期施尿素60.0～75.0kg/hm²，穗肥施尿素45.0kg/hm²。及时收获。

楚粳 30 (Chugeng 30)

品种来源：云南省楚雄彝族自治州农业科学研究所，以楚粳24/滇系10号为杂交组合，经多年系统选育而成。2007年通过云南省农作物品种审定委员会审定，审定编号：滇审稻200724。

形态特征和生物学特性：粳型常规水稻。全生育期173.0d，株高103.2cm。株型好，叶色淡绿，剑叶挺直，熟期转色好，抽穗整齐。有效穗数468.0万/hm^2，成穗率75.0%，每穗总粒数111.0粒，每穗实粒数96.0粒，结实率86.7%。颖壳黄色，颖尖无色，落粒性适中，千粒重25.4g。

品质特性：糙米率83.8%，精米率77.1%，整精米率64.2%，糙米粒长4.9mm，糙米长宽比1.7，垩白粒率25.0%，垩白度1.6%，透明度1级，碱消值7.0级，胶稠度68.0mm，直链淀粉含量17.6%，糙米蛋白质含量8.6%。

抗性：稻瘟病抗性强。

产量及适宜地区：2005—2006年参加云南省中部粳稻品种区域试验（二组），两年区试平均产量10 650.0kg/hm^2，比对照合系41增产1.6%，生产示范产量9 945.0～11 550.0kg/hm^2。适宜于云南省海拔1 500～1 850m的稻区种植。

栽培技术要点：严格种子消毒，预防恶苗病。扣种稀播，秧田播种量375.0～450.0kg/hm^2，秧龄50～55d。中上等肥力田栽插密度37.5万～45.0万穴/hm^2，中下等肥力田栽插密度45.0万～52.5万穴/hm^2，每穴2～3苗。施中层肥尿素150.0～180.0kg/hm^2、分蘖肥150.0～180.0kg/hm^2、穗肥75.0～120.0kg/hm^2，增施磷、钾肥。够蘖晒田，及时防治病虫害。

楚粳31（Chugeng 31）

品种来源：云南省楚雄彝族自治州农业科学研究所，于2000年以牡丹江90-267/楚粳24为杂交组合，经多年系统选育而成。2010年通过云南省农作物品种审定委员会审定，审定编号：滇审稻2010012。

形态特征和生物学特性：粳型常规水稻。全生育期178.0d，株高98.9cm。株型好，叶片淡绿，剑叶挺直。有效穗数456.0万穗/hm²，成穗率83.1%，每穗总粒数100.0粒，每穗实粒数82.0粒，结实率82.0%。落粒性适中，千粒重26.3g。

品质特性：糙米率84.8%，精米率77.1%，整精米率76.8%，糙米粒长5.3mm，糙米长宽比1.9，垩白粒率75.0%，垩白度7.6%，透明度1级，碱消值7.0级，胶稠度76.0mm，直链淀粉含量18.8%，糙米蛋白质含量7.4%。

抗性：中抗稻瘟病，感白叶枯病，耐寒性中等。

产量及适宜地区：2007—2008年参加云南省中部粳稻品种区域试验，两年区试平均产量10 194.0kg/hm²，比对照合系41增产1.7%；生产试验平均产量11 376.0kg/hm²，比对照增产4.5%。适宜于云南省海拔1 500～1 850m的粳稻区种植。

栽培技术要点：严格种子消毒，预防恶苗病。扣种稀播，秧田播种量375.0～450.0kg/hm²，秧龄50～55d。中上等肥力田栽插密度37.5万～45.0万穴/hm²，中下等肥力田栽插密度45.0万～52.5万穴/hm²，每穴2～3苗。施中层肥尿素150.0～180.0kg/hm²、分蘖肥150.0～180.0kg/hm²、穗肥75.0～120.0kg/hm²，增施磷、钾肥。够蘖晒田，及时防治病虫害。

楚粳37（Chugeng 37）

品种来源：云南省楚雄彝族自治州农业科学研究所，于2004年以楚粳26/滇系12为杂交组合，经多年系统选育而成。2014年通过云南省农作物品种审定委员会审定，审定编号：滇审稻2014026。

形态特征和生物学特性：粳型常规水稻。全生育期179.0d，株高96.8cm。株型好，剑叶挺直，茎秆粗壮，弹性好，抗倒伏，分蘖力强，抽穗整齐。有效穗数415.5万穗/hm^2，每穗总粒数147.6粒，每穗实粒数119.6粒，结实率81.0%。籽粒卵圆形，颖壳秆黄色，颖尖无色，清秀整齐，熟相好，落粒性适中，千粒重24.7g。

品质特性：糙米率85.0%，精米率74.2%，整精米率71.8%，糙米粒长4.8mm，糙米长宽比1.8，垩白粒率20.0%，垩白度1.4%，直链淀粉含量16.0%，胶稠度80.0mm，碱消值6.8级，透明度1级，水分11.7%，达到国标二级优质米标准。

抗性：感稻瘟病、抗白叶枯病，两年各试点均无重病记载。

产量及适宜地区：2011—2012年参加云南省中海拔粳稻品种区域试验，两年区域试验平均产量10 426.5kg/hm^2，比对照合系41增产7.1%；2013年生产试验平均产量12 259.5kg/hm^2，比对照合系41增产26.2%。适宜于云南省海拔1 500～1 850m稻区种植，注意防治稻瘟病。

栽培技术要点：严格种子消毒，预防恶苗病。扣种稀播，秧田播种量375.0～450.0kg/hm^2，秧龄50～55d。中上等肥力田栽插密度37.5万～45.0万穴/hm^2，中下等肥力田栽插密度45.0万～52.5万穴/hm^2，每穴2～3苗。施中层肥尿素150.0～180.0kg/hm^2、分蘖肥150.0～180.0kg/hm^2、穗肥75.0～120.0kg/hm^2，增施磷、钾肥。够蘖晒田，及时防治病虫害。

楚粳38 （Chugeng 38）

品种来源：云南省楚雄彝族自治州农业科学研究所，于2005年以滇系15/04鉴32为杂交组合，经多年系统选育而成。2014年通过云南省农作物品种审定委员会审定，审定编号：滇审稻2014027。

形态特征和生物学特性：粳型常规水稻。全生育期177.4d，株高102.5cm。株型好，剑叶挺直，茎秆粗壮，茎基部节间短，抗倒伏，分蘖较强，抽穗整齐，熟相好。有效穗数399.7万穗/hm^2，穗长20.1cm，每穗总粒数158.5粒，每穗实粒数124.4粒。籽粒卵圆形，颖壳秆黄色，颖尖无色，落粒性适中，千粒重24.4g。

品质特性：糙米率83.0%，精米率72.2%，整精米率69.0%，糙米粒长4.8mm，糙米长宽比1.6，垩白粒率28%，垩白度1.7%，直链淀粉含量16.8%，胶稠度80.0mm，碱消值7.0级，透明度1级，水分11.4%，达到国标三级优质米标准。

抗性：感稻瘟病，抗白叶枯病。2013年腾冲点重感穗瘟、楚雄点重感白叶枯病，其余试点无重病记载。

产量及适宜地区：2011—2012年参加云南省中海拔粳稻品种区域试验，两年区试平均产量10 645.5kg/hm^2，比对照合系41增产10.0%；2013年生产试验，平均产量12 138.0kg/hm^2，比对照合系41增产24.9%。适宜于云南省海拔1 500～1 850m稻区种植，稻瘟病高发区慎用。

栽培技术要点：严格种子消毒，预防恶苗病。扣种稀播，秧田播种量375.0～450.0kg/hm^2，秧龄50～55d。中上等肥力田栽插密度37.5万～45.0万穴/hm^2，中下等肥力田栽插密度45.0万～52.5万穴/hm^2，每穴2～3苗。施中层肥尿素150.0～180.0kg/hm^2、分蘖肥150.0～180.0kg/hm^2、穗肥75.0～120.0kg/hm^2，增施磷、钾肥。够蘖晒田，及时防治病虫害。

楚粳39 (Chugeng 39)

品种来源：云南省楚雄彝族自治州农业科学研究所，于2005年以楚粳30/04鉴48为杂交组合，经多年系统选育而成。2014年通过云南省农作物品种审定委员会审定，审定编号：滇审稻2014028。

形态特征和生物学特性：粳型常规水稻。全生育期176.8d，株高106.5cm。株型紧凑，剑叶挺直，茎秆粗壮、弹性好，穗层整齐。有效穗数454.5万穗/hm²，穗长21.2cm，每穗总粒数117.6粒，每穗实粒数102.1粒。籽粒卵圆形，颖壳黄色，颖尖无色，落粒性适中，千粒重26.9g。

品质特性：糙米率83.3%，精米率74.8%，整精米率61.3%，糙米粒长5.0mm，糙米长宽比1.8，垩白粒率100%，垩白度100%，透明度4级，碱消值6.2级，胶稠度100mm，直链淀粉含量5.4%，糙米蛋白质含量11.2%。米外观混浊乳白色，软而可口，冷不回生，冷热均可食用，米饭口感特好。

抗性：中感稻瘟病（6级），中抗白叶枯病（5级），试点无重病记载。

产量及适宜地区：2011—2012年参加云南省中海拔粳稻品种区域试验，两年区试平均产量10 338.0kg/hm²，比对照合系41增产6.9%；2013年生产试验，平均产量10 648.5kg/hm²，比对照合系41增产9.6%。适宜于云南省海拔1 500～1 850m稻区种植，注意防治稻瘟病。

栽培技术要点：严格种子消毒，预防恶苗病。扣种稀播，秧田播种量375.0～450.0kg/hm²，秧龄50～55d。中上等肥力田栽插密度37.5万～45.0万穴/hm²，中下等肥力田栽插密度45.0万～525万穴/hm²，每穴2～3苗。施中层肥尿素150.0～180.0kg/hm²、分蘖肥150.0～180.0kg/hm²、穗肥75.0～120.0kg/hm²，增施磷、钾肥。够蘖晒田，及时防治病虫害。

楚粳4号（Chugeng 4）

品种来源：云南省楚雄彝族自治州农业科学研究所，于1975年以城堡1号／国庆20为杂交组合，经系统选育而成。1985年通过云南省农作物品种审定委员会审定，审定编号：滇粳5号。

形态特征和生物学特性：粳型常规水稻。全生育期164.0d，比推广种西南175迟熟2～3d，株高90.0～100.0cm。叶色淡绿，叶片略宽而长，剑叶角度偏大，茎秆较粗但韧性差，施肥不当易倒伏。每穗总粒数125.0粒，结实率84.5%，颖壳淡黄，颖尖无色，无芒，千粒重25.0g。

品质特性：糙米率86.0%，糙米蛋白质含量8.2%，食味好。

抗性：抗稻瘟病，易感恶苗病和白叶枯病。

产量及适宜地区：1979—1981年参加品比试验，楚雄彝族自治州及云南省水稻区域试验，大田生产示范产量7 500.0～8 250.0kg/hm²。适宜于云南省中部海拔1 700～1 800m稻区种植。

栽培技术要点：3月中旬播种，秧龄40～45d；群体不宜过大，足蘖后及时排水晒田防止倒伏；播种前必须进行种子处理；防治白叶枯病。

楚粳40（Chugeng 40）

品种来源：云南省楚雄彝族自治州农业科学研究推广所，于2007年以楚粳28/云粳19为杂交组合，经多年多代系统选育而成。2015年通过云南省农作物品种审定委员会审定，审定编号：滇审稻2015002。

形态特征和生物学特性：粳型常规水稻。全生育期173.6d，株高103.5cm。株型紧凑，剑叶挺直，茎秆粗壮。有效穗数445.5万穗/hm²，成穗率85.4%，穗长19.4cm，每穗总粒数138.7粒，每穗实粒数108.5粒，结实率78.2%。籽粒卵圆形，颖壳淡黄色，颖尖无色，易落粒，千粒重24.5g。

品质特性：糙米率84.2%，精米率76.3%，整精米率74.2%，糙米粒长4.7mm，糙米长宽比1.8，垩白粒率13%，垩白度1.2%，直链淀粉含量15.3%，胶稠度72mm，碱消值7.0级，透明度2级，水分11.2%，达到国标二级优质米标准。

抗性：感稻瘟病（7级）、感白叶枯病（7级），2014年隆阳区白叶枯病重。

产量及适宜地区：2012年参加预备试验，2013—2014年参加云南省中海拔常规粳稻品种区域试验，两年平均产量10 539kg/hm²，比对照云粳26增产3.5%；生产试验平均产量10 594.5kg/hm²，比对照云粳26增产8.4%。适宜于云南省海拔1 500～1 850m稻区种植。

栽培技术要点：严格种子消毒，预防恶苗病。扣种稀播，秧田播种量375.0～450.0kg/hm²，秧龄50～55d。中上等肥力田栽插密度37.5万～45.0万穴/hm²，中下等肥力田栽插密度45.0万～52.5万穴/hm²，每穴2～3苗。施中层肥尿素150.0～180.0kg/hm²、分蘖肥150.0～180.0kg/hm²、穗肥75.0～120.0kg/hm²，增施磷、钾肥。够蘖晒田，及时防治病虫害。

楚粳5号 (Chugeng 5)

品种来源：云南省楚雄彝族自治州农业科学研究所，于1975年以西南175／城堡1号为杂交组合，经系统选育而成。1986年通过云南省农作物品种审定委员会审定，审定编号：滇粳8号。

形态特征和生物学特性：粳型常规水稻。全生育期169.0～173.0d，比西南175晚2～3d，在海拔1 400m左右地区生育期163.0～166.0d，与西南175相同，株高95.0～98.0cm。叶姿较挺，分蘖力强，成穗率高，耐肥力中等，对光温反应不敏感，在海拔1 800m地区种植，每穗总粒数90.0～116.0粒，结实率80.0%～88.0%，颖壳薄、淡黄色，颖尖紫褐色，无芒或有顶芒，千粒重25.0～26.0g。

品质特性：精米率78.0%，糙米蛋白质含量8.4%，米质好，食味佳。

抗性：较抗稻瘟病，略感恶苗病和白叶枯病，耐寒性中等。

产量及适宜地区：该品种先后参加品比试验，楚雄彝族自治州及云南省水稻区域试验五年平均产量8 628.0kg/hm²，比对照西南175增产7.5%。适宜于云南省海拔1 400～1 800m的中稻地区种植。

栽培技术要点：扣种稀播，培育壮秧，秧龄以50～55d为宜。栽插密度60.0万～75万穴/hm²，每穴2～3苗。在中等肥力田施尿素112.5～150.0kg/hm²。

楚粳6号（Chugeng 6）

品种来源：云南省楚雄彝族自治州农业科学研究所，于1975年以城堡1号／国庆20为杂交组合，经系统选育而成。1990年通过云南省农作物品种审定委员会审定，审定编号：滇粳21。

形态特征和生物学特性：粳型常规水稻。全生育期170.0～175.0d，株高95.0～100.0cm。叶片较宽，抽穗前叶姿挺直，抽穗后剑叶角度大，叶片内卷，茎秆坚韧度差，后期易倒伏，分蘖力中等。最高茎蘖525.0万～570.0万个/hm²，有效穗数405.0万穗/hm²，成穗率71.0%～83.0%，每穗总粒数109.0～111.0粒，颖壳淡黄色，颖尖紫褐色，无芒，耐瘠，稳产性好，千粒重25.0g。

品质特性：糙米率86.0%，糙米蛋白质含量8.7%，糙米长宽比2.0，白米，食味较好。

抗性：抗稻瘟病和条纹叶枯病，感恶苗病和白叶枯病。

产量及适宜地区：1987—1988年参加云南省水稻区域试验，两年平均产量7 554.0kg/hm²，较对照西南175增产19.9%，生产示范产量6 000.0～9 000.0kg/hm²。适宜于云南省海拔1 500～1 750m的中下等肥力地区种植。

栽培技术要点：播种前应严格进行种子消毒，宜早播早栽。合理施肥，避免群体过大、氮肥过多，低海拔地区易倒伏，高海拔地区易引起空秕率增加。合理灌溉，够蘖后及时撤水晒田，控制无效分蘖，后期防止倒伏。

楚粳7号（Chugeng 7）

品种来源：云南省楚雄彝族自治州农业科学研究所，于1983年以滇榆1号／楚粳5号为杂交组合选育而成。1991年通过云南省农作物品种审定委员会审定，审定编号：滇粳26。

形态特征和生物学特性：粳型常规水稻。全生育期170.0d，株高95.0cm。株型紧凑，分蘖力中等。有效穗数495.0万穗/hm²，每穗实粒数88.0粒，无芒，落粒性适中，耐肥，抗倒伏，耐寒性强，千粒重25g。

品质特性：白米，米质较好。

抗性：抗叶瘟及白叶枯病，略感稻穗瘟和条纹叶枯病，耐寒性强。

产量及适宜地区：1989—1990年参加云南省中部组水稻区域试验，两年平均产量6 990.0kg/hm²，较对照楚粳3号增产7.9%，生产示范产量7 500.0 ～ 10 500.0kg/hm²。适宜于云南省海拔1 400 ～ 1 850m的地区种植。

栽培技术要点：该品种营养生长期短，秧龄弹性小，宜栽45 ～ 50d的嫩壮秧。分蘖期短，不能干水，宜安排在有水的肥田种植，适当增施肥料，施尿素225.0 ～ 375.0kg/hm²，配合磷、钾肥施用，注意防治穗瘟病和条纹叶枯病。

楚粳8号 (Chugeng 8)

品种来源：云南省楚雄彝族自治州农业科学研究所，于1983年以滇榆1号／楚粳3号为杂交组合选育而成。1990年通过云南省农作物品种审定委员会审定，审定编号：滇粳22。

形态特征和生物学特性：粳型常规水稻。全生育期166.0d，株高85.0～90.0cm。株型紧凑，茎秆粗壮抗倒伏，分蘖力偏弱。最高茎蘖数510.0万～570.0万穗/hm²，有效穗数420.0万穗/hm²，每穗粒数110.0～120.0粒，结实率80.0%～85.0%，颖壳淡黄色，无芒，耐寒性较强，千粒重23.0～25.0g。

品质特性：糙米率86.0%，白米，品质优。

抗性：高抗叶瘟，略感稻穗瘟病和白叶枯病。

产量及适宜地区：1987—1988年参加云南省水稻区域试验，两年平均产量7 639.5kg/hm²，较对照西南175增产21.3%，生产示范产量7 500.0～10 500.0kg/hm²。适宜于云南省海拔1 400～1 850m的中上等肥力地区种植。

栽培技术要点：该品种生育期短，宜栽45～50d的嫩壮秧，施尿素225.0～375.0kg/hm²，并增施磷、钾肥，栽插时可适当增加密植程度，后期注意防治穗瘟病。

楚粳香1号（Chugengxiang 1）

品种来源：云南省楚雄彝族自治州农业科学研究所，于1993年以龙粳3号/84594为杂交组合，经多代系统选育而成。2003年通过云南省农作物品种审定委员会审定，审定编号：DS003—2003。

形态特征和生物学特性：粳型常规水稻。全生育期170.0d左右，比合系24早熟3～5d，株高100.0～110.0cm。叶片前期略散，拔节后叶片逐渐挺直，叶色浅绿，分蘖力中等，节间稍长，穗大粒多。每穗总粒数120.0～140.0粒，结实率80.0%～85.0%，谷粒椭圆形，谷壳黄色，无芒，落粒性适中，千粒重22.0～23.0g。

品质特性：糙米率85.4%，精米率78.5%，整精米率66.7%，糙米长宽比1.7，垩白度1.8%，透明度1级，碱消值7.0级，胶稠度68.0mm，直链淀粉含量17.9%，糙米蛋白质含量8.5%，稻米品质优，米饭香味浓郁。

抗性：中抗稻瘟病，耐寒性强。

产量及适宜地区：2001—2002年参加云南省水稻区域试验，两年平均产量为7 551.0kg/hm²，比对照合系41减产16.9%；2002年全省大面积示范推广，各点产量与当地对照种接近。适宜于云南省海拔1 700～1 900m稻区种植。

栽培技术要点：培育带蘖壮秧，秧田播种量300.0～375.0kg/hm²，适宜秧龄45～50d，秧龄弹性小，切忌栽老秧。合理密植，栽插密度45.0万穴/hm²左右，每穴2～3苗。合理施肥，施尿素120.0～150.0kg/hm²，增施磷、钾肥，确保秆硬籽壮，以夺取高产。加强肥水管理，防止倒伏。及时防治病虫害，预防稻瘟病和稻曲病。

楚粳优1号 （Chugengyou 1）

品种来源：云南省楚雄彝族自治州农业科学研究所，以94选674[(金830/T79110)001/楚粳12号002-1]/牡丹江90-267为杂交组合，经多代系统选育而成。2006年通过云南省农作物品种审定委员会审定，审定编号：滇审稻200607。

形态特征和生物学特性：粳型常规水稻。全生育期160.0～170.0d，株高95.0～100.0cm。株型好，茎秆粗壮，下部节间短，抗倒伏，分蘖力中偏弱，穗型好，穗大粒多。每穗总粒数135.0～170.0粒，结实率85.0%左右，熟色好，落粒适中，千粒重23.0～24.0g。

品质特性：糙米率83.1%，精米率76.9%，整精米率76.5%，糙米长宽比1.7，垩白度0.5%，透明度1级，碱消值7.0级，胶稠度88.0mm，直链淀粉含量16.3%，糙米蛋白质含量8.0%，达国标一级优质米标准；垩白粒率8%，达国标二级优质米标准。米饭柔软，食味优良，稻米外观品质特好，光泽度好。

抗性：中抗稻瘟病，耐肥性强。

产量及适宜地区：2003—2004年参加云南省水稻品种区域试验，两年平均产量为8 250.0kg/hm²，比对照合系41减产15.7%，生产示范产量为8 640.0～9 120.0kg/hm²。适宜于云南省海拔1 500～1 800m稻区种植。

栽培技术要点：严格进行种子消毒，播种前用"施保克"等药剂浸种72h，预防恶苗病。适时播种，培育嫩壮秧，该品种早熟，秧龄弹性小，应根据移栽期确定播种期，适宜秧龄40～45d，切忌栽老秧，防止发生"早穗"。适当密植，中上等肥力田栽插密度45.0万穴/hm²，中下等肥力田栽插密度52.5万～60.0万穴/hm²，每穴栽2苗。合理施肥，该品种耐肥性强、早熟、有效分蘖期短，应重施底肥和早施分蘖肥，视苗情施用穗粒肥，增施磷、钾肥，施中层肥尿素180.0～225.0kg/hm²、分蘖肥150.0～180.0kg/hm²、穗肥75.0～120.0kg/hm²。适时防治病虫害，在孕穗期和初穗期用三环唑、井冈霉素防治穗瘟和稻曲病。

楚恢7号（Chuhui 7）

　　品种来源：云南省楚雄彝族自治州农业科学研究所，以楚粳16/滇榆1号//高粱稻为杂交组合，经多年系统选育而成。2007年通过云南省农作物品种审定委员会审定，审定编号：滇审稻200725。

　　形态特征和生物学特性：粳型常规水稻。全生育期174.0d，株高115.4cm。株型好，叶片浓绿，剑叶挺直，熟期转色好。有效穗数434.6万/hm²，成穗率85.4%，每穗总粒数152.0粒，每穗实粒数117.0粒，结实率76.7%。谷粒有斑纹，颖尖紫色，易落粒，千粒重23.9g。

　　品质特性：糙米率84.9%，精米率78.3%，整精米率76.8%，糙米粒长4.8mm，糙米长宽比1.7，垩白率33.0%，垩白度2.8%，透明度2级，碱消值7.0级，胶稠度62.0mm，直链淀粉含量16.4%，糙米蛋白质含量8.8%，达到国标二级优质米标准。

　　抗性：稻瘟病抗性稍强。

　　产量及适宜地区：2005—2006年参加云南省中部粳稻品种区域试验（一组），两年区试平均产量10 761.0kg/hm²，比对照合系41增产1.5%，生产示范产量10 500.0～11 250.0kg/hm²。适宜在云南省海拔1 500～1 850m的地区种植。

　　栽培技术要点：严格种子消毒，预防恶苗病。秧田播种量375.0～450.0kg/hm²，秧龄40～55d。栽插密度52.5万穴/hm²，高肥力田栽插密度49.5万穴/hm²，每穴2～3苗。在施15 000kg/hm²腐熟农家肥的基础上，再施尿素150～225kg/hm²，施复合肥300kg/hm²作耖耙肥。移栽后15d左右施尿素150～225kg/hm²。注意稻瘟病、稻曲病、白叶枯病和螟虫等病虫防治。

滇超2号 (Dianchao 2)

品种来源：云南省农业科学院粮食作物研究所和玉溪市农业科学院合作，于1996年从国际水稻所引进的新株型（超级稻）材料96IRNPT94-10（沈农89-366/Ketan lunbn//秋光/Sengkeu），经多年系统选育而成。2004年通过云南省农作物品种审定委员会审定，审定编号：DS001—2004。

形态特征和生物学特性：粳型常规水稻。全生育期160.0～170.0d，株高95.0～105.0cm。株型紧凑，剑叶直立，分蘖力强。穗大粒多，有效穗数405.0万～495.0万穗/hm²，穗长22.3cm，每穗总粒数130.0～170.0粒，结实率85.0%～90.0%，青秆成熟，谷粒黄色，落粒适中，千粒重24.5～25.5g。

品质特性：糙米率83.8%，精米率73.0%，整精米率69.8%，直链淀粉含量15.1%，胶稠度72.5 mm，碱消值6.0级，糙米蛋白含量7.2%，食味优。

抗性：高抗稻瘟病和白叶枯病，中抗稻曲病，耐寒性好。

产量及适宜地区：2001—2002年参加云南省中部粳稻区域试验，两年平均产量9 661.5kg/hm²，比对照合系41增产6.3 %。适宜于云南省海拔1 200～1 800m稻作区及四川、贵州类似稻作区种植。

栽培技术要点：播前晒种1～2d，并用药剂浸种48h，适时播种，培育壮秧，在3月上、中旬播种，5月初移栽，秧龄不超过50d。栽足基本苗，栽插密度27.0万～45.0万穴/hm²，每穴2～3苗，保证有效穗数420.0万穗/hm²左右。总施尿素量240.0～270.0kg/hm²，基蘖肥为50.0%～60.0%，穗肥为40.0%～50.0%，注意氮、磷、钾肥配合施用。干湿交替灌溉。综合防治病虫害。

滇粳糯1号（Diangengnuo 1）

品种来源：云南农业大学稻作研究所，以黎明//毫边岗/IR28为杂交组合，经系统选育而成。2009年通过云南省农作物品种审定委员会审定，审定编号：滇审稻2009005。

形态特征和生物学特性：粳型常规糯稻。全生育期182.0d，株高95.4cm。株型好，叶片浓绿，剑叶挺直，成熟期转色慢，秆硬耐倒伏，穗长21.2cm，成穗率77.9%，每穗总粒数120.0粒，每穗实粒数81.0粒，有效穗数444.0万穗/hm^2。难落粒，千粒重28.9g。

品质特性：糙米率84.2%，精米率75.8%，整精米率69.8%，糙米粒长6.2mm，糙米长宽比2.1，碱消值6.0级，胶稠度100.0mm，直链淀粉含量1.9%，糙米蛋白质含量8.4%，综合评定2级。

抗性：中抗稻瘟病（5级）。

产量及适宜地区：2005—2006年参加云南省中部粳稻品种区域试验(二组)，两年平均产量10 294.5kg/hm^2，比对照合系41减产1.8%，减产不显著；生产示范平均产量8 250.0 ~ 10 500.0kg/hm^2，比对照合系41增产50%。适宜于云南省海拔1 500 ~ 1 800m的地区种植。

栽培技术要点：适时播种，培育带蘗壮秧，栽插密度42.0万 ~ 52.5万穴/hm^2，每穴2 ~ 3苗，栽插基本苗105.0万 ~ 120.0万苗/hm^2。在生产中注意防治稻瘟病。

滇花2号 （Dianhua 2）

品种来源：中国科学院昆明植物研究所和晋宁县农技推广研究所合作，以辽恢C57-80/晋宁768为杂交组合的F1代，进行花粉单倍体培养育成。1983年通过云南省农作物品种审定委员会审定，审定编号：滇粳4号。

形态特征和生物学特性：粳型常规水稻。全生育期184.0d，株高95.0～100.0cm。株型紧凑，剑叶挺拔，叶片淡绿，分蘖力中等。有效穗数375.0万～420.0万穗/hm²，每穗总粒数100.0～120.0粒，结实率75.0%。谷粒短圆形，部分谷粒顶端有短芒，谷壳薄，色黄，易落粒，千粒重28.0g左右。

品质特性：糙米蛋白质含量7.9%。

抗性：中抗稻瘟病，抗B_1、E_1、F_1三个生理小种，易感恶苗病。

产量及适宜地区：生产示范产量6 000.0～7 500.0kg/hm²。适宜于云南省中北部海拔1 900m左右的地区推广种植。

栽培技术要点：精耕细耙育秧，施有机肥22 500.0kg/hm²作基肥，追肥要准时，按返青肥、拔节肥、穗肥3次施用。注意灌溉，勤晒田。做好药剂浸种，以防恶苗病，控制发病率在1%以下。该品种宜在中偏上等肥力的田块种植。秧龄50～55d为宜。适当密植，使有效分蘖达到375.0万～420.0万个/hm²。及时收获，减少落粒损失。

滇系4号 (Dianxi 4)

品种来源：云南省农业科学院粮食作物研究所，以越光/合系24//合系34为杂交组合，采用系谱法选育而成。2001年通过云南省农作物品种审定委员会审定，审定编号：滇粳60。

形态特征和生物学特性：粳型常规水稻。全生育期174.0d，株高90.0cm。中熟粳稻品种，分蘖力较强，耐肥，熟色好。穗长20.3cm，每穗总粒数120.0粒。谷壳金黄色，无芒，不落粒，千粒重25.1g。

品质特性：糙米率83.5%，精米率74.9%，整精米率70.8%，直链淀粉含量19.7%，糙米蛋白质含量8.3%，碱消值6.0级，胶稠度81.0mm，外观品质4级，食味品质较好。

抗性：高抗稻瘟病，耐寒，抗倒伏。

产量及适宜地区：1999—2000年参加云南省中北部水稻区域试验，两年平均产量8 289.0kg/hm²，比对照银光增产25.8%。适宜于云南省海拔1 800～2 000m地区种植。

栽培技术要点：适时播种，培育壮秧，3月中旬播种，旱育秧播种量375.0～450.0kg/hm²，湿润育秧播种量600.0kg/hm²左右。适期移栽，合理密植，5月上旬移栽，栽插密度45.0万～52.5万穴/hm²，每穴栽2～3苗。科学施肥，合理灌溉，施尿素210.0～240.0kg/hm²，配合施用磷、钾、锌肥，做到"前促、中控、后稳"，重施基肥，早施分蘖肥，穗肥以促花肥为主。在灌溉管理上，做到浅水栽秧，寸水活棵，薄水分蘖，够蘖晒田，幼穗分化期适当深水，灌浆期干湿交替，切忌断水过早，确保活熟到老。保健栽培，综合防治，播种前用"施保克"等药剂浸种48～72h，预防恶苗病。秧田期和大田期注意防治稻飞虱，中、后期要综合防治螟虫、稻飞虱、条纹叶枯病、白叶枯病。

滇系7号 (Dianxi 7)

品种来源：云南省农业科学院粮食作物研究所，以合系34/93B1为杂交组合，采用系谱法选育而成。2001年通过云南省农作物品种审定委员会审定，审定编号：滇粳61。

形态特征和生物学特性：粳型常规水稻。全生育期172.0d，中熟粳稻品种，株高97.0cm。分蘖力强，穗基部结实稍差，耐肥，熟色好，抗倒伏。穗长19.8cm，每穗总粒数150.0粒。谷壳淡黄色，无芒，千粒重23.0g。

品质特性：糙米率84.4%，精米率74.7%，整精米率69.2%，直链淀粉含量20.3%，糙米蛋白质含量8.4%，碱消值6.5级，胶稠度81.0mm，外观品质中等，食味品质中等。

抗性：高抗稻瘟病，耐寒性好。

产量及适宜地区：1999—2000年参加云南省中部水稻区域试验，两年平均产量9 978.0kg/hm²，比对照品种合系24增产9.9%。适宜于云南省海拔1 500～1 850m地区种植。

栽培技术要点：适时播种，培育壮秧，3月中旬播种，旱育秧播种量375.0～450.0kg/hm²，湿润育秧播种量600.0kg/hm²左右。适期移栽，合理密植，5月上旬移栽，栽插密度37.5万～45.0万穴/hm²，每穴栽2～3苗。科学施肥，合理灌溉，施尿素210.0～240.0kg/hm²，配合施用磷、钾、锌肥，做到"前促、中控、后稳"，重施基肥，早施分蘖肥，穗肥以促花肥为主。在灌溉管理上，做到浅水栽秧，寸水活棵，薄水分蘖，够蘖晒田，幼穗分化期适当深水，灌浆期干湿交替，切忌断水过早，确保活熟到老。保健栽培，综合防治，播种前用"施保克"等药剂浸种48h，预防恶苗病。秧田期和大田期注意防治稻飞虱，中、后期要综合防治螟虫、稻飞虱、条纹叶枯病、白叶枯病。

滇榆1号 (Dianyu 1)

品种来源：云南省大理市农技站，于1974年从云南省水稻杂种优势研究利用协作组引进籼紫米/科情3号为杂交组合的第四代材料，经连续系统选育而成。1983年通过云南省农作物品种审定委员会审定，审定编号：滇粳1号。

形态特征和生物学特性：粳型常规水稻。全生育期180.0～190.0d，株高80.0～90.0cm。株型紧凑，叶片窄厚，挺直，剑叶上举，根系发达，分蘖力中等，茎秆坚实，主茎有13～14片叶，剑叶直立，剑叶长25～35cm、宽1～1.5cm，叶面积系数在抽穗前为8～8.9，在灌浆期为5～6，保持4片绿叶，经久不衰。成穗率75.0%～80.0%，穗长13.0～16.0cm，每穗实粒数75.0～85.0粒，穗基部籽粒饱满，结实率90.0%左右。谷粒短圆、黄色、无芒、白米，不易脱粒，千粒重23.0～24.0g。

品质特性：糙米率78.0%，糙米蛋白质含量6.4%，米质好。

抗性：稻瘟病只抗F_1、G_1两群生理小种，不抗A_{13}、B_1、C_{13}、D_1、E_1生理小种。不抗白叶枯病。

产量及适宜地区：1982年参加云南省中北部水稻品种区域试验，平均产量8 002.5kg/hm²，比对照云粳9号增产12.9%；1983年大理县种植1 500 hm²，平均产量8 250.0～9 000.0kg/hm²。适宜于云南省中北部海拔1 800～2 000m地区种植。

栽培技术要点：薄膜育秧，适时早栽，该品种生育较长，为了避过后期低温影响成熟，保证完全抽穗，本品种必须采用薄膜育秧，适时早插。根据大理县的经验，3月中旬薄膜育秧，5月上中旬栽插，8月15日前齐穗。一般秧田播种量1 125～1 350kg/hm²，秧龄50d。播种前必须对种子进行精选，然后注意用药剂浸种防治恶苗病、石灰水浸种防治白叶枯病。

在移栽前10～15d，预防苗期的叶枯病一次。合理的密度：在产量9 000～11 250kg/hm²的田块，合理的群体结构是75.0万～90.0万穴/hm²，每穴3苗，保证栽插基本苗225万～270万苗/hm²、有效分蘖525.0万～600.0万个/hm²。施足基肥，适时早追分蘖肥，一般施用农家肥15 000kg/hm²、尿素105～150kg/hm²、普通过磷酸钙450kg/hm²作基肥，移栽10～15d及早适时追分蘖肥，中后期不施追肥。加强田间管理，做到寸水活棵，浅水促蘖，够蘖晒田，后期干干湿湿。适时收割，一般在齐穗后50d收割为宜。

凤稻10号 (Fengdao 10)

品种来源：云南省大理白族自治州农业科学推广研究院粮食作物研究所从滇榆1号中选变异株，经8年9代系统选育而成，原编号为91-01。1995年通过大理白族自治州农作物品种审定小组审定。

形态特征和生物学特性：粳型常规水稻。全生育期184.0d左右，熟期适中，株高85.0cm左右。株型较好，茎秆强壮，耐肥抗倒伏，分蘖力强。有效穗数540.0万～600.0万穗/hm^2，穗长16.0～18.0cm，每穗总粒数80.0～90.0粒，每穗实粒数65.0～75.0粒，空秕率20.0%，千粒重26.0～27.0g。

品质特性：糙米率81.5%，精米率78.4%，整精米率68.8%，糙米粒长5.0mm，糙米长宽比1.7，糙米蛋白质含量7.6%，直链淀粉含量17.8%，碱消值6.3级，胶稠度46.0mm。外观食味品质好。

抗性：较抗稻瘟病、稻曲病、恶苗病，轻感白叶枯病、条纹叶枯病，耐寒性为中偏强。

产量及适宜地区：1993—1994年参加大理白族自治州中北部水稻良种区域试验，两年平均产量9 204.0kg/hm^2，较原主栽品种增产12.1%；1994年生产示范平均产量10 407.0kg/hm^2，较原主栽种增产10.78%。适宜于云南省海拔1 600～2 000m地区种植。

栽培技术要点：严格进行种子处理，预防种子传播病害。坚持薄膜育秧，扣种稀播，培育带蘖壮秧。适期早栽，避过后期低温冷害。合理密植。合理施肥，增施磷、钾肥。科学管理，及时防除病、虫、鼠害。

凤稻11 (Fengdao 11)

品种来源：云南省大理白族自治州农业科学推广研究院粮食作物研究所，以滇榆1号/北京7708为杂交组合，经9年10代连续定向选择而育成。1999年通过云南省农作物品种审定委员会审定，审定编号：滇粳53。

形态特征和生物学特性：粳型常规水稻。全生育期185.0d左右，熟期适中，株高90.0cm左右。株型好，茎秆粗壮，耐肥抗倒伏，分蘖力强，剑叶宽大直立稍内卷，最高茎蘖数600.0万～750.0万个/hm²，有效穗数525.0万～600.0万穗/hm²，成穗率80.0％左右，穗长15.0～19.0cm，每穗总粒数90.0～100.0粒，每穗实粒数70.0～90.0粒，结实率80.0％左右，单穗重2.0g左右。籽粒长卵圆形，颖壳、秆黄色，无芒，不易落粒，千粒重25.0～27.0g。

品质特性：米粒白、透明，稻米外观品质为4级，1999年1月在大理白族自治州首次优质米品种鉴评会上荣获第二名，外观及食味品质优。

抗性：耐寒性与鹤16相近，较抗稻瘟病，轻感白叶枯病及稻曲病。

产量及适宜地区：1995—1996年参加大理白族自治州中北部水稻良种区试，两年平均产量8 379.0kg/hm²，较对照鹤16增产3.3％；1997—1998年参加云南省中北部水稻良种区试，两年平均产量7 401.0kg/hm²，较对照云粳9号增8.7％。大面积种植平均产量9 750.0kg/hm²左右。适宜于云南省海拔1 950～2 200m的地区推广种植。

栽培技术要点：严格种子处理，防治恶苗病。薄膜育秧，扣种稀播，培育带蘖壮秧。合理密植，争大穗夺高产。合理施肥，增施磷、钾肥。加强管理，及时防治病虫害。

凤稻12 （Fengdao 12）

品种来源：云南省大理白族自治州农业科学推广研究院粮食作物研究所，以86-6糯/鹤88予13为杂交组合，采用系谱法选育而成，原编号为92-1445糯。1997年通过大理白族自治州农作物品种审定小组审定。

形态特征和生物学特性：粳型常规糯稻。全生育期185.0d左右，熟期适中，株高80.0cm左右。株型一般，分蘖力强，耐肥抗倒伏，耐寒性强，有效穗数525.0万～600.0万穗/hm²，每穗实粒数70.0～75.0粒，千粒重27.0～28.0g。籽粒短卵圆形，颖壳秆黄色，无芒或有短顶芒。与凤稻8号的主要区别是籽粒增大，颖尖无色，无芒或有短顶芒，丰产及抗性优于之。

品质特性：糯性好，外观食味品质优。

抗性：较抗稻瘟病及白叶枯病，耐肥抗倒伏，耐寒性强。

产量及适宜地区：1995—1996年参加大理白族自治州中北部水稻良种区域试验，两年平均产量8 700.0kg/hm²，较对照凤稻8号增产7.9%；生产试验产量9 000.0kg/hm²左右，产量水平已接近适宜区粳稻主栽种。适宜于云南省海拔1 900～2 200m地区推广种植。

栽培技术要点：严格进行种子处理。扣种稀播培育带蘖壮秧。适期早栽，5月下旬前移栽。合理密植，栽插密度75万～90万穴/hm²，栽插基本苗120万～180万苗/hm²。坚持氮素化肥前促中控后补的施肥原则，注意氮、磷、钾配合施用。科学管理，及时防除病、虫、草害。

凤稻14 (Fengdao 14)

品种来源: 云南省大理白族自治州农业科学推广研究院粮食作物研究所,以中丹2号/滇榆1号为杂交组合,采用系谱法选育而成。2001年通过云南省农作物品种审定委员会审定,审定编号: 滇粳57。

形态特征和生物学特性: 粳型常规水稻。全生育期180.0d左右,属早熟类型,株高90.0cm左右。株型好,耐肥抗倒伏,分蘖力强,剑叶直立,丰产性好。有效穗数570.0万～660.0万穗/hm²,每穗总粒数90.0～100.0粒,结实率80.0%左右,千粒重24.0～25.0g。

品质特性: 糙米率84.2%,精米率79.0%,整精米率65.8%,垩白度1%,直链淀粉含量15.7%,胶稠度92.0mm,碱消值6.6级,糙米蛋白质含量6.2%,白米、米粒有光泽,外观及食味品质较好。

抗性: 较抗稻瘟病和白叶枯病,耐寒性强。

产量及适宜地区: 1997—1998年参加大理白族自治州中北部水稻良种区试,两年平均产量9 208.5kg/hm²,较对照鹤16增产12.5%;1999—2000年参加云南省中北部水稻良种区试,两年平均产量8 068.5kg/hm²,较对照云粳9号增产22.5%。大面积推广种植产量为8 250.0kg/hm²左右。适宜于云南省海拔1 950m以上地区推广应用。

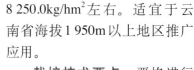

栽培技术要点: 严格进行种子处理,预防恶苗病等种子传播病害。坚持肥床旱育秧,扣种稀播,培育带蘖壮秧。适期早栽,避过八月低温冷害。合理密植,插足基本苗,在多穗基础上争大穗夺高产。科学施肥,前期重施基肥争多穗,后期巧补穗肥攻大穗增粒重。科学管水,把好中期的够苗晒田及后期的干干湿湿以湿为主两个水分管理关键环节。

凤稻15 (Fengdao 15)

品种来源：云南省大理白族自治州农业科学推广研究院粮食作物研究所，以04-2865/滇榆1号为杂交组合，采用系谱法选育而成。2002年通过云南省农作物品种审定委员会审定，审定编号：DS003—2002。

形态特征和生物学特性：粳型常规水稻。全生育期180.0d左右，属早熟类型，株高90.0cm左右。株型好，分蘖力强，剑叶直立，穗粒结构合理协调，耐肥抗倒伏，耐寒性强，丰产性好。有效穗数600.0万穗/hm²左右，每穗总粒数100.0 ~ 105.0粒，结实率75.0% ~ 80.0%，千粒重24.0g左右。

品质特性：糙米率84.1%，精米率78.6%，整精米率65.4%，垩白度1.5%，直链淀粉含量16.6%，糙米蛋白质含量6.7%，胶稠度88.0mm，碱消值6.4级，白米，米粒透明、有光泽，外观及食味品质好。

抗性：中抗稻瘟病、白叶枯病。

产量及适宜地区：1999—2000年参加云南省中北部粳稻区域试验，两年平均产量8 257.5kg/hm²，较云粳9号增25.3%；1999—2000年参加大理白族自治州中北部区试，两年平均产量9 411.0kg/hm²，较鹤16增产19.5%。大面积推广种植产量9 000.0kg/hm²左右。适宜于云南省海拔1 950m以上地区推广种植。

栽培技术要点：严格进行种子处理，预防恶苗病等种子传播病害。坚持肥床旱育秧，扣种稀播，培育带蘖壮秧。适期早栽，避过八月低温冷害。合理密植，插足基本苗，在多穗基础上争大穗夺高产。科学施肥，前期重施基肥争多穗，后期巧补穗肥攻大穗增粒重。科学管水，坚持前期浅水分蘖、中期够苗晒田、后期干干湿湿以湿为主。抓好条纹叶枯病的系统防控。

凤稻16 (Fengdao 16)

品种来源：云南省大理白族自治州农业科学推广研究院粮食作物研究所，以合系15/凤稻9号为杂交组合，采用系谱法选育而成。2003年通过云南省农作物品种审定委员会审定，审定编号：滇审稻200406。

形态特征和生物学特性：粳型常规水稻。全生育期185.0d左右，属早熟类型，株高90.0cm左右。株型好，茎秆粗壮，分蘖力强，剑叶直立，构成产量的穗粒结构协调合理，耐肥抗倒伏，耐寒性强，丰产潜力大。有效穗数570.0万～600.0万穗/hm²，穗长16.0～19.0cm，每穗总粒数100.0～105.0粒，结实率80.0%左右。籽粒阔卵圆形，颖壳秆黄色，颖尖紫，不易落粒，千粒重25.0～26.0g。

品质特性：糙米率81.2%，精米率74.8%，整精米率69.3%，垩白粒率12.0%，胶稠度100.0mm，直链淀粉含量18.8%，糙米蛋白质含量7.5%。白米，米粒透明，外观及食味品质好，2002年被评定为云南省第三届优质米品种。

抗性：抗稻瘟病，较抗白叶枯病、稻曲病及恶苗病。

产量及适宜地区：2001—2002年参加大理白族自治州中北部水稻区试，两年平均产量9 517.5kg/hm²，较鹤16增产13.1%，达极显著水平；2001—2002年参加云南省中北部区试，两年平均产量8 854.5kg/hm²，较对照银光增产4.3%。大面积推广种植产量9 000.0kg/hm²左右。适宜于云南省海拔1 900～2 250m的高海拔稻区种植。

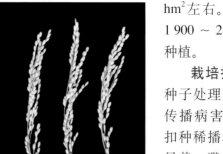

栽培技术要点：严格进行种子处理，预防恶苗病等种子传播病害。坚持肥床旱育秧，扣种稀播培育带蘖壮秧。适期早栽，避过八月低温冷害。合理密植，插足基本苗，在多穗基础上争大穗夺高产。科学施肥，前期重施基肥争多穗，后期巧补穗肥攻大穗增粒重。科学管水，坚持把好中期的够苗晒田及后期的干干湿湿以湿为主两个水分管理关键环节。

凤稻17 (Fengdao 17)

品种来源：云南省大理白族自治州农业科学推广研究院粮食作物研究所，以合系15/凤稻19为杂交组合，经6年8代系谱选育而成。2003年通过云南省农作物品种审定委员会审定，审定编号：DS004—2003。

形态特征和生物学特性：粳型常规水稻。全生育期188.0d左右，熟期适中，株高90.0~100.0cm。株型好，茎秆粗壮，分蘖力强，剑叶直立、稍内卷，穗粒结构协调合理，耐肥抗倒伏，耐寒性强，丰产性好。有效穗数525.0万~600.0万穗/hm²，穗长17.0~20.0cm，每穗总粒数100.0~110.0粒，结实率80.0%左右。籽粒阔卵圆形，颖壳淡褐色，颖尖紫，不落粒，千粒重26.0~28.0g。

品质特性：糙米率81.1%，精米率75.3%，整精米率64.1%，垩白粒率8.0%，不完善粒率1.7%，黄米率小于0.5%，胶稠度100.0mm，直链淀粉含量18.6%，糙米蛋白质含量7.2%。白米，米粒透明有光泽，外观及食味品质好，2002年被评定为云南省第三届优质米品种，并获铜奖。

抗性：抗稻瘟病及白叶枯病，极少感染恶苗病。

产量及适宜地区：2001—2002年参加大理白族自治州中北部区试，两年平均产量9 858.0kg/hm²，较对照鹤16增产17.1%，达极显著水平；2001—2002年参加云南省中北部水稻良种区试，两年平均产量8 905.5kg/hm²，较对照银光增产4.8%。大面积推广种植产量9 000.0kg/hm²左右。适宜于云南省海拔1 950m以上地区推广种植。

栽培技术要点：严格进行种子处理，预防恶苗病等种子传播病害。坚持肥床旱育秧，扣种稀播，培育带蘖壮秧。适期早栽，避过八月低温冷害。合理密植，插足基本苗，在多穗基础上争大穗夺高产。科学施肥，前期重施基肥争多穗，后期巧补穗肥攻大穗增粒重。科学管水，坚持把好中期的够苗晒田及后期的干干湿湿以湿为主两个水分管理关键环节，预防倒伏。注意病、虫、草、鼠害综合防控。

凤稻18 (Fengdao 18)

品种来源：云南省大理白族自治州农业科学推广研究院粮食作物研究所从合系40中系统选育而成。2005年通过云南省农作物品种审定委员会审定，审定编号：滇审稻200501。

形态特征和生物学特性：粳型常规水稻。全生育期185.0d左右，株高95.0～100.0cm。株型好，分蘖力强，剑叶直立，耐寒性强，丰产性好，在高肥水条件下易倒伏。有效穗数525.0万～570.0万穗/hm²，每穗总粒数100.0～110.0粒，结实率75.0%～80.0%，千粒重24.0～26.0g。

品质特性：糙米率81.8%，精米率75.9%，整精米率69.0%，垩白粒率8.0%，胶稠度100.0mm，直链淀粉含量18.9%，糙米蛋白质含量7.6%，食味品质好，2002年被评定为云南省第三届优质米品种。

抗性：抗稻瘟病、白叶枯病，极少感染恶苗病及稻曲病。

产量及适宜地区：2001—2002年参加大理白族自治州中北部区试，两年平均产量9 126.0kg/hm²，较对照鹤16增产8.5%，达极显著水平；2001—2002年参加云南省中北部区试，两年平均产量8 848.5kg/hm²，较对照银光增产4.2%。大面积推广种植产量9 000.0kg/hm²。适宜于云南省海拔2 000m以上稻区推广种植。

栽培技术要点：严格进行种子处理，预防恶苗病等种子传播病害。坚持肥床旱育秧，扣种稀播，培育带蘖壮秧。适期早栽，避过八月低温冷害。合理密植，插足基本苗，在多穗基础上争大穗夺高产。科学施肥，前期重施基肥争多穗，后期巧补穗肥攻大穗增粒重。科学管水，坚持把好中期的够苗晒田及后期的干干湿湿以湿为主两个水分管理关键环节，预防倒伏。注意病、虫、草、鼠害综合防控。

凤稻19 (Fengdao 19)

品种来源：云南省大理白族自治州农业科学推广研究院粮食作物研究所，以鹤16/86-167//合系35为杂交组合，采用系谱法选育而成。2006年经云南省农作物品种审定委员会审定通过，审定编号：滇审稻200603。

形态特征和生物学特性：粳型常规水稻。全生育期185.0d左右，株高95.0cm左右。株型好，分蘖力强，茎秆粗壮，耐肥抗倒伏，耐寒性强，剑叶直立略内卷，成熟时为叶下禾。最高茎蘖数720.0万～780.0万个/hm²，有效穗数570.0万～600.0万穗/hm²，成穗率75.0%左右，穗长17.0～20.0cm，每穗总粒数100.0～105.0，结实率80.0%左右，单穗重2.0g左右。籽粒卵圆形，颖壳秆黄色，颖尖紫色，熟相好，不易落粒，千粒重25.0～26.0g。

品质特性：糙米率82.6%，整精米率59.0%，垩白粒率28.0%，垩白度5.6%，直链淀粉含量18.5%，胶稠度80.0mm，糙米粒长5.2mm，糙米长宽比1.8。白米，米粒有光泽，外观及食味品质好。

抗性：抗稻瘟病及白叶枯病，极少感染恶苗病及稻曲病。

产量及适宜地区：2001—2002年参加大理白族自治州中北部水稻良种区域试验，两年平均产量9 405.0kg/hm²，较对照鹤16增产11.8%；2003—2004年参加云南省中北部水稻良种区试，两年平均产量为8 460.0kg/hm²，较对照银光增产3.0%。大面积推广种植产量9 750.0kg/hm²左右。适宜于云南省海拔1 900～2 200m稻区种植。

栽培技术要点：严格进行种子处理，预防恶苗病等种子传播病害。坚持肥床旱育秧，扣种稀播，培育带蘖壮秧。适期早栽，避过八月低温冷害。合理密植，插足基本苗，在多穗基础上争大穗夺高产。科学施肥，前期重施基肥争多穗，后期巧补穗肥攻大穗增粒重。科学管水，坚持前期浅水分蘖，中期够苗晒田，后期干干湿湿以湿为主的水分管理。

凤稻20 （Fengdao 20）

品种来源：云南省大理白族自治州农业科学推广研究院粮食作物研究所，以合系35/合系40//鹤16/鹤89-24为杂交组合，采用系谱法选育而成。2006年通过云南省农作物品种审定委员会审定，审定编号：滇审稻200602。

形态特征和生物学特性：粳型常规水稻。全生育期180.0d左右，株高100.0cm左右。株型好，茎秆粗壮，分蘖力中偏强，剑叶宽大直立，成熟时呈叶下禾，穗粒结构协调合理，耐寒性强，耐肥抗倒伏，丰产性好。有效穗数420.0万～525.0万穗/hm²，穗长20.0～22.0cm，每穗总粒数120.0～150.0粒，结实率75.0%左右。籽粒长卵圆形，颖壳秆黄色，无芒或短顶芒，不易落粒，千粒重27.0～30.0g。

品质特性：糙米率85.1%，整精米率60.2%，垩白粒率68.0%，垩白度13.6%，直链淀粉含量19.3%，胶稠度85.0mm，糙米粒长5.7mm，糙米长宽比2.0。白米，米粒有光泽，米饭油润可口，外观及食味品质较好。

抗性：较抗稻瘟病及白叶枯病，极少感染恶苗病及稻曲病。

产量及适宜地区：2003—2004年参加云南省及大理白族自治州中北部水稻良种区试两年平均产量11 190.0kg/hm²，较对照鹤16增产19.2%；云南省中北部区试两年平均产量8 707.5kg/hm²，较对照银光增产6.1%。大面积推广种植产量10 500kg/hm²左右。适宜于云南省海拔1 900～2 200m稻区种植。

栽培技术要点：严格进行种子处理，预防恶苗病等种子传播病害。坚持肥床旱育秧，扣种稀播，培育带蘗壮秧。适期早栽，避过八月低温冷害。合理密植，插足基本苗，在多穗基础上争大穗夺高产。科学施肥，前期重施基肥争多穗，后期巧补穗肥攻大穗增粒重。科学管水，坚持把好中期的够苗晒田及后期的干干湿湿以湿为主两个水分管理关键环节，预防倒伏。

凤稻21 （Fengdao 21）

品种来源：云南省大理白族自治州农业科学推广研究院粮食作物研究所，以凤稻9号/合系34为杂交组合，采用系谱法选育而成。2007年通过云南省农作物品种审定委员会审定，审定编号：滇审稻200720。

形态特征和生物学特性：粳型常规水稻。全生育期188.0d左右，熟期适中，株高90.0cm左右。株型好，茎秆粗壮，耐肥抗倒伏，分蘖力强，剑叶直立，成熟时呈叶下禾。最高茎蘖数720.0万～795.0万个/hm²，有效穗数570.0万～600.0万穗/hm²，成穗率78.0%左右，穗长16.0～19.0cm，每穗总粒数95.0～105.0粒，每穗实粒数75.0～85.0粒，结实率80.0%左右，单穗重2.0～2.5g。籽粒阔卵圆形，颖壳淡褐色，颖尖紫色，熟相好，不易落粒，千粒重27.0～29.0g。

品质特性：糙米率83.1%，精米率74.5%，整精米率48.4%，垩白粒率42.0%，垩白度7.8%，直链淀粉含量16.6%，胶稠度66.0mm，糙米粒长5.5mm，糙米长宽比2.0，透明度2级，碱消值7.0级，糙米蛋白质含量8.4%。白米，米粒透明，米饭油润可口，食味品质较好。

抗性：抗稻瘟病、恶苗病和稻曲病，耐寒性强。

产量及适宜地区：2005—2006年参加云南省及大理白族自治州中北部水稻良种区试，大理白族自治州区试平均产量11 419.5kg/hm²，较对照鹤16增产14.1%，达极显著水平；云南省区试平均产量10 605.0kg/hm²，较对照银光增产7.5%。大面积推广种植产量10 200.0kg/hm²左右。适宜于云南省海拔1 950～2 250m稻区种植推广。

栽培技术要点：严格进行种子处理，预防恶苗病等种子传播病害。坚持肥床旱育秧，扣种稀播，培育带蘖壮秧。适期早栽，避过八月低温冷害。合理密植，插足基本苗，在多穗基础上争大穗夺高产。科学施肥，前期重施基肥争多穗，后期巧补穗肥攻大穗增粒重。科学管水，坚持把好中期的够苗晒田及后期的干干湿湿以湿为主两个水分管理关键环节，预防倒伏。

凤稻22 (Fengdao 22)

品种来源: 云南省大理白族自治州农业科学推广研究院粮食作物研究所, 以合系35/合系40//鹤16/鹤89-24为杂交组合, 采用系谱法选育而成。2007年通过云南省农作物品种审定委员会审定, 审定编号: 滇审稻200721。

形态特征和生物学特性: 粳型常规水稻。全生育期180.0d左右, 较鹤16、凤稻9号等早熟近7d, 属早熟类型, 株高95.0cm左右。株型好, 分蘖力中偏强, 剑叶宽大直立, 成熟时呈叶下禾, 耐寒性强, 耐肥抗倒伏, 茎秆粗壮。有效穗数450.0万～525.0万穗/hm², 成穗率75.0%左右。穗长20.0～22.0cm, 每穗总粒数120.0～130.0粒, 结实率75.0%左右, 单穗重2.5～3.0g。籽粒长卵圆形, 颖壳秆黄色, 无芒或短顶芒, 不易落粒, 千粒重26.0～28.0g。

品质特性: 糙米率83.1%, 精米率74.5%, 整精米率72.2%, 糙米粒长5.3mm, 糙米长宽比1.8, 垩白粒率87.0%, 垩白度8.3%, 透明度2, 碱消值7.0级, 胶稠度58.0mm, 直链淀粉含量21.9%, 糙米蛋白质含量8.8%, 等级为5级。白米, 米粒有光泽, 米饭油润可口, 外观及食味品质较好。

抗性: 较抗稻瘟病, 抗白叶枯病, 耐寒性强。

产量及适宜地区: 2005—2006年参加大理白族自治州中北部水稻良种区试, 两年平均产量11 578.5kg/hm², 较对照鹤16增产15.7%, 达极显著水平; 2005—2006年参加云南省中北部水稻良种区试, 两年平均产量10 306.5kg/hm², 较对照银光增产4.5%。大面积推广种植产量9 750.0kg/hm²左右。适宜于云南省海拔1 950～2 250m稻区种植。

栽培技术要点: 严格进行种子处理, 预防恶苗病等种子传播病害。坚持肥床旱育秧, 扣种稀播, 培育带蘖壮秧。适期早栽, 避过八月低温冷害。合理密植, 插足基本苗, 在多穗基础上争大穗夺高产。科学施肥, 前期重施基肥争多穗, 后期巧补穗肥攻大穗增粒重。科学管水, 坚持把好中期的够苗晒田及后期的干干湿湿以湿为主两个水分管理关键环节, 预防倒伏。

凤稻23 (Fengdao 23)

品种来源：云南省大理白族自治州农业科学推广研究院粮食作物研究所，采用云南省农业科学院粳稻育种中心提供的凤稻14/合系42（F_2）材料，经4年4代连续定向选择育成。2010年通过云南省农作物品种审定委员会审定，审定编号：滇审稻2010008。

形态特征和生物学特性：粳型常规水稻。全生育期185.0d左右，较原主栽品种鹤16早熟5～7d，株高90.0cm左右。株型好，分蘖力强，茎秆粗壮，剑叶直立，成熟时呈叶下禾，耐寒性强，耐肥抗倒伏。最高茎蘖数750.0万～825.0万个/hm²，群体较大时抽穗期易出现喜鹊尾现象，有效穗数570.0万～600.0万穗/hm²，成穗率75.0%左右，穗长18.0～20.0cm，每穗总粒数95.0～105.0粒，结实率80.0%左右，单穗重2.5g左右。籽粒卵圆形，颖壳黄色，熟相好，无芒不易落粒，千粒重26.0～27.0g。

品质特性：糙米率84.1%，精米率75.9%，整精米率73.5%，糙米粒长5.1mm，糙米长宽比1.7，垩白粒率40.0%，垩白度6.4%，透明度2级，碱消值7.0级，胶稠度66mm，直链淀粉含量16.8%，糙米蛋白质含量8.2%。

抗性：田间表现较抗稻瘟病及白叶枯病，极少感染恶苗病及稻曲病，耐寒性强。

产量及适宜地区：2005—2006年参加大理白族自治州中北部水稻良种区域试验，两年平均产量11 427.0kg/hm²，较对照鹤16增产14.0%；2007—2008年参加云南省中北部水稻良种区域试验，两年平均产量9 901.5kg/hm²，较对照银光增产6.5%；2009年生产试验平均产量9 694.5kg/hm²，较原主栽品种增产0.9%。大面积推广种植单产9 750.0kg/hm²。适宜于云南省海拔1 950～2 250m的高海拔稻区种植。

栽培技术要点：严格进行种子消毒，预防恶苗病等种子传播病害。坚持肥床薄膜旱育秧，扣种稀播，培育带蘖壮秧。适期早栽，避过八月低温冷害，确保高产稳产。合理密植，插足基本苗，在多穗基础上争大穗夺高产。施足基肥，早施分蘖肥，促早生快发。科学管理，为水稻正常生长发育创造条件。

凤稻25（Fengdao 25）

品种来源：云南省大理白族自治州农业科学推广研究院粮食作物研究所，以银光//凤稻14/凤稻9号为杂交组合，采用系谱法选育而成。2012年通过云南省农作物品种审定委员会审定，审定编号：滇审稻2012010。

形态特征和生物学特性：粳型常规糯稻。全生育期185.0d左右，较对照鹤16早熟5～7d，株高90.0cm左右。株型好，分蘖力强，茎秆粗壮，耐肥抗倒伏，剑叶直立。有效穗数555.0万～630.0万穗/hm²，每穗总粒数100.0粒左右，结实率75.0%～80.0%。籽粒卵圆形，颖壳黄色，千粒重27.0g左右，穗粒结构协调合理，丰产性好。

品质特性：糙米率81.1%，精米率72.4%，整精米率69.5%，糙米粒长5.3mm，糙米粒型长宽比1.9，碱消值7.0级，胶稠度100.0mm，直链淀粉含量1.4%，达到国标优质糯米标准。

抗性：中感稻瘟病，高抗白叶枯病，耐寒性强。

产量及适宜地区：2009—2010年参加云南省及大理白族自治州中北部水稻良种区域试验，云南省中北部区试两年平均产量10 300.5kg/hm²，较对照合系41增产5.4%；大理白族自治州中北部区试两年平均产量11 110.5kg/hm²，较对照凤稻17增产11.6%；2011年生产试验平均产量9 417.0kg/hm²，较对照合系41增产2.2%。适宜于云南省海拔1 950～2 250m稻区示范种植。

栽培技术要点：严格进行种子消毒，预防恶苗病等种子传播病害。坚持肥床薄膜旱育秧，扣种稀播，培育带蘖壮秧。适期早栽，避过八月低温冷害，确保高产稳产。合理密植，插足基本苗，在多穗基础上争大穗夺高产。施足基肥，早施分蘖肥，促早生快发。科学管理，为水稻正常生长发育创造条件。

凤稻26 (Fengdao 26)

品种来源：云南省大理白族自治州农业科学推广研究院粮食作物研究所，以凤稻11///超级稻//凤稻12/鹤16为杂交组合，采用系谱法选育而成。2012年通过云南省农作物品种审定委员会审定，审定编号：滇审稻2012011。

形态特征和生物学特性：粳型常规水稻。全生育期185.0d左右，较凤稻17早熟5～7d，属早熟类型，株高85.0cm左右。株型好，分蘖力强，茎秆粗壮，耐肥抗倒伏，剑叶直立，成熟时呈叶下禾。最高茎蘖数675.0万～750.0万个/hm²，有效穗数525.0万～600.0万穗/hm²，成穗率75.0%左右。穗长18.0～20.0cm，每穗总粒数110.0粒左右，结实率75.0%～80.0%。籽粒卵圆形，颖壳黄色，熟色好，千粒重26.0g左右。

品质特性：糙米率84.2%，精米率75.8%，整精米率74.2%，糙米粒长5.2mm，糙米长宽比1.9，垩白粒率16.0%，垩白度1.1%，透明度2级，碱消值7.0级，胶稠度70.0mm，直链淀粉含量16.4%，达到国标二级优质米标准，获云南省第三届优质米品种铜奖。

抗性：高感稻瘟病，高抗白叶枯病，耐寒性较强，田间表现较抗稻瘟及白叶枯病，极少感染恶苗病及稻曲病。

产量及适宜地区：2009—2010年参加云南省及大理白族自治州中北部水稻良种区域试验，云南省中北部区试两年平均产量10 191.0kg/hm²，较对照合系41增产4.3%；大理白族自治州中北部区试两年平均产量10 474.5kg/hm²，较对照凤稻17增产5.2%；2011年生产试验平均产量9 624.0kg/hm²，较对照合系41增产3.6%。适宜于云南省海拔1 950～2 250m的高海拔稻区种植。

栽培技术要点：严格进行种子消毒，预防恶苗病等种子传播病害。坚持肥床薄膜旱育秧，扣种稀播，培育带蘖壮秧。适期早栽，避过八月低温冷害，确保高产稳产。合理密植，插足基本苗，在多穗基础上争大穗夺高产。施足基肥，早施分蘖肥，促早生快发。科学管理，为水稻正常生长发育创造条件。

凤稻29 (Fengdao 29)

品种来源：云南省大理白族自治州农业科学推广研究院粮食作物研究所，以02-111/凤稻20为杂交组合，采用系谱法选育而成。2014年通过云南省农作物品种审定委员会审定，审定编号：滇审稻2014019。

形态特征和生物学特性：粳型常规水稻。全生育期185.0d左右，较凤稻9号早熟5～7d，属早熟类型，株高95cm左右。株型好，分蘖力中偏强，茎秆粗壮，剑叶宽大直立，耐肥抗倒伏，在雨水较多年份、冷浸田种植时叶片上易生不规则黄褐色斑块。最高茎蘖数600.0万～750.0万个/hm²，有效穗数450.0万～525.0万穗/hm²，成穗率80.0%左右。穗粒结构协调合理，丰产性。穗长19.0～21.0cm，每穗总粒数125.0～140.0粒，结实率80.0%左右。籽粒长卵圆形，颖壳黄色，千粒重27.0g左右。

品质特性：糙米率82.6%，精米率70.0%，整精米率63.9%，糙米粒长5.1mm，糙米长宽比1.8，垩白粒率34.0%，垩白度24.0%，直链淀粉含量17.0%，胶稠度78.0mm，碱消值7.0级，透明度1级。白米，米粒透明，有光泽，外观品质好，食味品质优。

抗性：感稻瘟病及白叶枯病，2011—2012年云南省区试田间鉴定结果，叶瘟除寻甸试点重外，其余为轻或无，穗瘟为轻或无，白叶枯病为无，耐寒性强。

产量及适宜地区：2011—2012年参加云南省及大理白族自治州高海拔常规粳稻品种区域试验，云南省区试两年平均产量9 582.0kg/hm²，较对照合系41增产32.9%；大理白族自治州区试两年平均产量10 548.0kg/hm²，较对照凤稻17增产12.0%。大面积推广种植产量为9 750.0kg/hm²左右。适宜于云南省海拔1 950～2 250m稻区种植。

栽培技术要点：严格进行种子消毒，预防恶苗病等种子传播病害。坚持肥床薄膜旱育秧，扣种稀播培育带蘖壮秧。适期早栽，避过八月低温冷害，确保高产稳产。合理密植，在多穗基础上争大穗夺高产。施足基肥，促早生快发，适施穗肥促穗大粒重。科学管理，坚持干干湿湿的水浆管理原则，为水稻正常生长发育创造条件。

凤稻8号 (Fengdao 8)

品种来源：云南省大理白族自治州农业科学推广研究院粮食作物研究所，以金垦18/崇良糯//诱变2号为杂交组合，采用系谱法选育而成，原编号为86-6糯。1995年通过云南省农作物品种审定委员会审定，审定编号：滇粳糯39。

形态特征和生物学特性：粳型常规糯稻。全生育期180.0～185.0d，株高75.0cm左右。株型较好，分蘖力强，秆强耐肥抗倒伏，剑叶角度小。最高茎蘖数525.0万～675.0万个/hm²，有效穗数450.0万～525.0万穗/hm²，穗长15.0～19.0cm，每穗总粒数80.0～100.0粒，每穗实粒数70.0～90.0粒，空秕率20.0%左右。颖壳秆黄色，籽粒阔卵圆形，颖尖紫，短紫芒，不易落粒，千粒重26.0～29.0g。

品质特性：糙米率81.5%，精米率71.5%，总淀粉含量78.8%，直链淀粉含量0%，糙米蛋白质含量7.5%，胶稠度94.0mm，碱消值6.0级，外观及食味品质优。1994年2月被评定为云南省第二届优质米。

抗性：耐寒性强，较抗稻瘟病及白叶枯病、稻曲病，极少感染恶苗病，综合抗病性优于对照种250糯。

产量及适宜地区：1993—1994年参加云南省中北部水稻良种区域试验，两年平均产量7 119.0kg/hm²，较对照云粳9号增产1.3%，大面积推广种植平均产量9 000.0kg/hm²左右。适宜于云南省海拔1 900～2 200m的稻区推广种植。

栽培技术要点：宜选择在土层深厚、土壤肥沃的上、中等肥力田块上种植。严格进行种子处理，预防恶苗病、稻曲病。坚持薄膜育秧，扣种稀播，培育带蘖壮秧。适期早栽充分利用5～7月的高温时段，秧龄以控制在45～55d为最佳。适当增强基础群体、确保实现高产所需的足够穗数，基础群体以90.0万～105.0万穴/hm²，栽插基本苗以240.0万～300.0万苗/hm²为宜。合理施肥，适当增加氮素营养。及时防除病、鼠、雀害。

凤稻9号（Fengdao 9）

品种来源：云南省大理白族自治州农业科学推广研究院粮食作物研究所，于1984年以中丹2号///轰早生//672/716为杂交组合，经1985—1989年5年6代系谱选育而成。1997年通过云南省农作物品种审定委员会审定，审定编号：滇粳45。

形态特征和生物学特性：粳型常规水稻。全生育期185.0d左右，熟期适中，株高90.0cm左右。株型较好，秆强耐肥抗倒伏，分蘖力强，剑叶角度小，种植于冷浸田时叶片上有褐色斑点。最高茎蘖数750.0万～825.0万个/hm²，有效穗数570.0万～660.0万穗/hm²，成穗率80.0%左右。穗长16.0～19.0cm，每穗总粒数80.0～90.0粒，每穗实粒数65.0～75.0粒，结实率80.0%左右，着粒密度中等，穗重1.9g左右，千粒重26.0g左右。

品质特性：糙米率83.5%，精米率76.8%，整精米率58.8%，糙米粒长5.0mm，糙米长宽比1.7，碱消值6.3级，胶稠度84.0mm，直链淀粉含量17.9%，糙米蛋白质含量7.9%。米粒透明，外观品质好，米饭油润可口，食味品质好。该品种是云南省第二届优质米品种。

抗性：耐寒性强，较抗稻瘟病，轻感白叶枯病及稻曲病，极少感染恶苗病。

产量及适宜地区：1993—1994年参加云南省中北部水稻区域试验，两年平均产量8 304.0kg/hm²，较对照云粳9号增产18.8%；大理白族自治州中北部区试平均产量9 933.0kg/hm²，较83-1041增产17.5%。适宜于云南省海拔2 000m以上的高海拔稻区推广种植。

栽培技术要点：严格进行种子处理，预防种子传播病害。坚持旱育秧，培育带蘖壮秧。适期早栽，避过八月低温冷害。合理密植，在多穗的基础上争大穗夺高产。合理施肥，增施磷、钾肥。加强田间管理，坚持间歇灌溉方式，增加土壤通透性。注意病、虫、草、鼠害综合防控。

合靖16 (Hejing 16)

品种来源：云南曲辰种业股份有限公司，于2002年从靖粳8号中选出的变异株，经多年多代系统选育而成。2015年通过云南省农作物品种审定委员会审定，审定编号：滇审稻2015006。

形态特征和生物学特性：粳型常规水稻。全生育期190.0d，株高106.1cm。株型紧凑，叶色浓绿，剑叶挺直。有效穗数409.5万穗/hm²，穗长17.8cm，每穗总粒数116.7粒，每穗实粒数91.2粒，结实率78.2%。颖壳黄色有绒毛，护颖黄色，无芒，落粒性适中，千粒重24.7g。

品质特性：糙米率84.0%，精米率75.8%，整精米率54.0%，糙米粒长5.0mm，糙米长宽比1.8，垩白粒率33.0%，垩白度4.0%，直链淀粉含量16.8%，胶稠度80.0mm，碱消值6.8级，透明度3级，水分10.5%。

抗性：感稻瘟病（7级）、中感白叶枯病（6级），武定点重感穗瘟。

产量及适宜地区：2012—2013年参加云南省高海拔常规粳稻品种区域试验，两年平均产量9 060.0kg/hm²，比对照凤稻23增产5.1%，生产试验平均产量8 503.5kg/hm²。适宜于云南省海拔1 800 ~ 2 100m粳稻区域种植。

栽培技术要点：适期播种，培育壮秧，旱育秧秧田播种量375.0 ~ 450.0kg/hm²，湿润育秧播种量450.0 ~ 525.0kg/hm²。适时移栽，合理密植，移栽叶龄4.5 ~ 6.0叶较好，栽插密度45.0万 ~ 52.5万穴/hm²，栽插基本苗120.0 ~ 150.0万苗/hm²。科学施肥，施尿素270.0 ~ 300.0kg/hm²，配合施用磷、钾肥，做到"前促、中控、后稳"重施基肥，早施分蘖肥，穗肥以促花肥为主。灌溉管理上，浅水栽秧、深水活棵、薄水分蘖、看苗适时搁田，后期保持田间湿润，确保活熟到收。播前用药剂浸种预防恶苗病和干尖线虫病等种传病害，秧田期和大田期注意防治稻飞虱、稻蓟马，中、后期要综合防治纹枯病、三化螟、稻纵卷叶螟等。特别要注意穗颈稻瘟和条纹叶枯病的防治。

合系10号 (Hexi 10)

品种来源：云南省农业科学院粮食作物研究所，以轰早生/云粳9号为杂交组合，采用系谱法选育而成。1990年通过云南省农作物品种审定委员会审定，审定编号：滇粳20。

形态特征和生物学特性：粳型常规水稻。全生育期173.0d，株高100.0cm。株型紧凑，分蘖力较强。每穗总粒数110.0粒，千粒重23.0～24.0g。

品质特性：糙米率86.9%，精米率67.5%，直链淀粉含量20.5%，糙米蛋白质含量8.8%，胶稠度29.0mm，碱消值6.5级，米粒腹白较小，外观品质和食味品质中等。

抗性：中抗稻瘟病，耐寒性较强，轻感条纹叶枯病。

产量及适宜地区：1987—1988年参加云南省水稻区域试验，两年平均产量8 007.0kg/hm²，较云粳9号增产11.8%，生产示范产量6 000.0～9 000.0kg/hm²。适宜于云南省海拔1 900m左右的粳稻区种植。

栽培技术要点：适时播种，培育壮秧，3月上中旬播种，旱育秧播种量450.0kg/hm²左右，湿润育秧播种量600.0kg/hm²左右。适期移栽，合理密植，5月上旬移栽，栽插密度45.0万～52.5万穴/hm²，每穴栽2～3苗。科学施肥，合理灌溉，施尿素240.0kg/hm²左右，配合施用磷、钾、锌肥，做到"前促、中控、后稳"，重施基肥，早施分蘖肥，穗肥以促花肥为主。在灌溉管理上，做到浅水栽秧，寸水活棵，薄水分蘖，够蘖晒田，幼穗分化期适当深水，灌浆期干湿交替，切忌断水过早，确保活熟到老。保健栽培，综合防治，播种前用"施保克"等药剂浸种48h，预防恶苗病。秧田期和大田期注意防治稻飞虱，中、后期要综合防治螟虫、飞虱、条纹叶枯病、稻瘟病。在抽穗前3～5d预防稻曲病。

合系15 (Hexi 15)

品种来源：云南省农业科学院粮食作物研究所，以BL/云粳135为杂交组合，采用系谱法选育而成。1993年通过云南省农作物品种审定委员会审定，审定编号：滇粳34。

形态特征和生物学特性：粳型常规水稻。全生育期175.0d，株高90.0cm。株型较好，分蘖力强。有效穗数525.0万穗/hm²，穗长18.4cm，每穗实粒数68.0粒，空秕率20.4%。不落粒，千粒重26.2g。

品质特性：糙米率83.3%，精米率72.1%，总淀粉含量77.3%，直链淀粉含量17.6%，糙米蛋白质含量7.0%，胶稠度70.5mm，碱消值7.0级，米质优，半透明，米饭油润。

抗性：抗稻瘟病，轻感恶苗病。

产量及适宜地区：1991—1992年参加云南省中北部水稻区域试验，两年平均产量7 875.0kg/hm²，比对照云粳9号增产10.2%。适宜于云南省中北部海拔1 900～2 100m的粳稻区种植。

栽培技术要点：适时播种，培育壮秧，3月上中旬播种，旱育秧播种量450.0kg/hm²左右，湿润育秧播种量750.0kg/hm²左右。适期移栽，合理密植，5月上旬移栽，栽插密度52.5万～60万穴/hm²，每穴栽2～3苗。科学施肥，合理灌溉，施尿素270kg/hm²左右，配合施用磷、钾、锌肥，做到"前促、中控、后稳"，重施基肥，早施分蘖肥，穗肥以促花肥为主。在灌溉管理上，做到浅水栽秧，寸水活棵，薄水分蘖，够蘖晒田，幼穗分化期适当深水，灌浆期干湿交替，切忌断水过早，确保活熟到老。保健栽培，综合防治。播种前用"施保克"等药剂浸种48～72h，预防恶苗病。秧田期和大田期注意防治稻飞虱，中、后期要综合防治螟虫、稻飞虱、条纹叶枯病、稻瘟病。在抽穗前3～5d预防稻曲病。

合系2号 (Hexi 2)

品种来源：云南省农业科学院粮食作物研究所，以轰早生/晋红1号为杂交组合，采用系谱法选育而成。1991年通过云南省农作物品种审定委员会审定，审定编号：滇粳23。

形态特征和生物学特性：粳型常规水稻。全生育期167.0d，株高80.0～90.0cm。株型紧凑，叶窄直立，分蘖力强，抽穗整齐，为典型的穗数型品种。有效穗数600.0万穗/hm²，穗长15.0～16.0cm，每穗总粒数70.0～80.0粒。谷壳黄白，无芒，千粒重24.0～25.0g。

品质特性：糙米率85.7%，精米率74.5%，直链淀粉含量15.9%，糙米蛋白质含量9.2%，胶稠度98.7mm，碱消值7.0级，米粒无腹白或极少，半透明，外观品质和食味品质优良。

抗性：抗稻瘟病，耐寒性强。

产量及适宜地区：1986—1987年参加云南省水稻区域试验，两年平均产量8 268.0kg/hm²，比对照云粳9号增产11.8%，生产示范产量7 500.0～10 500.0kg/hm²。适宜于云南省海拔1 700～1 850m的粳稻区种植。

栽培技术要点：适时播种，培育壮秧，3月上中旬播种，旱育秧播种量450.0kg/hm²左右，湿润育秧播种量675.0kg/hm²左右。适期移栽，合理密植，5月上旬移栽，栽插密度45.0万～52.5万穴/hm²，每穴栽2～3苗。科学施肥，合理灌溉，施尿素270.0kg/hm²左右，配合施用磷、钾、锌肥，做到"前促、中控、后稳"，重施基肥，早施分蘖肥，穗肥以促花肥为主。在灌溉管理上，做到浅水栽秧，寸水活棵，薄水分蘖，够蘖晒田，幼穗分化期适当深水，灌浆期干湿交替，切忌断水过早，确保活熟到老。保健栽培，综合防治，播种前用"施保克"等药剂浸种48h，预防恶苗病。秧田期和大田期注意防治稻飞虱，中、后期要综合防治螟虫、稻飞虱、条纹叶枯病、稻瘟病。在抽穗前3～5d预防稻曲病。

合系22 （Hexi 22）

品种来源：云南省农业科学院粮食作物研究所，以喜峰/楚粳4号/轰早生为杂交组合，采用系谱法选育而成。1991年通过云南省农作物品种审定委员会审定，审定编号：滇粳24。

形态特征和生物学特性：粳型常规水稻。全生育期165.0 ～ 170.0d，株高105.0 ～ 110.0cm。株型紧凑，分蘖力较强，耐肥力中等。有效穗数495.0万～ 525.0万穗/hm²，每穗总粒数100.0粒，结实率90.0%。落粒性适中，千粒重26.0g。

品质特性：糙米率82.6%，精米率75.0%，糙米蛋白质含量6.3%。

抗性：抗稻瘟病，耐寒性较强。

产量及适宜地区：1989—1990年参加云南省中部水稻区域试验，两年平均产量8 725.5kg/hm²，比对照楚粳3号增产10.8%，生产示范产量8 250.0 ～ 9 750.0kg/hm²。适宜于云南省海拔1 500 ～ 1 850m的粳稻区种植。

栽培技术要点：适时播种，培育壮秧，3月上中旬播种，旱育秧播种量450.0kg/hm²左右，湿润育秧播种量为750.0kg/hm²左右。适期移栽，合理密植，5月上旬移栽，栽插密度42.0万～ 48.0万穴/hm²，每穴栽2 ～ 3苗。科学施肥，合理灌溉，施尿素240kg/hm²左右，配合施用磷、钾、锌肥，做到"前促、中控、后稳"，重施基肥，早施分蘖肥，穗肥以促花肥为主。在灌溉管理上，做到浅水栽秧，寸水活棵，薄水分蘖，够蘖晒田，幼穗分化期适当深水，灌浆期干湿交替，切忌断水过早，确保活熟到老。保健栽培，综合防治，播种前用"施保克"等药剂浸种48h，预防恶苗病。秧田期和大田期注意防治稻飞虱，中、后期要综合防治螟虫、稻飞虱、条纹叶枯病、稻瘟病。

合系 24 (Hexi 24)

品种来源：云南省农业科学院粮食作物研究所，以轰早生/楚粳4号为杂交组合，采用系谱法选育而成。1993年通过云南省农作物品种审定委员会审定，审定编号：滇粳35。

形态特征和生物学特性：粳型常规水稻。全生育期170.0d，株高100.0cm。株型较紧凑，分蘖力中等，耐肥力强，茎秆粗硬，抗倒伏。有效穗数453.0万穗/hm²，成穗率86.4%，每穗实粒数80.3粒，空秕率22.8%，千粒重25.1g。

品质特性：糙米率84.1%，整精米率66.7%，直链淀粉含量18.6%，糙米蛋白质含量6.4%，胶稠度77.0mm，碱消值7.0级，外观品质和食味品质中等。

抗性：稻瘟病抗性强，感稻曲病，抗倒伏。

产量及适宜地区：1991—1992年参加云南省中部水稻区域试验，两年平均产量8 233.5kg/hm²，比对照楚粳3号减产0.7%。适宜于云南省中部海拔1 600～1 800m的粳稻区种植。

栽培技术要点：适时播种，培育壮秧，3月上中旬播种，旱育秧播种量450.0kg/hm²左右，湿润育秧播种量675.0kg/hm²左右。适期移栽，合理密植，5月上旬移栽，栽插密度45.0万～52.5万穴/hm²，每穴栽2～3苗。科学施肥，合理灌溉，施尿素270.0kg/hm²左右，配合施用磷、钾、锌肥，做到"前促、中控、后稳"，重施基肥，早施分蘖肥，穗肥以促花肥为主。在灌溉管理上，做到浅水栽秧，寸水活棵，薄水分蘖，够蘖晒田，幼穗分化期适当深水，灌浆期干湿交替，切忌断水过早，确保活熟到老。保健栽培，综合防治。播种前用"施保克"等药剂浸种48h，预防恶苗病。秧田期和大田期注意防治稻飞虱，中、后期要综合防治螟虫、稻飞虱、条纹叶枯病、稻瘟病。

合系25 (Hexi 25)

品种来源：云南省农业科学院粮食作物研究所，以83-81/西光//云系3号为杂交组合，采用系谱法选育而成。1993年通过云南省农作物品种审定委员会审定，审定编号：滇粳36。

形态特征和生物学特性：粳型常规水稻。全生育期175.0 ~ 180.0d，株高90.0 ~ 100.0cm。叶色深绿，根系粗壮发达，移栽后返青快，前期繁茂性好，分蘖力中等。有效穗数390.0万穗/hm²左右，每穗总粒数113.0粒。谷壳黄，不落粒，千粒重26.0g。

品质特性：糙米率81.4%，精米率70.8%，整精米率50.0%，直链淀粉含量16.9%，胶稠度71.0mm，碱消值6.5级，米粒半透明，食味品质中等。

抗性：抗稻瘟病，耐寒性较强。

产量及适宜地区：1991—1992年参加云南省中北部水稻区域试验，两年平均产量7 852.5kg/hm²，比对照云粳9号增产9.5%。适宜于云南省中北部海拔1 800 ~ 2 000m的粳稻区种植。

栽培技术要点：适时播种，培育壮秧，3月上中旬播种，旱育秧播种量450.0kg/hm²左右，湿润育秧播种量750.0kg/hm²左右。适期移栽，合理密植，5月上旬移栽，栽插密度52.5万 ~ 60万穴/hm²，每穴栽2 ~ 3苗。科学施肥，合理灌溉，施尿素270.0kg/hm²左右，配合施用磷、钾、锌肥，做到"前促、中控、后稳"，重施基肥，早施分蘖肥，穗肥以促花肥为主。在灌溉管理上，做到浅水栽秧，寸水活棵，薄水分蘖，够蘖晒田，幼穗分化期适当深水，灌浆期干湿交替，切忌断水过早，确保活熟到老。保健栽培，综合防治，播种前用"施保克"等药剂浸种48 ~ 72h，预防恶苗病。秧田期和大田期注意防治稻飞虱，中、后期要综合防治螟虫、稻飞虱、条纹叶枯病、稻瘟病。在抽穗前3 ~ 5d预防稻曲病。

合系 30 （Hexi 30）

品种来源：云南省农业科学院粮食作物研究所，以轰早生/楚粳4号为杂交组合，采用系谱法选育而成。1993年通过云南省农作物品种审定委员会审定，审定编号：滇粳37；1995年通过四川省农作物品种审定委员会审定，审定编号：川审稻61。

形态特征和生物学特性：粳型常规水稻。全生育期175.0d，株高90.0cm左右。株型紧凑，叶色较淡，分蘖力较强，成穗率高，穗多，耐肥中等。每穗总粒数100.0粒左右，易落粒，千粒重24.0g。

品质特性：糙米率85.1%，精米率76.3%，整精米率72.4%，直链淀粉含量17.9%，糙米蛋白质含量6.6%，胶稠度87mm，碱消值6.5级，食味品质优良。

抗性：抗稻瘟病和条纹叶枯病。

产量及适宜地区：1991—1992年参加云南省中部水稻区域试验，两年平均产量8 695.5kg/hm²，较对照楚粳3号增产4.9%；1992—1993年参加四川省凉山彝族自治州区域试验，两年平均产量9 354.0kg/hm²，比对照西南175增产44.1%。适宜于云南省中部海拔1 600～1 850m的粳稻区种植，以及四川省凉山彝族自治州海拔1 600～1 800m的中熟粳稻区和籼粳交错区种植。

栽培技术要点：适时播种，培育壮秧，3月上中旬播种，旱育秧播种量450.0kg/hm²左右，湿润育秧播种量675.0kg/hm²左右。适期移栽，合理密植，5月上旬移栽，栽插密度45.0万～52.5万穴/hm²，每穴栽2～3苗。科学施肥，合理灌溉，施尿素240.0kg/hm²左右，配合施用磷、钾、锌肥，做到"前促、中控、后稳"，重施基肥，早施分蘖肥，穗肥以促花肥为主。在灌溉管理上，做到浅水栽秧，寸水活棵，薄水分蘖，够蘖晒田，幼穗分化期适当深水，灌浆期干湿交替，切忌断水过早，确保活熟到老。保健栽培，综合防治，播种前用"施保克"等药剂浸种48h，预防恶苗病。秧田期和大田期注意防治稻飞虱，中、后期要综合防治螟虫、稻飞虱、条纹叶枯病、稻瘟病。在抽穗前3～5d预防稻曲病。

合系34 (Hexi 34)

品种来源：云南省农业科学院粮食作物研究所，以云系2号/滇榆1号为杂交组合，采用系谱法选育而成。1997年通过云南省农作物品种审定委员会审定，审定编号：滇粳43。

形态特征和生物学特性：粳型常规水稻。全生育期180.0d，株高89.0cm。株型紧凑，分蘖力中等。有效穗数495.0万穗/hm²，穗长18.2cm，每穗总粒数100.0粒，结实率80.5%。谷壳金黄，不易落粒，千粒重26.5g。

品质特性：糙米率84.6%，精米率74.5%，整精米率65.2%，直链淀粉含量18.3%，糙米蛋白质含量5.7%。

抗性：高抗稻瘟病，耐寒性较强。

产量及适宜地区：1993—1994年参加云南省中北部水稻区域试验，两年平均产量8 580.0kg/hm²，比对照云粳9号增产22.8%。适宜于云南省中北部海拔1 900m的粳稻区种植。

栽培技术要点：适时播种，培育壮秧，3月上中旬播种，旱育秧播种量450.0kg/hm²左右，湿润育秧播种量675.0kg/hm²左右。适期移栽，合理密植5月上旬移栽，栽插密度45.0万～60.0万穴/hm²，每穴栽2～3苗。科学施肥，合理灌溉，施尿素270kg/hm²左右，配合施用磷、钾、锌肥，做到"前促、中控、后稳"，重施基肥，早施分蘖肥，穗肥以促花肥为主。在灌溉管理上，做到浅水栽秧，寸水活棵，薄水分蘖，够蘖晒田，幼穗分化期适当深水，灌浆期干湿交替，切忌断水过早，确保活熟到老。保健栽培，综合防治。播种前用"施保克"等药剂浸种48～72h，预防恶苗病。秧田期和大田期注意防治稻飞虱，中、后期要综合防治螟虫、稻飞虱、条纹叶枯病、稻瘟病。在抽穗前3～5d预防稻曲病。

合系 35 (Hexi 35)

品种来源：云南省农业科学院粮食作物研究所，以合系4号/合系15为杂交组合，采用系谱法选育而成。1997年通过云南省农作物品种审定委员会审定，审定编号：滇粳44。

形态特征和生物学特性：粳型常规水稻。全生育期174.0d，株高100.0cm。株型紧凑，叶片直立，分蘖力中等。有效穗数405.0万穗/hm²，穗长21.0cm，每穗总粒数111.0粒，结实率78.0%。颖尖紫色，无芒不落粒，千粒重25.7g。

品质特性：糙米率85.1%，精米率75.7%，整精米率69.9%，直链淀粉含量17.3%，糙米蛋白质含量5.9%，食味品质好。

抗性：高抗叶瘟病，中抗穗病，耐寒性较强。

产量及适宜地区：1993—1994年参加云南省中北部水稻区域试验，两年平均产量8 803.5kg/hm²，较对照云粳9号增30.0%。适宜于云南省海拔1 850～2 050m的冷凉稻区种植。

栽培技术要点：适时播种，培育壮秧，3月上中旬播种，旱育秧播种量450.0kg/hm²左右，湿润育秧播种量675.0kg/hm²左右。适期移栽，合理密植，5月上旬移栽，栽插密度45.0万～60.0万穴/hm²，每穴栽2～3苗。科学施肥，合理灌溉，施尿素270kg/hm²左右，配合施用磷、钾、锌肥，做到"前促、中控、后稳"，重施基肥，早施分蘖肥，穗肥以促花肥为主。在灌溉管理上，做到浅水栽秧，寸水活棵，薄水分蘖，够蘖晒田，幼穗分化期适当深水，灌浆期干湿交替，切忌断水过早，确保活熟到老。保健栽培，综合防治，播种前用"施保克"等药剂浸种48～72h，预防恶苗病。秧田期和大田期注意防治稻飞虱，中、后期要综合防治螟虫、稻飞虱、条纹叶枯病、稻瘟病。在抽穗前预防稻曲病。

合系39（Hexi 39）

品种来源：云南省农业科学院粮食作物研究所，以楚粳3号/云粳3号为杂交组合，采用系谱法选育而成。1998年通过云南省农作物品种审定委员会审定，审定编号：滇粳47。

形态特征和生物学特性：粳型常规水稻。全生育期172.0d，株高90.0～100.0cm。前期叶片稍披，中后期直立，营养生长期生长量较大，分蘖力较强，耐肥力中等，在中低产田繁茂性好。有效穗数480.0万穗/hm²左右，每穗总粒数105.0粒。壳色淡黄、无芒，千粒重24.5g。

品质特性：谷壳薄，出米率高，整精米率达76.4%，比一般品种高6.0%～8.0%，直链淀粉含量15.7%，糙米蛋白质含量7.6%，外观品质、食味品质优良。

抗性：稻瘟病抗性较强，耐寒性中等。

产量及适宜地区：1995—1996年参加云南省中部水稻区域试验，两年平均产量9 165.0kg/hm²，比对照合系24增产2.8%。适宜于云南省中部海拔1 500～1 850m中等肥力田及南部海拔1 500m左右的半山区种植。

栽培技术要点：适时播种，培育壮秧，3月上中旬播种，旱育秧播种量450.0kg/hm²左右，湿润育秧播种量675.0kg/hm²左右。适期移栽，合理密植，5月上旬移栽，栽插密度42.0万～48.0万穴/hm²，每穴栽2～3苗。科学施肥，合理灌溉，施尿素210.0kg/hm²左右，配合施用磷、钾、锌肥，做到"前促、中控、后稳"，重施基肥，早施分蘖肥，穗肥以促花肥为主。在灌溉管理上，做到浅水栽秧，寸水活棵，薄水分蘖，够蘖晒田，幼穗分化期适当深水，灌浆期干湿交替，切忌断水过早，确保活熟到老。保健栽培，综合防治。播种前用"施保克"等药剂浸种48h，预防恶苗病。秧田期和大田期注意防治稻飞虱，中、后期要综合防治螟虫、稻飞虱、条纹叶枯病、稻瘟病。在抽穗前预防稻曲病。

合系4号 （Hexi 4）

品种来源：云南省农业科学院粮食作物研究所，以轰早生/云粳135为杂交组合，采用系谱法选育而成。1990年通过云南省农作物品种审定委员会审定，审定编号：滇粳18。

形态特征和生物学特性：粳型常规水稻。全生育期175.0～190.0d，株高90.0～100.0cm。前期株型略散，后期剑叶较直立，叶片略长，分蘖中等，秆硬抗倒伏，适应性较广。穗长18.0～20.0cm，每穗总粒数100.0～110.0粒，空秕率20.0%左右。颖壳黄色，护颖褐色，有褐色顶刺，不落粒，千粒重24.0g。

品质特性：糙米率83.4%，精米率71.5%，直链淀粉含量16.6%，糙米蛋白质含量9.6%，胶稠度99.0mm，碱消值7.0级，米质和食味均好。

抗性：抗稻瘟病，耐寒性较强。

产量及适宜地区：1983—1986年参加楚雄彝族自治州冷凉地区区试和云南省中北部区试各两年，在冷害严重的1986年表现为耐寒、稳产，比对照种云粳9号增产20%。生产示范产量6 000.0～7 500.0kg/hm²。适宜于云南省海拔1 900.0～2 100.0m的粳稻区种植。

栽培技术要点：适时播种，培育壮秧，3月上中旬播种，旱育秧播种量450.0kg/hm²左右，湿润育秧播种量675.0kg/hm²左右。适期移栽，合理密植，5月上旬移栽，栽插密度52.5万～60.0万穴/hm²，每穴栽2～3苗。科学施肥，合理灌溉，施尿素240kg/hm²左右，配合施用磷、钾、锌肥，做到"前促、中控、后稳"，重施基肥，早施分蘖肥，穗肥以促花肥为主。在灌溉管理上，做到浅水栽秧，寸水活棵，薄水分蘖，够蘖晒田，幼穗分化期适当深水，灌浆期干湿交替，切忌断水过早，确保活熟到老。保健栽培，综合防治，播种前用"施保克"等药剂浸种48h，预防恶苗病。秧田期和大田期注意防治稻飞虱，中、后期要综合防治螟虫、稻飞虱、条纹叶枯病、稻瘟病。在抽穗前3～5d预防稻曲病。

合系40 (Hexi 40)

品种来源：云南省农业科学院粮食作物研究所，以合系15/云冷15为杂交组合，采用系谱法选育而成。1999年通过云南省农作物品种审定委员会审定，审定编号：滇粳50。

形态特征和生物学特性：粳型常规水稻。全生育期185.0～200.0d，株高75.0～80.0cm。株型良好，叶片直立，剑叶角度小，叶色淡，分蘖力中等，群体整齐，苗期长势一般，中后期长势强，抽穗整齐，灌浆低头快，穗部性状较理想，穗粒结构属中间型。每株有效穗6.4穗，穗长16.0cm，每穗总粒数95.0粒左右。籽粒无芒，壳色黄，不落粒，千粒重25.8g。

品质特性：糙米率84.5%，精米率75.2%，整精米率67.8%，米质中等。

抗性：高抗稻瘟病，耐冷性强。

产量及适宜地区：1994年在双哨进行水稻品种比较试验，产量6 490.5kg/hm²，比对照品种鹤16增产55.7%；1995—1996年参加云南省中北部粳稻区域试验，两年平均产量7 728.0kg/hm²，比对照品种云粳9号增产7.1%，居参试品种第一位。适宜于云南省海拔2 000～2 400m的冷凉粳稻区种植。

栽培技术要点：适时播种，培育壮秧，3月上旬播种，旱育秧播种量450.0～525.0kg/hm²，湿润育秧播种量675.0kg/hm²左右。适期移栽，合理密植，5月上旬移栽，栽插密度52.5万～67.5万穴/hm²，每穴栽2～3苗。科学施肥，合理灌溉，施尿素270kg/hm²左右，配合施用磷、钾、锌肥，做到"前促、中控、后稳"，重施基肥，早施分蘖肥，穗肥以促花肥为主。在灌溉管理上，做到浅水栽秧，寸水活棵，薄水分蘖，够蘖晒田，幼穗分化期适当深水，灌浆期干湿交替，切忌断水过早，确保活熟到老。保健栽培，综合防治，播种前用"施保克"等药剂浸种48～72h，预防恶苗病。秧田期和大田期注意防治稻飞虱，中、后期要综合防治螟虫、稻飞虱、条纹叶枯病、稻瘟病。在抽穗前3～5d预防稻曲病。

合系41（Hexi 41）

品种来源：云南省农业科学院粮食作物研究所，以滇靖8号/合系22-2为杂交组合，采用系谱法选育而成。1999年通过云南省农作物品种审定委员会审定，审定编号：滇粳51。

形态特征和生物学特性：粳型常规水稻。全生育期165.0～180.0d，株高85.0～100.0cm。株型紧凑，叶片直立，叶色淡绿，分蘖力强，稻秆弹性好，适应性广。有效穗数390.0万～525.0万穗/hm²，每穗总粒数110.0粒左右。谷壳黄白，无芒，千粒重24.6g。

品质特性：糙米率85.4%，精米率76.4%，整精米率68.5%，直链淀粉含量19.2%，糙米蛋白质含量9.9%，碱消值6.0级，胶稠度77.5mm，米粒无心白，外观品质为4.5级，米饭食味品质中等。

抗性：高抗稻瘟病，耐寒性强。

产量及适宜地区：1997—1998年同时参加云南省中部和中北部水稻区域试验，中北部区试11个试点，两年平均产量7 825.5kg/hm²，比对照品种云粳9号增产15.0%。适宜于云南省海拔1 400～2 000m的稻区种植。

栽培技术要点：适时播种，培育壮秧，3月中旬播种，旱育秧播种量450.0kg/hm²左右，湿润育秧播种量675.0kg/hm²左右。适期移栽，合理密植，5月上旬移栽，栽插密度42.0万～48.0万穴/hm²，每穴栽2～3苗。科学施肥，合理灌溉，施尿素240.0～270.0kg/hm²，配合施用磷、钾、锌肥，做到"前促、中控、后稳"，重施基肥，早施分蘖肥，穗肥以促花肥为主。在灌溉管理上，做到浅水栽秧，寸水活棵，薄水分蘖，够蘖晒田，幼穗分化期适当深水，灌浆期干湿交替，切忌断水过早，确保活熟到老。保健栽培，综合防治，播种前用"施保克"等药剂浸种48～72h，预防恶苗病。秧田期和大田期注意防治稻飞虱，中、后期要综合防治螟虫、稻飞虱、条纹叶枯病、稻瘟病。在抽穗前3～5d预防稻曲病。

合系42（Hexi 42）

品种来源：云南省农业科学院粮食作物研究所，以合系24/合系21为杂交组合，采用系谱法选育而成。1999年通过云南省农作物品种审定委员会审定，审定编号：滇粳52。

形态特征和生物学特性：粳型常规水稻。全生育期180.0d左右，株高85.0cm。株型紧凑，根系和叶鞘发达，分蘖期叶片稍披，后期叶片直立，成熟时叶片清秀不早衰，耐肥性好，抗倒伏。有效穗数450.0万～600.0万穗/hm²，成穗率75.0%以上，穗长16.0cm，每穗总粒数100.0粒，单穗重1.6g，千粒重24.0g。

品质特性：糙米率85.8%，精米率74.4%，整精米率68%，直链淀粉含量17.3%，碱消值6.0级，糙米蛋白质含量8.9%，心、腹白率<3%，7项指标达到国标一级优质米标准，米粒基本无腹白，外观及蒸煮品质佳。

抗性：叶瘟2级、穗瘟4级，轻感稻曲病。

产量及适宜地区：1997—1998年参加云南省中北部水稻区域试验，两年平均产量7 578.0kg/hm²，比对照云粳9号增产11.3%。适宜于云南省海拔1 650～2 000m的粳稻区种植。

栽培技术要点：适时播种，培育壮秧，3月中旬播种，旱育秧播种量450.0kg/hm²左右，湿润育秧播种量675.0～750.0kg/hm²。适期移栽，合理密植，5月上旬移栽，栽插密度52.5万～60.0万穴/hm²，每穴栽2～3苗。科学施肥，合理灌溉，施尿素240.0～270.0kg/hm²，配合施用磷、钾、锌肥，做到"前促、中控、后稳"，重施基肥，早施分蘖肥，穗肥以促花肥为主。在灌溉管理上，做到浅水栽秧，寸水活棵，薄水分蘖，够蘖晒田，幼穗分化期适当深水，灌浆期干湿交替，切忌断水过早，确保活熟到老。保健栽培，综合防治，播种前用"施保克"等药剂浸种48～72h，预防恶苗病。秧田期和大田期注意防治稻飞虱，中、后期要综合防治螟虫、稻飞虱、条纹叶枯病、稻瘟病。在抽穗前3～5d预防稻曲病。

合系5号 (Hexi 5)

品种来源：云南省农业科学院粮食作物研究所，以轰早生/云粳135为杂交组合，采用系谱法选育而成。1990年通过云南省农作物品种审定委员会审定，审定编号：滇粳19。

形态特征和生物学特性：粳型常规水稻。全生育期180.0～185.0d，株高90.0～110.0cm。株型较好，叶片挺直，分蘖力强，成穗率高，秆细而坚韧，谷黄秆青、叶下禾，耐肥抗倒伏。穗长17.0～20.0cm，每穗总粒数130.0粒，空秕率18.0%。颖壳黄色，颖尖褐色，有不规则短芒，较易落粒，千粒重22.0～23.0g。

品质特性：糙米率83.4%，精米率74.7%，直链淀粉含量17.4%，糙米蛋白质含量7.2%，胶稠度96.7mm，碱消值6.5级。

抗性：中抗稻瘟病，轻感白叶枯病，耐寒性较强。

产量及适宜地区：1986—1987年参加云南省水稻区域试验，两年平均产量7 849.5kg/hm²，比对照云粳9号增产11.2%，生产示范产量6 000.0～7 500.0kg/hm²。适宜于云南省海拔1 700～1 850m的粳稻区种植。

栽培技术要点：适时播种，培育壮秧，3月上中旬播种，旱育秧播种量450.0kg/hm²左右，湿润育秧播种量675.0kg/hm²左右。适期移栽，合理密植，5月上旬移栽，栽插密度45.0万～52.5万穴/hm²，每穴栽2～3苗。科学施肥，合理灌溉，施尿素240.0kg/hm²左右，配合施用磷、钾、锌肥，做到"前促、中控、后稳"，重施基肥，早施分蘖肥，穗肥以促花肥为主。在灌溉管理上，做到浅水栽秧，寸水活棵，薄水分蘖，够蘖晒田，幼穗分化期适当深水，灌浆期干湿交替，切忌断水过早，确保活熟到老。保健栽培，综合防治。播种前用"施保克"等药剂浸种48h，预防恶苗病。秧田期和大田期注意防治稻飞虱，中、后期要综合防治螟虫、稻飞虱、条纹叶枯病、稻瘟病。在抽穗前3～5d预防稻曲病。

合选5号 （Hexuan 5）

品种来源：云南省昭通市鲁甸县农业技术推广中心，于2000年以合选1号/98-42为杂交组合，经过多年系谱选育而成。2012年通过云南省农作物品种审定委员会审定，审定编号：滇特（昭通）审稻2012027。

形态特征和生物学特性：粳型常规水稻。全生育期195.0d，株高92.0cm。株型紧凑，叶片直立，活棵成熟，分蘖力较强。有效穗数405.0万穗/hm²，成穗率83.4%，穗长17.9cm，每穗总粒数126.0粒，每穗实粒数102.0粒，结实粒81.0%，千粒重25.1g。

品质特性：糙米率85.5%，精米率76.6%，整精米率64.4%，糙米粒长5.3mm，糙米长宽比1.8，垩白粒率19.0%，垩白度2.2%，透明度1级，碱消值7.0级，胶稠度62.0mm，直链淀粉含量17.3%，达到国标二级优质米标准。

抗性：抗白叶枯病，感稻瘟病。

产量及适宜地区：2009—2010年参加昭通市常规水稻区域试验，两年平均产量10 201.5kg/hm²，较对照合系41增产47.4%，较对照凤稻14增产14.1%；2009年昭通市常规水稻新品种生产试验平均产量9 859.5kg/hm²，较对照凤稻14增产16.5%。适宜于昭通市海拔1 650～1 950m粳稻生产适宜区域种植。

栽培技术要点：扣种稀播，培育壮秧，秧田播种量600.0kg/hm²左右。合理施肥，以有机肥为主，氮、磷、钾配合一次施入，移栽后5～7d，施碳酸氢铵450.0kg/hm²，抽穗扬花期分期分次叶面喷施磷酸二氢钾。合理密植，栽插密度45.0万～60.0万穴/hm²，每穴2～3苗，有效穗数450.0万穗/hm²左右。加强水浆管理，干湿交替灌溉。加强病、虫、草害防治。

鹤16 (He 16)

品种来源：云南省大理白族自治州农业科学推广研究院粮食作物研究所，以76174/50-701//晋宁768为杂交组合，采用系谱法选育而成。1989年通过云南省农作物品种审定委员会审定，审定编号：滇粳15。

形态特征和生物学特性：粳型常规水稻。全生育期185.0d左右，熟期适中，株高100.0cm左右。株型较好，分蘖力中等，耐寒性强，剑叶上举，植株生长健壮，齐穗后水分管理不当易倒伏。穗长20.0cm左右，着粒适中，每穗总粒数150.0粒左右，每穗实粒数100.0粒左右，空秕率30.0%左右。颖壳金黄色，籽粒长卵圆形，不易落粒，千粒重25.0g左右。

品质特性：直链淀粉含量18.6%，胶稠度36.0mm，碱消值7.0级，糙米蛋白质含量7.4%，总淀粉含量70.7%。食味中偏上。

抗性：轻感稻瘟病、白叶枯病。

产量及适宜地区：1987—1988年参加云南省中北部水稻良种区域试验，两年平均产量7 912.5kg/hm²，较对照云粳9号增产14.4%，大面积推广种植平均产量7 500.0kg/hm²。适宜于云南省海拔2 200m左右的高海拔稻区推广种植。

栽培技术要点：严格种子处理，防治恶苗病。薄膜育秧，培育无病壮秧。适期早栽，栽期最迟不宜超过6月5日。合理密植，适当增加基础群体，栽插基本苗225.0万～270.0万苗/hm²。科学施肥，增施磷、钾肥。科学管水，够苗晒田。及时防治病、虫、草害。

鹤89-24 (He 89-24)

品种来源：云南省大理白族自治州农业科学推广研究院粮食作物研究所，以7564/04-2774为杂交组合，采用系谱法选育而成。1994年通过大理白族自治州农作物品种审定小组审定。

形态特征和生物学特性：粳型常规水稻。全生育期180.0d左右，属早熟类型，株高90.0cm左右，分蘖力强，最高茎蘖525.0万～750.0万个/hm²，有效穗数450.0万～555.0万穗/hm²，穗长17.0cm左右，每穗总粒数90.0～100.0粒，每穗实粒数60.0～80.0粒，空秕率25.0%左右。谷粒卵圆形，颖尖紫红色，千粒重23.0～25.0g。

品质特性：白米，腹白极小，适口性好。

抗性：耐寒性、综合抗性较强。

产量及适宜地区：1991—1992年参加大理白族自治州中北部水稻区域试验，两年平均产量7 054.5kg/hm²，较对照83-1041减产8.4%；1993年生产示范平均产量7 500.0kg/hm²左右。适宜于云南省海拔2 100～2 200m的高海拔稻区推广种植。

栽培技术要点：严格进行种子处理，预防种子传播病害。扣种稀播，培育带蘖壮秧。适时早栽，合理密植，适当增大基础群体。合理施肥，坚持氮素化肥前促、中控、后补施肥原则。加强水浆管理，够苗晒田。及时防除病、虫、草害。

鹤89-34 (He 89-34)

品种来源：云南省大理白族自治州农业科学推广研究院粮食作物研究所以76174/50-701//768///秋光为杂交组合，采用系谱法选育而成。1994年通过大理白族自治州农作物品种审定小组审定。

形态特征和生物学特性：粳型常规水稻。全生育期185.0d左右，株高100.0cm左右。株型紧凑，叶片宽厚直立，茎秆粗壮，分蘖力中等，熟相好，熟期适中。最高茎蘖420.0万～495.0万个/hm²，有效穗数375.0万穗/hm²左右，主穗与分蘖穗之间整齐度欠佳，穗长19.0cm左右，每穗总粒数110.0粒左右，每穗实粒数85.0粒左右，空秕率25.0%左右。谷粒卵圆形，颖尖紫红色，无芒，白米，腹白较大，食味与鹤16相当，千粒重28.5～30.0g。

品质特性：白米，腹白较大，食味品质一般。

抗性：较抗白叶枯病、稻瘟病、恶苗病和稻曲病，耐寒性强，耐肥抗倒伏。

产量及适宜地区：1991年参加鹤庆县种子站的品比试验，平均产量8 412.0kg/hm²，比对照83-1041增产39.9%；剑川县农技站龙门基点的品比试验，平均产量7 500.0kg/hm²，比对照选二增产26.6%；1993年生产示范平均产量为7 050.0kg/hm²左右。适宜于云南省海拔2 100～2 200m高海拔稻区种植。

栽培技术要点：严格进行种子处理，预防种子传播病害。扣种稀播，培育带蘖壮秧。适时早栽，合理密植，适当增大基础群体。合理施肥，坚持氮素化肥前促、中控、后补施肥原则。加强水浆管理，够苗晒田。及时防除病、虫、草害。

黑选5号（Heixuan 5）

品种来源：云南省丽江市农业科学研究所，于1966年从丽江新团黑谷群体大田中选出的耐冷单株，经过多年的连续选择于1976年基本定型，命名为黑选5号。1981年通过丽江市农作物品种审定小组审定。

形态特征和生物学特性：粳型常规水稻。全生育期190.0d左右，株高110.0cm。穗长19.0～21.0cm，每穗粒数80.0粒左右，结实率70.0%～85.0%，千粒重21.5g，每株叶片数13.0～13.5叶，黑壳白米。

抗性：耐寒性极强。

产量及适宜地区：大面积生产示范平均产量4 500.0kg/hm²以上，适宜于丽江市海拔2 000m以上的高寒稻区内种植。

栽培技术要点：培育壮秧，3月中旬至4月初育秧，秧田播种量900.0kg/hm²；合理施肥，施15 000.0～22 500.0kg/hm²厩肥作底肥，施过磷酸钙300.0～375.0kg/hm²、尿素75.0kg/hm²作水皮肥，施37.5～75.0kg/hm²尿素作分蘖肥，施22.5～37.5kg/hm²尿素作穗肥；适时晒田，合理排灌；推广条栽，化学除草，单行或双行条栽，保证栽插密度60.0万～75.0万穴/hm²。

轰杂135 (Hongza 135)

品种来源：云南省农业科学院粮食作物研究所，以轰早生/晋宁768为杂交组合，采用系谱法选育而成。1989年通过云南省农作物品种审定委员会审定，审定编号：滇粳16。

形态特征和生物学特性：粳型常规水稻。全生育期175.0d，株高110.0cm，株型紧凑，有效穗数375.0万穗/hm²，成穗率92%，穗长18.8cm，每穗总粒数162.0粒，每穗实粒数120.0粒，结实率74.0%，秆尖和颖脊褐红色，不落粒，千粒重29.7g。

品质特性：糙米率84.0%，精米率74.8%，总淀粉含量72.0%，直链淀粉含量15.9%，糙米蛋白质含量7.3%，胶稠度85.0mm，碱消值7.0级。

抗性：抗叶瘟，轻感枝梗瘟，易感稻曲病，耐寒性较好。

产量及适宜地区：1987—1988年参加云南省中北部水稻区域试验，两年平均产量7 620.0kg/hm²，生产示范产量7 500.0 ~ 9 000.0kg/hm²。适宜于云南省海拔1 900 ~ 2 200m的粳稻区种植。

栽培技术要点：适时稀播，秧田播种量600.0 ~ 750.0kg/hm²。栽插密度75.0万 ~ 82.5万穴/hm²，每穴栽3苗。栽后10d左右，适当重施分蘖肥，6月下旬施尿素30.0 ~ 45.0kg/hm²。注意防治稻飞虱和稻瘟病，在抽穗前3 ~ 5d防治稻曲病一次。

会 9203（Hui 9203）

品种来源：云南省曲靖市会泽县农业技术推广中心，于1992年以合系4号/云粳23为杂交组合，经多年系统选择，于1996年育成。1999年通过云南省农作物品种审定委员会审定，审定编号：滇粳56。

形态特征和生物学特性：粳型常规水稻。全生育期190.0d左右，株高90.0cm。株型紧凑，剑叶直立稍长，叶色绿色，秆硬抗倒伏，分蘖力中等，属重穗型品种。成穗率80.0%以上，穗长19.0cm左右，每穗总粒数130.0～160.0粒，每穗实粒数100.0～130.0粒，单穗重3.0g左右。谷粒长椭圆形，颖壳黄色，颖尖紫褐色，无芒，不落粒，千粒重25.0g。

品质特性：白米，外观品质中等，食味品质中等。

抗性：抗稻瘟病，轻感稻曲病，耐冷性好。

产量及适宜地区：1997—1998年参加云南省中北部水稻区域试验，两年平均产量8 221.5kg/hm²，比对照云粳9号增产20.8%。适宜于云南省海拔1 950～2 200m的地区种植。

栽培技术要点：扣种稀播，培育壮秧和湿润壮秧，秧田播种量450.0kg/hm²左右。该品种产量为9 000.0kg/hm²时需尿素150.0kg/hm²左右，以有机肥为主，氮、磷、钾配合一次施入，移栽后5～7d，施碳酸氢铵150.0kg/hm²，抽穗扬花期分期分次用磷酸二氢钾叶面喷施。合理密植，栽插密度60.0万～67.5万穴/hm²，每穴1～2苗，有效穗数405.0万穗/hm²左右。加强水浆管理，干湿交替灌溉。适时防治虫、草害和稻曲病。

会粳10号 (Huigeng 10)

品种来源：云南省曲靖市会泽县农业技术推广中心，于1995年以合江20/合系40为杂交组合，经多年系统选育而成。2010年通过云南省农作物品种审定委员会审定，审定编号：滇审稻2010025。

形态特征和生物学特性：粳型常规水稻。全生育期183.0d，株高98.7cm。株型紧凑，叶色绿，叶姿挺直。有效穗数417.0万穗/hm²，成穗率80.6%，穗长18.8cm，每穗总粒数144.0粒，每穗实粒数105.0粒，结实率70.9%。谷壳黄，无芒，不落粒，千粒重24.4g。

品质特性：糙米率84.4%，精米率76.9%，整精米率62.6%，糙米粒长5.1mm，糙米长宽比1.8，垩白粒率30.0%，垩白度5.0%，透明度2级，碱消值7.0级，胶稠度66.0mm，直链淀粉含量18.0%，糙米蛋白质含量9.3%。

抗性：高感稻瘟病，中感白叶枯病，耐寒性强。

产量及适宜地区：2007—2008年参加云南省中北部粳稻品种区域试验，两年平均产量10 545.0kg/hm²，比对照银光增产13.4%；生产试验平均产量9 265.5kg/hm²，较对照银光减产3.6%。适宜于云南省海拔1 700～2 200m的粳稻区种植，但稻瘟病高发区禁种。

栽培技术要点：适时播种，及时移栽，3月15～25日播种，播种前采用"施保克"浸种48h以上，培育旱育壮秧或湿润壮秧，5月1～20日移栽，秧龄50d以内，栽插深度以3.3cm为宜。合理密植，床旱育壮秧采用（23.3cm+10cm）/2×13.3cm的规格单本浅栽；塑盘旱育壮秧采用(26.7cm+13.3cm)/2×13.3cm的规格单穴摆栽；湿润壮秧采用(23.3cm+10cm)/2×13.3cm

的规格移栽，每穴1～2苗。科学施肥，中上等肥力田施优质农家肥15 000.0kg/hm²、水稻专用复合肥600.0kg/hm²、硅肥750.0kg/hm²，在犁田时一次性施入，犁耙时与土壤充分混匀，下等肥力田块施肥量可略高。移栽后5～7d，追施碳酸氢铵150.0～225.0kg/hm²作分蘖肥，以后视苗情巧施磷酸二氢钾等微量肥料。科学管水，采用干湿交替的方法进行水浆管理，做到露泥栽秧、寸水活苗、薄水分蘖、适水孕穗、苗够晒田、干湿壮籽的水浆管理。剑叶金黄色，最小分蘖穗的尾谷进入黄熟期适时收获。

会粳16 (Huigeng 16)

品种来源：云南省曲靖市会泽县农业技术推广中心，于2000年以J90-33/H26//会9203为杂交组合，经10年10代系统选育而成。2014年通过云南省农作物品种审定委员会审定，审定编号：滇审稻2014017。

形态特征和生物学特性：粳型常规水稻。全生育期190.3d，株高80.8cm。株型紧凑，植株清秀，叶色浓绿，分蘖力强，穗层整齐，秆硬抗倒伏，抗逆性强。有效穗数378.0万穗/hm²，每穗总粒数107.0粒，每穗实粒数86.6粒，结实率80.9%。颖壳黄色，颖尖无色，无芒，籽粒椭圆形，落粒性适中，千粒重27.3g。

品质特性：糙米率83.4%，精米率69.7%，整精米率65.2%，糙米粒长5.2mm，糙米长宽比1.8，垩白粒率75.0%，垩白度6.8%，直链淀粉含量17.4%，胶稠度78.0mm，碱消值6.5级，透明度2级，水分12.0%。

抗性：感稻瘟病，抗白叶枯病，武定穗瘟中。

产量及适宜地区：2011—2012年参加云南省高海拔粳稻品种区域试验，两年平均产量8 091.0kg/hm²，比对照合系41增产6.3%；2013年生产试验平均产量9 780.0kg/hm²，比对照合系41增产4.1%。适宜于云南省海拔1 850～2 000m稻区种植，稻瘟病高发区慎用。

栽培技术要点：适时播种，及时移栽，3月15～25日播种，播种前采用咪鲜胺浸种48h以上，培育旱育壮秧或湿润壮秧，5月1～20日移栽，秧龄50d以内，栽插深度以3.3cm为宜。合理密植，床旱育壮秧采用(23.3cm+10cm)/2×13.3cm的规格单本浅栽；塑盘旱育壮秧采用(26.7cm+13.3cm)/2×13.3cm的规格单穴摆栽；湿润壮秧采用(23.3cm+10cm)/2×13.3cm的规格移栽，每穴1～2苗。科学施肥，中上等肥力田施优质农家肥15 000.0kg/hm²、水稻专用复合肥600.0kg/hm²、硅肥750.0kg/hm²，在犁田时一次性施入，犁耙时与土壤充分混匀；下等肥力田块施肥量可略高。移栽后5～7d，追施碳酸氢铵150.0～225.0kg/hm²作分蘖肥，以后视苗情巧施磷酸二氢钾等微量肥料。科学管水，采用干湿交替的方法进行水浆管理，做到露泥栽秧、寸水活苗、薄水分蘖、适水孕穗、苗够晒田、干湿壮籽的水浆管理。剑叶金黄色，最小分蘖穗的尾谷进入黄熟期适时收获。

会粳3号 （Huigeng 3）

品种来源：云南省曲靖市会泽县农业技术推广中心，以沾粳7号/会8807为杂交组合，经8年9代系统选育而成，原品系名为会98繁3。2005年通过云南省农作物品种审定委员会审定，审定编号：滇特（曲靖）审稻200508。

形态特征和生物学特性：粳型常规水稻。全生育期180.0d左右，株高90.0～105.0cm。株型紧凑，叶色淡绿，叶耳白色，叶鞘绿色，叶耳无茸毛，完全叶片数为16叶，分蘖力较强，根系发达，生长势强，谷秆稍软，若田间肥力过高，氮肥施用量大且施用时间偏迟，成熟时会造成倾斜或部分倒伏。有效穗数450.0万穗/hm²，成穗率75.0%，穗长18.0～19.0cm，每穗总粒数139.0粒，每穗实粒数80.0粒，结实率57.9%。谷粒椭圆形，籽粒浅黄色，颖壳黄色，颖尖无色，无芒，不落粒，千粒重23.8g。

品质特性：糙米长宽比2.2，垩白率低，米质食味较好。

抗性：抗稻瘟病，轻感稻曲病和恶苗病，耐冷性好。

产量及适宜地区：2001—2002年参加云南省中北部水稻品种区域试验，两年平均产量7812.0kg/hm²，生产示范平均产量7048.5～8949.0kg/hm²。适宜于会泽、宣威、马龙等县（市）海拔1900～2150m冷凉稻区或山区、半山区种植。

栽培技术要点：3月15～25日播种，培育旱育壮秧或湿润壮秧，播种前采用咪鲜胺浸种48h以上，适时浅插，5月1～20日移栽，秧龄控制在50d以内，栽插深度以3.3cm为宜。规格化合理密植，采用（23.3cm+10cm）/2×13.3cm的规格单本浅栽，栽插密度45.0万穴/hm²；塑盘旱育壮秧，采用（26.7cm+13.3cm）/2×13.3cm的规格单穴摆栽，栽插密度37.5万穴/hm²；湿润壮秧采用（26.7cm+10cm）/2×10cm的规格移栽，栽插密度60.0万穴/hm²。每穴1～2苗。科学施肥，以有机肥为主，氮、磷、钾肥配合一次性全层施入。中上等肥力田块施优质农家肥15000.0kg/hm²、水稻专用复合肥600.0kg/hm²、硅肥750.0kg/hm²，在犁田时一次性施入，使其在犁耙时充分与土壤混匀；中下等肥力田块施肥量可略高。移栽后5～7d，追施150.0～225.0kg/hm²碳酸氢铵作分蘖肥，以后不再施用速效氮肥，做到露泥栽秧、寸水活苗、薄水分蘖、适水孕穗、苗够晒田、干湿壮籽的水浆管理。适时收获，该品种为早熟品种，若按常规品种收获，则易造成倒伏减产，其最佳收获期为剑叶金黄色，这个时期收获，才能保证最高产量和最佳食味。

会粳4号 (Huigeng 4)

品种来源：云南省曲靖市会泽县农业技术推广中心，于1995年以合江20/合系40为杂交组合，经多年系统选育，于2000年育成，原品系名为2000系161选。2005年通过云南省农作物品种审定委员会审定，审定编号：滇特（曲靖）审稻200509。

形态特征和生物学特性：粳型常规水稻。全生育期180.0d，株高90.0～110.0cm。株型紧凑，剑叶直立，叶色浓绿，分蘖力。穗长19.0～21.0cm，每穗实粒数90.0～120.0粒。结实率高，粒形长椭圆，颖壳褐色，颖尖无色，不落粒，千粒重25.0～26.0g。

品质特性：米白色，无腹白，垩白度和垩白率较低，食味较好。

抗性：耐寒、抗倒伏。

产量及适宜地区：2003—2004年参加曲靖市水稻区域试验，2003年平均产量9 367.5kg/hm²，较对照沾粳7号增产8.1%；2004年平均产量7 227.0kg/hm²，较对照沾粳7号增产1.8%。适宜于曲靖市海拔1 900～2 150m高海拔冷凉稻区种植。

栽培技术要点：3月15～25日播种，培育旱育壮秧或湿润壮秧，播种前采用咪鲜胺浸种48h以上，适时浅插，5月1～20日移栽，秧龄控制在50d以内，栽插深度以3.3cm为宜。规格化合理密植，采用（23.3cm+10cm）/2×13.3cm的规格单本浅栽，栽插密度45.0万穴/hm²；塑盘旱育壮秧，采用（26.7cm+13.3cm）/2×13.3cm的规格单穴摆栽，栽插密度37.5万穴/hm²；湿润壮秧采用（26.7cm+10cm）/2×10cm的规格移栽，栽插密度60.0万穴/hm²，每穴1～2苗。科学施肥，施肥原则为：以有机肥为主，氮、磷、钾肥配合一次性全层施入。指导性施肥量为：中上等肥力田块施优质农家肥15 000.0kg/hm²、水稻专用复合肥600.0kg/hm²、硅肥750.0kg/hm²，在犁田时一次性施入，使其在犁耙时充分与土壤混匀；中、下等肥力田块施肥量可略高。移栽后5～7d，追施150.0～225.0kg/hm²碳酸氢铵作分蘖肥，以后不再施用速效氮肥，做到露泥栽秧、寸水活苗、薄水分蘖、适水孕穗、苗够晒田、干湿壮籽的水浆管理。适时收获，该品种为早熟品种，若按常规品种收获，则易造成倒伏减产，其最佳收获期为剑叶金黄色，这个时期收获，才能保证最高产量和最佳食味。

会粳7号 (Huigeng 7)

品种来源：云南省曲靖市会泽县农业技术推广中心，以合江20/合系40为杂交组合，经多年系统选育而成。2006年通过云南省农作物品种审定委员会审定，审定编号：滇特（曲靖）审稻200605。

形态特征和生物学特性：粳型常规水稻。全生育期170.0d左右，株高80.1cm。植株清秀，分蘖力强，成穗率高，叶色淡绿，剑叶直立，多穗型品种。穗长19.0cm，每穗实粒数85.0粒。谷粒短椭圆形，壳黄褐色，颖尖无色，无芒，不落粒，千粒重26.5g。

品质特性：糙米率92.2%，整精米率82.4%，垩白率5.0%，垩白度0.0%，糙米蛋白质含量10.5%，直链淀粉含量17.8%，胶稠度70.0mm，米白色，无腹白，垩白率较低，食味较好。

抗性：耐寒性强，较抗稻瘟病。

产量及适宜地区：2005—2006年参加曲靖市水稻新品种区域试验（山区组），两年平均产量7 989.0kg/hm²，较对照沽粳7号增产8.9%；生产示范平均产量为7 662.0kg/hm²，较当地主栽品种增产19.0%。适宜于曲靖市海拔1 950～2 100m冷凉稻区种植。

栽培技术要点：适时播种，及时移栽。3月15～25日播种，培育旱育壮秧或湿润壮秧，播种前采用"施保克"浸种48h以上，适时浅插，5月1～20日移栽，秧龄控制在50d以内，栽插深度以3.3cm为宜。规格化合理密植，采用（23.3cm+10cm）/2×13.3cm的规格单本浅栽，栽插密度45.0万穴/hm²；塑盘旱育壮秧，采用（26.7cm+13.3cm）/2×13.3cm的规格单穴摆栽，栽插密度37.5万穴/hm²；湿润壮秧采用（26.7cm+10cm）/2×10cm的规格移栽，栽插密度60.0万穴/hm²，每穴1～2苗。科学施肥，施肥原则为：以有机肥为主，氮、磷、钾肥配合一次性全层施入。指导性施肥量为：中上等肥力田块施优质农家肥15 000.0kg、水稻专用复合肥600.0kg/hm²、硅肥750.0kg/hm²，在犁田时一次性施入，使其在犁耙时充分与土壤混匀；中下等肥力田块施肥量可略高。移栽后5～7d，追施150.0～225.0kg/hm²碳酸氢铵作分蘖肥，以后不再施用速效氮肥，做到露泥栽秧、寸水活苗、薄水分蘖、适水孕穗、苗够晒田、干湿壮籽的水浆管理。适时收获，该品种为早熟品种，若按常规品种收获，则易造成倒伏减产，其最佳收获期为剑叶金黄色，这个时期收获才能保证最高产量和最佳食味。

会粳8号 (Huigeng 8)

品种来源：云南省曲靖市会泽县农业技术推广中心，于1995年以合江20/合系40为杂交组合，经8年8代系统选育而成。2009年通过云南省农作物品种审定委员会审定，审定编号：滇特（曲靖）审稻2009036。

形态特征和生物学特性：粳型常规水稻。全生育期175.0d左右，株高85.0～95.0cm。植株清秀，分蘖力强，成穗率高，叶色绿，剑叶直立，早熟，矮秆，中大穗。穗长17.0～18.0cm，每穗实粒数97.0粒。粒长椭圆形，壳黄褐色，颖尖无色，无芒，不落粒，千粒重25.0g。

品质特性：糙米率78.7%，整精米率63.6%，垩白粒率54.0%，垩白度5.1%，糙米蛋白质含量6.5%，直链淀粉含量24.6%，胶稠度42.0mm，米白色，无腹白，垩白率较低，食味较好。

抗性：耐寒性强，中感稻瘟病，高抗白叶枯病。

产量及适宜地区：2005—2006年参加曲靖市水稻新品区域性试验（山区组），两年平均产量7 512.0kg/hm²，较对照沾粳7号增产2.4%；生产试验平均产量8 598.0kg/hm²，较对照靖粳8号增产22.5%。适宜于曲靖市会泽、宣威、马龙、沾益等海拔1 900～2 200m冷凉稻区种植。

栽培技术要点：适时播种，及时移栽。3月15～25日播种，培育旱育壮秧或湿润壮秧，播种前采用"施保克"浸种48h以上，适时浅插，5月1～20日移栽，秧龄控制在50d以内，栽插深度以3.3cm为宜。规格化合理密植，采用（23.3cm+10cm）/2×13.3cm的规格单本浅栽，栽插密度45.0万穴/hm²；塑盘旱育壮秧，采用（26.7cm+13.3cm）/2×13.3cm的规格单穴摆栽，栽插密度37.5万穴/hm²；湿润壮秧采用（26.7cm+10cm）/2×10cm的规格移栽，栽插密度60.0万穴/hm²，每穴1～2苗。科学施肥，施肥原则：以有机肥为主，氮、磷、钾肥配合一次性全层施入。指导性施肥量：中上等肥力田块施优质农家肥15 000.0kg、水稻专用复合肥600.0kg/hm²、硅肥750.0kg/hm²，在犁田时一次性施入，使其在犁耙时充分与土壤混匀；中下等肥力田块施肥量可略高。移栽后5～7d，追施150.0～225.0kg/hm²碳酸氢铵作分蘖肥，以后不再施用速效氮肥，做到露泥栽秧、寸水活苗、薄水分蘖、适水孕穗、苗够晒田、干湿壮籽的水浆管理。适时收获，该品种为早熟品种，若按常规品种收获，则易造成倒伏减产，其最佳收获期为剑叶金黄色，这个时期收获，才能保证最高产量和最佳食味。

剑粳3号（Jiangeng 3）

品种来源：云南省大理白族自治州剑川县种子管理站，从外引良种合系40中系统选育而成。2005年通过云南省农作物品种审定委员会审定，审定编号：滇特（大理）审稻200506。

形态特征和生物学特性：粳型常规水稻。全生育期190.0d左右，株高90.0～95.0cm。株型较好，剑叶直、内卷，分蘖力较好，稳产性好。有效穗数420.0万～510.0万穗/hm²，穗长18.0～20cm，每穗总粒数110.0～135.0粒，每穗实粒数80.0～100.0粒，空秕率26.2%～36.5%，千粒重25～26.4g。与合系40比较，其株高增加15.0～20.0cm，生育期延长5～7d，每穗粒数增加25.0～30.0粒，千粒重增加0.5～1g，产量、品质、白叶枯病和恶苗病抗性等均有明显提高。

品质特性：食味品质好。

抗性：耐寒，耐肥，抗倒伏，抗病性较强，轻感胡麻叶斑病和稻曲病。

产量及适宜地区：2003—2004年参加大理白族自治州中北部水稻区域试验，两年平均产量10 249.5kg/hm²，较对照鹤16增产9.2%。适宜于大理白族自治州海拔1 950～2 300m地区种植。

栽培技术要点：严格进行种子处理，浸种前晒种1～2d，用"施保克"或"浸种灵"等浸种，浸种时间应达72h；扣种稀播，适时播种，薄膜湿润育秧，秧田播芽谷600.0～750.0kg/hm²，3月上、中旬播种。秧苗进入三叶期施断奶肥尿素120.0～150.0kg/hm²，移栽前10～15d，施送嫁肥尿素45.0～60.0kg/hm²，培育带蘖壮秧；合理施肥，基肥施农家肥22 500.0kg/hm²，中层肥施用尿素90.0kg/hm²，施三元复合肥300.0～375kg/hm²作耙面肥，并结合化除追施分蘖肥尿素45.0～60.0kg/hm²，对破肚期落黄的田块，要及时追施穗肥尿素30.0～45.0kg/hm²；适时早栽，合理密植，栽插密度60.0万～75.0万穴/hm²，每穴2～3苗；实行浅水栽秧，寸水护苗活棵，分蘖期浅水勤灌，适时露田，够苗搁田、晒田，浅水孕穗，湿润壮籽的水浇管理，并及时防治病、虫、草、鼠害，特别注意和加强水稻破肚期用井冈霉素预防稻曲病2次，适时收获，一般九成黄时为最佳收获期。

剑粳6号（Jiangeng 6）

品种来源：云南省大理白族自治州剑川县种子管理站从剑粳3号中系统选育而成。2009年通过云南省农作物品种审定委员会审定，审定编号：滇特（大理）审稻2009006。

形态特征和生物学特性：粳型常规水稻。全生育期186.0d左右，株高90.0cm左右。株型紧凑，叶色浓绿，剑叶窄长、直立、内卷，最高茎蘖数600万个/hm²左右，有效穗数450.0万穗/hm²左右，穗长18.0～20.0cm，每穗总粒数120.0～150.0粒，每穗实粒数80.0～100.0粒。谷粒卵圆形呈淡黄色，千粒重24.5g左右。

品质特性：糙米率为82.6%，精米率74.2%，整精米率66.6%，糙米粒长5.2mm，糙米长宽比1.8，垩白粒率27.0%，垩白度2.8%，透明度1级，碱消值7.0级，胶稠度60.0mm，直链淀粉含量17.1%，糙米蛋白质含量8.3%。米粒半透明，米饭松软，适口性好。

抗性：中抗稻瘟病。

产量及适宜地区：2005—2006年参加大理白族自治州中北部水稻区域试验，两年平均产量10 398.0kg/hm²，比对照鹤16增产3.9%，增产极显著。生产示范较当地主栽品种平均增产1 203kg/hm²。适宜于大理白族自治州海拔2 000m以上地区推广种植。

栽培技术要点：严格进行种子消毒，预防恶苗病等种子传播病害。坚持肥床薄膜旱育秧，扣种稀播，培育带蘖壮秧。适期早栽，避过八月低温冷害，确保高产稳产。合理密植，在多穗基础上争大穗夺高产。施足基肥，促早生快发，适施穗肥促穗大粒重。科学管理，坚持干干湿湿的水浆管理原则，为水稻正常生长发育创造条件。

京国92（Jingguo 92）

品种来源：云南省保山市农业科学研究所，于1970年以京引120/国庆20为杂交组合，采用系谱法选育而成。1983年通过云南省农作物品种审定委员会审定，审定编号：滇粳3号。

形态特征及生物学特性：粳型常规水稻。全生育期172.0d，株高100.0cm。株型紧凑，叶片直立。穗长17.0～19.0cm，每穗实粒数80.0～110.0粒。难落粒，千粒重21.0～25.0g。

品质特性：出米率高，晒干扬净后可达80.0%；品质好，糙米蛋白质含量7.5%。

抗性：抗稻瘟病和白叶枯病，抗倒伏性弱。

产量及适宜地区：1981—1982年参加保山市区域试验，平均产量8 086.5kg/hm²；1981—1982年同时参加云南省品种区域试验，平均产量分别为8 904.0kg/hm²和10 038.0kg/hm²，分别比对照西南175增产2.4%和1.2%。适宜于保山地区及楚雄、玉溪、宜良、弥勒、富民等地推广种植。

栽培技术要点：适当密植，根据不同的土壤肥力，要求栽插密度60.0万～90.0万穴/hm²，确保有效穗数450.0万穗/hm²左右。培育壮秧，适时早栽，秧田播种量900.0～1 050.0kg/hm²，秧龄45～50d。合理施肥，科学管水，根据土壤肥力，在施农家肥22 500.0kg/hm²作基肥的基础上，追肥尿素225.0～300.0kg/hm²、普通过磷酸钙450.0～600.0kg/hm²、硫酸钾75.0kg/hm²，分中层肥、分蘖肥和穗肥三次施用，中后期追肥看苗情而定，不能过量，并注意浅水管理，及时撒水晒田。注意稻飞虱的危害和条纹叶枯病的侵染。

靖粳10号（Jinggeng 10）

品种来源：云南省曲靖市农业科学院，于1995年以楚粳23/合系41为杂交组合，经多代系统选育而成，2002年品系编号为曲六。2005年通过云南省农作物品种审定委员会审定，审定编号：滇审稻200520。

形态特征和生物学特性：粳型常规水稻。全生育期176.0d左右，株高95.0cm左右，株型较好，叶色深绿，剑叶直立偏斜，分蘖力较强，抗寒耐肥。穗长18.0cm左右，每穗粒数110.0～125.0粒。谷壳淡黄，无芒，落粒性适中，千粒重25.0g。

品质特性：糙米率84.1%，精米率76.4%，整精米率75.7%，糙米长宽比1.8，碱消值7.0级，胶稠度88.0mm，糙米蛋白质含量8.7%，直链淀粉含量17.2%，透明度2级。

抗性：抗稻瘟病，较抗白叶枯病。

产量及适宜地区：2003—2004年参加云南省中部粳稻区域试验，两年平均产量9 847.5kg/hm²，较对照合系41增产0.6%，生产示范平均产量10 500.0kg/hm²左右。适宜于云南省中海拔粳稻区示范推广。

栽培技术要点：适期播种，培育壮秧，旱育秧秧田播种量375.0～450.0kg/hm²，湿润育秧播种量450.0～525.0kg/hm²。适时移栽，合理密植，移栽叶龄4.5～6.0叶较好，栽插密度45.0万～52.5万穴/hm²，栽插基本苗120.0万～150.0万苗/hm²。科学施肥，施尿素270.0～300.0kg/hm²，配合施用磷、钾肥，做到"前促、中控、后稳"重施基肥，早施分蘖肥，穗肥以促花肥为主。灌溉管理上，浅水栽秧、深水活棵、薄水分蘖、看苗适时搁田，后期保持田间湿润，确保活熟到收。播前用药剂浸种预防恶苗病和干尖线虫病等种传病害，秧田期和大田期注意防治稻飞虱、稻蓟马，中、后期要综合防治纹枯病、三化螟、稻纵卷叶螟等。特别要注意穗颈稻瘟和条纹叶枯病的防治。

靖粳11 (Jinggeng 11)

品种来源：云南省曲靖市农业科学院，以合系21/合系41为杂交组合，经杂交选育，于2002年育成。2007年通过云南省农作物品种审定委员会审定，审定编号：滇审稻200727。

形态特征和生物学特性：粳型常规水稻。全生育期177.0d，株高104.5cm。株型好，叶片绿色，剑叶挺直，穗层整齐，抽穗稍晚。有效穗数441.0万穗/hm²，成穗率68.3%，每穗总粒数123.0粒，每穗实粒数94.0粒，结实率77.0%。谷粒椭圆形，颖壳淡黄，颖尖黄色，护颖白色，无芒，易落粒，千粒重22.9g。

品质特性：糙米率81.3%，精米率72.4%，整精米率68.5%，糙米粒长4.9mm，糙米长宽比1.7，垩白粒率16.0%，垩白度1.8%，透明度2级，碱消值7.0级，胶稠度60.0mm，直链淀粉含量16.0%，糙米蛋白质含量8.8%，质量指数75，达到国标三级优质米标准。

抗性：稻瘟病抗性强。

产量及适宜地区：2005—2006年参加云南省中部粳稻品种区域试验（一组），两年平均产量9 997.5kg/hm²，比对照合系41减产5.7%，生产示范平均产量9 619.5kg/hm²。适宜于云南省海拔1 500～1 800m的稻区种植。

栽培技术要点：适期播种，培育壮秧，旱育秧秧田播种量375.0～450.0kg/hm²，湿润育秧播种量450.0～525.0kg/hm²。适时移栽，合理密植，移栽叶龄4.5～6.0叶，栽插密度45.0万～52.5万穴/hm²，栽插基本苗120.0万～150.0万苗/hm²。科学施肥，施尿素270.0～300.0kg/hm²，配合施用磷、钾肥，做到"前促、中控、后稳"重施基肥，早施分蘖肥，穗肥以促花肥为主。灌溉管理上，浅水栽秧、深水活棵、薄水分蘖、看苗适时搁田，后期保持田间湿润，确保活熟到收。播前用药剂浸种预防恶苗病和干尖线虫病等种传病害，秧田期和大田期注意防治稻飞虱、稻蓟马，中、后期要综合防治纹枯病、三化螟、稻纵卷叶螟等。特别要注意穗颈稻瘟和条纹叶枯病的防治。

靖粳12（Jinggeng 12）

品种来源：云南省曲靖市农业科学院，以楚粳23/合系41为杂交组合，经多代连续系统选育而成。2007年通过云南省农作物品种审定委员会审定，审定编号：滇审稻200728。

形态特征和生物学特性：粳型常规水稻。全生育期174.0d，株高101.2cm。株型好，叶色浅绿，剑叶挺直，抽穗整齐，成熟转色正常。有效穗数474万穗/hm²，成穗率70.9%，每穗总粒数124粒，每穗实粒数94.0粒，结实率75.6%。谷粒椭圆形，颖壳淡黄，颖尖紫色，护颖白色，无芒，落粒性适中，千粒重24.7g。

品质特性：糙米率84.3%，精米率75.0%，整精米率73.6%，糙米粒长4.9mm，糙米长宽比1.9，垩白粒率48.0%，垩白度4.8，透明度2级，碱消值7.0级，胶稠度72.0mm，直链淀粉含量17.8%，糙米蛋白质含量8.8%，达到国标三优质米标准。

抗性：稻瘟病抗性强。

产量及适宜地区：2005—2006年参加云南省中部粳稻品种区域试验（一组），两年平均产量10 359.0kg/hm²，比对照合系41减产2.3%，生产示范平均产量10 050.0kg/hm²。适宜于云南省海拔1 500～1 860m的粳稻区种植。

栽培技术要点：适期播种，培育壮秧，旱育秧秧田播种量375.0～450.0kg/hm²，湿润育秧播种量450.0～525.0kg/hm²。适时移栽，合理密植，移栽叶龄4.5～6.0叶较好，栽插密度45.0万～52.5万穴/hm²，栽插基本苗120.0万～150.0万苗/hm²。科学施肥，施尿素270.0～300.0kg/hm²，配合施用磷、钾肥，做到"前促、中控、后稳"重施基肥，早施分蘖肥，穗肥以促花肥为主。灌溉管理上，浅水栽秧、深水活棵、薄水分蘖、看苗适时搁田，后期保持田间湿润，确保活熟到收。播前用药剂浸种预防恶苗病和干尖线虫病等种传病害，秧田期和大田期注意防治稻飞虱、稻蓟马，中、后期要综合防治纹枯病、三化螟、稻纵卷叶螟等。特别要注意穗颈稻瘟和条纹叶枯病的防治。

靖粳14（Jinggeng 14）

品种来源：云南省曲靖市农业科学院，以合系34/靖粳8号为杂交组合，经多代连续系统选育而成。2007年通过云南省农作物品种审定委员会审定，审定编号：滇审稻200730。

形态特征和生物学特性：粳型常规水稻。全生育期186.0d，株高100.4cm。株型好，叶片浓绿，叶姿挺直，抽穗整齐，分蘖力强。穗长20.1cm，有效穗数408.0万穗/hm²，成穗率79.0%，每穗总粒数100.0粒，结实率72.5%。谷壳黄色，颖尖褐色，护颖白色，无芒，不落粒，千粒重24.6g。

品质特性：糙米率82.2%，精米率73.1%，整精米率70.9%，糙米粒长4.9mm，糙米长宽比1.7，垩白粒率20.0%，垩白度1.2%，透明度1级，碱消值7.0级，胶稠度66.0mm，直链淀粉含量17.1%，糙米蛋白质含量8.2%，达到国标二级优质米标准。

抗性：稻瘟病抗性强。

产量及适宜地区：2005—2006年参加云南省中北部粳稻品种区域试验，两年平均产量9 861.0kg/hm²，比对照银光增产0.1%，生产示范平均产量9 000.0kg/hm²。适宜于云南省海拔1 800～2 050m的粳稻区种植。

栽培技术要点：适期播种，培育壮秧，旱育秧秧田播种量375.0～450.0kg/hm²，湿润育秧播种量450.0～525.0kg/hm²。适时移栽，合理密植，移栽叶龄4.5～6.0叶较好，栽插密度45.0万～52.5万穴/hm²，栽插基本苗120.0万～150.0万苗/hm²。科学施肥，施尿素

270.0～300.0kg/hm²，配合施用磷、钾肥，做到"前促、中控、后稳"重施基肥，早施分蘖肥，穗肥以促花肥为主。灌溉管理上，浅水栽秧、深水活棵、薄水分蘖、看苗适时搁田，后期保持田间湿润，确保活熟到收。播前用药剂浸种预防恶苗病和干尖线虫病等种传病害，秧田期和大田期注意防治稻飞虱、稻蓟马，中、后期要综合防治纹枯病、三化螟、稻纵卷叶螟等。特别要注意穗颈稻瘟和条纹叶枯病的防治。

靖粳16（Jinggeng 16）

品种来源：云南省曲靖市农业科学院，以合系41/合系34为杂交组合，经7年8代连续系统选育而成。2010年通过云南省农作物品种审定委员会审定，审定编号：滇审稻2010014。

形态特征和生物学特性：粳型常规水稻。全生育期184.0d，株高96.3cm。株型好，叶片绿色，剑叶挺直。有效穗数480.0万穗/hm^2，成穗率77.6%，每穗总粒数106.0粒，每穗实粒数79.0粒，结实率74.4%。落粒性适中，千粒重24.6g。

品质特性：糙米率84.7%，精米率79.3%，整精米率76.4%，糙米粒长5.0mm，糙米长宽比1.8，垩白粒率34.0%，垩白度3.1，透明度1级，碱消值7.0级，胶稠度72.0mm，直链淀粉含量19.2%，糙米蛋白质含量9.0%，达到国标三级优质米标准。

抗性：中抗稻瘟病、白叶枯病，耐寒性中等稍强。

产量及适宜地区：2007—2008年参加云南省中部粳稻品种区域试验，两年平均产量10 185.0kg/hm^2，比对照合系41增产1.7%；生产试验平均产量10 923.0kg/hm^2，较对照合系41减产0.3%。适宜于云南省海拔1 500～1 850m的粳稻区种植。

栽培技术要点：适期播种，培育壮秧，旱育秧秧田播种量375.0～450.0kg/hm^2，湿润育秧播种量450.0～525.0kg/hm^2。适时移栽，合理密植，移栽叶龄4.5～6.0叶较好，栽插密度45.0万～52.5万穴/hm^2，栽插基本苗120.0万～150.0万苗/hm^2。科学施肥，施尿素270.0～300.0kg/hm^2，配合施用磷、钾肥，做到"前促、中控、后稳"重施基肥，早施分蘖肥，穗肥以促花肥为主。灌溉管理上，浅水栽秧、深水活棵、薄水分蘖、看苗适时搁田，后期保持田间湿润，确保活熟到收。播前用药剂浸种预防恶苗病和干尖线虫病等种传病害，秧田期和大田期注意防治稻飞虱、稻蓟马，中、后期要综合防治纹枯病、三化螟、稻纵卷叶螟等。特别要注意穗颈稻瘟和条纹叶枯病的防治。

靖粳17（Jinggeng 17）

品种来源：云南省曲靖市农业科学院，以合系41/楚粳23为杂交组合，经6年7代连续系统选育而成。2010年通过云南省农作物品种审定委员会审定，审定编号：滇审稻2010015。

形态特征和生物学特性：粳型常规水稻。全生育期183.0d，株高103.6cm。株型紧凑，有效穗数515.5万穗/hm²，成穗率78.7%，每穗总粒数114.0粒，每穗实粒数86.0粒，结实率75.6%。落粒性适中，千粒重27.1g。

品质特性：糙米率85.0%，精米率76.1%，整精米率71.0%，糙米粒长5.2mm，糙米长宽比1.8，垩白粒率63.0%，垩白度7.7%，透明度2级，碱消值7.0级，胶稠度80.0mm，直链淀粉含量19.7%，糙米蛋白质含量8.4%。

抗性：中抗稻瘟病，中感白叶枯病，耐寒性中等稍强。

产量及适宜地区：2007—2008年参加云南省中部粳稻品种区域试验，两年平均产量10 545.0kg/hm²，比对照合系41增产5.2%；生产试验平均产量11 295.0kg/hm²，较对照合系41增产3.7%。适宜于云南省海拔1 500～1 850m的粳稻区种植。

栽培技术要点：适期播种，培育壮秧，旱育秧秧田播种量375.0～450.0kg/hm²，湿润育秧播种量450.0～525.0kg/hm²。适时移栽，合理密植，移栽叶龄4.5～6.0叶，栽插密度45.0

万～52.5万穴/hm²，栽插基本苗120.0万～150.0万苗/hm²。科学施肥，施尿素270.0～300.0kg/hm²，配合施用磷、钾肥，做到"前促、中控、后稳"重施基肥，早施分蘖肥，穗肥以促花肥为主。灌溉管理上，浅水栽秧、深水活棵、薄水分蘖、看苗适时搁田，后期保持田间湿润，确保活熟到收。播前用药剂浸种预防恶苗病和干尖线虫病等种传病害，秧田期和大田期注意防治稻飞虱、稻蓟马，中、后期要综合防治纹枯病、三化螟、稻纵卷叶螟等。特别要注意穗颈稻瘟和条纹叶枯病的防治。

靖粳18（Jinggeng 18）

品种来源：云南省曲靖市农业科学院，以合系34/靖粳8为杂交组合，经7年8代连续系统选育而成。2010年通过云南省农作物品种审定委员会审定，审定编号：滇审稻2010016。

形态特征和生物学特性：粳型常规水稻。全生育期188.0d，株高107.0cm。株型紧凑，叶片直立，叶色绿。有效穗数340.5万穗/hm²，成穗率74.5%，穗长20.5cm，每穗总粒数133.0粒，每穗实粒数101.0粒，结实率72.3%。谷粒椭圆形，颖壳浅黄，颖尖及护颖紫红色，无芒，不易脱粒，千粒重26.6g。

品质特性：糙米率83.3%，精米率75.4%，整精米率74.6%，糙米粒长4.9mm，糙米长宽比1.7，垩白粒率12.0%，垩白度1.5，透明度1级，碱消值7.0级，胶稠度68.0mm，直链淀粉含量17.7%，糙米蛋白质含量9.4%，达到国标二级优质米标准。

抗性：抗稻瘟病，高感白叶枯病，耐寒性强。

产量及适宜地区：2007—2008年参加云南省中北部粳稻品种区域试验，两年平均产量9 097.5kg/hm²，比对照银光减产2.2%；生产试验平均产量9 265.5kg/hm²，较对照银光减产3.6%。适宜于云南省海拔1 850～2 050m的中北部粳稻区种植，但白叶枯病高发区禁种。

栽培技术要点：适期播种，培育壮秧，旱育秧播种量375.0～450.0kg/hm²，湿润育秧播种量450.0～525.0kg/hm²。适时移栽，合理密植，移栽叶龄4.5～6.0叶较好，栽插密度45.0万～52.5万穴/hm²，栽插基本苗120.0万～150.0万苗/hm²。科学施肥，施尿素270.0～300.0kg/hm²，配合施用磷、钾肥，做到"前促、中控、后稳"重施基肥，早施分蘖肥，穗肥以促花肥为主。灌溉管理上，浅水栽秧、深水活棵、薄水分蘖、看苗适时搁田，后期保持田间湿润，确保活熟到收。播前用药剂浸种预防恶苗病和干尖线虫病等种传病害，秧田期和大田期注意防治稻飞虱、稻蓟马，中、后期要综合防治纹枯病、三化螟、稻纵卷叶螟等。特别要注意穗颈稻瘟和条纹叶枯病的防治。

靖粳20（Jinggeng 20）

品种来源：云南省曲靖市农业科学院，于1997年以合靖6号/CR518为杂交组合，经6年7代连续系谱选育，于2004年育成。2012年通过云南省农作物品种审定委员会审定，审定编号：滇审稻2012007。

形态特征和生物学特性：粳型常规水稻。全生育期184.9d，株高103.1cm。株型一般，叶色绿，剑叶直立，整齐度好，田间生长清秀，分蘖力一般。有效穗数390.0万穗/hm²，成穗率71.3%，穗长19.8cm，每穗总粒数126.4粒，每穗实粒数94.2粒，结实率74.7%。谷壳黄褐色，颖尖褐色，无芒，不落粒，千粒重26.8g。

品质特性：糙米率81.2%，精米率72.9%，整精米率69.0%，糙米粒长5.1mm，糙米长宽比1.8，垩白粒率20.0%，垩白度1.6%，透明度1级，碱消值7.0级，胶稠度72.0mm，直链淀粉含量15.0%，达到国标二级优质米标准。

抗性：高感稻瘟病，中感白叶枯病，耐寒性较强。

产量及适宜地区：2009—2010年参加云南省中北部粳稻品种区域试验，两年平均产量为9775.5kg/hm²，比对照合系41增产0.1%；2011年生产试验平均产量为9411.0kg/hm²，比对照合系41增产2.3%。适宜于云南省海拔1850～2000m的粳稻区种植，但稻瘟病高发区禁种。

栽培技术要点：适期播种，培育壮秧，旱育秧秧田播种量375.0～450.0kg/hm²，湿润育秧播种量450.0～525.0kg/hm²。适时移栽，合理密植，移栽叶龄4.5～6.0叶较好，栽插密度45.0万～52.5万穴/hm²，栽插基本苗120.0万～150.0万苗/hm²。科学施肥，施尿素270.0～300.0kg/hm²，配合施用磷、钾肥，做到"前促、中控、后稳"重施基肥，早施分蘖肥，穗肥以促花肥为主。灌溉管理上，浅水栽秧、深水活棵、薄水分蘖、看苗适时搁田，后期保持田间湿润，确保活熟到收。播前用药剂浸种预防恶苗病和干尖线虫病等种传病害，秧田期和大田期注意防治稻飞虱、稻蓟马，中、后期要综合防治纹枯病、三化螟、稻纵卷叶螟等。特别要注意穗颈稻瘟和条纹叶枯病的防治。

靖粳26 （Jinggeng 26）

品种来源：云南省曲靖市农业科学院，于2003年以银光/合靖6号//曲7（合系34/靖粳8号）为杂交组合，经5年5代连续系谱选育而成，于2008年定名，编号为靖08006。2014年通过云南省农作物品种审定委员会审定，审定编号：滇审稻2014029。

形态特征和生物学特性：粳型常规水稻。全生育期176.8d，株高102.9cm。株型紧凑，叶色深绿色，剑叶直立，长宽适中，分蘖力较强，抽穗整齐，成熟时蜡穗青叶，丰产稳产性好，耐肥性较强。有效穗数439.5万穗/hm²，成穗率83.2%，穗长19.5cm，每穗总粒数142.9粒，每穗实粒数112.2粒。谷壳黄色，颖尖红褐色，护颖红褐色，无芒，落粒性适中，千粒重23.6g。

品质特性：糙米率83.3%，精米率71.6%，整精米率63.5%，糙米粒长4.9mm，糙米长宽比1.7，垩白粒率30.0%，垩白度3.0%，直链淀粉含量17.2%，胶稠度75.0mm，碱消值7.0级，透明度1级，水分11.5%，达到国标三级优质米标准。

抗性：感稻瘟病，抗白叶枯病，2012年楚雄和弥渡点穗瘟重，2013年腾冲点重感叶瘟和穗瘟，其余试点无重病记载。

产量及适宜地区：2011—2012年参加云南省中海拔粳稻品种区域试验，两年平均产量10 192.5kg/hm²，比对照合系41增产5.4%；2013年生产试验平均产量9 582.0kg/hm²，比对照合系41减产0.9%。适宜于云南省海拔1 500～1 950m的粳稻区种植，但稻瘟病高发区禁种。

栽培技术要点：适期播种，培育壮秧，旱育秧秧田播种量375.0～450.0kg/hm²，湿润育秧播种量450.0～525.0kg/hm²。适时移栽，合理密植，移栽叶龄4.5～6.0叶较好，栽插密度45.0万～52.5万穴/hm²，栽插基本苗120.0万～150.0万苗/hm²。科学施肥，施尿素270.0～300.0kg/hm²，配合施用磷、钾肥，做到"前促、中控、后稳"重施基肥，早施分蘖肥，穗肥以促花肥为主。灌溉管理上，浅水栽秧、深水活棵、薄水分蘖、看苗适时搁田，后期保持田间湿润，确保活熟到收。播前用药剂浸种预防恶苗病和干尖线虫病等种传病害，秧田期和大田期注意防治稻飞虱、稻蓟马，中、后期要综合防治纹枯病、三化螟、稻纵卷叶螟等。特别要注意穗颈稻瘟和条纹叶枯病的防治。

靖粳8号（Jinggeng 8）

品种来源：云南省曲靖市农业科学院，以合系25/云粳27为杂交组合，经杂交系统选育，于1995年育成。2001年通过云南省农作物品种审定委员会审定，审定编号：滇粳58。

形态特征和生物学特性：粳型常规水稻。全生育期180.0～185.0d，属中熟型粳稻，株高105.0～110.0cm。株型较紧凑，秆硬，剑叶直、半卷、稍长，分蘖力中等，田间生长整齐、清秀，熟色好。穗长19.0～21.0cm，每穗总粒数125.0～130.0粒，结实率80.0%～85.0%。籽粒椭圆形，颖壳淡黄，颖尖及护颖红褐，不落粒，千粒重25.0g左右。

品质特性：糙米率79.0%，整精米率53.5%，直链淀粉含量17.6%，糙米蛋白质含量7.4%，垩白粒率8.0%，胶稠度105.3mm，碱消值7.0级，类型软，米质食味较好。

抗性：耐寒性较强，抗叶瘟和穗瘟。

产量及适宜地区：1999年曲靖市山区组区域试验，平均产量6 967.5kg/hm²，比对照云粳9号增产2.1%；1999—2000年云南省中北部区域试验，两年平均产量8 061.0kg/hm²，比对照云粳9号增产22.4%。适宜于云南省海拔1 900～2 100m的高海拔冷凉稻区种植。

栽培技术要点：适期播种，培育壮秧，旱育秧秧田播种量375.0～450.0kg/hm²，湿润育秧播种量450.0～525.0kg/hm²。适时移栽，合理密植，移栽叶龄4.5～6.0叶较好，栽插密度45.0万～52.5万穴/hm²，栽插基本苗120.0万～150万苗/hm²。科学施肥，施尿素270.0～300.0kg/hm²，配合施用磷、钾肥，做到"前促、中控、后稳"重施基肥，早施分蘖肥，穗肥以促花肥为主。灌溉管理上，浅水栽秧、深水活棵、薄水分蘖、看苗适时搁田，后期保持田间湿润，确保活熟到收。播前用药剂浸种预防恶苗病和干尖线虫病等种传病害，秧田期和大田期注意防治稻飞虱、稻蓟马，中、后期要综合防治纹枯病、三化螟、稻纵卷叶螟等。特别要注意穗颈稻瘟和条纹叶枯病的防治。

靖粳优1号 （Jinggengyou 1）

品种来源：云南省曲靖市农业科学院，以合系34/合系39为杂交组合，经5年7代连续系统选育而成，2000年品系编号为曲三。2003年通过云南省农作物品种审定委员会审定，审定编号：DS007—2003。

形态特征和生物学特性：粳型常规水稻。全生育期171.0d，株高95.0～103.0cm。株型紧凑，分蘖力偏强，整个生育期叶色保持淡绿色，茎秆硬健，剑叶直立，耐寒性较强，丰产稳产。穗长18.3～20.2cm，每穗粒数127.5～135.7粒。籽粒椭圆形，颖壳及颖尖淡黄，无芒，落粒性适中，千粒重25.0g左右。

品质特性：食味品质及外观内在品质均较好，经农业农村部稻米及制品质量监督检验测试中心分析和云南省第三届优质稻品种（品系）评选认定，属优质稻品种。

抗性：较抗稻瘟病和白叶枯病。

产量及适宜地区：2001—2002年参加云南省中部水稻区域试验，两年区试平均产量9 366.0kg/hm²，较对照合系41增产3.0%。适宜于云南省海拔1 550～1 970m的稻区种植，尤其适于云南省海拔1 600～1 870m的稻区作为优质、高产品种推广应用。

栽培技术要点：用"施保克"等药剂浸种，预防恶苗病。扣种稀播，培育带蘖壮秧。秧龄45～50d，叶龄5～5.5叶。大田期重施底肥，早施分蘖肥，以有机肥为主，有机肥与无机肥配合使用。底肥（无机肥）施水稻专用复合肥较好。坚持保健栽培，预防为主、综合防治病虫害。移栽至分蘖盛期浅水勤灌，中后期浅水管理，灌浆至黄熟期保持田间水分干湿交替灌溉。

靖粳优2号（Jinggengyou 2）

品种来源：云南省曲靖市农业科学院，以大91-01/合系34为杂交组合，经多年系统选育而成，2000年品系编号为曲四。2005年通过云南省农作物品种审定委员会审定，审定编号：滇审稻200518。

形态特征和生物学特性：粳型常规水稻。全生育期175.0d，株高90.0～100.0cm。株型紧凑，叶片直立，叶色深绿，茎秆硬健，分蘖中上，成熟时蜡穗青叶。穗长17.0～19.0cm，每穗总粒数110.0～120.0粒，结实率83.9%。籽粒椭圆形，颖壳淡黄、颖尖红褐色，无芒，落粒适中，千粒重27.9g。

品质特性：糙米率83.8%，精米率74.7%，整精米率64.3%，糙米长宽比1.8，碱消值7.0级，胶稠度84.0mm，糙米蛋白质含量9.7%，垩白度1.6%，透明度2级，直链淀粉含量19.6%。2002年被评为云南省优质稻品种。

抗性：较抗稻瘟病，耐寒。

产量及适宜地区：2001—2002年参加云南省中部粳稻区域试验，两年平均产量9 312.0kg/hm²，较对照合系41增加2.4%，生产示范平均产量9 000.0～9 750.0kg/hm²。适宜于云南省生态条件类似于曲靖、陆良、宜良等中等海拔粳稻区种植，即适宜于海拔1 500～1 860m的稻区推广。

栽培技术要点：扣种稀播，培育带蘖壮秧，湿润育秧秧田播种量600.0～750.0kg/hm²，

旱育秧播种量375.0～450.0kg/hm²。进行种子消毒，预防恶苗病。适时早栽，施足底肥，早施分蘖肥。栽插密度51.0万～54.0万穴/hm²，施农家肥22 500.0kg/hm²、普通过磷酸钙750.0kg/hm²、尿素180.0kg/hm²作底肥，移栽后7～8d用碳酸氢铵375.0kg/hm²作追肥，争取早生快发。坚持保健栽培，预防为主、综合防治病虫害。移栽至成熟期间浅水勤灌，中后期浅水管理，灌浆至黄熟时保持田间水分。适时收割，90%成熟即可收割。

靖粳优3号 （Jinggengyou 3）

品种来源：云南省曲靖市农业科学院，以合系41/合系34为杂交组合，经多年系统选育而成，2002年品系编号为曲五。2005年通过云南省农作物品种审定委员会审定，审定编号：滇审稻200519。

形态特征和生物学特性：粳型常规水稻。全生育期178.0d，株高99.0cm左右。株型优良，叶片直立而宽大，剑叶挺立，叶色深绿，成熟时蜡穗青叶，分蘖力较强，抗寒耐肥。穗长18.0～20.0cm，每穗总粒数125.0～136.0粒，结实率81.3%。谷壳淡黄，无芒，落粒适中，千粒重25.3g。

品质特性：糙米率83.9%，精米率76.6%，整精米率56.5%，糙米长宽比1.8，碱消值7.0级，胶稠度71.0mm，糙米蛋白质含量9.2%，透明度1级，直链淀粉含量16.7%，垩白度3.6%。

抗性：较抗稻瘟病和白枯叶病。

产量及适宜地区：2003—2004年参加云南省中部粳稻区域试验，两年平均产量9 588.0kg/hm²，较对照品种合系41减少2.0%，生产示范平均产量10 200.0kg/hm²。适宜于云南省生态条件类似于陆良、红河等中等海拔粳稻区种植，即适宜于海拔1 500～1 800m的稻区示范推广。

栽培技术要点：扣种稀播，培育壮秧，湿润育秧秧田播种量600.0～750.0kg/hm²，旱育秧播种量375.0～450.0kg/hm²，培育带蘖壮秧。进行种子消毒，预防恶苗病。适时早栽，施足底肥，早施分蘖肥。栽插密度51.0万～54.0万穴/hm²，施农家肥22 500.0kg/hm²、普通过磷酸钙750.0kg/hm²、尿素180.0kg/hm²作底肥，栽后7～8d用碳酸氢铵375kg/hm²作为追肥，争取早生快发。坚持保健栽培，预防为主、综合防治病虫害。移栽至成熟期间浅水勤灌，中后期浅水管理，灌浆至黄熟时保持田间水分条件。适时收割，90%成熟即可收割，保证较好的品质。

靖糯1号（Jingnuo 1）

品种来源：云南省曲靖市农业科学院，于1986年以子预-14/靖粳1号为杂交组合，经多年系统选育，于1990年育成。1998年通过云南省农作物品种审定委员会审定，审定编号：滇粳糯46。

形态特征和生物学特性：粳型常规糯稻。全生育期180.0～187.0d，株高90.0～95.0cm。株型紧凑，分蘖力中等，耐肥抗倒伏，耐寒性强。穗长19.0～23.0cm，每穗实粒数90.0～100.0粒。籽粒椭圆形，颖壳颖尖金黄色，无芒，落粒适中，千粒重25.0～26.0g。

品质特性：直链淀粉含量0.5%，糙米蛋白质含量7.3%，糙米粒长5.0mm，糙米长宽比1.74，碱消值6.8级，胶稠度100.0mm，白米，垩白为零，糯性好。

抗性：抗白叶枯病和条纹叶枯病，感叶瘟、穗瘟较轻。

产量及适宜地区：1993年云南省中部水稻区试中平均产量8 158.5kg/hm²。适宜于云南省中部海拔1 500～2 000m的稻区种植。

栽培技术要点：适时播种，培育带蘖壮秧，秧龄55～60d，带两个以上蘖栽秧，合理密植，栽插密度60.0万～66.0万穴/hm²，每穴栽2苗，合理施肥。

昆粳4号 (Kungeng 4)

品种来源：云南省昆明市农业科学研究院，以768选株/黎明为杂交组合，于1987年选育而成。1991年通过云南省农作物品种审定委员会审定，审定编号：滇粳25。

形态特征和生物学特性：粳型常规水稻。全生育期165.0d，株高90.0cm。株型较披散，分蘖力较弱，耐肥抗倒伏。穗长20.0cm，每穗总粒数110.0～130.0粒，结实率85.0%～93.0%。不落粒，千粒重30.0g。

品质特性：糙米率82.7%，精米率68.2%，蛋白质含量6.3%。

抗性：较抗稻瘟病，易感条纹叶枯病。

产量及适宜地区：1989—1990年参加云南省中北部水稻区域试验，两年区试平均产量7 425.0kg/hm²，较对照云粳9号增产11.8%，生产示范产量7 500.0～9 000.0kg/hm²。适宜于云南省海拔1 700～2 200m的地区种植。

栽培技术要点：3月中旬播种，秧田播种量600.0～750.0kg/hm²，培养多蘖壮秧。适龄移栽，合理密植，栽插密度90.0万穴/hm²，每穴3～4苗，栽后5～7d施追肥促早发，保证有效穗。施足底肥，重施分蘖肥，促早生快发，增施磷、钾肥，促籽大穗。综合防治病虫害。

昆粳5号 （Kungeng 5）

品种来源：昆明市农业科学研究院和云南省农业科学院粮食作物研究所合作，2002年以云粳12/云粳16为杂交组合，于2011年选育而成。2014年通过云南省农作物品种审定委员会审定，审定编号：滇审稻2014018。

形态特征和生物学特性：粳型常规水稻。全生育期194d，株高92.4cm。株型好，剑叶直立，分蘖力一般，需肥量大，抗倒伏性极强，耐寒性较强，对钾肥需求相对较多，钾肥用量不足明显在叶片上表现叶斑，但对产量影响极小。有效穗数339.0万穗/hm²，每穗总粒数153.4粒，每穗实粒数116.4粒，结实率75.9%。谷粒椭圆形，谷壳黄，无芒，落粒性适中，千粒重23.1g。

品质特性：糙米率82.4%，精米率69.0%，整精米率64.2%，糙米粒长4.9mm，糙米长宽比1.8，垩白粒率35.0%，垩白度2.1%，直链淀粉含量14.9%，胶稠度80.0mm，碱消值3.7级，透明度1级，水分12.0%。

抗性：感稻瘟病，抗白叶枯病，武定点2011年穗瘟重、2012年白叶枯病重。

产量及适宜地区：2011—2012年参加云南省高海拔粳稻品种区域试验，两年平均产量8 359.5kg/hm²，比对照合系41增产9.8%；2013年生产试验，平均产量9 795.0kg/hm²，比对照合系41增产4.0%。适宜于云南省海拔1 800～2 000m地区种植，稻瘟病高发区慎用。

栽培技术要点：适时播种，培养多蘖壮秧。3月中旬播种，秧田播种量600.0～750.0kg/hm²。浸种前晒种1～2d，用"浸种灵"浸种24～48h，防治恶苗病。适龄移栽，合理密植，插秧叶龄6叶左右，秧龄控制在45d左右。栽插规格株行距10cm×20cm，栽插基本苗105.0万～135.0万苗/hm²。科学施肥，加强田间管理。综合防治病虫害。

昆粳6号 (Kungeng 6)

品种来源：云南省昆明市农业科学研究院、嵩明县农业技术推广站和寻甸县农业技术推广站合作，于2006年以云粳14/云粳优8号//云粳15为杂交组合，经多年多代系统选育而成。2015年通过云南省农作物品种审定委员会审定，审定编号：滇审稻2015005。

形态特征和生物学特性：粳型常规水稻。全生育期191.5d，株高91.5cm。株型好，剑叶直立。有效穗数388.5万穗/hm^2，穗长18.8cm，每穗总粒数119.7粒，每穗实粒数95.8粒，结实率80.0%。谷壳黄色，无芒，落粒性适中，千粒重25.6g。

品质特性：糙米率83.6%，精米率74.9%，整精米率60.1%，糙米粒长5.6mm，糙米长宽比2.1，垩白粒率54.0%，垩白度5.4%，直链淀粉含量16.1%，胶稠度80.0mm，碱消值7.0级，透明度2级，水分10.3%。

抗性：感稻瘟病，抗白叶枯病。

产量及适宜地区：2012—2013年参加云南省高海拔常规粳稻品种区域试验，两年平均产量9 640.5kg/hm^2，比对照凤稻23增产11.8%，生产试验平均产量9 454.5kg/hm^2。适宜于云南省海拔1 800～2 000m粳稻区种植。

栽培技术要点：适时播种，培养多蘖壮秧。3月中旬播种，秧田播种量600.0～750.0kg/hm^2。浸种前晒种1～2 d，用"浸种灵"浸种24～48h，防治恶苗病。适龄移栽，合理密植，插秧叶龄为6叶左右，秧龄控制在45d左右。栽插规格株行距10 cm×20 cm，栽插基本苗105.0万～135.0万苗/hm^2。科学施肥，加强田间管理。综合防治病虫害。

丽粳10号 (Ligeng 10)

品种来源：云南省丽江市农业科学研究所，以合系40/滇粳优1号为杂交组合，经多代系谱选育而成。2009年通过丽江市农作物品种审定小组审定，审定编号：丽审（稻）（2009）001。

形态特征和生物学特性：粳型常规水稻。全生育期179.6d，株高90.0cm。株型适中，叶色浓绿，抽穗整齐，分蘖力中等。每穗粒数140.6粒。谷壳黄色，无芒，不落粒，千粒重26.2g。

品质特性：糙米率86%，精米率76.6%，整精米率35.5%，糙米粒长5.5mm，糙米长宽比2.1，垩白率41.0%，垩白度9.8%，透明度3级，碱消值6.2级，胶稠度52.0mm，直链淀粉含量16.5%，糙米蛋白质含量9.5%。

抗性：耐寒性极强，稻瘟病轻发生，危害程度一级，感白叶枯病。

产量及适宜地区：2005—2006年参加丽江市水稻品种产量比较试验，两年平均产量8 323.5kg/hm²，比对照丽粳6号增产10.9%，达极显著水平；2009年在丽江市古城区文智社区9社2 400m海拔进行高产示范实产验收产量达9 705.0kg/hm²。适宜于海拔2 200～2 670m的特殊高寒粳稻区种植。

栽培技术要点：精选种子，采用保纯的种子，采用清水去其秕粒和半秕粒，晒种1～2d。严格种子消毒：采用强氯精或咪鲜胺浸种48～72h，捞起洗净，进行催芽，催芽到露白即可播种。适时早栽，避过8月低温。争取在5月中下旬移栽，8月20日前齐穗，秧龄可掌握在45～60d。合理密植，插足基本苗，栽插密度60.0万～75.0万穴/hm²，每穴3苗。科学配方施肥：注意氮、磷、钾的合理配比，叶片有早衰现象，在灌浆中期施用30.0～37.5kg/hm²尿素，整个生育期防治稻瘟病2～3次。防治病、虫、草害。

丽粳11（Ligeng 11）

品种来源：云南省丽江市农业科学研究所，以滇粳优2号//丽粳2号/合系41为杂交组合，经过多代系谱选择育成。2010年通过云南省农作物品种审定委员会审定，审定编号：滇审稻2010009。

形态特征和生物学特性：粳型常规水稻。全生育期182.0d，株高98.3cm。株型紧凑，叶色绿，叶姿一般，剑叶早衰，耐寒性强。有效穗数390万穗/hm²，成穗率80.6%，穗长19.4cm，每穗总粒数145.0粒，每穗实粒数112.0粒。谷壳黄色，无芒，不落粒，千粒重24.2g。

品质特性：糙米率85.0%，精米率76.8%，整精米率55.7%，糙米粒长5.0mm，糙米长宽比1.8，垩白率26.0%，垩白度4.6%，透明度2级，碱消值6.1级，胶稠度64.0mm，直链淀粉含量16.7%，糙米蛋白质含量8.7%。

抗性：中抗稻瘟病，感白叶枯病。

产量及适宜地区：2007—2008年参加云南省中北部粳稻品种区域试验，两年平均产量10 045.5kg/hm²，比对照银光增产8.0%；生产试验产量7 890.0～10 525.5kg/hm²，比对照银光减产8.6%。适宜于云南省海拔2 100m以上的高寒稻区种植。

栽培技术要点：精选种子，采用保存的种子，用清水去其秕粒和半秕粒，太阳下晒种1～2d。严格种子消毒，采用强氯精或"施保克"浸种48～72h，捞起洗净，催芽到露白即可播种。适时早栽，避过8月低温。争取在5月中下旬移栽，8月20日前齐穗，秧龄45～60d。合理密植，插足基本苗。栽插密度60.0万～75.0万穴/hm²，每穴2～3苗；采用精确定量栽培，株行距10cm×23.3cm，每穴3苗。科学配方施肥：注意氮、磷、钾的合理配比，该品种叶片有早衰现象，在灌浆中期施用30.0～37.5kg/hm²尿素，防治稻瘟病2～3次。防治病、虫、草害，适时收获。

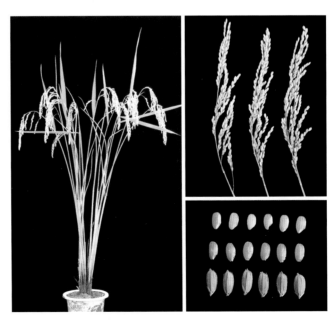

丽粳14 (Ligeng 14)

品种来源：云南省丽江市农业科学研究所，以靖粳03063（靖粳12）/丽粳04-6为杂交组合，经多代系谱选育而成。2014年通过云南省农作物品种审定委员会审定，审定编号：滇审稻2014015。

形态特征和生物学特性：粳型常规水稻。全生育期194.6d，株高95.2cm。有效穗数370.5万穗/hm^2，每穗总粒数125.2粒，每穗实粒数为91.6粒，结实率73.2%。落粒性适中，千粒重25.1g。

品质特性：糙米率81.3%，精米率68.7%，整精米率65.8%，糙米粒长4.9mm，糙米长宽比1.7，垩白粒率63.0%，垩白度5.7%，直链淀粉含量17.0%，胶稠度80.0mm，碱消值6.5级，透明度2级，水分12.1%。

抗性：中感稻瘟病、中抗白叶枯病，抗寒性强。

产量及适宜地区：2011—2012年参加云南省高海拔粳稻品种区域试验，两年平均产量9 271.5kg/hm^2，比对照合系41增产21.8%；2013年生产试验，平均产量10 398.0kg/hm^2，比对照合系41增产9.5%。适宜于云南省海拔1 850～2 200m稻区种植。

栽培技术要点：严格种子消毒，预防恶苗病。播种前要晒种12d，再用浸种剂咪鲜胺浸种72h，捞出晾干即可催芽播种。坚持肥床育秧，扣种稀播，培育带蘖壮秧；在3月15～25日播种，秧龄控制在55d左右。适期早栽，避开低温冷害，确保高产稳产，5月5～20日移栽，确保能在8月20日前齐穗，实现高产稳产。合理密植，栽插密度52.5万～60.0万穴/hm^2，基本苗120.0万～150.0万苗/hm^2，在多穗的基础上争取大穗夺取高产。科学施肥，氮、磷、钾合理配比，适当控制氮肥用量，增施磷、钾肥，在施足农家肥的基础上，按基肥、分蘖肥、促花肥施尿素180.0～225.0kg/hm^2、普通过磷酸钙600.0～750.0kg/hm^{2}作基肥，施硫酸钾150.0～225.0kg/hm^{2}作基肥和促花肥。抓好病、虫、草害的系统防治，适时收获。

丽粳15 (Ligeng 15)

品种来源：云南省丽江市农业科学研究所，以滇粳优14/凤香稻2号为杂交组合，经多代系谱选育而成。2014年通过云南省农作物品种审定委员会审定，审定编号：滇审稻2014016。

形态特征和生物学特性：粳型常规水稻。全生育期196.8d，株高86.2cm。有效穗数405.0万穗/hm²，每穗总粒数117.9粒，每穗实粒数85.2粒，结实率72.3%。落粒性适中，千粒重23.6g。

品质特性：糙米率81.8%，精米率71.5%，整精米率69.8%，糙米粒长5.1mm，糙米长宽比1.9，垩白粒率23.0%，垩白度1.2%，直链淀粉含量16.2%，胶稠度70.0mm，碱消值6.8级，透明度1级，水分12.0%，达到国标三级优质米标准。

抗性：中感稻瘟病、中感白叶枯病，武定区试点穗瘟中，抗寒性强。

产量及适宜地区：2011—2012年参加云南省高海拔粳稻品种区域试验，两年平均产量7 960.5kg/hm²，比对照合系41增产4.6%；2013年生产试验，平均产量9 432.0kg/hm²，比对照合系41增产0.4%。适宜云南省海拔1 850 ~ 2 200m稻区种植，稻瘟病高发区慎用。

栽培技术要点：严格种子消毒，预防恶苗病。播种前要晒种1 ~ 2d，再用浸种剂咪鲜胺或二硫氰基烷浸种72h，捞出晾干即可催芽播种。坚持肥床育秧，扣种稀播，培育带蘖壮秧；在3月15 ~ 25日播种，秧龄控制在45 ~ 55d。适期早栽，避开低温冷害，确保高产稳产，5月5 ~ 20日移栽，确保能在8月20日前齐穗，实现高产稳产。合理密植，栽插密度52.5万 ~ 60.0万穴/hm²，栽插基本苗120.0万 ~ 150.0万苗/hm²，在多穗的基础上争取大穗夺取高产。科学施肥，氮、磷、钾合理配比。适当控制氮肥用量，增施磷、钾肥，在施足农家肥的基础上，施尿素180.0 ~ 225.0kg/hm²、普通过磷酸钙600.0 ~ 750.0kg/hm²作基肥，施硫酸钾150.0 ~ 225.0kg/hm²作基肥和促花肥。抓好病、虫、草害的系统防治。在抽穗前10d左右和抽穗后防治稻瘟病2次，用农药防治黏虫、螟虫2次。在拔节孕穗期到齐穗后结合稻瘟病防治用井冈霉素防治稻曲病。

丽粳2号 (Ligeng 2)

品种来源：云南省丽江市农业科学研究所，于1975年以丽44（白麻粘）/黑系30为杂交组合，经多代系选育而成。1984年11月通过丽江市农作物品种审定小组审定，命名为丽粳2号。

形态特征和生物学特性：粳型常规水稻。全生育期190.0d，株高82.0cm。株型紧凑，叶色浓绿，剑叶挺直，角度小，谷粒稍短扁圆，黑壳白米。每穗粒数99.6粒，结实率80.3%，千粒重20.1g。

抗性：耐寒性极强。

产量及适宜地区：大面积生产示范平均产量4 800.0～6 000.0kg/hm²，适宜于丽江市海拔2 000m以上的高寒稻区种植。

栽培技术要点：狠抓薄膜育秧，提高秧苗素质；适时早播、早栽；合理密植，适当增大群体结构，栽插密度75.0万～90.0万穴/hm²，有效穗数375.0万～450.0万穗/hm²；重施基肥，巧施追肥，施优质厩肥15 000.0～22 500.0kg/hm²、尿素150.0kg/hm²、过磷酸钙225.0～375.0kg/hm²、硫酸钾112.5kg/hm²作中层肥，移栽后10～15d施尿素37.5～75.0kg/hm²，穗期巧施尿素22.5～37.5kg/hm²；采用综合措施防治稻瘟病，在秧田期、大田生长初期、孕穗期各喷施一次三环唑。

丽粳314 (Ligeng 314)

品种来源：云南省丽江市农业科学研究所，以合系35/合系40//鹤16///丽粳5号为杂交组合，经多代系谱选育而成。2007年通过云南省农作物品种审定委员会审定，审定编号：滇审稻200726。

形态特征和生物学特性：粳型常规水稻。全生育期172.0～190.0d，属中早熟型，株高95.0～100.0cm。株型紧凑，叶色淡绿，叶姿挺直，整齐度一般。最高茎蘖510.0万个/hm²，有效穗数411.0万穗/hm²左右，成穗率81.4%，穗长19.0～20.0cm，穗大粒多，每穗总粒数145.0～153.0粒，每穗实粒数108.8～123.0粒，结实率71.9%～80.0%。谷壳黄色，颖尖白色，无芒，不落粒，千粒重23.5～24.0g。

品质特性：糙米率81.7%，精米率71.9%，整精米率62.9%，垩白粒率49.0%，垩白度9.7%，直链淀粉含量16.4%，胶稠度88.0mm，糙米粒长5.0mm，糙米长宽比1.9，透明度3级，碱消值6.2级，糙米蛋白质含量8.7%，综合评定6级。

抗性：稻瘟病抗性强，抗白叶枯病，耐寒性极强。

产量及适宜地区：2005—2006年参加云南省中北部水稻区域试验，两年平均产量9 552.0kg/hm²，比对照银光减产3.1%。适宜于云南省海拔2 100～2 500m的高寒粳稻区种植。

栽培技术要点：严格种子消毒。扣种稀播，湿润育秧，秧田播种量750.0kg/hm²，旱育秧播种量450.0kg/hm²。合理密植，适时早栽：海拔2 100～2 230m，栽插密度67.5万～75.0万穴/hm²；海拔2 300m以上，栽75.0万穴/hm²左右，每穴2～3苗。保证最高茎蘖数450.0万～600.0万个/hm²，有效穗数330.0万～480.0万穗/hm²。耐肥中等，早施分蘖肥，以复合肥为主，采取一次性施氮素为好。及时防治病虫害，抽穗前后防治稻瘟病，适时收获。

丽粳3号 （Ligeng 3）

品种来源：云南省丽江市农业科学研究所，从丽江新团黑谷中选择天然杂交单株，经多年系统选育而成。1989年12月通过丽江市农作物品种审定小组审定，命名为丽粳3号。

形态特征和生物学特性：粳型常规水稻。全生育期187.0d，株高84.0cm左右。株型紧凑，剑叶挺直，株高适中，分蘗力强，黑壳白米。穗长17.0cm，每穗粒数105.0粒，结实率74.0%，千粒重23.3g。

抗性：耐寒性极强，耐瘠抗倒伏。

产量及适宜地区：高产、穗大粒多，大面积生产示范产量5 250.0 ～ 6 000.0kg/hm^2。适宜于丽江地区海拔2 400 ～ 2 500m的高寒稻区内种植。

栽培技术要点：薄膜育秧，培育壮秧，4月5日前育秧。保证移栽质量，5月下旬至6月上旬移栽，实行条栽，栽插密度90.0万 ～ 105.0万穴/hm^2，每穴2 ～ 3苗。合理施肥，在施足农家肥的基础上，施水皮肥尿素150.0kg/hm^2、硫酸钾75.0 ～ 150.0kg/hm^2、过磷酸钙300.0 ～ 375.0kg/hm^2；第一次排晒复水后于当天追分蘗肥45.0kg/hm^{2}左右，拔节后看苗情追施穗肥尿素15.0 ～ 30.0kg/hm^2。合理排灌，促进早生快发。及时防治病、虫、草害。

丽粳5号 （Ligeng 5）

品种来源：云南省丽江市区农业科学研究所，以滇协1号/黑选5号//台中31为杂交组合，经系统选育而成，原名丽粳686。1998年7月通过丽江市农作物品种审定小组审定。

形态特征和生物学特性：粳型常规水稻。全生育期180.0～195.0d，株高85.0～95.0cm。株型紧凑，分蘖力中等，茎秆粗壮，耐肥抗倒伏。穗长15.0～17.0cm，每穗粒数100.0～125.0粒。颖壳淡灰褐色，不落粒，千粒重25.0～27.0g。

品质特性：米粒白色半透明，米质软。

抗性：耐寒性极强。

产量及适宜地区：1986年10月15日，金山乡新团上存仁村洪文明17.1hm²，地区科委实产验收产量9 126.2kg/hm²，创丽江高寒坝区水稻高产新纪录。适宜于海拔2 400m左右的丽江高寒稻作区推广应用。

栽培技术要点：扣种稀播培育壮秧，3月下旬至4月初播种，秧田播种量750.0～900.0kg/hm²，采用薄膜育秧，保证苗齐、苗壮，出苗后加强水肥管理，确保扁蒲壮秧或部分带蘖壮秧，4叶1心或5叶1心移植。早栽早促早施肥，5月下旬至6月上旬移栽，移栽前施普通过磷酸钙450.0kg/hm²、复合肥300.0kg/hm²作中层肥；移栽后10～15d，结合化除，看苗施肥，施尿素75.0～150.0kg/hm²；30%见穗期看苗追施15.0～30.0kg/hm²尿素作穗肥。合理密植，适当加大基本苗数，实行双行条栽，栽插密度75.0万～90.0万穴/hm²，每穴3～4苗，确保有效穗数375.0/hm²以上。加强病、虫、鼠害综合防治，抽穗前喷施克瘟灵、三环唑等防治性药剂1～2次防冷害型稻瘟病，并适时投放鼠药防鼠害。

丽粳6号 (Ligeng 6)

品种来源：云南省丽江市农业科学研究所，以合系41/丽粳5号为杂交组合，经系统选育而成，于2004年5月通过丽江市农作物品种审定小组审定。

形态特征和生物学特性：粳型常规水稻。全生育期165.0~185.0d，株高85.0~100.0cm。穗长18.0~22.0cm，每穗粒数120.0~148.0粒。谷粒呈卵圆形，颖壳灰褐色，颖尖紫色，无芒，不落粒，千粒重25.5g。

品质特性：糙米率83.3%，整精米率67.3%，垩白粒率49.5%，垩白度3.3%，蛋白质含量9.3%，直链淀粉含量18.3%，碱消值7.0级，胶稠度30.0mm，糙米长宽比1.6，水分12.1%，色泽气味正常，米粒白色，半透明，米饭油润可口，食味品质好。

抗性：耐寒性极强。

产量及适宜地区：在海拔2 250m地区生产试验，平均产量9 517.5kg/hm²，较对照银光增产33.8%以上；2003年生产示范平均产量7 644.0kg/hm²，较对照银光增产24.6%。适宜于丽江市海拔2 200m以上的高寒稻作区种植，表现为早熟、多抗、大穗、大粒、高产，是丽江高寒粳稻区不可多得的优良品种。

栽培技术要点：严格种子消毒，扣种稀播，培育带蘖壮秧。合理密植，栽插密度67.5万~82.5万穴/hm²，浅水移栽，根据土壤肥力，氮、磷、钾配合一次性全层深施。科学管理，及早防治病、虫、草害。

丽粳7号 （Ligeng 7）

品种来源：云南省丽江市永胜县永北镇农技站，于1994年从04-5138中通过系统选育而成。2004年通过丽江市农作物品种审定小组审定。

形态特征和生物学特性：粳型常规水稻。全生育期192.0d左右，株高125.0～130.0cm。穗长23.0cm，每穗总粒数125.0～135.0粒，空秕率14.2%。谷粒无芒，颖壳薄，难落粒，千粒重30.5g。

品质特性：糙米率84.0%，精米率≥36.0%，糙米蛋白质含量9.8%，直链淀粉含量16.6%。

抗性：较抗稻瘟病和白叶枯病，抗倒伏中上等，抗寒性强。

产量及适宜地区：品比试验，平均产量9 139.5kg/hm²，比对照022增产3.4%；生产示范平均产量8 392.5kg/hm²，比当地大面积推广的品种增产6.9%。适宜于丽江海拔1 900～2 300m一季稻作区推广应用。

栽培技术要点：适时播种，培育带蘖壮秧。合理密植，栽插密度112.5万～135.0万穴/hm²。重施基肥，氮、磷、钾全层深施，合理施用苗肥和穗肥。及时预防病、虫、草害。

丽粳8号（Ligeng 8）

品种来源：云南省丽江市永胜县农技推广中心，于1996年采用1990年从西南175选3中选出的水稻品系90-12作母本，用中日水稻合作所育成的水稻品种合系34作父本进行杂交，经多代系谱选育而成。2007年通过丽江市农作物品种审定小组审定。

形态特征和生物学特性：粳型常规水稻。全生育期170.0～175.0d，株高95.0～105.0cm。株型紧凑，剑叶直立，叶片清秀、中长，主茎叶片数14片，谷黄叶绿。有效穗数225.0万～300.0万穗/hm²，成穗率70.0%～75.0%，穗长18.0～20.0cm，每穗总粒数120.0～135.0粒，每穗实粒数95.0～100.0粒，结实率65.0%～75.0%。谷粒无芒，椭圆形，黄褐色，千粒重26.0～27.0g

品质特性：糙米率77.8%，整精米率35.0%，垩白粒率61.5%，垩白度9.2%，直链淀粉含量21.9%，胶稠度67.5%，糙米长宽比1.6。

抗性：稻瘟病抗性强，耐寒性强。

产量及适宜地区：2003—2004年参加区域试验，两年平均产量6 750kg/hm²，较对照合系41增产4.8%；2005年参加丽江市优质粳稻适应性鉴定试验产量10 725kg/hm²；2006年参加永胜县高海拔水稻引种观察试验产量11 407.5kg/hm²。生产示范产量6 750.0～8 250.0kg/hm²，高产田块产量9 000.0kg/hm²以上。适宜于丽江海拔1 900～2 300m地区及同类地区推广种植。

栽培技术要点：严格种子消毒。适时早播、早栽，播种期掌握在3月20～30日，移栽期掌握在5月1～20日，有效避开不良气候影响，获得较好收成。扣种稀播，旱育稀植，采用旱育稀植技术，保证大田用种量30.0～37.5kg/hm²，移栽规格10cm×23.3cm。浅栽促蘖，浅水移栽，浅插秧，促进早生快发。氮、磷、钾配合施用，适时施肥。及时预防病虫害。

丽粳9号 (Ligeng 9)

品种来源：云南省丽江市农业科学研究所，以滇粳优5号/丽粳6号杂交组合，经多代系谱而成。2012年通过云南省农作物品种审定委员会审定，审定编号：滇特（丽江）审稻2012028。

形态特征和生物学特性：粳型常规水稻。全生育期184.0d，株高95.0cm。株型紧凑，偏中矮秆型，根系发达，抗倒伏，倒一、二、三叶较一般粳稻长而直，剑叶直立，叶片功能期较长，分蘖力中上等，耐肥性较强，整齐度好，叶姿挺直。穗长21.0cm，每穗粒数155.0粒，结实率84.5%。着粒中等，籽粒椭圆形，壳色褐色，颖和颖尖带紫色，不落粒，千粒重23.5g。

品质特性：糙米率83.2%，精米率78.2%，糙米粒长5mm，糙米长宽比1.8，垩白粒率10.0%，垩白度0.9%，胶稠度26.0mm，直链淀粉含量16.6%，糙米蛋白质含量6.6%，碱消值6.0级，达到国标二级优质米标准。

抗性：中抗白叶枯病，中感稻瘟病，耐寒性极强。

产量及适宜地区：2009—2010年丽水市水稻区域两年平均产量9 618.0kg/hm²，比对照合系41增产8.9%；2010年生产试验平均产量8 583.0kg/hm²，比对照凤稻17增产16.6%。适宜于丽江市2 240 ~ 2 670m粳稻生产区域种植。

栽培技术要点：严格种子消毒，预防恶苗病。浸种72h，捞出晾干即可催芽播种。坚持肥床育秧，扣种稀播，培育带蘖壮秧，秧龄控制在55d左右。适期早栽，避开低温冷害，确保高产稳产，确保能在安全齐穗期（8月20日）前齐穗，实现高产稳产。合理密植，插足基本苗，在多穗的基础上争取大穗夺取高产。科学施肥，氮、磷、钾合理配比。抓好病、虫、草害的系统防治。

龙粳6号（Longgeng 6）

品种来源：云南省保山市龙陵县农业技术推广中心，以合系2号/紫香糯为杂交组合，经多代系谱选育而成。2007年通过云南省农作物品种审定委员会审定，审定编号：滇特（保山）审稻200702。

形态特征和生物学特性：粳型常规水稻。全生育期169.0d，株高107.9cm。株型适中，整齐度好，耐肥，剑叶直立，分蘖力强，抗寒性好，长势繁茂，熟期转色好。有效穗数396.0万穗/hm²，成穗率73.8%，穗长18.8cm，每穗总粒数115.0粒，每穗实粒数99.0粒，结实率86.3%。谷粒清亮，黄白色，难落粒，千粒重23.4g。

品质特性：糙米率75.9%，整精米率58.1%，垩白粒率57.0%，垩白度5.1%，糙米蛋白质含量7.0%，直链淀粉含量20.7%，碱消值7.0级，胶稠度100.0mm，糙米长宽比1.7。

抗性：抗稻瘟病、白叶枯病和稻曲病。

产量及适宜地区：2004—2005年参加云南省保山市粳稻品种区域试验，两年平均产量9 042.0kg/hm²，比对照合系41增产10.3%，生产示范一般产量8 107.5 ~ 9 928.5kg/hm²。适宜于云南省保山市海拔1 500 ~ 1 800m的粳稻区种植。

栽培技术要点：做好种子处理，以4月中、下旬播种为宜，秧田播种量300.0 ~ 375.0kg/hm²。秧龄30 ~ 40d，立夏至小满移栽。以有机肥为主，氮、磷、钾配合施用，大田施有机肥15 000.0kg/hm²、复混肥600.0kg/hm²作底肥，移栽后5 ~ 10d结合化学除草施尿素150.0 ~ 180.0kg/hm²作追肥。栽插密度37.5万 ~ 52.5万穴/hm²，每穴2 ~ 3苗，栽插基本苗90.0万 ~ 150.0万苗/hm²。综合防治病、虫、草、鼠害。移栽后25 ~ 30d分蘖达指标撤水晒田，后期干湿管理，"九黄十收"。

隆科16 (Longke 16)

品种来源：云南省保山市隆阳区农业技术推广所和云南省农业科学院粮食作物研究所合作，于2005年从云粳21中发现变异株，经多年多代系统选育而成。2015年通过云南省农作物品种审定委员会审定，审定编号：滇审稻2015003。

形态特征和生物学特性：粳型常规水稻。全生育期174.4d，株高107.0cm。株型紧凑，叶片淡绿，剑叶挺直。有效穗数432.0万穗/hm²，成穗率83.5%，穗长18.6cm，每穗总粒数138.8粒，每穗实粒数115.7粒，结实率83.4%。谷粒黄色，颖尖无色，难落粒，千粒重27.5g。

品质特性：糙米率86.2%，精米率77.7%，整精米率65.4%，糙米粒长5.6mm，糙米长宽比2.1，垩白粒率24.0%，垩白度1.4%，直链淀粉含量16.4%，胶稠度60.0mm，碱消值6.5级，透明度1级，水分11.4%，达到国标三级优质米标准。

抗性：感稻瘟病（7级），中抗白叶枯病（5级）。

产量及适宜地区：2012年参加预备试验，2013—2014年参加云南省中海拔常规粳稻品种区域试验，两年平均产量11 331.0kg/hm²，比对照云粳26增产11.23%；生产试验平均产量11 166.0kg/hm²，比对照云粳26增产14.3%。适宜于云南省海拔1 500～1 800m粳稻区种植。

栽培技术要点：种子处理，播种前用"施保克—巴丹"合剂浸种72h。培育壮秧，采用旱育壮秧技术，培育壮秧。适时适龄移栽，适时早播，最佳秧龄40～45d。合理密植，合理调控，采取双行或单行条栽，栽插密度30.0万～37.5万穴/hm²，每穴栽2～3苗。科学施肥，坚持有机无机配合，氮、磷、钾、微肥配合。科学管理，坚持浅水栽秧，寸水活棵，薄水分蘖，苗足及时撤水晒田。综合防治病虫害，高产田注意防止倒伏。

泸选1号（Luxuan 1）

品种来源：云南省红河哈尼族彝族自治州泸西县农业技术推广中心，从农黎3-2分离的优异单穗中系统选育而成。1999年通过云南省农作物品种审定委员会审定，审定编号：滇特（红河）审稻红粳1号。

形态特征和生物学特性：粳型常规水稻。全生育期170.0～180.0d，株高85.0～90.0cm。单株分蘖数7.6个，穗长17.0～18.0cm，每穗总粒数110.0～120.0粒，每穗实粒数78.6～85.0粒，千粒重24g。黄壳，米白，籽粒卵圆形，有短芒，不易落粒，适应性较好。

品质特性：糙米率83.68%，精米率75.5%，整精米率65.2%，糙米粒长5.1mm，糙米长宽比1.8，糙米蛋白质含量7.6%。米质优良，米饭香软，冷不回生。获云南省第二届优质米银质奖。

抗性：抗叶瘟，中抗穗瘟。

产量及适宜地区：生产示范产量8 250.0～9 000.0kg/hm²。适宜于海拔1 500～1 800m稻区种植。

栽培技术要点：早育早栽，培育带蘖壮秧，惊蛰育秧，立夏栽插，秧田播种量450.0～600.0kg/hm²。为促进早生快发，提高有效穗数，80%的肥料应作底肥一次施下，以中等肥力田块为例，需尿素120.0～135.0kg/hm²、普通过磷酸钙108.0～120.0kg/hm²、硫酸钾75.0～90.0kg/hm²、农家肥15 000.0kg/hm²。合理密植，栽插密度52.5万～60.0万穴/hm²，每穴2～3苗。科学管水，浅水栽秧，寸水活苗，薄水分蘖，深水打苞，有水抽穗，分蘖、抽穗两个阶段不能干水。加强病虫害防治，秧田期要注意防治各种病虫害，抽穗期要及时喷药，预防穗瘟。

陆育3号 (Luyu 3)

品种来源：云南省曲靖市陆良县农业技术推广中心，于1999年以陆育1号/云粳香1号为杂交组合，经9年9代连续选育，于2008年性状稳定出圃，原品系编号为陆08-188。2014年通过云南省农作物品种审定委员会审定，审定编号：滇审稻2014023。

形态特征和生物学特性：粳型常规水稻。全生育期176.5d，株高99.2cm。有效穗数414.0万穗/hm²，每穗总粒数136.6粒，每穗实粒数111.2粒，结实率81.4%。落粒性适中，千粒重24.2g。

品质特性：糙米率85.3%，精米率74.2%，整精米率53.7%，糙米粒长5.5mm，糙米长宽比1.9，垩白粒率77.0%，垩白度7.7%，直链淀粉含量17.6%，胶稠度78.0mm，碱消值6.0级，透明度1级，水分11.7%。

抗性：中感稻瘟病，抗白叶枯病，弥渡穗瘟中，两年各试点均无重病记载。

产量及适宜地区：2011—2012年参加云南省中海拔粳稻品种区域试验，两年区试平均产量10 089.0kg/hm²，比对照合系41增产3.6%；2013年生产试验平均产量10 833.0kg/hm²，比对照合系41增产11.5%。适宜于云南省海拔1 500～1 850m的地区种植。

栽培技术要点：扣种稀播，培育壮秧和湿润壮秧，秧田播种量525.0kg/hm²左右。该品种产量10 500.0kg/hm²时需尿素240.0kg/hm²左右，以有机肥为主，氮、磷、钾配合一次施入，移栽后5～7d，施碳酸氢铵300.0kg/hm²，抽穗扬花期分期分次叶面喷施磷酸二氢钾。合理密植，栽插密度45.0万～48.0万穴/hm²，每穴2～3苗，确保有效穗数450.0万穗/hm²左右。加强水浆管理，干湿交替灌溉。适时防治虫、草害和稻曲病。

马粳1号（Mageng 1）

品种来源：云南省曲靖市马龙县种子管理站，于1997年从云南省农业科学院粮食作物研究所引进的合系35/合系40杂交组合高代材料，经多年系统选育而成。2005年通过云南省农作物品种审定委员会审定，审定编号：滇特（曲靖）审稻200511。

形态特征和生物学特性：粳型常规水稻。全生育期175.0～190.0d，株高82.0～95.0cm。株型紧凑，剑叶角度小，叶鞘绿色，茎秆粗细中等，分蘖力较强。穗长18.0～21.0cm，每穗总粒数148.0～200.0粒，每穗实粒数105.0～165.0粒。谷粒椭圆形，无芒，颖壳淡黄色，颖尖黄色，不落粒，千粒重24.5g。

品质特性：糙米率82.2%，精米率69.7%，整米率59.7%。食味品质较好。

抗性：耐寒性较强，抗倒伏，耐肥，抗苗瘟，抗穗颈瘟中上。

产量及适宜地区：1999—2000年参加曲靖市山区组水稻品种区域试验，两年平均产量7 645.5kg/hm²，比对照沾粳7号增产19.3%，生产示范产量6 946.5～7 882.5kg/hm²。适宜于曲靖市海拔1 900～2 100m的冷凉山区种植。

栽培技术要点：一般在惊蛰节令内育秧结束，播前进行种子的消毒处理，以防治恶苗病和控制稻瘟病的发生。在4月下旬至5月上旬移栽结束，秧龄不超过50d。肥力上等的田块，栽插密度67.5万穴/hm²，肥力弱的田块移栽75.0万穴/hm²左右，栽插基本苗不少135.0万苗/hm²，农家肥22 500.0kg/hm²、碳酸氢铵600.0kg/hm²、普通过磷酸钙450.0kg/hm²、硫酸钾300.0kg/hm²在移栽时作全层肥一次施用，在冷凉山区一般不进行追肥，确需追肥的田块，应在移栽后15d内进行。在病虫害防治工作上特别注意穗颈瘟的防治。

马粳3号（Mageng 3）

品种来源：云南省曲靖市马龙县种子管理站，从合系35变异单株中系统选育而成。2008年通过云南省农作物品种审定委员会审定，审定编号：滇特（曲靖）审稻2008013。

形态特征和生物学特性：粳型常规水稻。全生育期175.0～190.0d，株高85.0～102.0cm。株型紧凑，分蘖力中等。穗长18.5～22.5cm，每穗实粒数125.0～185.0粒。颖壳黄色，颖尖红褐色，护颖淡红色，不落粒，千粒重25.3g。

品质特性：糙米率84.3%，整精米率73.1%，垩白粒率36.0%，垩白度率4.0%，直链淀粉含量21.1%，糙米蛋白质含量6.1%，胶稠度40.0mm，糙米长宽比1.7。

抗性：稻瘟病抗性3级，稻瘟病抗性强。

产量及适宜地区：2003—2004年参加曲靖市山区组水稻区域试验，两年平均产量7 702.5kg/hm²，较对照沾粳7号无显著差异；生产示范平均产量7 590.0～8 820.0kg/hm²，较当地主栽品种增产9.2%～14.2%。适宜于曲靖市海拔1 900～2 050m的冷凉稻区及类似生态稻区种植。

栽培技术要点：一般在惊蛰育秧结束，播前进行种子的消毒处理，以防治恶苗病和控制稻瘟病的发生。在4月下旬至5月上旬移栽结束，秧龄不超过50d。肥力上等的田块，栽插密度67.5万穴/hm²，肥力弱的田块移栽密度75.0万穴/hm²左右，栽插基本苗不少135.0万苗/hm²，农家肥22 500.0kg/hm²、碳酸氢铵600.0kg/hm²、普通过磷酸钙450.0kg/hm²、硫酸钾300.0kg/hm²在移栽时作全层肥一次施入，在冷凉山区一般不进行追肥，确需追肥的田块，应在移栽后15d内进行。在病虫害防治工作上特别注意穗颈瘟的防治。

塔粳3号（Tageng 3）

品种来源：云南省玉溪市红塔区农业技术推广站，于2004年以云粳优3号//云粳优3号/云粳4号为杂交组合，经6年7代系统选育而成。2014年通过云南省农作物品种审定委员会审定，审定编号：滇审稻2014025。

形态特征和生物学特性：粳型常规水稻。全生育期179.4d，株高103.4cm。株、叶型一般，叶色绿，成熟期褪色好，分蘖力强。有效穗数516.0万穗/hm²，成穗率高，穗长19.7cm，每穗总粒数128.8粒，每穗实粒数93.3粒。落粒性适中，籽粒金黄色，颖尖无色，穗子顶部有短芒，千粒重26.4g。

品质特性：糙米率86.8%，精米率74.9%，整精米率70.2%，糙米粒长5.5mm，糙米长宽比2.0，垩白粒率55.0%，垩白度4.4%，直链淀粉含量19.4%，胶稠度85.0mm，碱消值7.0级，透明度1级，水分11.4%。

抗性：抗稻瘟病和白叶枯病，耐肥抗倒伏。

产量表现：2011—2012年参加云南省中海拔粳稻品种区域试验，两年平均产量11 280.0kg/hm²，比对照合系41增产16.6%；2013年生产试验，平均产量11 196.0kg/hm²，比对照合系41增产15.8%。适宜于云南省海拔1 500～1 850m地区种植。

栽培技术要点：播种前1周晒种1～2d，用"浸种灵"等种子处理剂浸种72h，进行种子消毒，预防种传病害。适时播种，培育带蘖壮秧，湿润薄膜育秧最佳播期3月上中旬，秧田播种量525.0～600.0kg/hm²，旱育秧最佳播期3月中下旬，秧田播种量375.0～450.0kg/hm²。适时移栽，合理密植，最适移栽期4月底至5月初。旱育秧秧龄35～45d，薄膜育秧秧龄40～50d。旱育秧移栽密度30.0万～37.5万穴/hm²；湿润薄膜育秧密度45.0万～51.0万穴/hm²，每穴栽2～3苗。配方施肥，合理调控，大田施肥应以农家肥、有机肥为主，氮、磷、钾肥配合使用。适当控制氮肥的施用量，增施磷、钾肥。在重施底肥（中层肥）的基础上少施分蘖肥，合理施用早穗肥（视群体而定），肥料的用量以苗肥（底肥和分蘖肥）与穗肥的比例为8∶2或7∶3较好。科学管水，大田管水按水稻生长需水特性进行。综合防治病虫害。

腾糯2号 (Tengnuo 2)

品种来源：云南省保山市腾冲县农业技术推广所，于2008年从云南农业大学稻作所提供的籼粳杂交后代材料$N_1$740-1穗行圃中，穗选繁殖，经多年定向选育而成。2013年通过云南省农作物品种审定委员会审定，审定编号：滇特（保山）审稻2013004。

形态特征和生物学特性：粳型常规糯稻。全生育期165.5d，株高103.8cm。株型紧凑，分蘖力较强，剑叶直立，青枝蜡秆，整齐度较好。最高茎蘖432.0万个/hm^2，有效穗数352.5万穗/hm^2，成穗率80.2%，穗长18.4cm，每穗总粒数137.5粒，每穗实粒数109.4粒，结实率79.8%。谷粒有芒和无芒，色泽好，千粒重23.3g。

品质特性：糙米率79.1%，精米率70.6%，整精米率44.7%，糙米粒长4.7mm，糙米长宽比1.7，碱消值6.0级，胶稠度100.0mm，直链淀粉含量1.2%，为优质粳糯稻品种。

抗性：稻瘟病7级，感；白叶枯病3级，抗。田间表现轻感稻瘟，轻感纹枯病，抗倒伏。

产量及适宜地区：2010—2011年参加云南省保山市常规粳稻区域试验，两年平均产量8 454kg/hm^2，较对照合系41减产3.3%，减产不显著；2012年参加保山市常规粳稻生产试验，平均产量7 978.5kg/hm^2，较对照合系41减产2.8%。适宜于云南省保山市海拔1 500～1 850m区域作优质糯稻种植。

栽培技术要点：抓住节令，适时早栽。扣种稀播，培育适龄壮秧，大田用种量30.0～37.5kg/hm^2，旱育稀播，培育适龄壮秧。合理密植，规范条栽，栽插密度37.5万～45.0万穴/hm^2，每穴2～3苗，栽插基本苗75.0万～90.0万苗/hm^2。氮、磷、钾合理搭配，测土配方施肥。底肥为主，追肥为辅，早施分蘖肥，增施穗肥，一般施尿素225.0～300.0kg/hm^2、普通过磷酸钙300.0kg/hm^2，基蘖肥与穗肥比例为6：4。搞好田间管理，抓好病、虫、草综合防治。

文粳1号（Wengeng 1）

品种来源：云南省文山壮族苗族自治州农业科学院稻作研究所，以楚粳香1号/丽粳314为杂交组合，于2011年系统选育而成。2014年通过云南省农作物品种审定委员会审定，审定编号：滇审稻2014014。

形态特征和生物学特性：粳型常规水稻。全生育期170.0～175.0d，株高95.3～102.3cm。株型紧凑，叶色深绿，茎秆粗壮，剑叶宽大挺直，分蘖力中等，抗倒伏。成穗率61.6%，穗长19.9～21.0cm，每穗总粒数148.5～167.4粒，每穗实粒数121.5～139.6粒，结实率86.3%。谷粒无芒，色泽好，易落粒，千粒重27.1g。

品质特性：糙米率85.0%，精米率74.2%，整精米率71.8%，糙米粒长4.8mm，糙米长宽比1.8，垩白粒率20.0%，垩白度1.4%，直链淀粉含量16.0%，胶稠度80.0mm，碱消值6.8级，透明度1级，水分11.7%，达到国标二级优质米标准。

抗性：感稻瘟病，中抗白叶枯病，试点无重病记载。

产量及适宜地区：2011—2012年参加云南省中海拔粳稻品种区域试验，两年平均产量9 975.0kg/hm²，比对照合系41增产3.1%；2013年生产试验，平均产量9 820.5kg/hm²，比对照合系41增产1.6%。适宜于云南省海拔1 500～1 850m粳稻区种植，稻瘟病重发区慎用。

栽培技术要点：采用旱育秧壮秧技术培育壮秧，大田用种量45.0kg/hm²，播种后12～15d，用敌克松兑水防治立枯病。合理密植，栽插规格株行距13.3cm×20cm，栽插密度375万穴/hm²，每穴2～3苗，严格清水浅水插秧。科学配方施肥，施优质农家肥15 000.0kg/hm²、尿素330.0kg/hm²、普通过磷酸钙750.0kg/hm²、硫酸钾375.0kg/hm²。病虫害防治坚持"预防为主，综合防治"的植保方针，加强稻瘟病的防治工作。

武凉41 （Wuliang 41）

品种来源：云南省楚雄彝族自治州武定县农业技术推广中心，于1987—1992年从A210水稻品种中选天然杂交变异株，经系统选育而成。1998年通过云南省农作物品种审定委员会审定，审定编号：滇粳48。

形态特征和生物学特性：粳型常规水稻。全生育期186.0d左右，株高98.0cm。株型好，苗期生长旺盛，根系发达，叶色较浓绿，叶片直立，有较强的耐冷性，适应性广，生长整齐、清秀，不早衰。有效穗数330.0万穗/hm²，成穗率69.0%，每穗总粒数132.8粒，结实率74.4%，谷粒椭圆形，颖壳淡黄色，壳薄无芒，难落粒，千粒重25.5g。

品质特性：米白质好，食味品质好。

抗性：较抗稻瘟病、白叶枯病和恶苗病。

产量及适宜地区：1995—1996年参加云南省中北部水稻区域试验，两年平均产量7 660.5kg/hm²，比对照品种云粳9号增产6.1%。适宜于云南省中北部海拔1 900～2 100m冷凉稻区种植。

栽培技术要点：该品种耐肥性好，选择中上等肥力田种植较佳，薄膜育秧，培育壮秧，播种前进行严格的种子处理，抽穗前后对穗颈稻瘟病、稻曲病、稻飞虱要认真防治1～2次。

岫4-10 (Xiu 4-10)

品种来源：云南省保山市农业科学研究所，于1978年以京国332/7701为杂交组合，采用系谱法选育而成。1990年通过保山市农作物品种审定小组审定。

形态特征及生物学特性：粳型常规水稻。全生育期175.0～185.0d，株高104.5cm。株型紧凑，叶色深绿，分蘖中等。有效穗数345.0万～412.5万穗/hm²，成穗率75.0%～84.4%，穗长18.0cm，每穗总粒数123.9～129.3粒，每穗实粒数104.7～109.5粒，空秕率15.5%～19.1%。谷粒白壳，有顶芒，难落粒，熟期转色好，千粒重23.0～24.5g。

品质特性：糙米率82.9%，精米率71.4%，整精米率55.7%，直链淀粉含量13.6%，胶稠度52.0mm，糙米蛋白质含量5.9%，总淀粉含量80.9%，食味可口，米饭油亮有光泽，米饭冷不回生。1991年被评为云南省第一批粳稻优质米。

抗性：抗稻瘟病，中感条纹叶枯病，抗倒伏性一般。

产量及适宜地区：1988—1989年参加保山市中海拔粳稻区域试验，平均产量8 112.0kg/hm²，较对照京国92增产26.6%。适宜于保山市海拔1 400～1 800m的温暖、温凉稻区推广种植。

栽培技术要点：适龄移栽，立夏、小满两个节令为最佳移栽期，秧龄40～50d，最大秧龄60d。科学施肥，以有机肥为主，氮、磷、钾配合的原则，施有机肥22 500.0kg/hm²、施尿素225.0～330.0kg/hm²、普通过磷酸钙450.0～600.0kg/hm²、硫酸钾150.0～225.0kg/hm²。其中，中层肥施尿素105.0～150.0kg/hm²、普通过磷酸钙300.0～450.0kg/hm²、硫酸钾75.0kg/hm²；分蘖肥在移栽后7～10d内结合化学除草施尿素75.0～120.0kg/hm²、硫酸钾75.0kg/hm²；在幼穗分化第三、四期施穗肥30.0～75.0kg/hm²、普通过磷酸钙120.0～150.0kg/hm²、硫酸钾45.0～75.0kg/hm²。合理密植，采用条栽为好，栽插密度52.5万～60万穴/hm²，每穴2.0～2.5苗，栽插基本苗120.0万～150.0万苗/hm²，栽后28d内茎蘖数达到405万～420万个/hm²及时撤水晒田。科学管水，做到浅水插秧，寸水活棵，薄水分蘖，达到控制时期及时撤水晒田，晒田10～20d，复水后幼穗分化期要保证田间有水层，开花灌浆期田水干湿交替，护根壮秆，防止倒伏。综合防治病虫害，主要防治好条纹叶枯病，稻瘟病常发区预防穗瘟。

岫42-33 (Xiu 42-33)

品种来源：云南省保山市农业科学研究所，于1985年以京国92/香谷///2//测24/台3为杂交组合，经4年5代系谱法选育而成。1994年通过保山市农作物品种审定小组审定。

形态特征及生物学特性：粳型常规水稻。全生育期165.0～170.0d，株高93.4～100.5cm。株型好，叶色深，剑叶直立稍宽，孕穗及后期叶片有鳝血斑，茎秆有弹性抗倒伏。有效穗数397.5万～441.0万穗/hm²，成穗率75.0%～82.0%，穗长18.5～21.8cm，每穗总粒数110.1～125.4粒，每穗实粒数93.9～108.4粒，空秕率10.5%～14.7%，千粒重25～26.0g，籽粒金黄色，熟期看相好，稻谷、稻苗、茎秆有香味。

品质特性：糙米率82.5%，精米率67.9%，直链淀粉含量18.7%，胶稠度72.0mm，碱消值6.5级，糙米蛋白质含量5.6%，总淀粉含量80.4%，糙米长宽比1.81。白米，透明，食口性好，色泽油亮，有香味，冷饭不回生，1994年在云南省第二届优质稻米评选会被评定为优质米品种。

抗性：抗稻瘟病，抗条纹叶枯病。

产量及适宜地区：1991年参加品种比较试验产量9 052.5kg/hm²，比对照岫4-10增加2 791.5kg/hm²，增产44.58%；1992—1993年参加保山市品种区域试验，平均产量8 145.0kg/hm²，比对照岫4-10增加285kg/hm²，增产3.6%。适宜于保山市海拔1 400～1 850m的稻区种植。

栽培技术要点：培育壮秧，适时移栽，秧龄45～50d，壮秧要求带蘖，基部扁蒲，最佳移栽节令立夏、小满。科学施肥，以有机肥为主，掌握氮、磷、钾配合的原则，施尿素270.0～525.0kg/hm²、普通过磷酸钙450.0～600.0kg/hm²、硫酸钾150.0～225.0kg/hm²。合理密植，以三带六行、四带八行为好，栽插密度67.5万穴/hm²，每穴2苗，栽插基本苗120.0万～180.0万苗/hm²，移栽后28d茎蘖数390.0万～420.0万个/hm²时晒田控制无效分蘖。科学管水及综合防治病虫害，做到浅水栽秧，薄水分蘖，寸水活棵，苗足撒水晒田，开花灌浆期干湿管理。综合防治病、虫、草、鼠害，重点防鼠害。

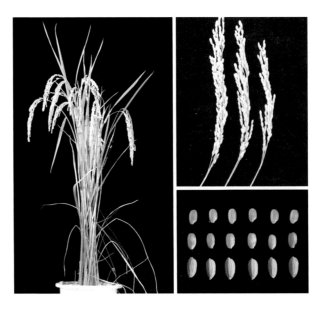

岫5-15 (Xiu 5-15)

品种来源：云南省保山市农业科学研究所，于1976年以京引57/京国527为杂交组合，采用系谱法选育而成。1993年通过保山市农作物品种审定小组审定。

形态特征及生物学特性：粳型常规水稻。全生育期165.0～170.0d，株高112.8cm。株型紧凑，叶色深绿，剑叶角小。有效穗数330万～397.5万穗/hm²，穗长21.7cm，每穗总粒数131.0粒，每穗实粒数108.8粒，空秕率16.0%～26.5%。籽粒黄壳，熟期转色好，难落粒，千粒重24.0g。

品质特性：糙米率79.8%，精米率69.87%，直链淀粉含量14.3%，胶稠度53.5mm，糙米蛋白质含量7.0%，总淀粉含量79.7%。米透明度好，饭油亮，口感好。

抗性：抗叶瘟，高抗穗瘟，抗条纹叶枯病。

产量及适宜地区：1990年参加品比试验产量9 834.0kg/hm²，比对照岫4-10增产9.04%；1991—1992年参加保山市中海拔粳稻区域试验，平均产量9 310.5kg/hm²，比对照岫4-10增产10.7%。适宜于保山市海拔1 500～1 750m温热、温暖稻区种植。

栽培技术要点：培育壮秧，适时移栽，秧龄50～55d，壮秧要求带蘖，最佳移栽节令为立夏、小满。合理密植，立夏移栽主攻大穗为前提，栽插密度51.0万～60.0万穴/hm²，

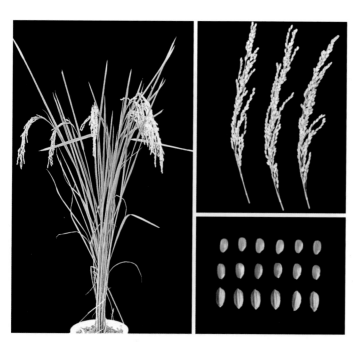

每穴2苗，移栽后26d茎蘖数360.0万～390.0万个/hm²时晒田控制无效分蘖。小满移栽主攻中大穗，增加基本苗提高成穗率，栽插密度60.0万～75.0万穴/hm²，每穴3苗，栽后茎蘖数375.0万～405.0万个/hm²撤水晒田。科学施肥，掌握氮、磷、钾配合的原则，施尿素270.0～375.0kg/hm²、普通过磷酸钙450.0～600.0kg/hm²、硫酸钾75.0～150.0kg/hm²。科学管水，做到浅水栽秧，薄水分蘖，苗足撤水晒田，幼穗分化期深水保湿，开花灌浆期干湿管理。

岫 82-10 （Xiu 82-10）

品种来源：云南省保山市农业科学研究所，于1986年以673/84//嘉19为杂交组合，经过6年系谱法选育而成。2000年通过保山市农作物品种审定小组审定。

形态特征及生物学特性：粳型常规水稻。全生育期160～170d，株高99.4cm。株型好，剑叶直立。有效穗数442.5万穗/hm²，穗长14.7cm，每穗总粒数111.8粒，每穗实粒数98.3粒。谷粒黄白色，颖尖乌褐色，千粒重23.5～25.0g。

品质特性：糙米率83.1%，精米率70.4%，糙米长宽比1.5，直链淀粉含量16.6%，胶稠度85.6mm，碱消值6.5级，糙米蛋白质含量8.1%，垩白粒率1.0%。白米透明度好，食味品质中上，饭冷不回生。

抗性：抗稻瘟病，抗条纹叶枯病，耐肥抗倒伏。

产量及适宜地区：1995年在品比试验中产量10 140.0kg/hm²，1995年在保山市预试中产量8 040.0kg/hm²，比对照岫4-10增产2.5%；1996—1997年参加保山市区域试验，两年平均产量8 536.5kg/hm²。适宜于保山市海拔1 450～1 820m地区的中产及高产稻区种植。

栽培技术要点：扣种稀播，培育壮秧，育秧方式采用旱育秧，播种前做好晒种及种子处理，催芽播种。适时适龄移栽，最佳秧龄35～45d，最佳移栽节令立夏、小满。合理群体结构，旱育秧栽插密度36.0万穴/hm²，湿润育秧栽52.5万～67.5万穴/hm²。科学施肥，以有机肥为主，氮、磷、钾配合使用，做到"减氮、增磷、补钾"。大田生育期控施尿素97.5～225.0kg/hm²、普通过磷酸钙总用量450.0～600.0kg/hm²、硫酸钾150.0～225.0kg/hm²。综合防治病、虫、草、鼠害，科学运筹水浆，"九黄十收"，颗粒归仓。

岫87-15 (Xiu 87-15)

品种来源：云南省保山市农业科学研究所，于1990年以京国92/合系2号为杂交组合，经5年系谱选育而成。2003年通过保山市农作物品种审定小组审定。

形态特征及生物学特性：粳型常规水稻。全生育期165.0～170.0d，株高103.6cm。株型好，剑叶直立。有效穗数427.5万～501.0万穗/hm²，成穗率69.3%～75%，穗长16.3cm，每穗总粒数103.2～127.0粒，每穗实粒数94.8～110.0粒，结实率86.7%～91.8%。谷粒黄白色，难落粒，千粒重23.5～24.5g。

品质特性：米质好，米白透明，无垩白，食味口感与优质京国92一样，米饭油亮，饭冷不回生，有回甜味。

抗性：耐肥抗倒伏，耐寒性较强，抗稻瘟病和白叶枯病，较抗条纹叶枯病。

产量及适宜地区：1996年保山市品种比较试验，平均产量9 682.5kg/hm²，比对照合系2号增产42.5%；1998年保山市水稻区域试验，平均产量7 641.0kg/hm²，比对照合系39增产6.0%；1999年保山市区域试验，平均产量9 749.5kg/hm²，比对照合系41增产37.2%。生产示范产量8 505.0～12 246.0kg/hm²。适宜于云南省海拔1 450～1 800m地区种植。

栽培技术要点：适时早播早栽，扣种稀播，培育壮秧。合理密植，中上等肥力田栽插密度45.0万～54.0万穴/hm²，中下等田栽插密度54万～63万穴/hm²。科学配方施肥，在犁田前施入农家肥22 500.0kg/hm²、中层肥施碳酸氢铵600.0kg/hm²、普通过磷酸钙450.0～600.0kg/hm²，栽后7～10d结合化学除草追施分蘖肥尿素180.0kg/hm²、普通过磷酸钙150.0～225.0kg/hm²、钾肥150.0kg/hm²，促进早生快发，获得足够的有效穗。穗肥要促保兼顾，在抽穗前12～15d，视苗情追施尿素30.0～45.0kg/hm²、普通过磷酸钙150.0kg/hm²、硫酸钾75.0kg/hm²。水浆管理，浅水栽秧，返青、分蘖阶段以浅水管理为主，促进早生快发，孕穗打苞阶段适当深水护苗，其余时期以干湿灌溉为宜。栽后26～28d总茎蘖数420.0万～450.0万个/hm²时撤水晒田，控制无效分蘖，以提高成穗率，成熟前5～7d断水。搞好病虫害防治。在秧田期防治飞虱1～2次。在7月底、8月上中旬防治飞虱1～2次，在抽穗前3～5d用井冈霉素预防稻曲病。

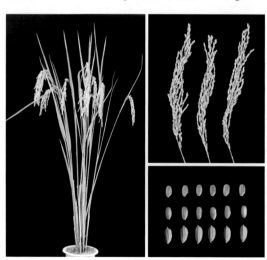

岫粳11（Xiugeng 11）

品种来源：云南省保山市农业科学研究所，以合系2号/岫粳4号为杂交组合，选育而成，原名岫136-14。2004年通过云南省农作物品种审定委员会审定，审定编号：滇特（保山）审稻200402。

形态特征及生物学特性：粳稻常规水稻。全生育期167.0～175.0d，株高100.0cm。株、叶型好，剑叶直立，叶色黄绿，分蘖强，茎秆粗壮抗倒伏。穗长18.0cm，每穗总粒数100.0～120.0粒，每穗实粒数84.0～105.0粒。难落粒，千粒重23.0～24.0g。

品质特性：糙米率80.3%，精米率为73.3%，整精米率50.7%，直链淀粉含量17.1%。

抗性：中抗稻瘟病和白叶枯病，抗条纹叶枯病，耐肥抗倒伏。

产量及适宜地区：2002—2003年参加保山市粳稻区域试验，两年平均产量9 562.5kg/hm²，生产示范平均产量8 325.0kg/hm²。适宜于保山市1 450～1 800m区域种植。

栽培技术要点：进行种子处理，扣种稀播培育壮秧，适时移栽最佳秧龄35～45d，栽插密度33.0万～45.0万穴/hm²，每穴2苗，在施农家肥22 500.0kg/hm²的基础上，施尿素120.0～225.0kg/hm²，普通过磷酸钙75.0～105.0kg/hm²、硫酸钾75.0～112.5kg/hm²。防治稻瘟病。

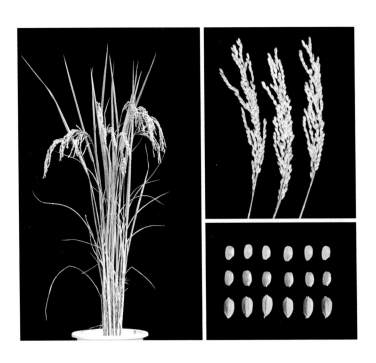

岫粳 12 （Xiugeng 12）

品种来源：云南省保山市农业科学研究所，于1999年以70优4号分离单株/合系41为杂交组合，经5年6代单株和系谱选择育成，原编号岫03-8。2011年通过云南省农作物品种审定委员会审定，审定编号：滇特（保山）审稻2011031。

形态特征及生物学特性：粳型常规水稻。全生育期167.0～175.0d，株高85.0～100.0cm。株型紧凑，剑叶短直，直立穗型，着粒较密，抗倒伏能力强。穗长15.0～17.0cm，每穗总粒数120.0～140.0粒。谷粒黄色、偏圆，易落粒，千粒重23.0g左右。

品质特性：糙米率84.4%，精米率75.7%，整精米率66.8%，垩白粒率28.0%，垩白度1.4%，透明度1级，碱消值7.0级，胶稠度78.0mm，直链淀粉含量15.0%，糙米粒长4.9mm，糙米长宽比1.8。

抗性：抗稻瘟病，高抗白叶枯病。

产量及适宜地区：2009—2010年参加云南省保山市常规粳稻新品种区域试验，两年平均产量9 217.5kg/hm²，较对照合系41增产12.5%；2011年生产试验平均产量10 030.5kg/hm²，较对照合系41增产2.6%。适宜于保山市除腾冲、隆阳外海拔1 500～1 750m的粳稻区种植。

栽培技术要点：搞好种子处理，播种前晒种1～2d，用"施保克—巴丹"合剂浸种48～72h，然后催芽播种。扣种稀播，培育壮秧，采用旱育秧技术，大田用种量37.5～45.0kg/hm²，秧田播种量525.0～600.0kg/hm²。合理密植，采取规范化条栽，栽插密度37.5万～45.0万穴/hm²，每穴1～2苗。适时播种，适龄移栽，要求适时早播，最佳秧龄40～45d。科学施肥，采取有机无机配合，氮、磷、钾、微肥配合，在施足有机肥的条件下，施尿素150.0～225.0kg/hm²、普通过磷酸钙75.0～90.0kg/hm²、硫酸钾75.0～90.0kg/hm²、硫酸锌15.0kg/hm²，其中氮肥的60%和磷、钾、锌肥全部作中层肥施用，40%的氮肥结合化学除草作分蘖肥追施。科学管理，综合防治病虫害，科学管水，做到浅水栽秧，寸水活秧，薄水分蘖，当茎蘖数达到预定指标的80%左右及时撒水晒田，控制无效分蘖，后期干湿管理。注意秧田期防虫以及条纹叶枯病，于分蘖期和始穗期结合防虫防稻瘟病2次，孕穗期和始穗期用井冈霉素防治稻曲病2次。"九黄十收"，以防落粒损失。

岫粳14 (Xiugeng 14)

品种来源：云南省保山市农业科学研究所，于2000年从本所稻瘟病抗性鉴定圃品种香粳834中系统选育而成，原编号香粳834-1。2009年通过云南省农作物品种审定委员会审定，审定编号：滇特（保山）审稻2009007。

形态特征及生物学特性：粳型常规水稻。全生育期170.0d，株高94.0～115.0cm。株型好，叶片挺直，叶色浓绿。有效穗数315.0万～420.0万穗/hm²，最高茎蘖数375.0万～720.0万个/hm²，成穗率53%～91%，偏大穗，每穗总粒数125.0～158.0粒，每穗实粒数115.0～153.0粒，结实率82.0%～94.0%，褐色颖尖和护颖，籽粒具有花青素，落粒性适中，千粒重22.9g。

品质特性：糙米率83.2%，精米率73.9%，整精米率71.1%，垩白粒率64.0%，垩白度6.4%，直链淀粉含量16.2%，胶稠度74.0mm，糙米粒长4.7mm，糙米长宽比1.7，透明度2级，碱消值7.0级。

抗性：抗稻瘟病和白叶枯病，抗寒性好，耐湿性强。

产量及适宜地区：2006—2007年参加保山市常规粳稻区域试验，两年平均产量9 444.0kg/hm²，比对照合系41增产4.9%；2008年生产试验平均产量8 382.6kg/hm²，比对照合系41增产13.0%。适宜于保山市海拔1 500～1 800m区域种植。

栽培技术要点：进行种子处理，扣种稀播，培育壮秧，适时移栽最佳秧龄35～45d，栽插密度33.0万～45.0万穴/hm²，每穴2苗，在施农家肥22 500.0kg/hm²的基础上，施尿素120.0～225.0kg/hm²、普通过磷酸钙75.0～105.0kg/hm²、硫酸钾75.0～112.5kg/hm²。防治稻瘟病。

岫粳 15 (Xiugeng 15)

品种来源：云南省保山市农业科学研究所，以合系2号/岫粳4号为杂交组合，采用系谱法选育而成，原编号岫03-197。2009年通过云南省农作物品种审定委员会审定，审定编号：滇特（保山）审稻2009008。

形态特征及生物学特性：粳型常规水稻。全生育期165.0～175.0d，株高106.5cm。株、叶型好，剑叶直立，叶色黄绿，分蘖力强。有效穗数447.0万～487.5万穗/hm²，成穗率70.9%～76.1%，穗长17.3cm，每穗总粒数101.0～115.0粒，每穗实粒数83.0～100.0粒。谷粒黄白色，难落粒，千粒重24.0～25.0g。

品质特性：糙米率83.7%，精米率72.3%，整精米率70.0%，垩白粒率55.0%，垩白度5.5%，直链淀粉含量16.6%，胶稠度80.0mm，糙米粒长4.9mm，糙米长宽比1.8，透明度2级，食味口感好，有回甜味。

抗性：抗稻瘟病，耐肥抗倒伏。

产量及适宜地区：2006—2007年参加保山市常规粳稻区域试验，两年平均产量9 021.0kg/hm²，比对照合系41增产0.4%；生产示范平均产量8 449.5kg/hm²，增产8.57%。适宜于保山市海拔1 500～1 800m的粳稻区种植。

栽培技术要点：扣种稀播，培育壮秧。适时适龄移栽，最佳秧龄35～40d，移栽叶龄6.0～6.5。保山市怒江以东的隆阳区、施甸县、昌宁县要求在5月15～20日移栽，怒江以西的腾冲县、龙陵县最佳移栽期在5月15～30日。优化群体结构，栽插密度30.0万穴/hm²左右。实施平衡施肥技术，采取控氮增磷、钾措施，大田施尿素127.5～277.5kg/hm²、普通过磷酸钙82.5～120.0kg/hm²、硫酸钾37.5～75.0kg/hm²、硫酸锌15.0kg/hm²。在施肥中掌握"前促、中控、后补"的促控原则，施肥量和施肥次数根据产量、稻作水平、气候条

件和生态区域合理确定，一般在腾冲、龙陵多雨区采取三次施肥的比例是中层肥氮肥50%，磷、钾、锌肥100%，分蘖肥施氮肥30%～40%，穗肥施氮肥10%～20%。怒江以东三县（区）三次施肥的比例是中层肥氮肥40%、磷肥100%、钾肥80%，分蘖肥结合化除施氮肥30%，穗肥施氮肥30%、钾肥20%。科学运筹水浆管理，做到浅水插秧，寸水活棵，薄水分蘖，苗达预定有效穗指标的80%及时撤水晒田。孕穗期深水管理，灌浆后期干湿管理，护根壮秆防早衰。综合防治病、虫、草、鼠危害。

岫粳16 (Xiugeng 16)

品种来源: 云南省保山市农业科学研究所, 于2000年以岫粳11/合系41为杂交组合, 经5年6代单株和系谱选择育成, 原编号为岫168-13。2012年通过云南省农作物品种审定委员会审定, 审定编号: 滇审稻2012009。

形态特征及生物学特性: 粳型常规水稻。全生育期172.9d, 株高95.6cm。株型好, 剑叶直立, 叶色黄绿。有效穗数502.5万穗/hm², 成穗率80.2%, 每穗总粒数110.9粒, 每穗实粒数92.2粒, 结实率85.1%。落粒性适中, 千粒重24.9g。

品质特性: 糙米率83.4%, 精米率72.4%, 整精米率58.8%, 糙米长宽比1.9, 垩白粒率36.0%, 垩白度3.6%, 透明度2级, 碱消值7.0级, 胶稠度82.0mm, 直链淀粉含量13.6%。

抗性: 抗稻瘟病（1级）、高抗白叶枯病（1级）。田间稻瘟病发病最重点泸西点2010年穗瘟重。耐冷性适中。

产量及适宜地区: 2009—2010年参加云南省中部粳稻品种区域试验（A组）, 两年平均产量10 771.5kg/hm², 比对照合系41增产4.6%; 2011年生产试验平均产量10 027.5kg/hm²。适宜于云南省海拔1 600 ~ 1 800m粳稻区种植。

栽培技术要点: 扣种稀播, 培育壮秧。以旱育秧为主, 播前做到晒种、精选种, 药剂浸种, 催芽播种, 秧田播种量375.0kg/hm²。适时适龄移栽, 最佳秧龄40 ~ 45d, 最佳移栽节令为立夏、小满。合理的群体结构, 确保产量12 000.0kg/hm², 栽插密度30.0万 ~ 33.0万穴/hm², 有效穗数435.0万穗/hm², 每穗实粒数12.00粒, 千粒重24.0g。科学施肥, 坚持以有机肥为主, 氮、磷、钾配合施用的原则, 施普通过磷酸钙450.0 ~ 600.0kg/hm²、尿素450.0 ~ 525.0kg/hm²、硫酸钾150.0 ~ 225.0kg/hm²; 磷、钾肥一次作中层肥施用; 氮肥作三次施: 中层肥40%、分蘖肥50%、穗肥10%。加强田间管理。要求浅水栽秧、寸水分蘖, 苗足及时撒水晒田, 移栽25 ~ 28d分蘖数达到预定有效穗时撒水晒田控制无效分蘖, 提高成穗率, 促大穗, 增粒重, 保证穗实粒数。搞好以飞虱、螟虫为中心的防虫工作。高产区防止倒伏, 黄熟时及时收获。

岫粳18（Xiugeng 18）

品种来源：云南省保山市农业科学研究所，于2004年以滇粳优6号/隆试1号为杂交组合，经多年系统选育而成。2015年通过云南省农作物品种审定委员会审定，审定编号：滇审稻2015001。

形态特征和生物学特性：粳型常规水稻。全生育期174.5d，株高92.1cm。株型好，剑叶直立，叶绿色。有效穗数436.5万穗/hm²，穗长19.8cm，每穗总粒数119.1粒，每穗实粒数99.5粒。谷粒黄色，落粒性适中，千粒重28.8g。

品质特性：糙米率83.7%，精米率74.5%，整精米率67.1%，糙米粒长5.3mm，糙米长宽比1.8，垩白粒率51%，垩白度4.6%，直链淀粉含量15.7%，胶稠度80.0mm，碱消值6.8级，透明度2级，水分10.9%。

抗性：感稻瘟病，抗白叶枯病。

产量及适宜地区：2011年参加预备试验，2012—2013年参加云南省中海拔常规粳稻品种区域试验，两年平均产量10 158.0kg/hm²，比对照合系41增产4.9%；生产试验平均产量10 936.5kg/hm²，比对照合系41增产11.9%。适宜于云南省海拔1 500～1 850m稻区种植。

栽培技术要点：扣种稀播，培育壮秧。以旱育秧为主，播前做到晒种、精选种，药剂浸种、催芽播种，秧田播种量375.0kg/hm²。适时适龄移栽，最佳秧龄40～45d，最佳移栽节令为立夏、小满。合理的群体结构，确保产量12 000.0kg/hm²，栽插密度30.0万～33.0万穴/hm²，有效穗数435.0万穗/hm²，每穗实粒数120.0粒，千粒重24.0g。科学施肥，坚持以有机肥为主，氮、磷、钾配合施用的原则，施普通过磷酸钙450.0～600.0kg/hm²、尿素450.0～525.0kg/hm²、硫酸钾150.0～225.0kg/hm²；磷、钾肥一次作中层肥施用；氮肥作三次施：中层肥40%，分蘖肥50%，穗肥10%。加强田间管理。要求浅水栽秧、寸水分蘖，苗足及时撤水晒田，移栽25～28d分蘖数达到预定有效穗时撤水晒田控制无效分蘖，提高成穗率，促大穗，增粒重，保证穗实粒数。搞好以飞虱、螟虫为中心的防虫工作。高产区防止倒伏，黄熟时及时收获。

岫粳19 (Xiugeng 19)

品种来源：云南省保山市农业科学研究所，于2000年以昌86-11/滇粳优1号为杂交组合，经5年5代单株和系谱选择育成，原编号岫07-32。2011年通过云南省农作物品种审定委员会审定，审定编号：滇特（保山）审稻2011032。

形态特征及生物学特性：粳型常规水稻。全生育期165.0～170.0d，株高99.1～113.1cm。中早熟品种，株型适中，偏大穗型，熟期转色好。穗长20.1～23.7cm，每穗总粒数140.0～160.0粒。谷粒黄色、稍偏长，难落粒，千粒重20.0～22.0g。

品质特性：糙米率82.6%，精米率75.0%，整精米率71.9%，垩白粒率4.0%，垩白度0.2%，透明度1级，碱消值5.0级，胶稠度71.0mm，直链淀粉含量15.0%，糙米粒长5.4mm，糙米长宽比2.2。

抗性：感稻瘟病，高抗白叶枯病。

产量及适宜地区：2008—2009年参加云南省保山市常规粳稻新品种区域试验，两年平均产量9 835.5kg/hm²，较对照合系41增产4.5%；2010年生产试验中平均产量9 796.5kg/hm²，较对照合系41增产0.42%。适宜于保山市除施甸、腾冲、昌宁外海拔1 500～1 800m的粳稻区种植。在稻瘟病发生的地区慎用。

栽培技术要点：种子处理，播种前用"施保克—巴丹"合剂浸种72h。培育壮秧，采用旱育壮秧技术，培育壮秧。适时适龄移栽，适时早播，最佳秧龄40d，注意防止超龄早穗。合理密植，采取双行或单行条栽，栽插密度30.0万～36.0万穴/hm²，每穴1～2苗。科学施肥，坚持有机无机配合，氮、磷、钾配合的施肥原则，产量9 750.0～10 500.0kg/hm²的施肥技术：施农家肥15 000.0kg/hm²、尿素210.0～240.0kg/hm²、普通过磷酸钙90.0～105.0kg/hm²、硫酸钾75.0～120.0kg/hm²，其中磷、钾肥和50%的氮肥作底肥施用，40%的氮肥结合化学除草作分蘖肥追施，10%的氮肥栽后32d作穗肥施用，后期结合防虫防病用1%～2%的磷酸二氢钾作叶面喷施。科学管理，坚持浅水栽秧，寸水活棵，薄水分蘖，苗足及时撤水晒田。综合防治病虫害，高产田注意防止倒伏。

岫粳20（Xiugeng 20）

品种来源：云南省保山市农业科学研究所于2000年以岫87-15/滇超2号为杂交组合，经5年5代单株和系谱选择育成，2011年通过云南省农作物品种审定委员会审定，审定编号：滇特（保山）审稻2011033。

形态特征及生物学特性：粳型常规水稻。全生育期172.0～180.0d，株高102.0～108.0cm。株型紧凑，叶色绿，剑叶直立，分蘖力强，熟期转色好。穗长18.2cm，每穗总粒数121.0粒，每穗实粒数106.0粒。难落粒，千粒重24.0g。

品质特性：糙米率81.8%，精米率74.0%，整精米率69.3%，垩白粒率38.0%，垩白度1.9%，透明度1级，碱消值7.0级，胶稠度60.0mm，直链淀粉含量13.8%，糙米粒长5.1mm，糙米长宽比1.8。

抗性：感稻瘟病，高抗白叶枯病。

产量及适宜地区：2008—2009年参加云南省保山市常规粳稻新品种区域试验，两年平均产量为10 116.0kg/hm²，较对照合系41增产7.4%；2010年生产试验平均产量为10 611.0kg/hm²，较对照合系41增产8.6%。适宜于保山市除施甸县外海拔1 500～1 800m的粳稻区种植。在稻瘟病发生的地区慎用。

栽培技术要点：严格进行种子处理，播种前用"施保克—巴丹"合剂浸种72h，防治恶苗病及干尖线虫病。培育壮秧，适龄移栽，秧田播种量375.0～450.0kg/hm²，采用肥床旱育或湿润育秧，最佳秧龄为40d。合理密植，该品种分蘖力较强，采用三带六行或四带八行条栽，栽插密度33.0万～36.0万穴/hm²，每穴栽2苗。合理施肥，施肥上应保证施足底肥和分蘖肥，争取早生快发，获得足够的有效穗，大田施农家肥22 500.0kg/hm²、尿素525.0kg/hm²（其中60%作中层肥、30%作分蘖肥、10%作穗肥）、普通过磷酸钙450.0kg/hm²、硫酸钾225.0kg/hm²。加强田间管理，要求浅水栽秧、寸水分蘖，苗足及时撤水晒田，搞好以飞虱、螟虫为中心的防虫工作。黄熟时及时收获。

岫粳21（Xiugeng 21）

品种来源：云南省保山市农业科学研究所，于2001年以滇系4号/岫4-10为杂交组合，经连续7代系谱选育而成，原编号为岫07-570。2013年通过云南省农作物品种审定委员会审定，审定编号：滇特（保山）审稻2013001。

形态特征及生物学特性：粳型常规水稻。全生育期162.3d，株高104.2cm。最高茎蘖436.5万个/hm²，有效穗数366.0万穗/hm²，成穗率82.9%，穗长19.2cm，每穗总粒数120.1粒，每穗实粒数107.3粒，结实率89.3%，千粒重25.2g。

品质特性：糙米率83.4%，精米率75.4%，整精米率69.8%，糙米粒长5.2mm，糙米长宽比1.8，垩白粒率30%，垩白度1.8%，透明度1级，碱消值6.0级，胶稠度70.0mm，直链淀粉含量19.2%，稻米品质达到国标三级优质米标准。

抗性：中感稻瘟病，抗白叶枯病，轻感纹枯病，抗倒伏性稍弱。

产量及适宜地区：2010—2011年参加保山市常规粳稻区域试验，两年平均产量9 378.0kg/hm²，较对照合系41增产7.3%；2012年生产试验平均产量8 857.5kg/hm²，较对照合系41增产654.0kg/hm²。适宜于保山市海拔1 500～1 850m区域作优质稻种植。

栽培技术要点：种子处理，播种前用"施保克—巴丹"合剂浸种72h。培育壮秧，采用旱育壮秧技术，培育壮秧。适时早播，最佳秧龄40～45d。合理密植，合理调控，采取双行或单行条栽，栽插密度30.0万～37.5万穴/hm²，每穴栽1～2苗，确保田间有效穗数360.0万～420.0万穗/hm²，成熟率达到80%以上。科学施肥，坚持有机无机配合，氮、磷、钾、微肥配合。科学管理，坚持浅水栽秧，寸水活棵，薄水分蘖，苗足及时撤水晒田。综合防治病虫害，高产田注意防止倒伏。

岫粳22 (Xiugeng 22)

品种来源：云南省保山市农业科学研究所，于2001年以香粳834/合系41为杂交组合，采用系谱法选育而成，原编号为CR-4-9。2013年通过云南省农作物品种审定委员会审定，审定编号：滇特（保山）审稻2013002。

形态特征和生物学特性：粳型常规水稻。全生育期169.9d，株高102.1cm。有效穗数343.5万穗/hm²，成穗率82.1%，穗长19.5cm，每穗总粒数152.8粒，每穗实粒数123.7粒，结实率80.9%，千粒重24.3g。

品质特性：糙米率83.5%，精米率75.1%，整精米率74.0%，糙米粒长5.0mm，糙米长宽比1.8，垩白粒率66.0%，垩白度4.0%，透明度2级，碱消值6.0级，胶稠度70.0mm，直链淀粉含量18.9%。

抗性：抗稻瘟病，抗白叶枯病，轻感纹枯病，抗倒伏。

产量及适宜地区：2010—2011年参加保山市常规粳稻区域试验，两年平均产量9 259.5kg/hm²，较对照合系41增产5.9%；2012年生产试验平均产量8 796.0kg/hm²，较对照合系41增产591.0kg/hm²。适宜于保山市海拔1 500～1 950m的粳稻区种植。

栽培技术要点：搞好种子处理。播种前晒种1～2d，用"施保克—巴丹"合剂浸种48～72h，然后催芽播种。扣种稀播，培育壮秧，采用旱育秧技术，大田用种量37.5～45.0kg/hm²，秧田播种量525.0～600.0kg/hm²。合理密植，采取规范化条栽，栽插密度37.5万～45.0万穴/hm²，每穴栽2～3苗。适时播种，适龄移栽，要求适时早播，最佳秧龄为40～45d。科学施肥，采取有机无机配合，氮、磷、钾、微肥配合。科学管理，综合防治病虫害，科学管水，做到浅水栽秧，寸水活棵，薄水分蘖，当茎蘖数达到预定指标的80%左右及时撤水晒田，控制无效分蘖，后期干湿管理。于分蘖期和始穗期结合防虫防稻瘟病2次，孕穗期和始穗期用井冈霉素防治稻曲病2次。"九黄十收"。

岫粳23 (Xiugeng 23)

品种来源：云南省保山市农业科学研究所，于2001年以楚粳9号/合系25//岫87-15为杂交组合，经连续6代系谱选育而成。2013年通过云南省农作物农作物品种审定委员会审定，审定编号：滇特（保山）审稻2013003。

形态特征和生物学特性：粳型常规水稻。全生育期161.3d，株高112.2cm。有效穗数367.5万穗/hm²，成穗率82.1%，穗长20.7cm，每穗总粒数135.9粒，每穗实粒数108.9粒，结实率80.0%，千粒重24.9g。

品质特性：糙米率82.6%，精米率74.4%，整精米率71.2%，糙米粒长5.2mm，糙米长宽比1.9，垩白粒率46%，垩白度2.3%，透明度1级，碱消值6.0级，胶稠度80.0mm，直链淀粉含量16.2%。

抗性：抗稻瘟病，中抗白叶枯病5级，轻感纹枯病，抗倒伏性弱。

产量及适宜地区：2010—2011年参加保山市常规粳稻区域试验，两年平均产量9 531.0kg/hm²，较对照合系41增产787.5kg/hm²；2012年生产试验平均产量9 234.0kg/hm²，较对照合系41增产12.6%。适宜于保山市1 600～1 800m的稻区种植，特别适宜保山市腾冲、龙陵低温多雨稻区种植。

栽培技术要点：扣种稀播，培育壮秧，以旱育秧为主，播前做到晒种、精选、药剂浸种、催芽播种，秧田播种量375.0kg/hm²。适时适龄移栽，最佳秧龄40～45d，最佳移栽时间5月15～25日。合理的群体结构，栽插密度33.0万～36.0万穴/hm²。科学施肥，保健栽培，防止倒伏。坚持以有机肥为主，氮、磷、钾配合施用的原则，施尿素450.0～525.0kg/hm²、普通过磷酸钙525.0～600.0kg/hm²、硫酸钾120.0～150.0kg/hm²；磷、钾肥一次作中层肥施用；氮肥作三次施：中层肥40%，分蘖肥50%，穗肥10%。加强田间管理，要求浅水栽秧、寸水分蘖，苗足及时撤水晒田，移栽30～35d分蘖数达到预定有效穗时撤水晒田控制无效分蘖，提高成穗率，促大穗，增粒重，保证穗实粒数。搞好以飞虱、螟虫为中心的防虫工作。

岫糯3号（Xiunuo 3）

品种来源：云南省保山市农业科学研究所，于1999年以云香糯/京国621//京国621///岫粳11为杂交组合，经6年6代单株和系谱选育而成。2011年通过云南省农作物品种审定委员会审定，审定编号：滇特（保山）审稻2011034。

形态特征及生物学特性：粳型常规糯稻。全生育期167.0d，株高95.9cm。株型紧凑，熟期转色好。穗长16.2cm，每穗总粒数105.0粒，每穗实粒数91.0粒。难落粒，千粒重24.2g。

品质特性：糙米率82.5%，精米率75.8%，整精米率70.9%，碱消值7.0级，胶稠度100.0mm，直链淀粉含量1.2%，糙米粒长4.8mm，糙米长宽比1.7。

抗性：感稻瘟病，高抗白叶枯病。

产量及适宜地区：2008—2009年参加云南省保山市常规粳稻新品种区域试验，两年平均产量9 423.0kg/hm²，较对照合系41增产0.1%；生产试验平均产量10 447.5kg/hm²，较对照合系41增产6.9%。适宜于保山市除隆阳、施甸外海拔1 550～1 800m的粳稻区种植。稻瘟病发生的地区慎用。

栽培技术要点：进行种子处理，播种前用"施保克—巴丹"合剂浸种72h，防治恶苗病及干尖线虫病。培育适龄壮秧，秧田播种量375.0～450.0kg/hm²，采用肥床旱育或湿润育

秧，最佳秧龄为40d。合理密植，采用三带六行或单行条栽，栽插密度33.0万～36.0万穴/hm²，每穴2苗。合理施肥，施肥上应保证施足底肥和分蘖肥，争取早生快发，获得足够的有效穗，一般大田施农家肥22 500.0kg/hm²、尿素450.0kg/hm²（其中60%作中层肥、30%作分蘖肥、10%作穗肥）、普通过磷酸钙450.0kg/hm²、硫酸钾150.0kg/hm²。加强田间管理。要求浅水栽秧、寸水分蘖，苗足及时撤水晒田，搞好以飞虱、螟虫为中心的防虫工作。黄熟时及时收获。

选金黄126 （Xuanjinhuang 126）

品种来源：云南省保山市腾冲县农业技术推广所，于1988年从金黄126糯稻中选出天然杂交变异型单株，经多代系谱选育而成。1998年通过云南省保山市农作物品种审定委员会审定。

形态特征和生物学特性：粳型常规糯稻。全生育期170.0 ~ 175.0d，株高95.0cm左右。株型较紧凑，叶片直立，分蘖力强，根系发达，茎秆粗壮、坚硬，穗颈略长，抽穗整齐，成熟一致，落黄正常，青枝蜡秆，耐寒抗倒伏，适应性广。成穗率80%左右，穗长22.0 ~ 24.0cm，每穗实粒数115.0粒，空秕率10%左右。易落粒，千粒重23.0 ~ 24.0g。

品质特性：米乳白，出米率为69.8%，糯性好，品质优良。

抗性：抗稻瘟病及白叶枯病，轻感稻曲病。

产量及适宜地区：丰产稳产性强。生产示范产量6 750 ~ 8 250kg/hm²，最高可达9 849.0kg/hm²，比老品种糯稻增产50% ~ 60%。适宜于海拔1 200 ~ 1 900m地区种植。

栽培技术要点：适时早播，培育带蘖嫩壮秧，秧田播种量375.0 ~ 450.0kg/hm²，大田用种量45.0 ~ 60.0kg/hm²。旱育稀植为宜，秧龄40.0 ~ 50.0d，适时早栽，合理密植，栽插密度52.5万 ~ 60.0万穴/hm²，栽插基本苗120.0万 ~ 180.0万苗/hm²，浅水栽秧、寸水活棵促蘖，栽后7 ~ 10d结合化除用尿素150.0 ~ 180.0kg/hm²追施分蘖肥；幼穗分化期早施穗肥，施用尿素75.0kg/hm²。中后期合理灌溉。除施足农家肥外，施中层肥普通过磷酸钙450.0kg/hm²、尿素75.0 ~ 90.0kg/hm²、硫酸钾60.0 ~ 75.0kg/hm²。生育期间加强各种病虫害防治，特别是抽穗初期加强防治螟虫。该品种易落粒，要适时收获，做到"九黄十收"。

银光（Yinguang）

品种来源：云南省农业科学院粮食作物研究所，以研系2107/合系34为杂交组合，采用系谱法选育而成。2001年通过云南省农作物品种审定委员会审定，审定编号：滇粳59。

形态特征和生物学特性：粳型常规水稻。全生育期170.0d，株高90.0cm。株型较紧凑，分蘖力较强，耐肥，熟色好。穗长18.2cm，每穗总粒数100.0粒，谷壳金黄色，无芒，不落粒，千粒重26.0g。

品质特性：糙米率81.2%，精米率72.5%，整精米率66.3%，直链淀粉含量5.1%，糙米蛋白质含量8.6%，碱消值5.0，胶稠度91.5mm，精米外观偏向糯米，糙米外观浑浊，食味品质很好，米饭油润可口，冷不回生。

抗性：抗稻瘟病，耐寒，抗倒伏。

产量及适宜地区：1999—2000年参加云南省中北部水稻区域试验，两年平均产量8 253.0kg/hm²，比对照云粳9号增产25.3%。适宜于云南省海拔1 700～2 000m稻区种植。

栽培技术要点：适时播种，培育壮秧，3月中旬播种，旱育秧播种量375.0～450.0kg/hm²，湿润育秧播种量675.0kg/hm²左右。适期移栽，合理密植，5月上旬移栽，栽插密度45.0万～52.5万穴/hm²，每穴2～3苗。科学施肥，合理灌溉，施尿素210.0～240.0kg/hm²，配合施用磷、钾、锌肥，做到"前促、中控、后稳"，重施基肥，早施分蘖肥，穗肥以促花肥为主。在灌溉管理上，做到浅水栽秧，寸水活棵，薄水分蘖，够蘖晒田，幼穗分化期适当深水，灌浆期干湿交替，切忌断水过早，确保活熟到老。保健栽培，综合防治。播种前用"施保克"等药剂浸种48～72h，预防恶苗病。秧田期和大田期注意防治稻飞虱，中、后期要综合防治螟虫、飞虱、条纹叶枯病、稻瘟病、白叶枯病。在抽穗前3～5d预防稻曲病。

永粳2号（Yonggeng 2）

品种来源：云南省丽江市永胜县农业局农业技术推广中心，于2004年从滇粳优1号中发现变异株，经多年多代系统选育而成。2015年通过云南省农作物品种审定委员会审定，审定编号：滇审稻2015004。

形态特征和生物学特性：粳型常规水稻。全生育期187.4d，株高96.7cm。株型紧凑，有效穗数426.0万穗/hm²，穗长18.2cm，每穗总粒数138.4粒，每穗实粒数103.3粒，结实率77.6%。谷粒黄褐色，无芒，落粒性适中，千粒重24.1g。

品质特性：糙米率84.3%，精米率75.6%，整精米率58.1%，糙米粒长5.2mm，糙米长宽比1.9，垩白粒率30.0%，垩白度3.9%，直链淀粉含量16.4%，胶稠度83.0mm，碱消值7.0级，透明度2级，水分10.4%。

抗性：感稻瘟病（7级），高感白叶枯病（9级），武定穗瘟重。

产量及适宜地区：2012—2013年参加云南省高海拔常规粳稻品种区域试验，两年平均产量9 832.5kg/hm²，比对照凤稻23增产14.1%，生产试验平均产量9 148.5kg/hm²。适宜于云南省海拔1 900～2 100m粳稻区域种植。

栽培技术要点：严格种子消毒，预防恶苗病。播种前要晒种12d，再用浸种剂咪鲜胺浸种72h，捞出晾干即可催芽播种。坚持肥床育秧，扣种稀播，培育带蘖壮秧；在3月15～25日播种，秧龄控制在55d左右。适期早栽，避开低温冷害，确保高产稳产，5月5～20日移栽，确保能在8月20日前齐穗，实现高产稳产。合理密植，插足基本苗，栽插密度52.5万～60.0万穴/hm²，基本苗120.0～150.0苗/hm²，在多穗的基础上争取大穗夺取高产。科学施肥，氮、磷、钾合理配比，适当控制氮肥用量，增施磷、钾肥，在施足农家肥的基础上，按基肥、分蘖肥、促花肥施尿素180.0～225.0kg/hm²、普通过磷酸钙600.0～750.0kg/hm²作基肥、硫酸钾150.0～225.0kg/hm²作基肥和促花肥。抓好病、虫、草害的系统防治，适时收获。

玉粳11（Yugeng 11）

品种来源：云南省玉溪市农业科学院、云南省农业科学院粮食作物研究所和玉溪市红塔区农业技术推广站合作，于2000年以镇稻香粳5125////莫王谷///P154/282//玉糯2/曲S-35为杂交组合，经多代系统选育而成。2010年通过云南省农作物品种审定委员会审定，审定编号：滇审稻2010002。

形态特征和生物学特性：粳型常规水稻。全生育期181.0d，株高94.1cm。株型紧凑，叶片淡绿、半直立，剑叶挺直，分蘖力较强，耐肥抗倒伏，抽穗整齐，熟期转色好，不早衰。有效穗数463.5万穗/hm²，成穗率75.2%，每穗总粒数95.5粒，每穗实粒数75.9粒，结实率79.5%。谷粒黄，颖尖无色，落粒性适中，千粒重25.8g。

品质特性：糙米率85.5%，精米率77.6%，整精米率76.5%，糙米粒长5.1mm，糙米长宽比1.9，垩白粒率16.0%，垩白度1.4%，透明度1级，碱消值7.0级，胶稠度81.0mm，直链淀粉含量19.2%，蛋白质含量8.4%，达到国标三级优质米标准。

抗性：抗稻瘟病，感白叶枯病，耐寒性中等。

产量及适宜地区：2007—2008年参加云南省中部粳稻品种区域试验，两年区试平均产量为10 080.0kg/hm²，比对照合系41增产0.6%；2009年生产试验，平均产量为11 440.5kg/hm²，比对照合系41增产4.8%。适宜于云南省海拔1 500～1 800m的粳稻区种植。

栽培技术要点：播种前晒种1～2d后，泡种时用"浸种灵"药剂浸泡，时间不少于48h，进行种子消毒，预防恶苗病。扣种稀播，培育壮秧，薄膜湿润育秧秧田播种量525.0～600.0kg/hm²；旱育秧秧田播种量375.0～450.0kg/hm²。旱育秧栽插密度30.0万～37.5万穴/hm²，水膜秧栽插密度37.5万～45.0万穴/hm²，每穴2～3苗。在肥料运筹上，必须适当控制氮肥的施用量，增施磷、钾肥。在重施底肥（中层肥）的基础上少施分蘖肥，合理施用早穗肥（视群体而定），肥料用量以苗肥（底肥和分蘖肥）与穗肥的比例为6：4或5：5较好。

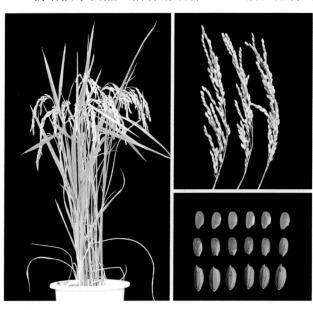

玉粳13（Yugeng 13）

品种来源：云南省玉溪市农业科学院、云南省农业科学院粮食作物研究所和云南农夫乐种业有限公司合作，于2002年以南99-8/96IRNTP94-10为杂交组合，经5年多代系统选育而成。2012年通过云南省农作物品种审定委员会审定，审定编号：滇审稻2012023。

形态特征和生物学特性：粳型常规水稻。全生育期171.1d，株高89.5cm。株型紧凑，叶色淡绿，株型好，叶片直立，穗层整齐，剑叶角度小，成熟期褪色好，青秆黄熟，耐冷性弱。有效穗数409.5万穗/hm²，成穗率79.8%，每穗总粒数124.8粒，每穗实粒数101.3粒，结实率82.5%，落粒性适中，千粒重27.6g。

品质特性：糙米率82.3%，精米率74.9%，整精米率62.4%，糙米长宽比1.9，垩白粒率51.0%，垩白度3.1%，透明度2级，碱消值7.0级，胶稠度80.0mm，直链淀粉含量14.4%，有香味。

抗性：抗穗瘟病，中感白叶枯病，抗倒伏性强。

产量及适宜地区：2009—2010年参加云南省中部粳稻区域试验，两年平均产量10 476.0kg/hm²，比对照合系41增产1.72%；2011年生产试验，平均产量11 562.0kg/hm²，比对照合系41增产13.8%。适宜于云南省海拔1 500～1 850m粳稻生产区域种植。

栽培技术要点：播种前晒种1～2d后，泡种时严格进行种子消毒，预防恶苗病。扣种稀播，培育带蘗壮秧，秧田播种量450.0～525.0kg/hm²。栽插密度30.0万～37.5万穴/hm²，以每穴2～3苗为宜。在重施底肥的基础上少施分蘗肥，视群体合理施用促花肥和保花肥，才能充分发挥其增产优势。肥料的前后期用量以苗肥（底肥和分蘗肥）与穗肥的比例为6：4或7：3较好。

玉粳17（Yugeng 17）

品种来源：云南省玉溪市农业科学院、玉溪市红塔区农业技术推广站和云南省农业科学院粮食作物研究所合作，于2002年以南99-8/滇超2号为杂交组合，经多年系统选育而成。2014年通过云南省农作物品种审定委员会审定，审定编号：滇审稻2014024。

形态特征和生物学特性：粳型常规水稻。全生育期177.2d，株高86.1～90.9cm。株型一般，叶色绿，分蘖力强，成熟期褪色好。有效穗数388.5万穗/hm^2，成穗率高，穗长18～19cm，每穗总粒数155.6～172.2粒，每穗实粒数130.0～150.0粒，结实率79.5%以上。落粒性适中，熟色好，籽粒金黄色，颖尖无色，穗顶部有短芒，千粒重23.5～27.9g。

品质特性：糙米率85.3%，精米率75.3%，整精米率72.8%，糙米粒长4.7mm，糙米长宽比1.6，垩白粒率40.0%，垩白度2.4%，直链淀粉含量18.2%，胶稠度68.0mm，碱消值7.0级，透明度1级，水分11.6%。

抗性：中抗稻瘟病和白叶枯病，耐肥抗倒伏。

产量及适宜地区：2011—2012年参加云南省中海拔粳稻品种区域试验，两年平均产量10 662.0kg/hm^2，比对照合系41增产12.9%；2013年生产试验，平均产量11 080.5kg/hm^2，比对照合系41增产15.7%。适宜于云南省海拔1 500～1 800m的稻作区种植。

栽培技术要点：播种前晒种1～2d后，泡种时严格进行种子消毒，预防恶苗病。扣种稀播，培育带蘖壮秧，秧田播种量以450.0～525.0kg/hm^{2}为宜。栽插密度以30.0万～37.5万穴/hm^2，每穴2～3苗为宜。在重施底肥的基础上少施分蘖肥，视群体合理施用促花肥和保花肥，才能充分发挥其增产优势。肥料的前后期用量以苗肥（底肥和分蘖肥）与穗肥的比例为6：4或7：3较好。

云超6号（Yunchao 6）

品种来源：云南省农业科学院粮食作物研究所和玉溪市农业科学院合作，以密阳23/云玉1号//玉糯2号/金黄126///IR64719-168-3为杂交组合，经5年8代轮回选择选育而成，原品系名为滇超6号。2005年通过云南省农作物品种审定委员会审定，审定编号：滇审稻200508。

形态特征和生物学特性：粳型常规水稻。全生育期160.0～170.0d，株高90.0～110.0cm。株型紧凑，分蘖中偏强，前期叶片略披散，拔节后叶片逐渐直立，成熟后稻穗下藏，转色落黄好，中等需肥，后期耐寒，抗倒伏性强，综合性状好。穗长17.0～20.0cm，每穗总粒数156.5粒，每穗实粒数126.1粒，结实率80.6%，千粒重24.0～27.0g。

品质特性：糙米率83.0%，精米率72.5%，整精米率67.5%，直链淀粉含量16.9%，胶稠度68.0mm，碱消值7.0级，粗蛋白质含量7.3%，米饭香软可口，软而不黏，冷不回生。2003年被评为云南省第三届优质米。

抗性：中抗稻瘟病和抗白叶枯病，耐寒抗倒伏，抗倒伏性强。

产量及适宜地区：2003—2004年参加云南省中部粳稻区域试验，两年平均产量9 264.0kg/hm²，较对照合系41减产522.0kg/hm²，生产示范产量8 250.0～10 200.0kg/hm²。适宜于云南省海拔1 400～1 800m地区种植。

栽培技术要点：播种前晒种1～2d，泡种时用"施保克"药剂浸泡48h，进行种子消毒，防治恶苗病，然后催芽12h左右。扣种稀播，培育壮秧；薄膜湿润秧，秧田播种量

525.0～600.0kg/hm²；旱育秧播种量375.0～450.0kg/hm²，适时早栽，秧龄最好在40～45d，不要超过50d。旱育秧移栽中上等肥力田块栽插密度30.0万～45.0万穴/hm²，中下等肥力田块栽插密度37.5万～52.5万穴/hm²，每穴2～3苗为宜。在重施底肥的基础上少施分蘖肥，合理施用早穗肥。肥料的前后期用量以苗肥与穗肥的比例为8∶2或7∶3较好。一般穗肥施用时期以主茎穗长0.5cm左右为宜。后期不宜过早断水，以免影响稻米品质。

云稻1号（Yundao 1）

品种来源：云南省农业科学院粮食作物研究所与楚雄彝族自治州种子公司合作，以IRGC10203/Boro5//滇系1号///轰杂135为杂交组合，经多代系统选育而成。2005年通过云南省农作物品种审定委员会审定，审定编号：滇审稻200506。

形态特征和生物学特性：粳型常规水稻。全生育期172.0d，株高100.8cm。株型适中，分蘖力中等，叶色淡绿，叶片不卷，茎秆粗壮，叶片宽大直立。成穗率67.6%，每穗总粒数146.0粒，结实率79.1%，壳色浅黄，护颖白色，颖尖浅褐，无芒，落粒性适中，千粒重25.4g。

品质特性：糙米率85.7%，整精米率72.2%，垩白度4.0%，直链淀粉含量16.0%，胶稠度90.0mm。

抗性：较抗稻瘟病。

产量及适宜地区：2003—2004年参加云南省中部粳稻区域试验，两年平均产量9 067.5kg/hm²，与对照合系41产量相当，生产示范产量6 945.0 ～ 10 876.5kg/hm²。适宜于云南省海拔1 500 ～ 1 800m的高原粳稻区和籼粳交错区种植。

栽培技术要点：扣种稀播，培育壮秧。合理密植。早施、重施分蘖肥，少施或不施穗肥。该品种叶色偏淡，因此，在施肥过程中，特别是施用穗肥时，应以群体和苗架作为主要参考依据，以免过量施入氮肥。

云二天02 (Yun'ertian 02)

品种来源：云南省楚雄彝族自治州农业科学研究所，于1974年选自云粳2号天然杂株，经系统选育而成。1987年通过云南省农作物品种审定委员会审定，审定编号：滇粳10号。

形态特征和生物学特性：粳型常规水稻。全生育期175.0～190.0d，株高105.0cm。前期株型略散，后期剑叶自立，分蘖力中等，叶片略长，秆硬抗倒伏，较耐寒，稳产，适应性较广。穗长18.0～20.0cm，每穗总粒数100.0～110.0粒，空秕率20.0%左右。颖壳黄色，护颖褐色，有褐色顶刺，不落粒，千粒重24.0g。

品质特性：糙米率85.0%，精米率75.5%，米质和食味均好。

抗性：具有较好的田间抗性，易感恶苗病。

产量及适宜地区：1983—1986年参加楚雄彝族自治州冷凉地区水稻品种区域试验和云南省中北部区域试验，在冷害严重的1986年表现为耐寒、稳产，比对照云粳9号增产20.0%，生产示范产量6 000.0～7 500.0kg/hm²。适宜于云南省中北部海拔1 900～2 100m地区的中上等肥力田种植。

栽培技术要点：药剂浸种预防恶苗病。3月中、下旬播种，薄膜育秧，秧龄50～60d。早栽田栽插密度60.0万～75.0万穴/hm²，瘦田、迟栽田栽插密度90万穴/hm²，每穴2～3苗。在施农家肥22 500.0kg/hm²的基础上加施磷、钾肥，施尿素52.5～75.0kg/hm²，以中层肥为主，酌施分蘖肥，慎施穗肥。后期灌水要干湿交替，不宜过早断水，以免植株失水引起早衰和倒伏。

云粳12（Yungeng 12）

品种来源：云南省农业科学院粮食作物研究所，以滇系4号//研系2057/合系30为杂交组合，采用系谱法选育而成，原品系号为滇系12。2005年通过云南省农作物品种审定委员会审定，审定编号：滇审稻200511。

形态特征和生物学特性：粳型常规水稻。全生育期177.0d，株高97.0cm。株型优良，剑叶直立，分蘖力较强，秆粗硬抗倒伏，耐寒性好。每穗总粒数110.0粒，每穗实粒数90.0粒。谷壳黄，无芒，不落粒，千粒重24.8g。

品质特性：糙米率82.5%，精米率74.8%，整精米率70.3%，糙米粒长4.9mm，糙米长宽比1.8，垩白粒率4.0%，垩白度0.3%，透明度1级，碱消值7.0级，胶稠度58.0mm，直链淀粉含量15.9%，糙米蛋白质含量10.2%。

抗性：稻瘟病抗性强，抗倒伏，耐寒性好。

产量及适宜地区：2003—2004年参加云南省水稻中北部水稻区域试验，两年平均产量8 434.5kg/hm²，比对照银光增产2.7%，生产示范产量7 725.0～12 000.0kg/hm²。2009—2011年全省累计推广种植面积6.0万hm²。适宜于云南省海拔1 600～2 000m地区种植。

栽培技术要点：适时播种，培育壮秧。3月中下旬播种，旱育秧播种量375.0～450.0kg/hm²，湿润育秧播种量600.0kg/hm²左右。适期移栽，合理密植，5月上旬移栽，栽插密度45.0万～52.5万穴/hm²，每穴栽2～3苗。科学施肥，合理灌溉，施尿素210.0～240.0kg/

hm²，配合施用磷、钾、锌肥，做到"前促、中控、后稳"，重施基肥，早施分蘖肥，穗肥以促花肥为主。在灌溉管理上，做到浅水栽秧，寸水活棵，薄水分蘖，够蘖晒田，幼穗分化期适当深水，灌浆期干湿交替，切忌断水过早，确保活熟到老。保健栽培，综合防治。播种前用"施保克"等药剂浸种48h，预防恶苗病。秧田期和大田期注意防治稻飞虱，中、后期要综合防治螟虫、飞虱、条纹叶枯病、白叶枯病。

云粳13（Yungeng 13）

品种来源：云南省农业科学院粮食作物研究所，以云粳优2号/云粳10号为杂交组合，采用系谱法选育而成，原品系号为滇系13。2005年通过云南省农作物品种审定委员会审定，审定编号：滇审稻200512。

形态特征和生物学特性：粳型常规水稻。全生育期164.0d，株高100.0cm。株型优良，剑叶直立。有效穗数426.0万穗/hm²，成穗率74.1%，穗长18.7cm，每穗穗总粒数121.0粒，每穗实粒数104.0粒。谷壳淡黄，颖尖无色，落粒性适中，千粒重24.2g。

品质特性：糙米率83.0%，精米率74.6%，整精米率70.5%，糙米粒长5.1mm，糙米长宽比1.8，垩白粒率32%，垩白度3.9%，透明度1级，碱消值7.0级，胶稠度72.0mm，直链淀粉含量15.5%，糙米蛋白质含量8.8%，有香味。

抗性：稻瘟病抗性中等，耐寒性较强。

产量及适宜地区：2003—2004年参加云南省中部水稻区域试验，两年平均产量9 327.0kg/hm²，比对照合系41减产4.7%，生产示范产量8 490.0～11 025.0kg/hm²。适宜于云南省海拔1 500～1 850m地区种植。

栽培技术要点：适时播种，培育壮秧，3月中下旬播种，根据茬口可延迟到4月上旬播种，旱育秧秧田播种量375.0～450.0kg/hm²，湿润育秧播种量600.0kg/hm²左右。适期移栽，合理密植，5月上旬移栽，栽插密度45.0万～52.5万穴/hm²，每穴栽2～3苗。科学施肥，合理灌溉，施尿素210.0～240.0kg/hm²，配合施用磷、钾、锌肥，做到"前促、中控、后稳"，重施基肥，早施分蘖肥，穗肥以促花肥为主。在灌溉管理上，做到浅水栽秧，寸水活棵，薄水分蘖，够蘖晒田，幼穗分化期适当深水，灌浆期干湿交替，切忌断水过早，确保活熟到老。保健栽培，综合防治。播种前用"施保克"等药剂浸种48h，预防恶苗病。秧田期和大田期注意防治稻飞虱，中、后期要综合防治螟虫、飞虱、条纹叶枯病、稻瘟病、白叶枯病。

云粳136（Yungeng 136）

品种来源：云南省农业科学院粮食作物研究所从西南175选得1株天然变异株，经系统选育而成。1983年通过云南省农作物品种审定委员会审定，审定编号：滇粳2号。

形态特征和生物学特性：粳型常规水稻。全生育期180d左右，株高中等，105.0cm左右。株型紧凑，剑叶宽厚上举而稍内卷，叶色浓绿，根系发达。穗大粒多，每穗总粒数170.0～210.0粒，每穗实粒数120.0～160.0粒，结实率71.0%～76.0%，单穗重3.5g左右。着粒密，谷粒短圆饱满，秆端、护颖、颖脊均呈褐红色，成熟时穗色呈现微红，不易落粒，休眠期较短，成熟后遇雨容易在穗上发芽，千粒重28.0～30.0g。

品质特性：糙米率84.7%，精米率72.84%，直链淀粉含量18.9%，糙米蛋白质含量6.7%，胶稠度42.5mm，碱消值7.0级。

抗性：抗稻瘟病，后期较耐低温。

产量及适宜地区：1981年参加云南省中北部水稻区域试验，产量5 829.0～10 162.5kg/hm²，比对照云粳9号增产6.4%；1982年平均产量7 641.0kg/hm²，比云粳9号增产7.7%。生产示范平均产量7 500kg/hm²左右。适宜于云南省海拔1 800～2 000m有水利条件保证的温凉的稻作区、中等或略偏上的肥田种植。

栽培技术要点：稀播培育壮秧，秧田播种量900.0～975.0kg/hm²。保证栽插密度，豆田、油菜田、绿肥田，栽插密度67.5万穴/hm²左右；麦田栽插75.0万～82.5万穴/hm²，每穴2～3苗。适当施足底肥，重点施好穗肥，施农家肥15 000.0～22 500.0kg/hm²、普通

过磷酸钙600.0～900.0kg/hm²和尿素75.0～120.0kg/hm²作底肥；栽后10d内，追分蘖肥尿素45.0kg/hm²左右；拔节期应控水落黄，再追尿素45.0～75.0kg/hm²；齐穗后，再追尿素22.5～30.0kg/hm²。合理管水，注意病虫害。应经常保持浅灌和间歇灌溉，切忌深灌和过度晒田或过早断水以控制菌核病的发生；秧田后期和本田分蘖期应防治稻飞虱和叶蝉，控制病毒病的发生；圆秆拔节至孕穗期防治稻瘟病1～2次，对减轻稻瘟病和菌核病有良好效果。

云粳15（Yungeng 15）

品种来源：云南省农业科学院粮食作物研究所，以滇系4号//研系2057/合系24为杂交组合，采用系谱法选育而成，原品系号为滇系15。2005年通过云南省农作物品种审定委员会审定，审定编号：滇审稻200513。

形态特征和生物学特性：粳型常规水稻。全生育期180.0d，株高94.0cm。株型好，剑叶直立，分蘖力较强，秆硬抗倒伏。每穗总粒数110.0粒，每穗实粒数95.0粒。落粒性较差，千粒重24.0g。

品质特性：糙米率83.1%，精米率75.2%，整精米率70.9%，糙米粒长4.8mm，糙米长宽比1.8，垩白粒率2.0%，垩白度2.2%，透明度1级，碱消值7.0级，胶稠度68.0mm，直链淀粉含量16.4%，糙米蛋白质含量10.8%，稻米外观油亮。

抗性：稻瘟病抗性强，抗倒伏，耐寒性好。

产量及适宜地区：2003—2004年参加云南省中北部水稻区域试验，两年平均产量8 842.5kg/hm²，比对照品种银光增产7.7%，生产示范产量9 480.0～12 225.0kg/hm²。2009—2011年全省累计推广种植面积6.4万hm²。适宜于云南省海拔1 650～2 000m地区种植。

栽培技术要点：适时播种，培育壮秧，3月中下旬播种，旱育秧播种量375.0～450.0kg/hm²，湿润育秧播种量600.0kg/hm²左右。适期移栽，合理密植，5月上旬移栽，栽插密度45.0万～52.5万穴/hm²，每穴栽2～3苗。科学施肥，合理灌溉，施尿素210.0～240kg/hm²，配合施用磷、钾、锌肥，做到"前促、中控、后稳"，重施基肥，早施分蘖肥，穗肥以促花肥为主。在灌溉管理上，做到浅水栽秧，寸水活棵，薄水分蘖，够蘖晒田，幼穗分化期适当深水，灌浆期干湿交替，切忌断水过早，确保活熟到老。保健栽培，综合防治。播种前用"施保克"等药剂浸种48～72h，预防恶苗病。秧田期和大田期注意防治稻飞虱，中、后期要综合防治螟虫、飞虱、条纹叶枯病、白叶枯病。

云粳19 (Yungeng 19)

品种来源：云南省农业科学院粮食作物研究所，以云粳13/云粳12为杂交组合，采用系谱法选育而成。2010年通过云南省农作物品种审定委员会审定，审定编号：滇审稻2010004。

形态特征和生物学特性：粳型常规水稻。全生育期182.6d，株高91.9cm。株型紧凑，叶色绿，剑叶挺直，分蘖力较强。有效穗数432万穗/hm^2，成穗率81.0%。穗长17.0cm，每穗总粒数110.7粒，每穗实粒84.3粒，结实率71.4%，千粒重24.5g。

品质特性：糙米率83.4%，精米率75.8%，整精米率73.1%，糙米粒长5.0mm，糙米长宽比1.8，垩白粒率6%，垩白度0.6%，透明度1级，碱消值7.0级，胶稠度64mm，直链淀粉含量17.5%，糙米蛋白质含量8.6%，有香味，达到国标一级优质米标准。

抗性：抗稻瘟病，感白叶枯病，耐寒性中等。

产量及适宜地区：2007—2008年参加云南省中北部粳稻品种区域试验，两年平均产量8 782.5kg/hm^2，比对照银光减产5.7%，生产试验平均产量9 603.0kg/hm^2。2011—2013年全省累计推广种植面积6.0万hm^2。适宜于云南省海拔1 650～2 000m稻区内种植，以及省外类似稻区种植。

栽培技术要点：适时播种，培育壮秧，3月上中旬播种，旱育秧播种量450.0kg/hm^{2}左右，湿润育秧播种量600.0～675.0kg/hm^2。适期移栽，合理密植，5月上旬移栽，栽插密度45.0万～52.5万穴/hm^2，每穴栽2～3苗。科学施肥，合理灌溉，施尿素210.0～300.0kg/hm^2，配合施用磷、钾、锌肥，做到"前促、中控、后稳"，重施基肥，早施分蘖肥，穗肥以促花肥为主。在灌溉管理上，做到浅水栽秧，寸水活棵，薄水分蘖，够蘖晒田，幼穗分化期适当深水，灌浆期干湿交替，切忌断水过早，确保活熟到老。保健栽培，综合防治。播种前用"施保克"等药剂浸种48～72h，预防恶苗病。秧田期和大田期注意防治稻飞虱，中、后期要综合防治螟虫、飞虱、条纹叶枯病、白叶枯病。

云粳20（Yungeng 20）

品种来源：云南省农业科学院粮食作物研究所与玉溪市红塔区农业技术推广站合作，以云粳优3号/云粳优10号为杂交组合，采用系谱法选育而成。2011年通过云南省农作物品种审定委员会审定，审定编号：滇审稻2011020。

形态特征和生物学特性：粳型常规水稻。全生育期175.0d，株高90.1cm。叶色绿，剑叶挺直，耐寒性稍弱。穗长17.0cm，每穗总粒数103.0粒，每穗实粒数75.0粒，结实率72.5%，千粒重23.6g。

品质特性：糙米率84.3%，精米率75.8%，整精米率66.6%，垩白粒率12.0%，垩白度1.0%，透明度2级，碱消值7.0级，胶稠度79.0mm，直链淀粉含量10.9%，糙米粒长4.7mm，糙米长宽比1.7，优质香软米。

抗性：抗稻瘟病，感白叶枯病，耐寒性稍弱。

产量及适宜地区：2007—2008年参加云南省中部粳稻区域试验，两年平均产量7 992.0kg/hm²，比对照合系41减产20.24%，生产试验平均产量9 730.5kg/hm²。2010—2012年全省累计推广种植面积3.4万hm²。适宜在云南省宜良、楚雄、隆阳等县（市、区）海拔1 500 ~ 1 750m的粳稻区种植。

栽培技术要点：适时播种，培育壮秧，3月中下旬播种，根据茬口可延迟到4月上旬播种，旱育秧播种量375.0 ~ 450.0kg/hm²，湿润育秧播种量600.0kg/hm²左右。适期移栽，合理密植，5月上旬移栽，栽插密度37.5万 ~ 45.0万穴/hm²，每穴栽2 ~ 3万。科学施肥，合理灌溉，施尿素210.0 ~ 240.0kg/hm²，配合施用磷、钾、锌肥，做到"前促、中控、后稳"，重施基肥，早施分蘖肥，穗肥以促花肥为主。在灌溉管理上，做到浅水栽秧，寸水活棵，薄水分蘖，够蘖晒田，幼穗分化期适当深水，灌浆期干湿交替，切忌断水过早，确保活熟到老。保健栽培，综合防治。播种前用"施保克"等药剂浸种48h，预防恶苗病。秧田期和大田期注意防治稻飞虱，中、后期要综合防治螟虫、飞虱、条纹叶枯病、白叶枯病，在抽穗前3 ~ 5d预防稻曲病。

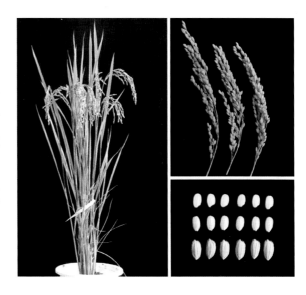

云粳219（Yungeng 219）

品种来源：云南省农业科学院粮食作物研究所从西南175选得1株天然变异株，经系统选育而成，原品系名为79-219。1987年通过云南省农作物品种审定委员会审定，审定编号：滇粳9号。

形态特征和生物学特性：粳型常规水稻。全生育期178.0～185.0d，株高110.0～112cm。株型较紧凑，叶色浓绿，分蘖力中等，秆硬抗倒伏，较耐寒，稳产性和适应性较好。大穗大粒，穗长21.0cm，每穗总粒数160.0粒，空瘪率25.0%～32.0%，颖尖、护颖和颖脊褐红色，谷粒椭圆形，不落粒，千粒重28.4g。

品质特性：糙米率85%，精米率76%，直链淀粉含量21%，糙米蛋白质含量7.5%，胶稠度78mm，碱消值7.0级，食味中等。

抗性：稻瘟病较轻，感白叶枯病。

产量及适宜地区：1983—1984年参加云南省中北部水稻区域试验，两年平均产量7 588.5kg/hm²，比对照云粳9号增产7.4%，生产示范产量7 500.0kg/hm²。适宜于云南省中北部海拔1 800～2 000m的稻区种植。

栽培技术要点：坚持药剂浸种，预防恶苗病。薄膜育秧，3月中旬播种，5月上旬移栽。栽插密度67.5万～75.0万穴/hm²，每穴栽2～3苗，单行或双行条栽。重施基肥，早施分蘖肥，适时追穗肥，够蘖晒田，灌浆期干湿交替，切忌断水过早。注意防治稻飞虱、叶蝉、纹枯病、稻曲病和稻瘟病，防治螟虫1～2次。

云粳23（Yungeng 23）

品种来源：云南省农业科学院粮食作物研究所，于1978年以78-220/BL4为杂交组合选育而成。1992年通过云南省农作物品种审定委员会审定，审定编号：滇粳29。

形态特征和生物学特性：粳型常规水稻。全生育期180.0d，株高95.0cm。植株清秀，生长前期株型较披散，分蘖力中等。有效穗数345.0万～390.0万穗/hm²，穗长20.0cm，每穗总粒数130.0粒，每穗实粒数100粒。籽粒稍长，颖壳浅黄色，浮尖褐色，护颖褐红色，无芒，不落粒，千粒重26.0g。

品质特性：糙米率84.0%，精米率69.3%，直链淀粉含量18.2%，糙米蛋白质含量8.5%，胶稠度48.0mm，碱消值7.0级，外观及食味品质较好。

抗性：对稻瘟病主要小种抗谱较广，较抗稻曲病，稍感恶苗病。

产量及适宜地区：1989—1990年参加云南省中北部水稻区域试验，两年平均产量7 782.0kg/hm²，较云粳9号增产17.2%，生产示范产量8 250.0～9 000.0kg/hm²。适宜于云南省中北部海拔1 900～2 100m的粳稻区种植。

栽培技术要点：搞好种子处理，适时播种栽插，种子播前暴晒2～3d，药剂浸种预防恶苗病，揭膜期比一般品种推迟3～4d，3月中旬播种，5月初移栽，栽插密度75.0万穴/hm²，每穴栽3～4苗，单行或双行条栽。施足底肥，适当重施分蘖肥，酌情轻补穗肥。合理管水，适时防治病、虫、草害。

云粳24 （Yungeng 24）

品种来源：云南省农业科学院粮食作物研究所，以云粳7号//合系34/合系35为杂交组合，采用系谱法选育而成，原品系号为云粳优12。2007年通过云南省农作物品种审定委员会审定，审定编号：滇审稻200731。

形态特征和生物学特性：粳型常规水稻。全生育期175.0d，株高103.7cm。株型好，叶色淡绿，剑叶挺直，成熟转色好，抽穗整齐，分蘖力中等。有效穗数475.5万穗/hm²，成穗率78.6%，每穗总粒数141.0粒，每穗实粒数107.0粒，结实率76.3%，落粒性适中，千粒重25.6g。

品质特性：糙米率82.7%，精米率73.9%，整精米率70.8%，糙米粒长5.2mm，糙米长宽比1.8，垩白粒率62.0%，垩白度7.4%，透明度2级，碱消值7.0级，胶稠度66.0mm，直链淀粉含量17.2%，糙米蛋白质含量8.3%，质量指数72.0，有香味，综合评定4级。

抗性：稻瘟病抗性强。

产量及适宜地区：2005—2006年参加云南省中部粳稻品种区域试验（二组），两年平均产量10 660.5kg/hm²，比对照合系41增产1.7%，生产示范产量9 861.0～12 397.5kg/hm²。适宜于云南省海拔1 500～1 900m的地区种植。

栽培技术要点：适时播种，培育壮秧，3月中旬播种，旱育秧播种量375.0～450.0kg/hm²，湿润育秧播种量600.0kg/hm²左右。适期移栽，合理密植，5月上旬移栽，栽插密度37.5万～45.0万穴/hm²，每穴栽2～3苗。科学施肥，合理灌溉，施尿素210.0～240.0kg/hm²，配合施用磷、钾、锌肥，做到"前促、中控、后稳"，重施基肥，早施分蘖肥，穗肥以促花肥为主。在灌溉管理上，做到浅水栽秧，寸水活棵，薄水分蘖，够蘖晒田，幼穗分化期适当深水，灌浆期干湿交替，切忌断水过早，确保活熟到老。保健栽培，综合防治。播种前用"施保克"等药剂浸种48h，预防恶苗病。秧田期和大田期注意防治稻飞虱，中、后期要综合防治螟虫、稻飞虱、条纹叶枯病、白叶枯病。

云粳25 (Yungeng 25)

品种来源：云南省农业科学院粮食作物研究所，以云粳优2号/云粳4号为杂交组合，采用系谱法选育而成，原品系号为云粳优14。2007年通过云南省农作物品种审定委员会审定，审定编号：滇审稻200732。

形态特征和生物学特性：粳型常规水稻。全生育期182.0d，株高93.5cm。株型紧凑，叶色浓绿，剑叶挺直，抽穗整齐，分蘖力强。有效穗数450.0万穗/hm²，成穗率81.6%，每穗总粒数114.0粒，每穗实粒数86粒，结实率76.1%，谷壳黄色，颖尖白色，无芒，不落粒，千粒重24.2g。

品质特性：糙米率83.4%，精米率75.9%，整精米率72.0%，糙米粒长5.2mm，糙米长宽比2.0，垩白粒率8.0%，垩白度0.5%，透明度1级，碱消值7.0级，胶稠度61.0mm，直链淀粉含量17.1%，糙米蛋白质含量10.2%，有香味，达到国标一级优质米标准。

抗性：稻瘟病抗性强。

产量及适宜地区：2005—2006年参加云南省中北部粳稻品种区域试验，两年平均产量9 568.5kg/hm²，比对照银光减产2.9%，生产示范平均产量9 750.0kg/hm²以上。2007—2009年全省累计推广种植面积4.8万hm²。适宜于云南省海拔1 700～2 000m的地区种植。

栽培技术要点：适时播种，培育壮秧，3月上中旬播种，旱育秧播种量450.0kg/hm²左右，湿润育秧播种量600.0～675.0kg/hm²。适期移栽，合理密植，5月上旬移栽，栽插密度45.0万～52.5万穴/hm²，每穴栽2～3苗。科学施肥，合理灌溉，施尿素210.0～240.0kg/hm²，配合施用磷、钾、锌肥，做到"前促、中控、后稳"，重施基肥，早施分蘖肥，穗肥以促花肥为主。在灌溉管理上，做到浅水栽秧，寸水活棵，薄水分蘖，够蘖晒田，幼穗分化期适当深水，灌浆期干湿交替，切忌断水过早，确保活熟到老。保健栽培，综合防治。播种前用"施保克"等药剂浸种48～72h，预防恶苗病。秧田期和大田期注意防治稻飞虱，中、后期要综合防治螟虫、稻飞虱、条纹叶枯病、白叶枯病。在抽穗前预防稻曲病。

云粳26（Yungeng 26）

品种来源：云南省农业科学院粮食作物研究所与玉溪市红塔区农业技术推广站合作，以云粳优5号/云粳12为杂交组合，采用系谱法选育而成，原品系号为云粳优15。2010年通过云南省农作物品种审定委员会审定，审定编号：滇审稻2010003。

形态特征和生物学特性：粳型常规水稻。全生育期171.0d，株高98.7cm。株型紧凑，分蘖力较强。有效穗数445.5万穗/hm²，成穗率为77.3%，每穗总粒数103.2粒，每穗实粒数84.7粒，结实率82.1%，千粒重24.9g。

品质特性：糙米率83.2%，精米率74.8%，整精米率73.2%，糙米粒长5.2mm，糙米长宽比1.9，垩白粒率16.0%，垩白度1.5%，透明度1级，碱消值7.0级，胶稠度82.0mm，直链淀粉含量19.2%，糙米蛋白质含量8.0%，有香味，达到国标三级优质米标准。

抗性：抗稻瘟病，感白叶枯病，耐寒性强。

产量及适宜地区：2007—2008年参加云南省中部粳稻品种区域试验，两年平均产量9 868.5kg/hm²，比对照合系41减产1.5%，不显著，生产试验平均产量10 231.5kg/hm²。2013—2015年全省累计推广种植面积16.1万hm²。适宜于云南省海拔1 500～1 800m稻区内种植，以及省外类似稻区种植。

栽培技术要点：适时播种，培育壮秧，3月中旬播种，根据茬口可延迟到4月上旬播种，旱育秧播种量375.0～450.0kg/hm²，湿润育秧播种量600.0kg/hm²。适期移栽，合理密植，

5月上旬移栽，栽插密度42.0万～52.5万穴/hm²，每穴栽2～3苗。科学施肥，合理灌溉，施尿素210.0～240.0kg/hm²，配合施用磷、钾、锌肥，做到"前促、中控、后稳"，重施基肥，早施分蘖肥，穗肥以促花肥为主。在灌溉管理上，做到浅水栽秧，寸水活棵，薄水分蘖，够蘖晒田，幼穗分化期适当深水，灌浆期干湿交替，切忌断水过早，确保活熟到老。保健栽培，综合防治。播种前用"施保克"等药剂浸种48h，预防恶苗病。秧田期和大田期注意防治稻飞虱，中、后期要综合防治螟虫、稻飞虱、条纹叶枯病、白叶枯病。

云粳27（Yungeng 27）

品种来源：云南省农业科学院粮食作物研究所，于1978年以轰早生/晋宁768为杂交组合，经系统选育而成。1994年通过云南省农作物品种审定委员会审定，审定编号：滇粳38。

形态特征和生物学特性：粳型常规水稻。全生育期186.0d，株高110.0cm。株型紧凑，有效穗数360.0万穗/hm²，成穗率85.0%，穗长17.5cm，每穗总粒数130.0粒，千粒重29.0g。

品质特性：糙米率85%，整精米率61.2%，总淀粉含量79.5%，直链淀粉含量17.4%，糙米蛋白质含量7.3%，碱消值7.0级。

抗性：抗穗瘟和白叶枯病，轻感稻曲病。

产量及适宜地区：1991—1992年参加云南省水稻区域试验，两年平均产量6 997.5kg/hm²。适宜于云南省海拔2 000m左右的粳稻区种植。

栽培技术要点：适时播种，培育壮秧，3月上中旬播种，旱育秧播种量450.0kg/hm²左右，湿润育秧播种量750.0kg/hm²左右。适期移栽，合理密植，5月上旬移栽，栽插密度82.5万穴/hm²，每穴3～4苗。科学施肥，合理灌溉，施足底肥，早施重施分蘖肥，适时适量攻施穗肥。合理管水，干后期保持大田湿润或湿交替，注意防治病、虫、草害。

云粳29（Yungeng 29）

品种来源：云南省农业科学院粮食作物研究所与玉溪市红塔区农业技术推广站和玉溪市农业科学院合作，以云粳12//云粳优3号/云粳优8号为杂交组合，采用系谱法选育而成。2011年通过云南省农作物品种审定委员会审定，审定编号：滇审稻2011015。

形态特征和生物学特性：粳型常规水稻。全生育期172.0d，株高98.3cm。株型紧凑，叶片宽大、直立，耐冷性中等。穗长17.9cm，每穗总粒数116.0粒，每穗实粒数94.0粒，结实率81.7%，谷壳黄色、无芒，籽粒椭圆，落粒性适中，千粒重23.1g。

品质特性：糙米率80.8%，精米率71.6%，整精米率64.6%，垩白粒率24.0%，垩白度1.9%，透明度2级，碱消值7.0级，胶稠度85.0mm，直链淀粉含量10.0%，糙米粒长5.0mm，糙米长宽比1.8，优质香软米。

抗性：高感稻瘟病，抗白叶枯病，但田间表现未见稻瘟病。

产量及适宜地区：2009—2010年参加云南省中部粳稻区域试验，两年平均产量10 255.5kg/hm²，比对照合系41减产0.42%，不显著；2010年生产示范产量7 725.0～12 108kg/hm²。2013—2015年全省累计推广种植面积5.6万hm²。适宜于云南省海拔1 530～1 840m稻区内种植，但在稻瘟病高发区禁种。

栽培技术要点：适时播种，培育壮秧，3月中下旬播种，根据茬口可延迟到4月上旬播种，旱育秧播种量375.0～450.0kg/hm²，湿润育秧播种量600.0kg/hm²左右。适期移栽，合理密植，5月上旬移栽，栽插密度37.5万～45.0万穴/hm²，每穴栽2～3苗。科学施肥，合

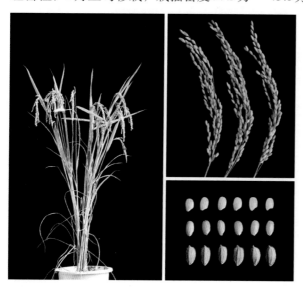

理灌溉，施尿素210.0～240.0kg/hm²，配合施用磷、钾、锌肥，做到"前促、中控、后稳"，重施基肥，早施分蘖肥，穗肥以促花肥为主。在灌溉管理上，做到浅水栽秧，寸水活棵，薄水分蘖，够蘖晒田，幼穗分化期适当深水，灌浆期干湿交替，切忌断水过早，确保活熟到老。保健栽培，综合防治。播种前用"施保克"等药剂浸种48h，预防恶苗病。秧田期和大田期注意防治稻飞虱，中、后期要综合防治螟虫、稻飞虱、条纹叶枯病，特别要注意穗颈稻瘟和稻曲病的防治。

云粳30（Yungeng 30）

品种来源：云南省农业科学院粮食作物研究所与玉溪市红塔区农业技术推广站合作，以云粳15/云粳优8号为杂交组合，采用系谱法选育而成。2011年通过云南省农作物品种审定委员会审定，审定编号：滇审稻2011016。

形态特征和生物学特性：粳型常规水稻。全生育期171.0d，株高98.2cm。穗长18.7cm，每穗总粒数124.0粒，每穗实粒数99.0粒，结实率80.5%，落粒性适中，千粒重24.0g。

品质特性：糙米率81.5%，精米率70.4%，整精米率63.4%，垩白粒率26.0%，垩白度2.1%，透明度2级，碱消值7.0级，胶稠度85.0mm，直链淀粉含量13.8%，糙米粒长5.1mm，糙米长宽比1.9。

抗性：中感稻瘟病，中感白叶枯病，耐冷性稍强。

产量及适宜地区：2009—2010年参加云南省中部粳稻区域试验，两年平均产量10 168.5kg/hm²，比对照合系41增产0.29%，2010年生产示范产量10 000.5 ~ 12 507kg/hm²。适宜于云南省海拔1 530 ~ 1 840m稻区内种植，以及省外类似稻区种植。

栽培技术要点：适时播种，培育壮秧，3月中下旬播种，旱育秧播种量375.0 ~ 450.0kg/hm²，湿润育秧播种量600.0kg/hm²左右。适期移栽，合理密植，5月上旬移栽，栽插密度37.5万 ~ 45.0万穴/hm²，每穴栽2 ~ 3苗。科学施肥，合理灌溉，施尿素210.0 ~ 240.0kg/hm²，配合施用磷、钾、锌肥，做到"前促、中控、后稳"，重施基肥，早施分蘖肥，穗肥以促花肥为主。在灌溉管理上，做到浅水栽秧，寸水活棵，薄水分蘖，够蘖晒田，幼穗分化期适当深水，灌浆期干湿交替，切忌断水过早，确保活熟到老。保健栽培，综合防治。播种前用"施保克"等药剂浸种48h，预防恶苗病。秧田期和大田期注意防治稻飞虱，中、后期要综合防治螟虫、稻飞虱、条纹叶枯病、稻瘟病、白叶枯病。在抽穗前3 ~ 5d预防稻曲病。

云粳31 (Yungeng 31)

品种来源：云南省农业科学院粮食作物研究所与大理白族自治州农业科学研究所和丽江市农业科学研究所合作，以云粳15/云粳16为杂交组合，采用系谱法选育而成。2011年通过云南省农作物品种审定委员会审定，审定编号：滇审稻2011017。

形态特征和生物学特性：粳型常规水稻。全生育期174.0d，株高96.9cm。株型较好，叶色淡绿，叶姿一般，整齐度好，分蘖力中等，耐寒性较强。穗长17.4cm，每穗总粒数126.0粒，每穗实粒数102粒，结实率80.6%，谷壳黄，无芒，不落粒，千粒重25.8g。

品质特性：糙米率83.6%，精米率75%，整精米率62.4%，垩白粒率13.0%，垩白度0.8%，透明度2级，碱消值7.0级，胶稠度80.0mm，直链淀粉含量15.9%，糙米粒长5.2mm，糙米长宽比1.9，达到国标三级优质米标准。

抗性：高感稻瘟病，高抗白叶枯病，但田间表现未见稻瘟病。

产量及适宜地区：2009—2010年参加云南省中北部粳稻区域试验，两年平均产量9 999.0kg/hm²，比对照合系41增产2.3%，2010年生产示范产量9 211.5 ～ 12 225.0kg/hm²。适宜于云南省海拔1 800 ～ 2 000m稻区内种植，但在稻瘟病高发区禁种。

栽培技术要点：适时播种，培育壮秧，3月上中旬播种，湿润育秧播种量600.0kg/hm²左右。适期移栽，合理密植，5月上旬移栽，栽插密度45.0万 ～ 52.5万穴/hm²，每穴栽2 ～ 3苗。科学施肥，合理灌溉，施尿素210.0 ～ 240.0kg/hm²，配合施用磷、钾、锌肥，做到"前促、中控、后稳"，重施基肥，早施分蘖肥，穗肥以促花肥为主。在灌溉管理上，做到浅水栽秧，寸水活棵，薄水分蘖，够蘖晒田，幼穗分化期适当深水，灌浆期干湿交替，切忌断水过早，确保活熟到老。保健栽培，综合防治。播种前用"施保克"等药剂浸种48h，预防恶苗病。秧田期和大田期注意防治稻飞虱，中、后期要综合防治螟虫、稻飞虱、条纹叶枯病，特别要注意穗颈稻瘟和稻曲病的防治。

云粳 32（Yungeng 32）

品种来源：云南省农业科学院粮食作物研究所与曲靖市农业科学研究所合作，以云粳14/云粳优8号为杂交组合，采用系谱法选育而成。2011年通过云南省农作物品种审定委员会审定，审定编号：滇审稻2011018。

形态特征和生物学特性：粳型常规水稻。全生育期177.0d，株高93.0 cm。株型紧凑，叶色绿，叶姿一般，整齐度好，分蘖力中等。穗长18.6cm，每穗总粒数116.0粒，每穗实粒数99.0粒，结实率85.8%，谷壳黄，无芒，落粒性适中，千粒重24.5g。

品质特性：糙米率83.0%，精米率72.6%，整精米率66.2%，垩白粒率28.0%，垩白度1.7%，透明度2级，碱消值7级，胶稠度80mm，直链淀粉含量16.6%，糙米粒长5.4mm，糙米长宽比2.0，有香味，达到国标三级优质米标准。

抗性：中感稻瘟病，高抗白叶枯病，耐寒性较强。

产量及适宜地区：2009—2010年参加云南省中北部粳稻区域试验，两年平均产量10 206.0kg/hm²，比对照合系41增产4.5%，2010年生产示范产量8 850.0 ~ 11 656.5kg/hm²。适宜于云南省海拔1 850 ~ 2 100m稻区内种植，以及省外类似稻区种植。

栽培技术要点：适时播种，培育壮秧，3月上中旬播种，湿润育秧播种量525.0 ~ 600.0kg/hm²。适期移栽，合理密植，5月上旬移栽，栽插密度45.0万 ~ 52.5万穴/hm²。科学施肥，合理灌溉，施尿素210.0 ~ 240.0kg/hm²，配合施用磷、钾、锌肥，做到"前促、中控、后稳"，重施基肥，早施分蘖肥，穗肥以促花肥为主。在灌溉管理上，做到浅水栽秧，寸水活棵，薄水分蘖，够蘖晒田，幼穗分化期适当深水，灌浆期干湿交替，切忌断水过早，确保活熟到老。保健栽培，综合防治。播种前用"施保克"等药剂浸种48h，预防恶苗病。秧田期和大田期注意防治稻飞虱，中、后期要综合防治螟虫、稻飞虱、条纹叶枯病、稻瘟病。在抽穗前3 ~ 5d预防稻曲病。

云粳 33（Yungeng 33）

品种来源：云南省农业科学院粮食作物研究所，于 1980 年以 BR6/ 三凤// 云粳 136 为杂交组合，经系统选育而成。1995 年通过云南省农作物品种审定委员会审定，审定编号：滇粳 40。

形态特征和生物学特性：粳型常规水稻。全生育期 185.0d，株高 108.0cm。叶片宽厚挺直，有效穗数 300.0 万穗 /hm²，穗长 21.5cm，每穗总粒数 171.2 粒，每穗实粒数 127.7 粒，空秕率 24.7%，颖壳黄色，无芒，不落粒，千粒重 29.0g。

品质特性：糙米率 85.3%，整精米率 42.2%，直链淀粉含量 20.7%，糙米蛋白质含量 7.3%，胶稠度 62.0mm，碱消值 7.0 级。

抗性：抗稻瘟病、白叶枯病和稻曲病，轻感恶苗病。

产量及适宜地区：1993—1994 年参加云南省中北部水稻区域试验，两年平均产量 8 274.0kg/hm²，较对照品种云粳 9 号增产 17.8%。适宜于云南省海拔 1 950 ~ 2 100m 的稻区种植。

栽培技术要点：适时播种，培育壮秧，3 月上中旬播种，旱育秧播种量 450.0kg/hm² 左右，湿润育秧播种量 750.0kg/hm² 左右。适期移栽，合理密植，5 月上旬移栽，栽插密度 60.0 万穴 /hm² 左右，每穴栽 2 ~ 3 苗。科学施肥，合理灌溉，施尿素 240.0kg/hm² 左右，配合施用磷、钾、锌肥，做到"前促、中控、后稳"，重施基肥，早施分蘖肥，穗肥以促花肥为主。在灌溉管理上，做到浅水栽秧，寸水活棵，薄水分蘖，够蘖晒田，幼穗分化期适当深水，灌浆期干湿交替，切忌断水过早，确保活熟到老。保健栽培，综合防治。播种前用"施保克"等药剂浸种 48 ~ 72h，预防恶苗病。秧田期和大田期注意防治稻飞虱，中、后期要综合防治螟虫、稻飞虱、条纹叶枯病、稻瘟病。在抽穗前 3 ~ 5d 预防稻曲病。

云粳35（Yungeng 35）

品种来源：云南省农业科学院粮食作物研究所，以云粳优5/合系41为杂交组合，于2009年选育而成。2014年通过云南省农作物品种审定委员会审定，审定编号：滇审稻2014022。

形态特征和生物学特性：粳型常规水稻。全生育期174.9d，株高90.6cm。株型好，分蘖力强。有效穗数427.5万穗/hm²，成穗率83.4%，穗长19.5cm，每穗总粒数141.4粒，每穗实粒数115.4粒，结实率82%，落粒性适中，谷粒中长，谷壳黄，无芒，千粒重23.3g。

品质特性：糙米率83.3%，精米率74.5%，整精米率71.7%，糙米粒长5.4mm，糙米长宽比2.2，垩白粒率15.0%，垩白度1.5%，直链淀粉含量15.0%，胶稠度70.0mm，碱消值7.0级，透明度1级，水分12.1%，有香味，达到国标二级优质米标准。

抗性：感稻瘟病，中抗白叶枯病，但田间表现未见稻瘟病。

产量及适宜地区：2011—2012年参加云南省中海拔粳稻品种区域试验，两年平均产量9 939.0kg/hm²，比对照合系41增产2.1%；2013年生产试验平均产量10 218.0kg/hm²，比对照合系41增产5.7%。适宜于云南省海拔1 500～1 800m稻区内种植，以及省外类似稻区种植。

栽培技术要点：适时播种，培育壮秧，3月中下旬播种，旱育秧秧田播种量375.0～450.0kg/hm²，湿润育秧播种量600.0kg/hm²左右。适期移栽，合理密植，5月上旬移栽，栽插密度37.5万～45万穴/hm²，每穴栽2～3苗。科学施肥，合理灌溉，施尿素210.0～240.0kg/hm²，配合施用磷、钾、锌肥，做到"前促、中控、后稳"，重施基肥，早施分蘖肥，穗肥以促花肥为主。在灌溉管理上，做到浅水栽秧，寸水活棵，薄水分蘖，够蘖晒田，幼穗分化期适当深水，灌浆期干湿交替，切忌断水过早，确保活熟到老。保健栽培，综合防治。播种前用"施保克"等药剂浸种48h，预防恶苗病。秧田期和大田期注意防治稻飞虱，中、后期要综合防治螟虫、稻飞虱、条纹叶枯病、稻瘟病、白叶枯病。在抽穗前3～5d预防稻曲病。

云粳 38（Yungeng 38）

品种来源：云南省农业科学院粮食作物研究所，以云粳 17/云粳 16 为杂交组合，于 2010 年选育而成。2014 年通过云南省农作物品种审定委员会审定，审定编号：滇审稻 2014020。

形态特征和生物学特性：粳型常规水稻。全生育期 189.3d，株高 92.0cm。株型好，分蘖力较强，耐肥力较强。有效穗数 390 万穗/hm²，每穗总粒数 130.3 粒，每穗实粒数 106.1 粒，结实率 81.4%，熟色好，谷壳黄色，无芒，落粒性适中，千粒重 24.7g。

品质特性：糙米率 83.8%，精米率 72.5%，整精米率 64.6%，糙米粒长 5.1mm，糙米长宽比 1.8，垩白粒率 50.0%，垩白度 3.0%，直链淀粉含量 16.6%，胶稠度 80.0mm，碱消值 6.8 级，透明度 1 级，水分 12.0%。

抗性：中感稻瘟病，抗白叶枯病，耐寒性较强，抗倒伏。

产量及适宜地区：2011—2012 年参加云南省高海拔粳稻品种区域试验，两年平均产量 9 225.0kg/hm²，比对照合系 41 增产 21.2%；2013 年生产试验平均产量为 10 167.0kg/hm²，比对照合系 41 增产 7.1%。适宜于云南省海拔 1 800 ~ 2 200m 稻区内种植，以及省外类似稻区种植。

栽培技术要点：适时播种，培育壮秧，3 月上中旬播种，旱育秧播种量 375.0 ~ 450.0kg/hm²，湿润育秧播种量 600.0kg/hm² 左右。适期移栽，合理密植，5 月上旬移栽，栽插密度 45.0 万 ~ 60.0 万穴/hm²，每穴栽 2 ~ 3 苗。科学施肥，合理灌溉，施尿素 210.0 ~ 240.0kg/hm²，配合施用磷、钾、锌肥，做到"前促、中控、后稳"，重施基肥，早施分蘖肥，穗肥以促花肥为主。在灌溉管理上，做到浅水栽秧，寸水活棵，薄水分蘖，够蘖晒田，幼穗分化期适当深水，灌浆期干湿交替，切忌断水过早，确保活熟到老。保健栽培，综合防治。播种前用药剂浸种 48h，预防恶苗病。秧田期和大田期注意防治稻飞虱，中、后期要综合防治螟虫、稻飞虱、条纹叶枯病、稻瘟病。在抽穗前 3 ~ 5d 预防稻曲病。

云粳39（Yungeng 39）

品种来源：云南省农业科学院粮食作物研究所，以合系41/云粳20为杂交组合，于2010年选育而成。2014年通过云南省农作物品种审定委员会审定，审定编号：滇审稻2014021。

形态特征和生物学特性：粳型常规水稻。全生育期177.8d，株高100.8cm，分蘖力强。有效穗数442.5万穗/hm²，穗长20.3cm，每穗总粒数138.8粒，每穗实粒数111.5粒，落粒性适中，谷粒细长，谷壳黄，无芒，千粒重25.0g。

品质特性：糙米率85.3%，精米率74.2%，整精米率72.4%，糙米粒长6.0mm，糙米长宽比2.5，垩白粒率12.0%，垩白度1.3%，直链淀粉含量16.4%，胶稠度80.0mm，碱消值6.8级，透明度2级，水分11.3%，有香味，达到国标二级优质米标准。

抗性：中抗稻瘟病，抗白叶枯病。

产量及适宜地区：2011—2012年参加云南省中海拔粳稻品种区域试验，两年平均产量10 440.0kg/hm²，比对照合系41增产7.9%；2013年生产试验平均产量10 207.5kg/hm²，比对照合系41增5.1%。适宜于云南省海拔1 500～1 850m稻区内种植，以及省外类似稻区种植。

栽培技术要点：适时播种，培育壮秧，3月上中旬播种，旱育秧播种量375.0～450.0kg/hm²，湿润育秧播种量525.0～600.0kg/hm²。适期移栽，合理密植，5月上旬移栽，栽插密度37.5万～45.0万穴/hm²，每穴栽2～3苗。科学施肥，合理灌溉，施尿素210.0～240.0kg/hm²，配合施用磷、钾、锌肥，做到"前促、中控、后稳"，重施基肥，早施分蘖肥，穗肥以促花肥为主。在灌溉管理上，做到浅水栽秧，寸水活棵，薄水分蘖，够蘖晒田，幼穗分化期适当深水，灌浆期干湿交替，切忌断水过早，确保活熟到老。保健栽培，综合防治。播种前用药剂浸种48h，预防恶苗病。秧田期和大田期注意防治稻飞虱，中、后期要综合防治螟虫、稻飞虱、条纹叶枯病、稻瘟病。在抽穗前3～5d预防稻曲病。

云粳优1号 （Yungengyou 1）

品种来源：云南省农业科学院粮食作物研究所，以银条粳/合系34为杂交组合，采用系谱法选育而成，原品系号为滇粳优1号。2004年通过云南省农作物品种审定委员会审定，审定编号：滇审稻200403。

形态特征和生物学特性：粳型常规水稻。全生育期180.0d，株高92.6cm。株型紧凑，叶色淡绿，分蘖力强，成穗率高。穗长19.2cm，每穗总粒数98.0粒，每穗实粒数72.0粒。籽粒细长，浅黄色，不落粒，千粒重25.5g。

品质特性：糙米率83.3%，精米率75.2%，整精米率67.1%，垩白粒率2.0%，垩白度0.3%，透明度1级，直链淀粉含量17.2%，糙米蛋白质含量9.4%，胶稠度58.0mm，糙米粒长6.2mm，糙米长宽比2.6。

抗性：抗稻瘟病及白叶枯病，耐寒、抗倒伏。

产量及适宜地区：2001—2002年参加云南省中北部水稻区域试验，两年平均产量7 974.0kg/hm²，较对照品种银光减产1.5%，生产示范平均产量8 400.0 ～ 9 450.0kg/hm²。适宜于云南省海拔1 650 ～ 2 050m地区种植。

栽培技术要点：适时播种，培育壮秧，3月上中旬播种，旱育秧播种量450.0kg/hm²左右，湿润育秧播种量600.0 ～ 750.0kg/hm²。适期移栽，合理密植，5月上旬移栽，栽插密度45.0万 ～ 60万穴/hm²，每穴栽2 ～ 3苗。科学施肥，合理灌溉，施尿素210.0 ～ 240kg/hm²，配合施用磷、钾、锌肥，做到"前促、中控、后稳"，重施基肥，早施分蘖肥，穗肥以促花肥为主。在灌溉管理上，做到浅水栽秧，寸水活棵，薄水分蘖，够蘖晒田，幼穗分化期适当深水，灌浆期干湿交替，切忌断水过早，确保活熟到老。保健栽培，综合防治。播种前用"施保克"等药剂浸种48 ～ 72h，预防恶苗病。秧田期和大田期注意防治稻飞虱，中、后期要综合防治螟虫、稻飞虱、条纹叶枯病、稻瘟病、白叶枯病。在抽穗前预防稻曲病。

云粳优5号 (Yungengyou 5)

品种来源：云南省农业科学院粮食作物研究所，以云粳优1号/云粳优2号为杂交组合，采用系谱法选育而成，原品系号为滇粳优5号。2005年通过云南省农作物品种审定委员会审定，审定编号：滇审稻200510。

形态特征和生物学特性：粳型常规水稻。全生育期175.0d，株高100.0m。叶色淡绿，分蘖力较强，成穗率高。穗长21.6cm，每穗总粒数120.0粒，每穗实粒数105.0粒。籽粒细长，谷壳黄，无芒，千粒重25.0g。

品质特性：糙米率83.4%，精米率75.7%，整精米率64.4%，糙米粒长5.7mm，糙米长宽比2.4，垩白率4%，垩白度0.7%，透明度1级，碱消值7.0级，胶稠度61.0mm，直链淀粉含量16.5%，糙米蛋白质含量8.7%，精米外观油亮，米饭香味浓。

抗性：耐寒性较强，稻瘟病抗性一般。

产量及适宜地区：2003—2004年参加云南省中北部水稻区域试验，两年平均产量7 497.0kg/hm²，比对照银光减产8.7%，生产示范产量8 475.0 ~ 10 800.0kg/hm²。适宜于云南省海拔1 650 ~ 2 000m地区种植。

栽培技术要点：适时播种，培育壮秧，3月中旬播种，旱育秧秧田播种量375.0 ~ 450.0kg/hm²，湿润育秧播种量600.0kg/hm²左右。适期移栽，合理密植，5月上旬移栽，栽插密度45.0万 ~ 52.5万穴/hm²，每穴栽2 ~ 3苗。科学施肥，合理灌溉，施尿素210.0kg/hm²，配合施用磷、钾、锌肥，做到"前促、中控、后稳"，重施基肥，早施分蘖肥，穗肥以促花肥为主。在灌溉管理上，做到浅水栽秧，寸水活棵，薄水分蘖，够蘖晒田，幼穗分化期适当深水，灌浆期干湿交替，切忌断水过早，确保活熟到老。保健栽培，综合防治。播种前用"施保克"等药剂浸种48h，预防恶苗病。秧田期和大田期注意防治稻飞虱，中、后期要综合防治螟虫、稻飞虱、条纹叶枯病、稻瘟病、白叶枯病。在抽穗前预防稻曲病。

云恢188 (Yunhui 188)

品种来源：云南省农业科学院粮食作物研究所与弥勒县农业技术推广中心合作，以BL4/晋红1号为杂交组合，经多年系统选育而成。2005年通过云南省农作物品种审定委员会审定，审定编号：滇审稻200507。

形态特征和生物学特性：粳型常规水稻。全生育期158.0～170.0d，株高90.0～98.5cm。株叶型紧凑，叶片挺直，呈半卷形，根系发达，生长整齐，长势旺盛，分蘖力强。成穗率71.6%～82.5%，每穗总粒数93.4～130.0粒，结实率90.7%～92.2%，易落粒，千粒重25.0g。

品质特性：糙米率79.0%，整精米率65.0%，垩白粒率19.0%，直链淀粉含量14.5%，胶稠度100.0mm。2002年被云南省农业厅、云南省质量技术监督局、云南省粮食局评为优质稻品种。

抗性：中抗稻瘟病、抗白枯叶病和细菌性条斑病，抗倒伏。

产量及适宜地区：2003—2004年参加云南省中部粳稻品种区域试验，两年平均产量9 222.0kg/hm²，生产示范产量9 000.0～9 750.0kg/hm²。适宜于云南省海拔1 300～1 750m的稻区种植。

栽培技术要点：种子处理和消毒。选择和做好苗床地，扣种稀播匀播。按旱育秧的操作技术规程进行苗床水肥管理。适时移栽，秧龄在40d左右；采用双行条栽，栽插密度37.5万穴/hm²，每穴2～3苗；大田尽量平整，后期干干湿湿，并做到浅水浅插；栽后要做到浅水管理，薄水促早生发芽，后期干干湿湿，交替管理，抽穗前以湿为主，抽穗后以干为主。增施钾肥，控制氮肥，合理施足磷肥，分别施尿素450.0kg/hm²，普通过磷酸钙450.0kg/hm²，硫酸钾120.0kg/hm²，磷、钾全做底肥，氮肥50%为底肥、30%为分蘖肥、20%为穗肥。

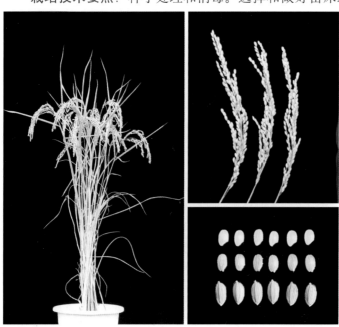

云农稻4号 （Yunnongdao 4）

品种来源：云南省农业科学院粮食作物研究所和玉溪市农业科学院合作，以93鉴42/楚粳7号//IR64446-2为杂交组合，经5年6代系统选育而成，原品系名为滇超4号。2007年通过云南省农作物品种审定委员会审定，审定编号：滇审稻200733。

形态特征和生物学特性：粳型常规水稻。全生育期172.0d，株高93.0cm。株型好，分蘖力强。有效穗数468.0万穗/hm²，成穗率68.0%，每穗总粒数122.0粒，每穗实粒数97.0粒，结实率68.0%，落粒性适中，千粒重23.9g。

品质特性：糙米率79.3%，精米率67.2%，整精米率61.3%，糙米粒长5.1mm，糙米长宽比1.8，垩白粒率63.0%，垩白度6.3%，透明度3级，碱消值7.0级，胶稠度62.0mm，直链淀粉含量16.3%。

抗性：稻瘟病抗性稍强。

产量及适宜地区：2003—2004年参加云南省中部粳稻品种区域试验，两年平均产量9 667.5kg/hm²，比对照合系41减产1.2%，生产示范产量9 000.0 ～ 9 750.0kg/hm²。适宜于云南省海拔1 500 ～ 1 750m的粳稻区种植。

栽培技术要点：搞好种子消毒；秧田播种量450.0 ～ 525.0kg/hm²，中上等肥力田块栽插密度30.0万 ～ 37.5万穴/hm²，中下等肥力田块栽插密度37.5万 ～ 45.0万穴/hm²，水膜秧栽插密度45.0万 ～ 52.5万穴/hm²，每穴2 ～ 3苗为宜；控制氮肥的施用量，增施磷、钾肥，苗肥（底肥和分蘖肥）与穗肥的比例为6 ：4或5 ：5。

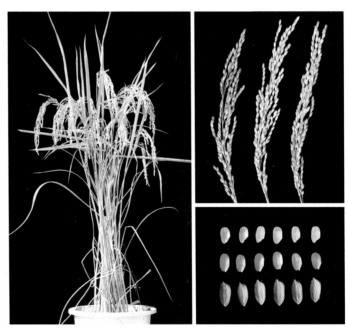

云玉1号（Yunyu 1）

品种来源：云南省玉溪市农业科学院，于1972年以2035/桂情为杂交组合，经多年系统选育而成。1985年通过云南省农作物品种审定委员会审定，审定编号：滇粳7。

形态特征和生物学特性：粳型常规水稻。全生育期155.0～168.0d，株高90.0～100.0cm。株型紧凑，叶色淡绿，分蘖力中等，稳产性和适应性较好，易倒伏。每穗总粒数69.0～100.0粒，结实率85.5%。颖壳薄、黄白色，无芒，易落粒，千粒重29.0～32.0g。

品质特性：糙米率87.1%，糙米蛋白质含量6.8%～7.0%，食味好。

抗性：较抗稻瘟病和白叶枯病，耐寒性强。

产量及适宜地区：1978—1981年参加云南省和玉溪市水稻区域试验，生产示范产量7 500.0kg/hm²。适宜于云南省中部海拔1 500～1 700m的地区种植。

栽培技术要点：2月底3月初薄膜育秧，秧龄35～45d；湿润育秧，秧龄55～65d。3月中旬播种的湿润育秧，秧龄40～45d。严格肥水管理，防止倒伏。落粒性强，注意适时收获。

云玉粳8号（Yunyugeng 8）

品种来源：云南省农业科学院粮食作物研究所和玉溪市农业科学院合作，以IR64446-7-10-5/云粳34为杂交组合，经多年多代系统选育而成，原品系名为云超8号。2009年通过云南省农作物品种审定委员会审定，审定编号：滇审稻2009009。

形态特征和生物学特性：粳型常规水稻。全生育期177.0d，株高102.0cm。株型紧凑，苗期生长旺盛，分蘖期生长势强，叶片直立略内卷，抗倒伏，穗层清秀整齐，剑叶角度小，成熟期褪色好，青秆黄熟。有效穗数450万穗/hm²，成穗率82.2%，穗长19.8cm，每穗总粒数141.0粒，每穗实粒数117.0粒，落粒性适中，千粒重23.5g。

品质特性：糙米率77.6%，精米率67.8%，整精米率66.2%，垩白粒率42%，垩白度4.2%，直链淀粉含量17.4%，胶稠度72.0mm，糙米粒长5.2mm，糙米长宽比1.8，透明度2级，碱消值7.0级。

抗性：中抗稻瘟病，高抗白叶枯病，抗倒伏。

产量及适宜地区：2004—2005年参加云南省粳型杂交稻品种区域试验，两年平均产量11 022.0kg/hm²，比对照滇杂31减产3.6%；生产示范平均产量11 397.0kg/hm²，比对照滇杂31增产10.2%。适宜于云南省海拔1 400～1 800m的地区种植。

栽培技术要点：播前晒种，适时播种，扣种稀播，培育壮秧，秧田播种量300.0～450.0kg/hm²，适宜秧龄40～45d。合理密植和施肥，干湿交替灌溉，及时防治虫害。栽插规格13.3cm×26.6cm，每穴2～4苗。施肥用量：总尿素240.0kg/hm²，氮肥四次施完，基肥：分蘖肥：促花肥：保花肥=1：1：1：1；普通过磷酸钙600.0kg/hm²作为底肥一次性施完；施硫酸钾150.0kg/hm²，分基肥和促花肥2次施用，每次施50.0%。水分管理采用干湿交替灌溉，茎蘖数达300.0万～330.0万个/hm²控苗晒田。

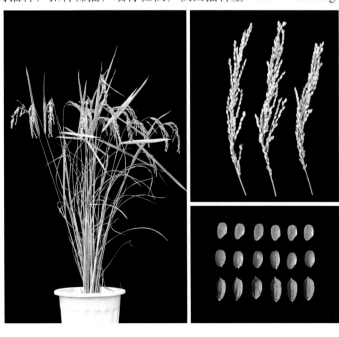

云资粳41（Yunzigeng 41）

品种来源： 云南省农业科学院生物技术与种质资源研究所、陆良县种子管理站和元江县农业技术推广站合作，2001年以合系35/元江普通野生稻为杂交组合，F0代种子在实验室进行胚挽救成F1代苗，经回交2次，自交若干次，进行单株和系谱选择，于2007年选育而成。2012年通过云南省农作物品种审定委员会审定，审定编号：滇审稻2012001。

形态特征和生物学特性： 粳型常规水稻。全生育期174.8d，株高98.0cm。株型紧凑，剑叶角度中间型，生长旺盛，茎秆粗壮、坚韧有弹性，抗倒伏性强，成熟时青秆黄熟。有效穗数423.0万穗/hm²，成穗率82.8%，每穗总粒数140.7粒，每穗实粒数109.9粒，结实率78.5%。落粒性适中，千粒重26.3g。

品质特性： 糙米率80.2%，精米率69.4%，整精米率62%，糙米长宽比1.8，垩白粒率30%，垩白度2.4%，透明度2级，碱消值7.0级，胶稠度77.0mm，直链淀粉含量15.0%，达到国标三级优质米标准。

抗性： 高感稻瘟病（9级），抗白叶枯病（2级），试点无严重病害记载。耐冷性弱。

产量及适宜地区： 2009—2010年参加云南省中部粳稻品种区域试验（A组），两年平均产量11 079.0kg/hm²，比对照合系41增产7.6%；2011年生产试验平均产量11 007.0kg/hm²，比对照合系41增产8.3%。适宜于云南省海拔1 500～1 800m稻区种植。

栽培技术要点： 播种前严格精选种子，并暴晒1～2d，种子消毒，预防恶苗病。扣种稀播，培育带蘖壮秧，3月10～15日播种，秧田播种量375.0kg/hm²，做到不增加播量，防止秧苗细弱和烂种、烂芽。5月5～10日移栽，秧龄45～50d，叶龄5～6叶，栽插密度34.5万～37.5万穴/hm²，每穴2～3苗。采取前促、中控、后补的原则，适时适量配方施肥，施农家肥30 000.0kg/hm²、普通过磷酸钙750.0kg/hm²、尿素300.0kg/hm²、硫酸锌30.0kg/hm²和速效钾肥150.0kg/hm²作底肥，移栽7～10d结合化学除草施分蘖肥，施碳酸氢铵450.0kg/hm²，促使秧苗返青快，早分蘖；移栽45～50d后施穗肥，施尿素225.0kg/hm²、硫酸钾120.0kg/hm²，确保穗大粒多，秆硬籽壮，以夺取高产。科学管水，做到浅水栽秧，寸水返青，薄水分蘖，苗够晒田。综合防治稻瘟病、稻曲病。

云资粳84 （Yunzigeng 84）

品种来源：云南省农业科学院生物技术与种质资源研究所与昆明田康科技有限公司合作，于2002年以合系35/海白谷为杂交组合，经多年多代系统选育而成。2015年通过云南省农作物品种审定委员会审定，审定编号：滇审稻2015007。

形态特征和生物学特性：粳型常规水稻。全生育期195.3d，株高93.5cm。株型紧凑，叶色淡绿。有效穗数393.0万穗/hm²，每穗总粒数116.3粒，每穗实粒数88.4粒，结实率76.0%。颖壳黄色，无芒，落粒性适中，千粒重25.4g。

品质特性：糙米率83.9%，精米率72.4%，整精米率65.7%，糙米粒长4.8mm，糙米长宽比1.6，垩白粒率34.0%，垩白度2.0%，直链淀粉含量17.0%，胶稠度80.0mm，碱消值7.0级，透明度1级，水分12.1%。

抗性：感稻瘟病和白叶枯病，武定穗瘟病重。

产量及适宜地区：2011—2012年参加云南省高海拔常规粳稻品种区域试验，两年平均产量8 241.0kg/hm²，比对照合系41增产8.3%，生产试验平均产量8 361kg/hm²。适宜于云南省海拔1 850～2 000m以上地区种植。

栽培技术要点：适期播种，培育壮秧，旱育秧秧田播种量375.0～450.0kg/hm²，湿润育秧秧田播种量450.0～525.0kg/hm²。适时移栽，合理密植，移栽叶龄4.5～6.0叶较好，栽插密度45.0万～52.5万穴/hm²，栽插基本苗120.0万～150.0万苗/hm²。科学施肥，施尿素270.0～300.0kg/hm²，配合施用磷、钾肥，做到"前促、中控、后稳"重施基肥，早施分蘖肥，穗肥以促花肥为主。灌溉管理上，浅水栽秧、深水活棵、薄水分蘖、看苗适时搁田，后期保持田间湿润，确保活熟到收。播前用药剂浸种预防恶苗病和干尖线虫病等种传病害，秧田期和大田期注意防治稻飞虱、稻蓟马，中、后期要综合防治纹枯病、三化螟、稻纵卷叶螟等。特别要注意穗颈稻瘟和白叶枯病的防治。

沾粳 12 (Zhangeng 12)

品种来源：云南省曲靖益东总厂沾益农场，于1987年以IR28/鄂早4号//鄂早2号/晋宁768为杂交组合，经人工杂交于1995年选育而成。2009年通过云南省农作物品种审定委员会审定，审定编号：滇特(曲靖)审稻2009035。

形态特征和生物学特性：粳型常规水稻。全生育期189.0d，株高100.0cm。大穗型品种，秆粗，剑叶略斜，叶色深绿，分蘖中等，耐寒，抗病，中等肥力最佳。有效穗数375.0万穗/hm²，穗长20.0cm，每穗实粒数105.0粒，结实粒79.0%。粒形为长椭圆形，颖壳浅黄色，颖尖无芒、略带浅褐色，落粒性中等，千粒重27.0g。

品质特性：糙米率85.7%，精米率77.4%，整精米率69.1%，糙米粒长5.5mm，糙米长宽比1.8，碱消值7.0级，胶稠度75.0mm，直链淀粉含量17.7%，糙米蛋白质含量9.6%，达到部颁二级优质米标准。

抗性：叶瘟：病叶率6.2%，病情指数为2.9；穗瘟：病株率4.2%。

产量表现：2003—2004年参加曲靖市水稻新品种区域试验（山区组），两年平均产量7 783.5kg/hm²，较对照沾粳7号减产1.0%；生产示范产量8 250.0～9 750.0kg/hm²，增产4.0%～17.0%。适宜于曲靖市的会泽、宣威、马龙、沾益、麒麟等县（市）海拔1 800～2 000m冷凉稻区种植。

栽培技术要点：3月5～20日播种，播前用"施保克"药剂浸种48～72h，播种量600.0kg/hm²，秧龄45～50d，4月20日至5月10日移栽。旱育壮秧，栽插密度42.0万穴/hm²左右，每穴1～2苗；湿润壮秧，栽插密度45.0万穴/hm²左右，每穴2～3苗。底肥施尿素150.0～225.0kg/hm²、普通过磷酸钙450.0kg/hm²。移栽7～15d，配合大田除草，施尿素150.0～225.0kg/hm²、硫酸钾105.0～150.0kg/hm²，以后视苗情而定，一般不需再追肥。科学管水，做到浅水栽秧，寸水活棵，薄水分蘖，适时晒田控蘖，适水孕穗，湿润灌浆。适时收获，"十黄九收"。

沾粳6号 （Zhangeng 6）

品种来源：云南省曲靖益东总厂沾益农场，于1978年以71-18-1/粳118为杂交组合，经多代系统选育而成。1991年通过云南省农作物品种审定委员会审定，审定编号：滇粳28。

形态特征和生物学特性：粳型常规水稻。全生育期180.0 ～ 185.0d，株高110.0cm。株型紧凑，单株分蘖2 ～ 3个。穗长22.0 ～ 24.0cm，每穗实粒数90.0 ～ 120.0粒，千粒重28.0 ～ 30.0g。

品质特性：糙米率81.0％，精米率75.0％，糙米蛋白质含量6.0％，直链淀粉含量15.5％，糙米长宽比1.91，米质好。1991年被评为云南省优质水稻品种。

抗性：抗稻瘟病A、B_{13}、D、E_1生理小种，耐寒。

产量及适宜地区：1989年参加云南省水稻品种多点试验，平均产量6 450.0kg/hm²，生产示范产量6 750.0kg/hm²。适宜于云南省海拔1 850 ～ 2 000m的地区种植。

栽培技术要点：适时播种，播种前用药剂处理种子。适时早栽，立夏至小满节令栽插。合理密植，保证栽插密度67.5万 ～ 75.0万穴/hm²，每穴4 ～ 5苗，施足底肥，合理追肥，以免倒伏，抽穗前进行1 ～ 2次药剂防治。

沾粳7号（Zhangeng 7）

品种来源：云南省曲靖益东总厂沾益农场，于1985年以04-974/沾粳6号为杂交组合，经多代系统选育而成，原品系编号为04-5138。1993年通过云南省农作物品种审定委员会审定，审定编号：滇粳33。

形态特征和生物学特性：粳型常规水稻。全生育期185.0d，株高90.0 ~ 110.0cm。分蘖力较弱，有效穗数319.5万穗/hm²，穗长20.0 ~ 26.0cm，每穗实粒数90.0 ~ 110.0粒，空秕率18.0% ~ 26.0%。籽粒长椭圆形，易落粒，千粒重29.0 ~ 30.0g。

品质特性：糙米率81.0%，蛋白质含量8.9%，总淀粉含量79.0%，直链淀粉含量19.2%，胶稠度42.5mm，碱消值6.5级。

抗性：较抗稻瘟病，适应性较强。

产量及适宜地区：1991—1992年参加云南省中北部组水稻区域试验，两年平均产量8 167.5kg/hm²，较对照品种云粳9号增产14.2%。适宜于云南省海拔1 900 ~ 2 000m的地区种植。

栽培技术要点：该品种分蘖力弱，要适当增加栽插密度，栽插密度60.0万 ~ 67.5万穴/hm²，每穴3 ~ 5苗。合理施肥，加强水浆管理，后期施肥过多易造成倒伏。注意稻瘟病和螟虫等病虫害的防治。

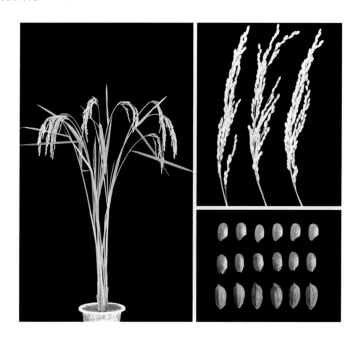

沾粳9号（Zhangeng 9）

品种来源：云南省曲靖益东总厂沾益农场，于1985年以日本晴//实践稻/粳118///黎明/T41为杂交组合，经多年系统选育而成，原品系编号为04-5130。2005年通过云南省农作物品种审定委员会审定，审定编号：滇特（曲靖）审稻200510。

形态特征和生物学特性：粳型常规水稻。全生育期189.0～195.0d，株高95.0～101.0cm。株型紧凑，剑叶内卷，群体整齐，分蘖中等，青秆成熟。穗长19.2cm，每穗实粒数79.0～100.0粒，结实粒66.57%，单穗重3.3g。易落粒，籽粒淡黄，颖尖稍带褐色，千粒穗26.9g。

品质特性：糙米率84.7%，精米率74.8%，整精米率69.5%，米质食味好。

抗性：稻瘟病抗性差。

产量及适宜地区：2003—2004年参加曲靖市山区水稻区域试验，2003年平均产量9 819.0kg/hm²，较对照沾粳7号增产13.3%；2004年平均产量7 158.0kg/hm²，较对照沾粳7号增产0.9%。适宜于曲靖市海拔1 850～2 100m的山区、半山区种植。

栽培技术要点：3月5～20日播种，播前用"施保克"药剂浸种48～72h，播种量600.0kg/hm²，秧龄45～50d，4月20日至5月10日移栽。旱育壮秧，栽插密度42.0万穴/hm²左右，每穴1～2苗；湿润壮秧，栽插密度45.0万穴/hm²左右，每穴2～3苗。底肥施尿素150.0～225.0kg/hm²、普通过磷酸钙450.0kg/hm²。移栽7～15d，配合大田除草剂，施尿素150.0～225.0kg/hm²、钾肥（K₂SO₄）105.0～150.0kg/hm²，以后视苗情而定，一般不需再追肥。科学管水，做到浅水栽秧，寸水活棵，薄水分蘖，适时晒田控蘖，适水孕穗，湿润灌浆。适时收获，"十黄九收"。

沾糯1号 (Zhannuo 1)

品种来源：云南省曲靖益东总厂沾益农场，于1973年以66-46/宣威大糯稻为杂交组合，经多代系统选育而成。1998年通过云南省农作物品种审定委员会审定，审定编号：滇粳糯13。

形态特征和生物学特性：粳型常规糯稻。全生育期175.0d，株高90.0cm。株型较松散，茎秆坚硬抗倒伏，成穗率较高。穗长15.0～18.0cm，每穗实粒数85.0粒，空秕率18.0%。谷粒卵圆形，颖壳黄色，颖尖紫黑色，护颖紫红色，无芒，不落粒，千粒重26.0g。

品质特性：糙米蛋白质含量9.5%，脂肪1.4%，淀粉75.1%，品质好，糯性强。

抗性：耐寒，较抗稻瘟病。

产量及适宜地区：1983年参加曲靖市水稻区域试验，平均产量5 820.0kg/hm²，生产示范产量6 000.0～7 500.0kg/hm²。适宜于海拔1 800～2 000m地区中、上等肥力田块种植。

栽培技术要点：做好种子处理，培育壮秧，秧龄在50d左右。栽插密度60.0万～75.0万穴/hm²，每穴3～6苗。施足基肥，早施追肥，在施肥水平较高的地区，应注意稻瘟病的防治。成熟较早，防治雀害。

第三节 杂交籼稻

II优310 (IIyou 310)

品种来源：云南金瑞种业有限公司和云南金瑞种业有限公司水富分公司合作，于2004年以外引不育系II-32A为母本，与云南金瑞种业有限公司自主选育的云恢310恢复系为父本配组而成，原品系编号为富优82。2010年通过云南省农作物品种审定委员会审定，审定编号：滇特（昭通）审稻2010033。

形态特征和生物学特性：籼型两系杂交水稻。全生育期150.0d左右，与对照II优838相当，平均株高111.7cm。株型紧凑，剑叶直立。成穗率74.4%，穗长26.3cm，每穗总粒数222.9粒，每穗实粒数196.4粒，结实率88.2%，千粒重26.8g。

品质特性：糙米率76.2%，整精米率49.0%，直链淀粉含量21.8%，达到国标一级优质米标准。

抗性：抗稻瘟病和白叶枯病。

产量及适宜地区：2008—2009年参加昭通市水稻品种区域试验，两年平均产量8 862.0kg/hm²，生产试验平均产量7 612.5kg/hm²。适宜于昭通市海拔1 000m以下籼稻区种植。

栽培技术要点：扣种稀播，适时早播早栽，单本浅栽，规范化条栽；整个生育期肥料管理控氮、保磷、增钾，施足底肥，早期追肥，中后期不再追施氮肥，抽穗期补施钾肥；加强病虫害防治。

滇优7号（Dianyou 7）

品种来源：云南省滇型杂交水稻研究中心，用18A/恢1（滇陇201）组配选育而成。2005年通过云南省农作物品种审定委员会审定，审定编号：滇审稻200502。

形态特征和生物学特性：籼型三系杂交水稻。全生育期170.0～180.0d，株高85.0～124.0cm。株型较紧凑，叶片半直立，叶色淡绿，分蘖力强，成穗率高。单株有效穗数7.7～9.4个，每穗粒数120.0～200.0粒，结实率88.0%～88.0%。易落粒，千粒重27.0～30.0g。

品质特性：糙米率81.4%，整精米率47.5%，垩白粒率50.0%，垩白度7.5%，直链淀粉含量18.8%，胶稠度85.0mm，糙米粒长7.4mm，糙米长宽比3.1。米饭软，口感好。

抗性：抗稻瘟病，耐肥抗倒伏。

产量及适宜地区：2003—2004年参加云南省水稻新品种区域试验，两年平均产量8 665.5kg/hm²，生产示范产量8 025.0～9 645.0kg/hm²。适宜于云南省海拔1 000m以下地区作一季中稻种植。

栽培技术要点：稀播培育带蘖壮秧，秧田播种量300.0kg/hm²，4.5～5叶期移栽，单本栽插。重施底肥，慎施追肥，并注意磷、钾肥配合施用，注意防治病虫害。

富优2-2 (Fuyou 2-2)

品种来源：云南金瑞种业有限公司水富分公司，于2005年以自主选育的不育系富219A为母本，与自主选育的恢复系水R2-2为父本配组选育而成，原品系编号为富优81。2010年通过云南省农作物品种审定委员会审定，审定编号：滇特（昭通）审稻2010032。

形态特征和生物学特性：籼型两系杂交水稻。全生育期155.0d左右，比对照Ⅱ优838长3 ~ 5d，株高110.0cm。株型紧凑，剑叶秀直。成穗率81.8%，穗长27.1 cm，每穗总粒数234.8粒，每穗实粒数202.8粒，结实率86.5%，千粒重28.4g。

品质特性：糙米率76.2%，整精米率47.8%，直链淀粉含量17.8%，胶稠度82.0mm，达到国标一级优质米指标。

抗性：抗稻瘟病和白叶枯病。

产量及适宜地区：2008—2009年参加昭通市水稻品种区域试验，两年平均产量8 098.5kg/hm^2，生产试验平均产量7 677.0kg/hm^2。适宜于昭通市海拔900m以下籼稻区种植。

栽培技术要点：扣种稀播，适时早播早栽，单本浅栽，规范化条栽；整个生育期肥料管理控氮、保磷、增钾，施足底肥，早期追肥，中后期不再追施氮肥，抽穗期补施钾肥；加强病虫害防治。

龙特优 247 (Longteyou 247)

品种来源：云南省文山壮族苗族自治州农业科学院稻作研究所，于2001年用龙特浦A/文恢247组配选育而成，原品系号为文富24。2010年通过云南省农作物品种审定委员会审定，审定编号：滇审稻2010013。

形态特征和生物学特性：籼型两系杂交水稻。全生育期151.0d，株高108.2cm。株型适中，后期转色好。有效穗数256.5万穗/hm²，成穗率62.4%，穗长24.3cm，每穗总粒数171.4粒，每穗实粒数151.6粒。落粒性适中，千粒重29.7g。

品质特性：糙米率81.9%，精米率71.4%，整精米率64.6%，糙米粒长6.6 mm，糙米长宽比2.5，垩白粒率96.0%，垩白度9.6%，透明度3级，碱消值7.0级，胶稠度53.0mm，直链淀粉含量20.6%，有淡香味。

抗性：抗稻瘟病，中感白叶枯病。

产量及适宜地区：2008—2009年参加云南省杂交稻区域试验，两年平均产量9 645.0kg/hm²，较对照II优838增产3.9%；生产试验产量9 301.5kg/hm²，较对照II优838增产3.0%。适宜于云南省海拔1 400m以下籼稻区种植。

栽培技术要点：适期播种，培育壮秧，采取旱育稀植，以有机肥为主施足基肥；1叶1心时喷施多菌灵等，防治立枯病；3叶期左右视秧苗长势情况施促蘖肥；移栽前5～7d施送嫁肥。适时移栽，秧龄35～40d。合理密植，栽植密度27.0万～37.5万穴/hm²，每穴1～2苗，做到薄水浅插匀栽。科学肥水管理，前期重施底肥，后期看苗轻施穗肥，大田前期浅水返青促分蘖，适度晒田控苗，后期浅水抽穗灌浆，乳熟时湿润灌溉，成熟前7d断水。适时防治病虫害，根据病虫预报重点防治稻纵卷叶螟、稻飞虱等，灌浆后注意防鼠害。

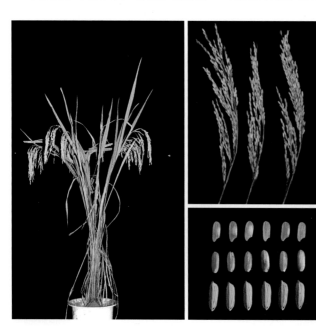

龙特优927 （Longteyou 927）

品种来源：云南省文山壮族苗族自治州农业科学院稻作研究所与云南隆瑞种业有限公司合作，于2002年用龙特浦A/文恢927组配选育而成。2015年通过云南省农作物品种审定委员会审定，审定编号：滇审稻2015017。

形态特征和生物学特性：籼型两系杂交水稻。全生育期160.5d，株高114.6cm。株型适中，茎秆粗壮，剑叶挺直。有效穗数249.0万穗/hm²，成穗率63.7%，穗长24.4cm，每穗总粒数180.9粒，每穗实粒数150.5粒。谷粒黄色，稃尖紫色，无芒，落粒性好，千粒重31.1g。

品质特性：糙米率81.8%，精米率70.4%，整精米率20.4%，糙米粒长6.4mm，糙米长宽比2.4，垩白粒率8.0%，垩白度16.7%，直链淀粉含量22.6%，胶稠度57.0mm，碱消值5.5级，透明度3级，水分12.9%。

抗性：中感稻瘟病，抗白叶枯病。试点主要病害两年均无重病记录。

产量及适宜地区：2010年参加云南省籼型杂交稻预备试验，2012—2013年参加云南省籼型杂交稻区域试验（B组），两年平均产量9 898.5kg/hm²，比对照汕优63增产7.9%；2013年生产试验平均产量9 061.5kg/hm²，比对照汕优63增产2.4%。适宜于云南省海拔1 350m以下籼稻区。

栽培技术要点：适期播种，培育壮秧，采取旱育稀植，以有机肥为主施足基肥；1叶1心时喷施多菌灵等，防治立枯病；3叶期左右视秧苗长势情况施促蘖肥；移栽前5～7d施送嫁肥。适时移栽，秧龄35～40d。合理密植，栽植密度27.0万～37.5万穴/hm²，每穴1～2苗，做到薄水浅插匀栽。科学肥水管理，前期重施底肥，后期看苗轻施穗肥，大田前期浅水返青促分蘖，适度晒田控苗，后期浅水抽穗灌浆，乳熟时湿润灌溉，成熟前7d断水。适时防治病虫害，根据病虫预报重点防治稻纵卷叶螟、稻飞虱等，灌浆后注意防鼠害。

文富7号（Wenfu 7）

品种来源：云南省文山壮族苗族自治州农业科学院，于2002年用宜香1A/文恢206组配选育而成。2008年通过云南省农作物品种审定委员会审定，审定编号：滇审稻2008002。

形态特征和生物学特性：籼型两系杂交水稻。全生育期148.9d，比对照汕优63短1.6d，株高110.5cm。株型紧凑，叶色浅绿，分蘖力中等，抽穗整齐。有效穗数285.0万穗/hm²，成穗率66.2%，穗长23.9cm，每穗总粒数127.0粒，每穗实粒数93.9粒，结实率73.3%。落粒性适中，千粒重32.0g。

品质特性：糙米率81.7%，精米率73.6%，整精米率65.9%，垩白粒率9.0%，垩白度0.9%，直链淀粉含量17.5%，胶稠度82.0mm，糙米粒长7.3mm，糙米长宽比3.3，透明度1级，碱消值6.0级，香米，达到国标一级优质米标准。

抗性：中感稻瘟病和白叶枯病。

产量及适宜地区：2006—2007年参加云南省籼型杂交稻品种区域试验，两年平均产量8 700.0kg/hm²，比对照汕优63增产0.9%，生产示范平均产量10 003.5kg/hm²。适宜于云南省南部海拔1 400m以下的籼稻区种植。

栽培技术要点：适期播种，培育壮秧，采取旱育稀植，以有机肥为主施足基肥；1叶1心时喷施多菌灵等，防治立枯病；3叶期左右视秧苗长势情况施促蘖肥；移栽前5～7d施送嫁肥。适时移栽，秧龄35～40d。合理密植，栽植密度27.0万～37.5万穴/hm²，每穴1～2苗，做到薄水浅插匀栽。科学肥水管理，前期重施底肥，后期看苗轻施穗肥，大田前期浅水返青促分蘖，适度晒田控苗，后期浅水抽穗灌浆，乳熟时湿润灌溉，成熟前7d断水。适时防治病虫害，根据病虫预报重点防治稻纵卷叶螟、稻飞虱等，灌浆后注意防鼠害。

粤丰优512 (Yuefengyou 512)

品种来源：云南省保山市农业科学研究所于2001年用粤丰A/保香恢512配组选育而成。2009年通过云南省农作物品种审定委员会审定，审定编号：滇特（保山）审稻2009009。

形态特征及生物学特性：籼型三系杂交水稻。全生育期155～160d，株高100～115cm。株型适中，分蘖力强，长势繁茂，秆韧抗倒伏，生长整齐，熟期转色好。有效穗数240.0万～270万穗/hm²，穗长23.0～25.0cm，每穗总粒数160.0～180.0粒，每穗实粒数130.0～150.0粒，结实率80.0%左右，千粒重27.0～28.0g。

品质特性：糙米率76.5%，精米率68.0%，整精米率60.4%，垩白粒率15.0%，垩白度4.5%，直链淀粉含量16.0%，胶稠度82.0mm，糙米粒长7.1mm，糙米长宽比3.0，透明度1级，碱消值7.0级，达到国标三级优质米标准。

抗性：中抗稻瘟病和白叶枯病。

产量及适宜地区：2006—2007年参加保山市杂交籼稻区域试验，两年平均产量9 510.0kg/hm²，比对照Ⅱ优58减产4.5%，减产不显著；生产示范平均产量10 968.0kg/hm²，比对照Ⅱ优58增产7.0%。适宜于保山市海拔1 350m以下稻区种植。

栽培技术要点：适期播种，培育壮秧，播种前晒种1～2d，然后用"浸种灵"浸种24～48h，防治水稻恶苗病及干尖线虫病，然后再催芽播种。采取旱育稀植，以有机肥为主施足基肥；1叶1心时喷施多菌灵等，防治立枯病；3叶期左右视秧苗长势情况施促蘖肥；移栽前5～7d施送嫁肥。适时移栽，合理密植，秧龄35～40d移栽，栽植密度15.0万～30.0万穴/hm²，每穴1～2苗，做到薄水浅插匀栽。科学管理肥水：前期重施底肥，后期看苗轻施穗肥，大田前期浅水返青促分蘖，适度晒田控苗，后期浅水抽穗灌浆，乳熟时湿润灌溉，成熟前4d断水。适时防治病虫害，根据病虫预报重点防治稻纵卷叶螟、稻飞虱等，灌浆后注意防鼠害。适时收获，黄熟时应及时收获，收获过早或过迟对产量及品质都会造成较大影响。做到"九黄十收"，收获过早，谷粒未完全充实、成熟，导致产量较低；收获过迟，米质不好，并容易造成产量损失。

云光14（Yunguang 14）

品种来源：云南省农业科学院粮食作物研究所和昭通市水富县种子公司合作，用蜀光612S/云恢808组配选育而成。2000年通过云南省农作物品种审定委员会审定，审定编号：滇杂籼1号；2005年通过贵州省农作物品种审定委员会审定，审定编号：黔引稻2005008。

形态特征和生物学特性：籼型两系杂交水稻。全生育期137.0～158.0d，株高100.0cm左右。株型紧凑，分蘖力强，茎秆弹性好，抗倒伏，剑叶角度小，抽穗一致，穗型整齐。有效穗数330.0万～375.0万穗/hm²，每穗总粒数159.6～166.2粒，结实率91.5%～93.6%。籽粒无芒，易落粒，千粒重26.5～28.2g。

品质特性：糙米率83.0%，精米率69.0%，整精米率56.5%，直链淀粉含量15.0%，胶稠度104.0mm，碱消值3.0级，糙米蛋白质含量8.4%，垩白度10.0%，糙米粒长6.0mm，糙米长宽比2.5，达到部颁1～2级优质米标准。

抗性：高抗稻瘟病和白叶枯病。

产量及适宜地区：参加云南省1 400m以下海拔的籼粳交错区和籼稻区的区域试验，两年平均产量11229.0kg/hm²，比对照汕优63增产18.8%；在文山、红河、楚雄等地生产示范，平均产量10 500.0kg/hm²左右。适宜于云南省海拔1 400m以下稻区种植和贵州毕节地区的籼稻区种植。

栽培技术要点：适时早播早栽，海拔较高地区3月上旬播种，其他地区在当地最佳节令播种，稀播培育壮秧，秧田播种量225.0～300.0kg/hm²；药剂浸种消毒，采用旱育秧或

湿润育秧方法，培育多蘖壮秧，秧龄35～45d，带蘖90%以上，单株带蘖2个以上。适度密植，规格化条栽，栽插密度37.5万穴/hm²，每穴栽2苗。施农家肥15 000.0kg/hm²、尿素150.0kg/hm²、普通过磷酸钙450.0kg/hm²作底肥，栽后7d，施分蘖肥尿素150.0kg/hm²、硫酸钾75.0～105.0kg/hm²，抽穗前15d，视苗情况施肥。除返青期、分蘖期、孕穗期阶段以浅水管理外，其他时期以湿润灌溉为主。该组合中抗稻瘟病和白叶枯病，搞好病虫预测预报，认真做好预防工作是夺取高产的重要措施。

云光16（Yunguang 16）

品种来源：云南省农业科学院粮食作物研究所，用2301S/云R23组配选育而成。2007年通过云南省农作物品种审定委员会审定，审定编号：滇审稻200711。

形态特征和生物学特性：籼型两系杂交水稻。全生育期145.0d，株高106.6cm。株型紧凑，分蘖力强，抗倒伏，熟期早。有效穗数303.0万穗/hm²，成穗率65.1%，穗长23.6cm，每穗总粒数136.0粒，每穗实粒数109.0粒，结实率为79.4%。落粒性适中，千粒重31.1g。

品质特性：糙米率75.3%，精米率65.8%，整精米率59.4%，垩白粒率7%，垩白度1.0%，直链淀粉含量21.4%，胶稠度51.0mm，糙米粒长7.2mm，糙米长宽比2.8，透明度3级，碱消值5.0级，综合评定3级。

抗性：稻瘟病抗性强，较抗白叶枯病。

产量及适宜地区：2005—2006年参加云南省籼型杂交稻品种区域试验（A组），两年平均产量9 463.5kg/hm²，比对照汕优63增产1.6%，生产示范平均产量8 010.0kg/hm²。适宜于云南省海拔1 400m以下籼稻区种植。

栽培技术要点：扣种稀播，适时早播早栽，单本浅栽，规范化条栽；整个生育期肥料管理控氮、保磷、增钾，施足底肥，早期追肥，中后期不再追施氮肥，抽穗期补施钾肥；加强病虫害防治。

云光17（Yunguang 17）

品种来源：云南省农业科学院粮食作物研究所，于2001年用蜀光612S/云R58组配选育而成。2005年通过云南省农作物品种审定委员会审定，审定编号：滇审稻200530；2008年通过贵州省农作物品种审定委员会审定，审定编号：黔引稻2008013。

形态特征和生物学特性：籼型两系杂交水稻。全生育期150.0d，株高99.0cm。株型好，分蘖中等。有效穗数295.5万穗/hm²，成穗率高，穗长24.1cm，每穗总粒数164.3粒，每穗实粒数127.5粒，结实率为84.6%，千粒重26.8g。

品质特性：糙米率80.2%，整精米率54.3%，垩白粒率18.0%，垩白度2.0%，糙米长宽比2.8，直链淀粉含量16.0%，胶稠度83.0mm，食味口感较好，米粒外观半透明，属软米类型，达到国标二级优质米标准。

抗性：较抗稻瘟病。

产量及适宜地区：2004—2005年参加云南省籼稻区域试验，两年平均产量10 432.5kg/hm²，较对照汕优63增产2.8%，生产示范产量9 750.0 ~ 10 500.0kg/hm²。适宜于云南省海拔1 400m以下籼稻区。

栽培技术要点：扣种稀播，培育带蘖壮秧，秧田播种量225.0 ~ 300.0kg/hm²，大田用种量22.5 ~ 30.0kg/hm²。适时早播早栽，单本浅栽，规范化条栽。整个生育期肥料管理控氮、保磷、增钾，施足底肥，增施磷、钾肥，早期追肥，中、后期不再追氮肥，抽穗期补施钾肥以提高粒重，按常规方法进行水管理和病虫害防治。

云两优144（Yunliangyou 144）

品种来源：云南省农业科学院粮食作物研究所，于2001年用2301S/云R144组配选育而成。2009年通过云南省农作物品种审定委员会审定，审定编号：滇审稻2009003。

形态特征和生物学特性：籼型两系杂交水稻。全生育期148.0d，株高109.1cm。株型紧凑，分蘖力强，叶色淡绿，叶片披散适中，茎蘖粗壮，抽穗整齐，功能叶持续时间长，成熟落黄正常，青枝蜡秆，抽穗后茎秆较软，抗倒伏力稍弱，高肥水条件下，倒伏现象严重。有效穗数271.5万穗/hm²，成穗率59.8%，穗长23.3cm，每穗总粒数155.0粒，每穗实粒数114.0粒。落粒性适中，千粒重27.6g。

品质特性：糙米率81.3%，精米率72.2%，整精米率65.9%，垩白粒率43.0%，垩白度4.3%，直链淀粉含量22.9%，胶稠度62.0mm，糙米粒长7.2mm，糙米长宽比3.1，透明度1级，碱消值5.0级，加工品质好。

抗性：抗稻瘟病（2级）。

产量及适宜地区：2006—2007年参加云南省杂交籼稻品种区域试验，两年区试平均产量8 772.0kg/hm²，比对照油优63增产1.7%；生产示范平均产量9 000.0～9 750.0kg/hm²，比对照油优63增产5.0%～8.0%。适宜于云南省海拔1 300m以下稻区种植。

栽培技术要点：扣种稀播，培育带蘖壮秧，秧田播种量225.0～300.0kg/hm²，大田用种量22.5～30.0kg/hm²。适时早播早栽，单本浅栽，规范化条栽。整个生育期肥料管理控氮、保磷、增钾，施足底肥，早期追肥，中、后期不再追氮肥，抽穗期补施钾肥以提高粒重，按常规方法进行水管理和病虫害防治。

第四节　杂交粳稻

76两优5号（76 liangyou 5）

品种来源：云南省保山市农业科学研究所，用95076S/保恢5号组配选育而成。2015年通过云南省农作物品种审定委员会审定，审定编号：滇审稻2015021。

形态特征及生物学特性：粳型两系杂交水稻。全生育期173.5d，株高98.4cm。有效穗数436.5万穗/hm²，穗长20.7cm，每穗总粒数158.6粒，每穗实粒数114.6粒，结实率72.25%。落粒性中等，千粒重23.2g。

品质特性：糙米率85.3%，精米率76.4%，整精米率70.9%，糙米粒长4.8mm，糙米长宽比1.7，垩白粒率17.0%，垩白度2.1%，直链淀粉含量16.9%，胶稠度72.0mm，碱消值7.0级，透明度1级，水分11.3%，达到国标二级优质米标准。

抗性：感稻瘟病（7级），中抗白叶枯病（5级），腾冲穗瘟重。

产量及适宜地区：2013—2014年参加云南省杂交粳稻品种区域试验，两年平均产量11 403.0kg/hm²，比对照滇杂46增产6.1%；生产试验平均产量10 744.5kg/hm²，比对照滇杂46减产2.13%。适宜于云南省海拔1 800m以下区域的粳稻区种植，注意防治稻瘟病。

栽培技术要点：搞好种子处理，播种前晒种1～2d，用"施保克—巴丹"合剂浸种48～72h，然后催芽播种。扣种稀播，培育壮秧，采用旱育秧技术，大田用种量22.5～30.0kg/hm²，秧田播种量375.0～450.0kg/hm²。合理密植，采取规范化条栽，栽插密度30.0万～33.0万穴/hm²，每穴1～2苗。适时播种，适龄移栽，要求适时早播，最佳秧龄35～40d。科学施肥，采取有机无机配合，氮、磷、钾、微肥配合，在施足有机肥的基础上，施尿素150.0～225.0kg/hm²、普通过磷酸钙75.0～90.0kg/hm²、硫酸钾75.0～90.0kg/hm²、硫酸锌15.0kg/hm²，其中氮肥的50%和磷、钾、锌肥全部作中层肥施用，30%的氮肥结合化除作分蘖肥追施，20%的氮肥作穗肥施用。科学管理，综合防治病虫害。科学管水，做到浅水栽秧，寸水活秧，薄水分蘖，当茎蘖数达到预定指标的80%左右及时撤水晒田，控制无效分蘖，后期干湿管理。于分蘖期和始穗期结合防虫用三环唑防治稻瘟病2次，孕穗期和始穗期用井冈霉素防治稻曲病2次。做到"九黄十收"。

保粳杂2号（Baogengza 2）

品种来源：云南省保山市农业科学研究所，于2008年用N95076S/保恢4号组配选育而成。2012年通过云南省农作物品种审定委员会审定，审定编号：滇审稻2012008。

形态特征及生物学特性：粳型两系杂交水稻。全生育期173.0d，比对照滇杂31长1d，株高96.6cm。有效穗数441.0万穗/hm²，穗长19.8cm，每穗总粒数151.2粒，每穗实粒数126.1粒，结实率80.1%，谷粒稍偏长，金黄色，部分籽粒有短芒。落粒适中，千粒重23.3g。

品质特性：糙米率81.6%，精米率71.8%，整精米率62.0%，垩白粒率30.0%，垩白度2.4%，直链淀粉含量18.8%，胶稠度90.0mm，糙米粒长5.3mm，糙米长宽比2.0，透明度1级，碱消值7.0级，水分12.9%，达到国标三级优质米标准。

抗性：感稻瘟病，抗白叶枯病，2010年云县中抗穗瘟。

产量及适宜地区：2010—2011年参加云南省粳型杂交水稻品种区域试验，两年平均产量11 632.5kg/hm²，比对照滇杂31增产2.4%；2011年生产试验平均产量11 353.5kg/hm²，比对照滇杂31增产4.6%。适宜于云南省海拔1 500 ～ 1 850m稻区种植。

栽培技术要点：搞好种子处理，播种前晒种1 ～ 2d，用"施保克—巴丹"合剂浸种48 ～ 72h，然后催芽播种。扣种稀播，培育壮秧，采用旱育秧技术，大田用种量22.5 ～ 30.0kg/hm²，秧田播种量375.0 ～ 450.0kg/hm²。合理密植，采取规范化条栽，栽插密度30.0万～ 33.0万穴/hm²，每穴1 ～ 2苗。适时播种，适龄移栽，要求适时早播，最佳秧龄35 ～ 40d。科学施肥，采取有机无机配合，氮、磷、钾、微肥配合，在施足有机肥的基础上，施尿素150.0 ～ 225.0kg/hm²、普通过磷酸钙75.0 ～ 90.0kg/hm²、硫酸钾75.0 ～ 90.0kg/hm²、硫酸锌15.0kg/hm²，其中氮肥的50%和磷、钾、锌肥全部作中层肥施用，30%的氮肥结合化除作分蘖肥追施，20%的氮肥作穗肥施用。科学管理，综合防治病虫害。科学管水，做到浅水栽秧，寸水活秧，薄水分蘖，当茎蘖数达到预定指标的80%左右及时撤水晒田，控制无效分蘖，后期干湿管理。于分蘖期和始穗期结合防虫用三环唑防治稻瘟病2次，孕穗期和始穗期用井冈霉素防治稻曲病2次。做到"九黄十收"。

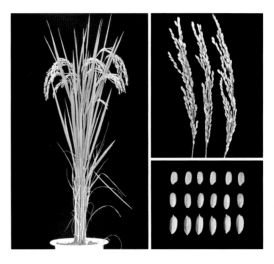

滇禾优34（Dianheyou 34）

品种来源：云南禾朴农业科技有限公司与云南农业大学稻作研究所合作，于2009年用H479A/南34组配选育而成。2013年通过云南省农作物品种审定委员会审定，审定编号：滇审稻2013013。

形态特征和生物学特性：粳型三系杂交水稻。全生育期171.0d，株高97cm。株型紧凑，最高茎蘖数495.0万个/hm²，有效穗数396.0万穗/hm²，穗长20.7cm，每穗总粒数158.2粒，每穗实粒数133.2粒，结实率83.2%。落粒适中，千粒重23.5g。

品质特性：糙米率81.0%，精米率70.5%，整精米率62.6%，糙米粒长5.4mm，糙米长宽比2.2，垩白粒率30.0%，垩白度3.0%，直链淀粉含量15.8%，胶稠度70.0mm，碱消值7.0级，透明度2级，水分12.7%，达到国标三级优质米标准。

抗性：感稻瘟病（7级），抗白叶枯病（3级），田间表现稻瘟病和白叶枯病抗性较好。

产量及适宜地区：2011—2012年云南省杂交粳稻品种区域试验，两年平均产量10 587.0kg/hm²，比对照滇杂31减少3.9%；2012年生产试验平均产量10 114.5kg/hm²，比对照滇杂31增加1.6%。适宜于云南省海拔1 500～1 850m粳稻区种植。

栽培技术要点：肥床稀播，培育带蘖壮秧，带2～3个分蘖，叶龄为4.5～6叶时移栽，合理密植，海拔1 800m以上地区栽插密度37.5万～45.0万穴/hm²，施足底肥，增施磷、钾肥，栽后7d及时追肥，促进前期早生快发，形成高产群体。抽穗期补施钾肥以提高粒重。按常规稻栽培管理技术防治病虫害。

滇禾优4106 (Dianheyou 4106)

品种来源：云南农业大学稻作研究所与云南禾朴农业科技有限公司合作，用合系42-7A/引恢106组配选育而成。2015年通过云南省农作物品种审定委员会审定，审定编号：滇审稻2015018。

形态特征和生物学特性：粳型三系杂交水稻。全生育期173.5d、与对照滇杂46相当，株高105.6cm。株型紧凑，剑叶挺直。有效穗数381.0万穗/hm²，穗长22.8cm，每穗总粒数179.7粒，每穗实粒数121.8粒，结实率67.8%。易落粒，千粒重24.8g。

品质特性：糙米率85.4%，精米率75.7%，整精米率67.8%，糙米粒长4.7mm，糙米长宽比1.7，垩白粒率15.0%，垩白度2.2%，直链淀粉含量16.0%，胶稠度75.0mm，碱消值7.0级，透明度1级，水分11.8%，达到国标二级优质米标准。

抗性：感稻瘟病，中感白叶枯病，腾冲试点穗瘟重、稻曲病重。

产量及适宜地区：2013—2014年参加云南省杂交粳稻品种区域试验，两年平均产量10 492.5千克/hm²，比对照滇杂46增产2.9%；生产试验平均产量11 854.5千克/hm²，比对照滇杂46增产7.9%。适宜于云南省海拔1 400～1 800m滇中粳稻区种植。注意防治稻瘟病。

栽培技术要点：肥床稀播，培育带蘖壮秧，带2～3个分蘖，叶龄为4.5～6叶时移栽，合理密植，海拔1 800m以上地区栽插密度37.5万～45.0万穴/hm²，施足底肥，增施磷、钾肥，栽后7d及时追肥，促进前期早生快发，形成高产群体。抽穗期补施钾肥以提高粒重。按常规稻栽培管理技术防治病虫害。

滇禾优55（Dianheyou 55）

品种来源：云南农业大学稻作研究所与云南禾朴农业科技有限公司合作，用榆密15A/南55组配选育而成。2015年通过云南省农作物品种审定委员会审定，审定编号：滇审稻2015019。

形态特征和生物学特性：粳型三系杂交水稻。全生育期176.5d，株高99.96cm。株型紧凑，剑叶挺直。有效穗数418.5万穗/hm²，穗长19.9cm，每穗总粒数151.8粒，每穗实粒数115.5粒，结实率76.1%。易落粒，千粒重24.8g。

品质特性：糙米率84.2%，精米率74.1%，整精米率66.9%，糙米粒长5.6mm，糙米长宽比2.2，垩白粒率40.0%，垩白度6.5%，直链淀粉含量16.4%，胶稠度70.0mm，碱消值7.0级，透明度1级，水分10.8%。

抗性：中感稻瘟病，抗白叶枯病。腾冲穗瘟重。

产量及适宜地区：2013—2014年参加云南省杂交粳稻品种区域试验，两年平均产量11 032.5kg/hm²，比对照滇杂46增加8.2%；生产试验平均产量11 856kg/hm²，比对照滇杂46增产7.9%。适宜于云南省海拔1 800m以下粳稻区种植，注意防治稻瘟病。

栽培技术要点：肥床稀播，培育带蘖壮秧，带2～3个分蘖，叶龄为4.5～6叶移栽，合理密植，海拔1 800m以上地区栽插密度37.5万～45.0万穴/hm²，施足底肥，增施磷、钾肥，栽后7d及时追肥，促进前期早生快发，形成高产群体。抽穗期补施钾肥以提高粒重。按常规稻栽培管理技术防治病虫害。

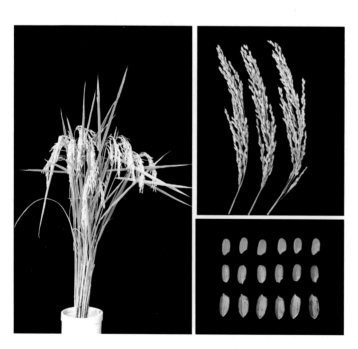

滇禾优56 (Dianheyou 56)

品种来源：云南农业大学稻作研究所与云南禾朴农业科技有限公司合作，用榆密15A/南56组配选育而成。2015年通过云南省农作物品种审定委员会审定，审定编号：滇审稻2015020。

形态特征和生物学特性：粳型三系杂交水稻。全生育期174.0d，与对照滇杂46相当，株高101.1cm。株型紧凑，剑叶挺直。有效穗数381.0万穗/hm²，穗长22.5cm，每穗总粒数152.1粒，每穗实粒数114.2粒，结实率75.1%。易落粒，千粒重26.4g。

品质特性：糙米率85.9%，精米率76.6%，整精米率66.3%，糙米粒长4.7mm，糙米长宽比1.6，垩白粒率33.0%，垩白度4.9%，直链淀粉含量18.9%，胶稠度58.0mm，碱消值7.0级，透明度1级，水分10.5%。

抗性：中感稻瘟病，中抗白叶枯病，腾冲点穗瘟重，马关点穗瘟重。

产量及适宜地区：2013—2014年参加云南省杂交粳稻品种区域试验，两年平均产量11 197.5kg/hm²，比对照滇杂46增产9.8%；生产试验平均产量11 278.5kg/hm²，比对照滇杂46增产2.7%。适宜于云南省海拔1 400～1 800m滇中粳稻区种植，注意防治稻瘟病。

栽培技术要点：肥床稀播，培育带蘖壮秧，带2～3个分蘖、叶龄为4.5～6叶时移栽，合理密植，海拔1 800m以上地区栽插密度37.5万～45.0万穴/hm²，施足底肥，增施磷、钾肥，栽后7d及时追肥，促进前期早生快发，形成高产群体。抽穗期补施钾肥以提高粒重。按常规稻栽培管理技术防治病虫害。

第三章
品种介绍

·331·

滇昆优8号（Diankunyou 8）

品种来源：云南省滇型杂交水稻研究中心与昆明学院生命科学与技术系合作，于2009年用K5A/S8组配选育而成。2014年通过云南省农作物品种审定委员会审定，审定编号：滇审稻2014013。

形态特征和生物学特性：粳型三系杂交水稻。全生育期175.3d，株高104.5cm。有效穗数412.5万穗/hm²，穗长22.0cm，每穗总粒数173.7粒，每穗实粒数134.2粒。颖尖紫色，落粒性中等，千粒重24.3g。

品质特性：糙米率83.5%，精米率72.5%，整精米率66.3%，糙米粒长5.6mm，糙米长宽比2.2，垩白粒率49.0%，垩白度8.8%，直链淀粉含量16.8%，胶稠度75.0mm，碱消值7.0级，透明度2级，水分12.7%。

抗性：感稻瘟病（7级），抗白叶枯病（3级），腾冲点两年穗瘟都重，其余试点主要病害两年均无重病记录。

产量及适宜地区：2012—2013年参加云南省粳型杂交稻品种区域试验，两年平均产量11 104.5kg/hm²，比对照滇优46增产8.4%；2013年生产试验，平均产量10 747.5kg/hm²。适宜于云南省海拔1 450～1 900m粳稻区种植。

栽培技术要点：肥床稀播，培育带蘖壮秧，带2～3个分蘖，叶龄为4.5～6叶时移栽，合理密植，栽插密度37.5万～45.0万穴/hm²，施足底肥，增施磷、钾肥，栽后7d及时追肥，促进前期早生快发，形成高产群体。抽穗期补施钾肥以提高粒重。在稻瘟病高发区慎用。

滇优34 (Dianyou 34)

品种来源：云南农业大学稻作研究所，用滇粳优1号A/南34配组选育而育成。2007年通过云南省农作物品种审定委员会审定，审定编号：滇审稻200734。

形态特征和生物学特性：粳型三系杂交水稻。全生育期173.0d，株高102.7cm。株型紧凑，剑叶长30.0cm，剑叶宽1.5cm。有效穗数403.5万穗/hm²，成穗率76.5%，穗长22.0cm，每穗总粒数160.0粒，每穗实粒数120.0粒，结实率75.4%。谷粒黄色，颖尖白色，护颖白色，有短芒，不落粒，千粒重24.7g。

品质特性：糙米率80.7%，精米率69.4%，整精米率62.0%，垩白粒率14.0%，垩白度2.1%，直链淀粉含量17.5%，胶稠度72.0mm，糙米粒长5.7mm，糙米长宽比2.2，透明度2级，碱消值7.0级，达到国标三级优质米标准。

抗性：稻瘟病抗性稍强。在示范推广种植中，田间轻度发生稻瘟病。

产量及适宜地区：2004—2005年参加云南省粳型杂交稻品种区域试验，两年平均产量10 366.5kg/hm²，比对照滇杂31减产9.4%，生产示范产量7 654.5～10 965kg/hm²。适宜于云南省海拔1 600～1 800m的粳稻区种植。

栽培技术要点：扣种稀播，秧田播种量375.0～450.0kg/hm²；叶龄4.5～6.0叶移栽，单本浅插稀植。海拔1 600～1 800m的地区，栽插密度42.0万～45.0万穴/hm²；海拔1 900m左右的地区，栽插密度45.0万～48.0万穴/hm²。施足底肥，增施磷、钾肥，早施追肥、追肥一次用完，中后期不再追施氮肥。按常规的栽培方法防治病虫害。

滇优35（Dianyou 35）

品种来源：云南农业大学稻作研究所，用DHC-10A/南34配组选育而成。2010年通过云南省农作物品种审定委员会审定，审定编号：滇审稻2010024。

形态特征和生物学特性：粳型三系杂交水稻。全生育期171.0d，株高95.0cm。株型紧凑，剑叶长28.0cm、宽1.5cm。有效穗数357.0万穗/hm²，成穗率76.4%，穗长22.0～25.0cm，每穗总粒数152.0粒，每穗实粒数114.0粒。颖壳黄色，颖尖白色，落粒性适中，千粒重24.6g。

品质特性：糙米率79.9%，精米率68.4%，整精米率59.2%，垩白粒率16.0%，垩白度1.8%，直链淀粉含量16.0%，胶稠度86.0mm，糙米粒长5.7mm，糙米长宽比2.2，透明度1级，碱消值6.0级。

抗性：感稻瘟病，高感白叶枯病。

产量及适宜地区：2008—2009年参加云南省杂交粳稻品种区域试验，两年平均产量10 126.5kg/hm²，比对照滇杂31减产6.0%，生产示范产量7 890.0～11 925.0kg/hm²。适宜于云南省海拔1 600～1 900m的粳稻区种植，但白叶枯病高发区禁种。注意防治稻瘟病。

栽培技术要点：适时播种，培育带蘖壮秧，播种前预防恶苗病。在叶龄达5.0～5.5叶时适龄早栽浅插，合理密植。施足底肥，增施磷、钾肥，早施追肥。注意防治稻瘟病和白叶枯病。

滇优 37（Dianyou 37）

品种来源：云南农业大学稻作研究所，于2007年用DHC-10A/滇农R-3配组选育而成。2012年通过云南省农作物品种审定委员会审定，审定编号：滇审稻2012004。

形态特征和生物学特性：粳型三系杂交水稻。全生育期172.0d，株高110.7cm。有效穗数367.5万穗/hm²，穗长21.7cm，每穗总粒数168.0粒，每穗实粒数132.5粒，结实率80.4%。谷粒金黄，颖尖白色，护颖白色，落粒性适中，千粒重25.0g。

品质特性：糙米率81.0%，精米率70.8%，整精米率58.8%，垩白粒率20.0%，垩白度1.6%，直链淀粉含量17.8%，胶稠度75.0mm，糙米粒长5.3mm，糙米长宽比1.9，透明度1级，碱消值7.0级，水分12.8%。

抗性：中抗稻瘟病，感白叶枯病。

产量及适宜地区：2010—2011年参加云南省粳型杂交水稻品种区域试验，两年平均产量11 427.0kg/hm²，比对照滇杂31增产0.6%；2011年生产试验平均产量11 137.5kg/hm²，比对照滇杂31增2.6%。适宜于云南省海拔1 500～1 900m区域种植推广。

栽培技术要点：适时播种，培育壮秧。及时早栽，杜绝栽老秧。海拔1 500～1 800m的地区，栽插密度30.0万～37.5万穴/hm²；在海拔1 900m以上的地区，栽插密度45.0万～48.0万穴/hm²。合理施肥，科学管水。该组合需肥量大，施肥量比一般品种适当偏多，施足底肥，增施磷、钾肥。在分蘖盛期及始穗期各防一次稻瘟病和螟虫，同时在始穗期防治一次稻曲病。

滇优38（Dianyou 38）

品种来源：云南农业大学稻作研究所，于2007年用DHC-10A/滇农R-5配组选育而成。2012年通过云南省农作物品种审定委员会审定，审定编号：滇审稻2012005。

形态特征和生物学特性：粳型三系杂交水稻。全生育期171.0d，株高104.9cm。株型紧凑，剑叶挺直，剑叶长30.0cm、宽1.2cm。有效穗数367.5万穗/hm²，穗长22.6cm，每穗总粒数159.1粒，每穗实粒数125.5粒，结实率79.2%。谷粒黄色，颖尖白色，护颖白色，落粒适中，千粒重26.4g。

品质特性：糙米率81.4%，精米率70.2%，整精米率55.0%，垩白粒率10.0%，垩白度0.6%，直链淀粉含量19.0%，胶稠度85.0 mm，糙米粒长6.3mm，糙米长宽比2.5，透明度1级，碱消值7.0级，水分12.9%。稻米晶莹透亮，外观品质好，食味好。

抗性：中感稻瘟病，中感白叶枯病。

产量及适宜地区：2010—2011年参加云南省粳型杂交水稻品种区域试验，两年平均产量为11 646.0kg/hm²，比对照滇杂31增产2.6%；2011年生产试验平均产量11 182.5kg/hm²，比对照滇杂31增产3.0%。适宜于云南省海拔1 500～1 900m区域种植推广。

栽培技术要点：适时播种，培育带蘖壮秧，播种前对种子进行浸种消毒，重点预防恶苗病。叶龄5.5叶时移栽，合理密植。该组合需肥量比常规适当偏多，重底肥，增施磷、钾肥，早施追肥。注意对稻瘟病、白叶枯病及螟虫的预防。

滇杂31 (Dianza 31)

品种来源：云南农业大学稻作研究所，用榆密15A/南34组配选育而成。2002年通过云南省农作物品种审定委员会审定，审定编号：DS004—2002；2010年通过贵州省农作物品种审定委员会审定，审定编号：黔审稻2010018。

形态特征和生物学特性：粳型三系杂交水稻。全生育期165～180d，株高74.0～108.2cm。株型紧凑，剑叶挺直，剑叶长25～28cm，剑叶宽1.3～1.5cm。单株有效穗数8～12穗，穗长18.6～22.1cm，每穗总粒数143.0～180.0粒，每穗实粒数114.0～139.0粒，结实率76.7%～85.6%。易落粒，千粒重23.5g。

品质特性：糙米率84.9%，精米率77.6%，整精米率76.6%，糙米粒长5.0mm，糙米长宽比1.7，垩白粒率34.0%，垩白度2.7%，透明度1级，碱消值7.0级，胶稠度84.0mm，直链淀粉含量14.0%。2002年5月被评为云南省优质稻品种。

抗性：抗稻瘟病，对测试接种的云南省主要的8个菌株均为抗性。生产试验及示范推广中均表现出了很好的田间抗病性。

产量及适宜地区：2000—2001年参加云南省水稻区域试验，平均产量10 036.5kg/hm²，比对照云光8号和合系39分别增产11.3%和16.5%，生产试验中比主栽品种增产6.0%～22.2%；2005年在保山市隆阳区示范种植，平均产量14 400.0kg/hm²。适宜于云南省海拔1 300～2 100m地区种植，最适宜区域为海拔1 500～2 000m地区。可在四川、贵州、湖南等省的粳稻区作一季中稻推广种植。

栽培技术要点：稀播培育带蘖壮秧，带2～3个分蘖，叶龄4.5～6.0叶时移栽，单本栽插。在海拔1 900m左右的地区，栽插密度37.5万～52.5万穴/hm²；在海拔1 600～1 800m的地区，栽插密度30.0万～42.0万穴/hm²；在海拔1 600m以下的地区，栽插密度27.0万～37.5万穴/hm²。施足底肥，移栽后5～7d追肥一次，生长中后期看苗追肥，抽穗期可补施钾肥以提高粒重。按常规方法防治病虫害，在稻瘟病多发地区视情况防治稻瘟病。

滇杂32 (Dianza 32)

品种来源：云南农业大学稻作研究所，用黎榆A/南34组配选育而成。2002年通过云南省农作物品种审定委员会审定，审定编号：DS005—2002。

形态特征和生物学特性：粳型三系杂交水稻。全生育期160.0～180.0d，株高94.0～98.0cm。株型紧凑，剑叶挺直，剑叶长26.0～30.0cm，剑叶宽1.3～1.7cm，秆硬不倒伏。单株有效穗数10～14穗，穗长19.3～23.2cm，每穗总粒数149.0～190.0粒，每穗实粒数119.7～145.6粒，结实率76.9%～95.6%。谷粒黄色，颖尖白色，落粒性适中，熟相好，千粒重23.0～24.0g。

品质特性：糙米率84.2%，精米率76.3%，整精米率70.1%，糙米粒长5.0mm，糙米长宽比1.7，垩白粒率21.0%，垩白度1.5%，透明度1级，碱消值7.0级，胶稠度78.0mm，直链淀粉含量17.8%，糙米蛋白质含量9.0%；除垩白率一项指标达国标二级优质米标准外，其余十项指标达国标一级优质米标准。2002年被评为云南省优质稻品种。

抗性：抗稻瘟病，对测试接种的云南省主要的8个菌株中的6个为抗性，2个为部分抗性。生产试验及示范推广中均表现出了很好的田间抗病性。

产量及适宜地区：2000—2001年参加云南省水稻区域试验，两年平均产量9 750.0kg/hm²，比两对照云光8号和合系39分别增产8.2%和13%，生产试验中比主栽品种增产6.0%～36.6%。适宜于云南省及周边省海拔1 300～2 100m的地区种植，最适宜种植区为海拔1 500～2 000m地区，海拔1 300～1 400m、1 900～2 000m地区为次适宜区。

栽培技术要点：稀播培育带蘖壮秧，秧田播种量300.0kg/hm²，移栽叶龄4.5～5.5叶较好，施足底肥，单本栽插。合理密植，在海拔1 600～1 800m的地区，栽插密度30.0万～45.0万穴/hm²；移栽后5～7d追肥一次，生长中后期看苗追肥，抽穗期可补施钾肥以提高粒重。按常规方法防治病虫害。

滇杂33（Dianza 33）

品种来源：云南农业大学稻作研究所，用榆密15A/滇农R-3组配选育而成。2004年通过云南省农作物品种审定委员会审定，审定编号：滇审稻200402。

形态特征和生物学特性：粳型三系杂交水稻。全生育期165.0～185.0d，株高100.0～115.0cm。剑叶长27.0～30.0cm，剑叶宽1.4～1.5cm，穗颈长4.2～5.5cm，单株有效穗数7～10穗，穗长20.0～24.0cm，每穗总粒数160.0～200.0粒，每穗实粒数120.0～170.0粒，结实率75.0%～93.0%。谷粒黄色，颖尖白色，护颖白色，千粒重23.7g。

品质特性：糙米率83.5%，整精米率63.0%，垩白粒率63.0%，垩白度12.6%，直链淀粉含量15.9%，胶稠度89.0mm，糙米粒长4.9mm，糙米长宽比1.7，达到部颁二级优质米标准。稻米蒸煮后米饭柔软，食口性好，冷饭不回生。

抗性：田间抗病性好；2004年经云南省农业科学院农业环境资源研究所鉴定，接种18个稻瘟病菌株，对11个菌株表现为抗病，7个菌株表现为感病。

产量及适宜地区：2002—2003年参加云南省粳型杂交稻区域试验，两年平均产量10 338.0kg/hm²，比对照云光8号增产11.7%，生产示范一般产量10 500.0～11 250.0kg/hm²。适宜于云南省海拔1 600～1 900m地区种植。

栽培技术要点：肥床稀播，秧田播种量225～300kg/hm²，大田用种量22.5～30.0kg/hm²。实行旱育旱管，培育带蘖壮秧，以带2～3个分蘖较好；适龄早栽，叶龄4.5～6.0叶移栽，单本浅插稀植，规范化条栽。在海拔1 450～1 600m的地区，栽插密度30.0万～39.0万穴/hm²；在海拔1 700～1 900m的地区，栽插密度45.0万～52.5万穴/hm²；施足底肥，增施磷、钾肥，早施追肥、追肥一次用完，中后期不再追施氮肥；抽穗期补施钾肥以提高粒重，按常规的栽培方法防治病虫害。

滇杂35（Dianza 35）

品种来源：云南农业大学稻作研究所，用42-5A/南34组配选育而成。2006年通过农作物品种审定委员会审定，审定编号：滇审稻200606；2008年通过贵州省农作物品种审定委员会审定，审定编号：黔审稻2008014。

形态特征和生物学特性：粳型三系杂交水稻。全生育期165.0～180.0d，株高88.0～114.0cm。株型紧凑，秆硬耐倒伏，剑叶长29.0～30.0cm。穗长18.0～22.0cm，单株有效穗数7～11穗，每穗总粒数202.0～215.0粒，结实率68.7%～90.4%。籽粒近圆形，颖壳黄色，护颖白色，颖尖白色，易落粒，千粒重24.0g。

品质特性：糙米率80.8%，精米率69.5%，整精米率64.9%，糙米粒长5.1mm，糙米长宽比1.8，垩白粒率54.0%，垩白度8.1%，透明度2级，碱消值7.0级，胶稠度81.0mm，直链淀粉含量15.4%。

抗性：抗稻瘟病，对室内接种的18个供试菌株中的16个表现为抗病，2个表现为感病；田间抗性为2级。

产量及适宜地区：2004—2005年参加云南省杂交粳稻区域试验，两年平均产量10 956.0kg/hm²，生产试验中产量9 300.0～11 100.0kg/hm²，比当地主栽品种增产5.1%～25.4%。适宜于云南省及周边省区海拔1 300～2 200m地区种植；最适宜在海拔1 600～2 000m区域种植；较耐贫瘠，特别适合土壤肥力较低的山区和半山区推广种植。

栽培技术要点：稀播培育带蘖壮秧；单本栽插，合理密植，海拔1 800m以上地区栽插密度37.5万～45.0万穴/hm²；底肥施50%氮肥，栽后7d追施50%的氮肥，磷、钾肥全部作中层肥施用，主攻有效穗，抽穗期补施钾肥以提高结实率和粒重。按常规栽培管理技术防治病虫害。

滇杂36（Dianza 36）

品种来源：云南农业大学稻作研究所，用合系42-7A/南36组配选育而成，2006年通过云南省农作物品种审定委员会审定，审定编号：滇审稻200605。

形态特征和生物学特性：粳型三系杂交水稻。全生育期165.0～180.0d，株高106.6cm。株型紧凑，剑叶挺直，剑叶长26.0～30.0cm，剑叶宽1.3～1.7cm，分蘖力强，生长旺盛，抽穗整齐，熟相好，早熟，耐瘠。穗长20.1cm，每穗总粒数180.0粒，每穗实粒数134.0粒。谷粒稍长，颖壳淡褐色，颖尖淡紫色，落粒适中，千粒重24.5g。

品质特性：糙米率81.1%，精米率69.4%，整精米率57.7%，糙米粒长5.3mm，糙米长宽比1.8，垩白粒率68.0%，垩白度6.8%，透明度2级，碱消值7.0级，胶稠度85.0mm，直链淀粉含量16.0%。米粒外观透明，食味较好，冷饭不回生。

抗性：抗稻瘟病，对室内接种的18个供试菌株中的14个表现为抗病，4个表现为感病；田间抗性为2级，抗性综合评价为"强"。在生产上还表现出抗白叶枯病的特点。

产量及适宜地区：2004—2005年参加云南省杂交粳稻区域试验，两年平均产量10 936.5kg/hm²，比对照滇杂31减少4.38%，生产示范产量9 150.0～11 400.0kg/hm²。适宜于云南省海拔1 400～2 100m地区种植，最适宜于海拔1 600～2 000m的地区种植。

栽培技术要点：稀播培育带蘖壮秧，秧田播种量300.0kg/hm²，以带2～3个分蘖、移栽时叶龄4.5～6.0叶较好，单本栽插。合理密植，海拔1 800m左右地区栽插密度37.5万～45.0万穴/hm²，海拔1 600m左右地区栽插密度30.0万穴/hm²。施足底肥，氮肥施用时期：海拔1 600m以下地区作底肥一次施完，海拔1 600m以上地区底肥50%+7d追肥50%，主攻有效穗，提高结实率。按常规稻栽培管理技术防治病虫害，抽穗补施钾肥以提高粒重。

滇杂37 (Dianza 37)

品种来源：云南农业大学稻作研究所，用合系42-7A/引恢1号组配选育而成。2010年通过云南省农作物品种审定委员会审定，审定编号：滇审稻2010001。

形态特征和生物学特性：粳型三系杂交水稻。全生育期171.0d，株高98.4cm。株型紧凑，剑叶挺直，穗长21.6cm，每穗总粒数164.0粒，每穗实粒数125.0粒。落粒性适中，千粒重26.8g。

品质特性：糙米率82.2%，精米率72.2%，整精米率68.1%，糙米粒长5.6mm，糙米长宽比2.0，垩白粒率36.0%，垩白度6.0%，透明度1级，碱消值5.0级，胶稠度86.0mm，直链淀粉含量15.0%。

抗性：中感白叶枯病，感稻瘟病。

产量及适宜地区：2008—2009年参加云南省杂交粳稻品种区域试验，两年平均产量11 049.0kg/hm²，比对照滇杂31增产3.0%，生产示范产量8 974.5 ～ 13 657.5kg/hm²。适宜于滇东海拔1 650m以下和滇西海拔1 750m以下粳稻区种植。

栽培技术要点：稀播培育带蘖壮秧，以带2 ～ 3个分蘖、叶龄4.5 ～ 5.5叶时移栽，单本栽插。施足底肥，移栽后5 ～ 7d追肥一次，生长中后期看苗追肥，抽穗期可补施钾肥以提高粒重。注意防治稻瘟病。

滇杂40 (Dianza 40)

品种来源：云南农业大学稻作研究所，用楚粳23A/南34组配选育而成。2009年通过云南省农作物品种审定委员会审定，审定编号：滇审稻2009001。

形态特征和生物学特性：粳型三系杂交水稻。全生育期173.0d，株高101.7cm。株型紧凑，剑叶挺直，秆硬耐倒伏。有效穗数405.0万穗/hm²，成穗率81.5%，穗长20.0cm，每穗总粒数168.0粒，每穗实粒数121.0粒。颖壳黄色，护颖白色，颖尖紫色，易落粒，千粒重23.7g。

品质特性：糙米率84.0%，精米率71.2%，整精米率52.7%，垩白粒率32.0%，垩白度3.5%，透明度1级，糙米粒长5.3mm，糙米长宽比1.9，碱消值7.0级，胶稠度86.0mm，直链淀粉含量15.8%。

抗性：稻瘟病抗性1级，抗性综合评价为"强"。

产量及适宜地区：2006—2007年参加云南省杂交粳稻品种区域试验，两年平均产量11 073.0kg/hm²，比对照合系41增产5.8%，达极显著水平；生产示范产量8 073.0 ~ 14 605.5kg/hm²，比对照合系41增产10.3% ~ 39.5%。适宜云南省海拔1 600 ~ 1 980m地区种植。

栽培技术要点：稀播培育带蘖壮秧，叶龄4.5 ~ 6.0叶时移栽，单本栽插。在海拔1 900m左右的地区，栽插密度37.5万 ~ 52.5万穴/hm²；在海拔1 600 ~ 1 800m的地区，栽插密度30.0万 ~ 42.0万穴/hm²；在海拔1 600m以下的地区，栽插密度27.0万 ~ 37.5万穴/hm²。施足底肥，移栽后5 ~ 7d追肥一次，生长中后期看苗追肥，抽穗期可补施钾肥以提高粒重。按常规方法防治病虫害。

滇杂41（Dianza 41）

品种来源：云南农业大学稻作研究所，用合系42-7A/南43组配选育而成。2009年通过云南省农作物品种审定委员会审定，审定编号：滇审稻2009002。

形态特征和生物学特性：粳型三系杂交水稻。全生育期174.0d，株高102.5cm。株型紧凑，剑叶挺直，秆硬耐倒伏。有效穗数385.5万穗/hm²，成穗率79.90%，穗长19.6cm，每穗总粒数162.0粒，每穗实粒数106.0粒。谷粒褐黄色，护颖紫色，颖尖紫色，有顶刺，易落粒，千粒重25.2g。

品质特性：糙米率82.5%，精米率69.3%，整精米率53.4%，垩白粒率64.0%，糙米粒长5.3mm，糙米长宽比1.9，垩白度7.0%，透明度2级，碱消值7.0级，胶稠度84.0mm，直链淀粉含量15.5%。

抗性：2006年经鉴定，滇杂41对接种的18个供试菌株中的10个表现为抗病，8个表现为感病，田间抗性为5级，稻瘟病抗性综合评价为"中"。

产量及适宜地区：2006—2007年参加云南省杂交粳稻区域试验，两年平均产量10 446.0kg/hm²，与对照合系41持平；生产示范平均产量10 794.0kg/hm²，比对照合系41增产10.8%。适宜于云南省海拔1 600～1 980m地区种植。

栽培技术要点：稀播培育带蘖壮秧；单本栽插，合理密植，海拔1 800m以上地区栽插密度37.5万～45.0万穴/hm²；施足底肥，栽后7d及时追施氮肥，主攻有效穗，抽穗期补施钾肥以提高结实率和粒重。按常规栽培管理技术防治病虫害。

滇杂46 (Dianza 46)

品种来源：云南农业大学稻作研究所，用合系42-7A/南46组配选育而成。2011年通过云南省农作物品种审定委员会审定，审定编号：滇审稻2011007。

形态特征和生物学特性：粳型三系杂交水稻。全生育期172.0d，株高96.2cm。株型紧凑，秆硬，分蘖力强。穗长20.4cm，每穗总粒数164.0粒，每穗实粒数124.0粒，结实率75.9%。谷粒黄色，落粒适中，千粒重25.3g。

品质特性：糙米率82.4%，精米率71.6%，整精米率54.0%，垩白粒率30.0%，垩白度2.7%，透明度1级，糙米粒长5.4mm，糙米长宽比1.9，碱消值7.0级，胶稠度75.0mm，直链淀粉含量17.4%。

抗性：高感稻瘟病（9级），感白叶枯病（7级）。

产量及适宜地区：2009—2010年参加云南省杂交粳稻新品种区域试验，两年平均产量10 464.0kg/hm²，较对照滇杂31减产6.2%。经隆阳、大理、建水、嵩明、曲靖等地示范种植，产量9 187.5 ~ 12 247.5kg/hm²。

栽培技术要点：稀播培育带蘖壮秧；单本栽插，海拔1 800m以上地区栽插密度37.5万 ~ 45.0万穴/hm²；施足底肥，栽后7d及时追施氮肥，主攻有效穗，抽穗期补施钾肥以提高结实率和粒重。注意防治稻瘟病。

滇杂49 (Dianza 49)

品种来源：云南农业大学稻作研究所和建水县种子管理站合作，于2006用合系42-7A/南50组配选育而成。2012年通过云南省农作物品种审定委员会审定，审定编号：滇审稻2012006。

形态特征和生物学特性：粳型三系杂交水稻。全生育期175.0d，株高90.9cm。株型好，剑叶挺直，剑叶长25.0～34.0cm，剑叶宽1.3～1.7cm。有效穗数405.0万穗/hm²，穗长19.7cm，每穗总粒数145.9粒，每穗实粒数107.9粒。谷粒颖壳黄色，护颖白色，落粒适中，千粒重26.4g。

品质特性：糙米率80.6%，精米率69.8%，整精米率60.2%，垩白粒率48.0%，垩白度3.8%，直链淀粉含量17.6%，胶稠度50.0mm，糙米粒长5.1mm，糙米长宽比1.7，透明度1级，碱消值6.8级，水分12.8%。

抗性：高感稻瘟病（9级），中感白叶枯病（6级），田间稻瘟病和白叶枯病抗性均较好。

产量及适宜地区：2010—2011年参加云南省杂交粳稻新品种区域试验，两年平均产量11 542.5kg/hm²，比对照滇杂31增产1.6%；2011年生产试验平均产量11 017.5kg/hm²，比对照滇杂31增产1.5%。适宜于云南省海拔1 500～1 900m地区种植。

栽培技术要点：稀播培育带蘖壮秧；单本栽插，海拔1 800m以上地区栽插密度37.5万～45.0万穴/hm²；施足底肥，栽后7d及时追施氮肥，主攻有效穗，抽穗期补施钾肥以提高结实率和粒重。注意防治稻瘟病。

滇杂501 (Dianza 501)

品种来源：云南省滇型杂交水稻研究中心，于2003年用D5A/Y-11组配选育而成。2009年通过云南省农作物品种审定委员会审定，审定编号：滇审稻2009013。

形态特征和生物学特性：粳型三系杂交水稻。全生育期175.0d，株高115.8cm。叶色淡绿，有效穗数411.0万穗/hm²，成穗率77.0%，穗长22.3cm，每穗总粒数148.0粒，每穗实粒数102.0粒。谷粒细长、淡黄，有短芒，难落粒，千粒重25.6g。

品质特性：糙米率82.1%，精米率70.4%，整精米率63.2%，垩白粒率27.0%，垩白度4.9%，直链淀粉含量16.4%，胶稠度80.0mm，糙米粒长6.4mm，糙米长宽比2.8，透明度2级，碱消值7.0级，达到国标三级优质米标准。

抗性：中感稻瘟病。

产量及适宜地区：2006—2007年参加云南省粳型杂交稻品种区域试验，两年平均产量10 129.5kg/hm²，比对照合系41减产3.2%，生产示范平均产量10 929.0kg/hm²。适宜于云南省海拔1 600～1 800m的地区种植。

栽培技术要点：稀播培育带蘖壮秧，带2～3个分蘖，叶龄4.5～5.5叶时移栽，单本栽插。施足底肥，移栽后5～7d追肥一次，生长中后期看苗追肥，抽穗期可补施钾肥以提高粒重。注意防治稻瘟病。

滇杂 701 (Dianza 701)

品种来源：云南省滇型杂交水稻研究中心与云南汉和科技发展有限公司合作，于2005年用D5A/滇昆香4号组配选育而成。2012年通过云南省农作物品种审定委员会审定，审定编号：滇审稻2012024。

形态特征和生物学特性：粳型三系杂交水稻。全生育期172.0d，株高107.0cm。株型紧凑，叶色浓绿，剑叶挺直。每穗总粒数193.2粒，每穗实粒数150.9粒，结实率81.2%。米粒红色，落粒适中，千粒重24.4g。

品质特性：糙米率80.6%，精米率66.0%，整精米率56.6%，垩白粒率28.0%，垩白度1.7%，直链淀粉含量19.6%，胶稠度86.0mm，糙米粒长5.3mm，糙米长宽比2.0，透明度2级，碱消值7.0级，水分12.8%。

抗性：高抗白叶枯病，高感稻瘟病。

产量及适宜地区：2010—2011年云南省杂交粳稻品种区域试验，两年平均产量11 703.0kg/hm²，比对照滇杂31增产3.1%；2011年云南省杂交粳稻品种生产试验平均产量10 693.5kg/hm²，比对照滇杂31减产1.5%。适宜于云南省海拔1 500～2 000m粳稻生产适宜区域种植。在稻瘟病易发地区注意防治稻瘟病。

栽培技术要点：稀播培育带蘗壮秧，带2～3个分蘗，叶龄4.5～5.5叶时移栽，单本栽插。施足底肥，移栽后5～7d追肥一次，生长中后期看苗追肥，抽穗期可补施钾肥以提高粒重。注意防治稻瘟病。

滇杂80 (Dianza 80)

品种来源：云南省滇型杂交水稻研究中心与个旧市种子公司合作，用滇Ⅰ-11A/南34组配选育而成。2006年通过云南省农作物品种审定委员会审定，审定编号：滇审稻200604。

形态特征和生物学特性：粳型三系杂交水稻。全生育期176.0d，株高104.5cm。株型紧凑，叶片挺直，叶色浓绿，受光姿态良好，上三叶功能期长，不早衰。抽穗整齐，灌浆速度适中，成熟期落色一致，不易倒伏。有效穗数409.5万穗/hm²，穗长20.4cm，每穗总粒数161.0粒，结实率72.6%。易落粒，千粒重24.3g。

品质特性：糙米率78.2%，精米率66.7%，整精米率57.7%，糙米粒长6.8cm，糙米长宽比2.8，垩白粒率25.0%，垩白度3.8%，透明度2级，碱消值7.0级，胶稠度72.0cm，直链淀粉含量16.2%，达到国标三级优质米标准。

抗性：感稻瘟病。

产量及适宜地区：2004—2005年参加云南省杂交粳稻区域试验，两年平均产量10 747.5kg/hm²；2006年在泸西的生产示范2hm²，产量10 636.5kg/hm²。适宜于云南省粳稻区种植。

栽培技术要点：采用稀播旱育，培育壮秧，育秧采用肥床育秧，种子用"浸种灵"浸种，苗床最好用敌克松进行土壤消毒处理，播种期3月下旬，炼苗后用敌克松、多菌灵喷施一次。合理密植，规格条植，5月中旬左右移栽，秧龄50d左右，栽插密度33.0万～36.0万穴/hm²。适时促控，建立合理群体结构。大田底肥施碳酸氢铵600.0kg/hm²、普通过磷酸钙450.0kg/hm²、硫酸锌30.0kg/hm²、三元复合肥600.0kg/hm²。移栽后7～10d施尿素225.0kg/hm²作分蘖肥，进入幼穗分化期施尿素75kg/hm²作穗肥。适时防治病虫害。水分管理采用浅水移栽，够蘖晒田，干湿交替。在大面积生产上注意防治稻瘟病。

滇杂86 (Dianza 86)

品种来源： 云南省滇型杂交水稻研究中心，用D5A/南34组配选育而成。2009年通过云南省农作物品种审定委员会审定，审定编号：滇审稻2009012。

形态特征和生物学特性： 粳型三系杂交水稻。全生育期172.0d，株高104.6cm。叶色浓绿，叶片坚挺。穗长21.6cm，每穗总粒数157.0粒，每穗实粒数113.0粒，千粒重24.3g。

品质特性： 糙米率82.5%，精米率70.2%，整精米率62.0%，垩白粒率18.0%，垩白度1.4%，直链淀粉含量16.4%，胶稠度82.0mm，糙米粒长6.1mm，糙米长宽比2.4，透明度1级，碱消值7.0级，达到国标三级优质米标准。

抗性： 稻瘟病抗性级别6级，抗性鉴定评价为感病。

产量及适宜地区： 2006—2007年参加云南省粳型杂交稻品种区域试验，两年平均产量9 981.0kg/hm²；生产示范平均产量11 707.5kg/hm²，比对照合系41平均增产3.9%。适宜于云南省海拔1 600～1 900m的地区种植。

栽培技术要点： 适时播种，培育壮秧；在叶龄4.5～5.5叶及时移栽，合理密植。施足底肥，早施追肥，增施磷、钾肥，注意防治稻瘟病。

滇杂94（Dianza 94）

品种来源：云南省滇型杂交水稻研究中心与云南汉和科技发展有限公司合作，于2005年用D5A/Y-16组配选育而成。2011年通过云南省农作物品种审定委员会审定，审定编号：滇审稻2011022。

形态特征和生物学特性：粳型三系杂交水稻。全生育期171.0d，株高97.5cm。株型适中，穗长21.1cm，每穗总粒数145.0粒，每穗实粒数111.0粒，结实率76.6%。难落粒，千粒重24.2g。

品质特性：糙米率81.7%，精米率68.6%，整精米率59.4%，糙米粒长5.7mm，糙米长宽比2.3，垩白粒率15%，垩白度1.8%，直链淀粉含量16.5%，胶稠度86.0mm，碱消值5.0级，透明度1级。

抗性：中抗稻瘟病及白叶枯病。

产量及适宜地区：2008—2009年参加云南省粳型杂交稻品种区域试验，两年平均产量9 528.0kg/hm^2，较对照滇杂31减产11.2%；2009年在红塔区参加西南稻区杂交粳稻生态适应性试验平均产量9 630.0kg/hm^2，较对照滇杂31减产13.0%。适宜于云南省大理市和隆阳区海拔1 650 ～ 1 980m粳稻区种植。

栽培技术要点：稀播培育带蘖壮秧，带2 ～ 3个分蘖、叶龄4.5 ～ 5.5叶时移栽，单本栽插。施足底肥，移栽后5 ～ 7d追肥一次，生长中后期看苗追肥，抽穗期可补施钾肥以提高粒重。注意防治稻瘟病。

两优2887 (Liangyou 2887)

品种来源：云南省保山市农业科学研究所与湖北省农业科学院粮食作物研究所合作，用NC228S(原代号NC2119S-228)/R187组配选育而成，原编号EN0502。2010年通过云南省农作物品种审定委员会审定，审定编号：滇特（保山）审稻2010022。

形态特征及生物学特性：粳型两系杂交水稻。全生育期167.0～175.0d，株高100.0cm左右。有效穗数360.0万～405.0万穗/hm²，穗长19.0cm，每穗总粒数160.0～180.0粒，每穗实粒数130.0～150.0粒，结实率80.0%以上。有褐黑色顶芒，易落粒，千粒重23.0g。

品质特性：糙米率81.4%，精米率72.2%，整精米率52.0%，糙米粒长5.3mm，糙米长宽比2.1，垩白粒率30%，垩白度2.4%，透明度1级，碱消值7.0级，胶稠度70.0mm，直链淀粉含量15.0%，水分11.6%，色泽、气味正常，达到国标三级优质米标准。

抗性：抗稻瘟病，高抗白叶枯病。

产量及适宜地区：2008—2009年参加保山市杂交粳稻区域试验，两年平均产量9 405.0kg/hm²，2010年生产试验平均产量9 751.5kg/hm²，比对照滇杂31增产8.8%，比对照鄂粳杂1号增产5.4%。适宜于保山市海拔1 700m以下粳稻区种植。

栽培技术要点：严格进行种子处理，播种前用"施保克—巴丹"合剂浸种72h，防治恶苗病及干尖线虫病。培育壮秧，适龄移栽，秧田播种量控制在375.0～450.0kg/hm²，最佳秧龄为35～40d。合理密植，栽插密度30.0万～33.0万穴/hm²，每穴栽1～2苗。合理施肥，大田施农家肥22 500.0kg/hm²、尿素525.0～600.0kg/hm²、普通过磷酸钙450.0kg/hm²、硫酸钾225.0kg/hm²。加强田间管理，综合防治病、虫、草、鼠害。适时收获，黄熟时及时收获，做到"九黄十收"。

寻杂29 (Xunza 29)

品种来源：云南农业大学稻作研究所与寻甸县农业科学研究所合作，于1983年用滇寻1号A/南29组配选育而成。1991年通过云南省农作物品种审定委员会审定，审定编号：滇杂粳1号。

形态特征和生物学特性：粳型三系杂交水稻。全生育期147.0～176.0d，株高90.0cm。穗长17.0cm，每穗粒数95.0～120.0粒，结实率74.0%～87.0%。颖壳黄色，颖尖褐色，有短顶芒，易落粒，千粒重26.0g。

品质特性：糙米率84.0%，精米率76.0%，糙米蛋白质含量8.5%，食味性好。

抗性：中抗稻瘟病和白叶枯病，抗旱。

产量及适宜地区：生产示范产量7 500.0～9000.0kg/hm²。适宜于云南省海拔1 400～1 800m的山区及中低产地区种植。

栽培技术要点：稀播培育带蘖壮秧，秧田播种量300.0kg/hm²，5叶期移栽，单本栽插。重施底肥，慎施追肥，并注意磷、钾肥配合施用，注意防治病虫害。

榆杂29 (Yuza 29)

品种来源：云南农业大学稻作研究所，于1991年用滇榆1号A/南29-1组配选育而成。1995年通过云南省农作物品种审定委员会审定，审定编号：滇杂粳2号。

形态特征和生物学特性：粳型三系杂交水稻。全生育期165.0 ～ 180.0d，株高80.0 ～ 90.0cm。株型紧凑，分蘖力强。有效穗数472.5万穗/hm²，每穗实粒数118.0粒，结实率83.2%。谷粒黄色，有顶刺至短芒，落粒性稍差，千粒重25.9g。

品质特性：糙米率83.5%，精米率74.7%，整精米率59.7%，直链淀粉含量20.8%，糙米蛋白质含量5.9%，胶稠度100.0mm，碱消值7.0级。

抗性：易感稻瘟病。

产量及适宜地区：1993年参加云南省水稻区域试验，平均产量12 570.0kg/hm²，较对照寻杂29增产22.2%。适宜于云南省海拔1 280 ～ 2 000m的地区种植。

栽培技术要点：稀播培育带蘖壮秧，秧田播种量225.0 ～ 300.0kg/hm²，栽插密度67.5万 ～ 75.0万穴/hm²，单本栽插，叶龄4.5 ～ 5.5叶移栽，施农家肥为30 000.0kg/hm²、普通过磷酸钙750.0kg/hm²、碳酸氢铵600.0kg/hm²，追肥施尿素150.0 ～ 225.0kg/hm²，一般不施穗肥。

榆杂 34 （Yuza 34）

品种来源：云南省滇型杂交水稻研究中心，用滇榆1号A/南34组配选育而成。2004年通过云南省农作物品种审定委员会审定，审定编号：滇审稻200401。

形态特征和生物学特性：粳型三系杂交水稻。全生育期170.0～180.0d，株高100.0cm左右。株型紧凑，剑叶挺直不早衰，长势整齐，分蘖力强，耐肥抗寒，抗倒伏，适应性广，丰产性状好。成穗率高，单株有效穗数7～12穗，穗长18.6～22.1cm，每穗实粒数140.0粒左右，千粒重24.0g。

品质特性：糙米率83.3%，垩白粒率29.0%，垩白度4.4%，直链淀粉含量16.3%，胶稠度93.0mm，糙米粒长4.9mm，糙米长宽比1.8。米粒外观椭圆形，白而透明，食味可口，品质优，口感好，软硬适中。

抗性：抗稻瘟病及白叶枯病。

产量及适宜地区：2002—2003年参加云南省水稻区域试验，两年平均产量10 419.0kg/hm²，比对照云光8号增产12.6%，比对照合系39增产17.8%。适宜于云南省海拔1 800m以下地区种植。

栽培技术要点：旱育稀播壮秧，大田播种18.0～30.0kg/hm²，秧床播种经药剂浸泡的催芽谷0.1kg/m²。适时播种，保证最佳节令栽插。3月下旬至4月上旬播种，秧龄25～30d。合理密植，行距20.0～26.7cm，株距13.3cm，每穴栽1～2苗。科学施肥，早施追肥。施300.0kg/hm²复合肥作中层肥，移栽后5～10d追施180.0kg/hm²碳酸氢铵，连同除草防虫药剂同时施下，以后不再追施其他肥料，氮、磷、钾比例为5：3：3。加强田间管理，防治病、虫、鼠害。

云光101（Yunguang 101）

品种来源：云南省农业科学院粮食作物研究所，于2004年用N95076S/云粳恢1号组配选育而成。2010年通过云南省农作物品种审定委员会审定，审定编号：滇审稻2010022；2011年通过贵州省农作物品种审定委员会审定，审定编号：黔审稻2011010。

形态特征和生物学特性：粳型两系杂交水稻。全生育期176.0d，株高96.2cm。有效穗数373.5万穗/hm²，成穗率80.4%，穗长19.8cm，每穗总粒数138.0粒，每穗实粒数111.0粒。落粒性适中，千粒重25.0g。

品质特性：糙米率82.2%，精米率72.2%，整精米率68.1%，垩白粒率36.0%，垩白度6.0%，直链淀粉含量15.0%，胶稠度86.0mm，糙米粒长5.6mm，糙米长宽比2.0，透明度1级，碱消值5.0级。

抗性：感稻瘟病，抗白叶枯病。

产量及适宜地区：2008—2009年参加云南省杂交粳稻品种区域试验，两年区试平均产量10 096.0kg/hm²，比对照滇杂31减产5.9%；2008—2009年生产示范比当地主栽品种增产5.0%～15.0%。适宜于云南省海拔1 600～1 900m的粳稻区种植。

栽培技术要点：为充分发挥该组合的增产作用，应在当地最佳节令播种，移栽，扣种稀播培育壮秧。合理密植，栽足基本苗，栽插密度37.5万～45.0万穴/hm²。科学施肥、管水、控氮、保磷、增钾，前期浅水浇灌，够苗晒田一周，后期不宜断水过早。实行保健栽培，注意防治病虫害，但在稻瘟病高发区禁种。

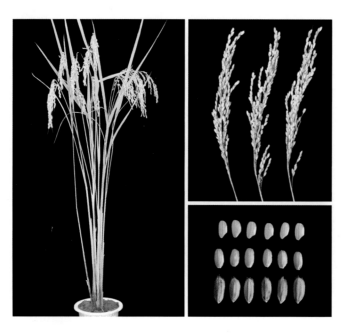

云光104 (Yunguang 104)

品种来源：云南省农业科学院粮食作物研究所，于2004年用N95076S／云粳恢4号组配选育而成。2011年通过云南省农作物品种审定委员会审定，审定编号：滇审稻2011024。

形态特征和生物学特性：粳型两系杂交水稻。全生育期177.0d，株高94.7cm。株型紧凑，分蘖力强，剑叶直立，穗大粒多。穗长19.6cm，每穗总粒数142.0粒，每穗实粒数115.0粒，结实率79.8%。难落粒，千粒重25.8g。

品质特性：糙米率81.2%，精米率67.8%，整精米率60.6%，糙米粒长5.3mm，糙米长宽比2.0，垩白粒率63.0%，垩白度4.8%，直链淀粉含量16.2%，胶稠度82.0mm，碱消值6.0级，透明度1级。

抗性：感稻瘟病，中抗白叶枯病。

产量及适宜地区：2008—2009年参加云南省杂交粳稻新品种区域试验，两年区试平均产量9 565.5kg/hm²，较对照滇杂31减产10.8%；2008—2009年在嵩明、玉溪、陆良、保山和楚雄等坝区生产示范，平均产量9 987.0～11 683.5kg/hm²。适宜于云南文山、红河、保山三个地区的海拔1 600～1 900m粳稻区种植。

栽培技术要点：为充分发挥该组合的增产作用，应在当地最佳节令播种、移栽，扣种稀播培育壮秧。合理密植，栽足基本苗，栽插密度37.5万～45.0万穴/hm²。科学施肥、管水、控氮、保磷、增钾，前期浅水浇灌，够苗晒田一周，后期不宜断水过早。实行保健栽培，注意防治病虫害，但在稻瘟病高发区禁种。

云光107（Yunguang 107）

品种来源：云南省农业科学院粮食作物研究所与云南金瑞种业有限公司合作，于2005年用云粳202s/云粳恢7号组配选育而成。2011年通过云南省农作物品种审定委员会审定，审定编号：滇审稻2011009。

形态特征和生物学特性：粳型两系杂交水稻。全生育期172.0d，株高95.8cm。株型紧凑。穗长19.6cm，每穗总粒数157.0粒，每穗实粒数124.0粒，结实率79.3%。落粒性适中，千粒重24.4g。

品质特性：糙米率82.4%，精米率70.7%，整精米率52.2%，垩白粒率52.0%，垩白度4.7%，透明度2级，碱消值7.0级，胶稠度82.0mm，直链淀粉含量14.7%，糙米粒长4.9mm，糙米长宽比1.7。

抗性：高感稻瘟病，感白叶枯病。

产量及适宜地区：2009—2010年参加云南省杂交粳稻新品种区域试验，两年平均产量10 593.0kg/hm²，较对照滇杂31减产5.0%；经嵩明、楚雄、玉溪、蒙自、保山等地示范种植，平均产量8 445.0 ~ 12 930.0kg/hm²。适宜于云南省文山、楚雄、曲靖、玉溪、临沧、保山等地海拔1 600 ~ 1 800m粳稻区种植，但在稻瘟病高发区禁种。

栽培技术要点：为充分发挥该组合的增产作用，应在当地最佳节令播种，移栽，扣种稀播培育壮秧。合理密植，栽足基本苗，栽插密度37.5万~ 45.0万穴/hm²。科学施肥、管水、控氮、保磷、增钾，前期浅水浇灌，够苗晒田一周，后期不宜断水过早。实行保健栽培，注意防治病虫害。

云光109 (Yunguang 109)

品种来源：云南省农业科学院粮食作物研究所与云南金瑞种业有限公司合作，于2005年用N95076s/云粳恢7号组配选育而成。2011年通过云南省农作物品种审定委员会审定，审定编号：滇审稻2011008；2011年通过贵州省农作物品种审定委员会审定，审定编号：黔审稻2011011。

形态特征和生物学特性：粳型两系杂交水稻。全生育期172.0d，株高96.4cm。株型紧凑。穗长20.0cm，每穗总粒数161.0粒，每穗实粒数125.0粒，结实率77.6%。落粒性适中，千粒重24.5g。

品质特性：糙米率82.4%，精米率70.9%，整精米率56.4%，垩白粒率78.0%，垩白度6.2%，透明度2级，碱消值6.5级，胶稠度80.0mm，直链淀粉含量13.2%，糙米粒长5.2mm，糙米长宽比1.8。

抗性：高感稻瘟病，抗白叶枯病。

产量及适宜地区：2009—2010年参加云南省杂交粳稻新品种区域试验，两年平均产量10 792.5kg/hm²，较对照滇杂31减产3.2%；经嵩明、楚雄、玉溪、蒙自、保山等地示范种植，平均产量8 205.0 ～ 13 875.0kg/hm²。适宜于云南文山、楚雄、曲靖、保山等地海拔1 600 ～ 1 800m粳稻区种植，但在稻瘟病高发区禁种。

栽培技术要点：为充分发挥该组合的增产作用，应在当地最佳节令播种，移栽，扣种稀播培育壮秧。合理密植，栽足基本苗，栽插密度37.5万 ～ 45.0万穴/hm²。科学肥水管理，重底早追，增施磷、钾肥和有机肥，结合科学管水，够苗晒田，干湿壮籽，做到苗足、苗健、穗大、粒重。施基肥农家肥11 250.0kg/hm²、尿素105.0kg/hm²、普通过磷酸钙375.0kg/hm²、氯化钾105.0kg/hm²，移栽5d后施分蘖肥尿素45.0kg/hm²，主穗圆秆后10d施穗肥尿素30.0kg/hm²。苗期、破口期、齐穗期注意稻瘟病防治，分蘖期、孕穗期注意稻飞虱、螟虫防治。注意稻瘟病和其他病虫害防治。

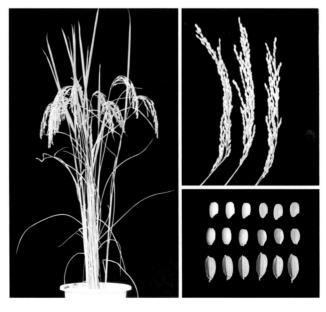

云光12（Yunguang 12）

品种来源：云南省农业科学院粮食作物研究所，于1999年用N95076S／云恢124组配选育而成。2003年通过云南省农作物品种审定委员会审定，审定编号：DS001—2003。

形态特征和生物学特性：粳型两系杂交水稻。全生育期172.0～181.0d，株高80～105.6cm。分蘖力强，成穗率高，有效穗多，穗大粒多，抽穗整齐一致，抗倒伏。有效穗数357.0万～460.5万穗/hm²，每穗总粒数133.0～159.0粒，结实率70.3%～85.0%，千粒重23.5～28.2g。

品质特性：糙米率82.0%，整精米率60.5%，垩白粒率54.0%，垩白度10.3%，直链淀粉含量16.0%，胶稠度85.0mm，糙米粒长5.0mm，糙米长宽比1.7，达到国标二级优质米标准。

抗性：抗病性好。

产量及适宜地区：2000年在云南大理、保山、楚雄、弥渡、昆明5个点品比试验，平均产量10 755.0kg/hm²，较对照云光8号增产22.5%；2002—2003年参加云南省水稻区域试验，两年平均产量9 599.2kg/hm²，较对照云光8号增产12.3%。适宜于云南省海拔1 600～1 900m地区种植。

栽培技术要点：为充分发挥该组合的增产作用，应在当地最佳节令播种，移栽，扣种稀播培育壮秧。合理密植，栽足基本苗，栽插密度37.5万～45.0万穴/hm²。科学施肥、管水、控氮、保磷、增钾，前期浅水浇灌，够苗晒田一周，后期不宜断水过早。实行保健栽培，注意防治病虫害。

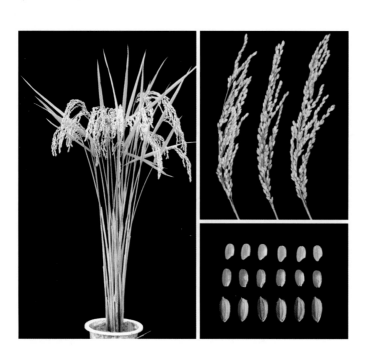

云光8号（Yunguang 8）

品种来源：云南省农业科学院粮食作物研究所，用N5088S/云恢11组配选育而成。2000年通过云南省农作物品种审定委员会审定，审定编号：滇杂粳3号。

形态特征和生物学特性：粳型两系杂交水稻。全生育期147.0～183.0d，株高90.0cm左右。株型紧凑，分蘖力强，茎秆弹性好，抗倒伏，茎叶夹角小，抽穗一致，穗层整齐。有效穗数375.0万～420.0万穗/hm²，每穗总粒数110.0～130.0粒，结实率80.4%～93.0%。籽粒无芒，易落粒，千粒重24.2～29.9g。

品质特性：糙米率84.5%，精米率73%，直链淀粉含量18.9%，胶稠度99.0mm，碱消值7.0级，糙米蛋白质含量7.3%，垩白度10%以下，米质中上等，米粒半透明，米饭口感好。

抗性：中抗稻瘟病和白叶枯病，耐寒耐肥。

产量及适宜地区：1998—1999年参加云南省粳杂区域试验，两年平均产量10 773.0kg/hm²，大面积示范平均产量10 699.5kg/hm²。适宜于云南省海拔1 650～1 900m地区种植。

栽培技术要点：适时早播早栽，海拔较高地区3月上旬播种，其他地区在当地最佳节令播种，稀播培育壮秧，秧田播种量225.0～300.0kg/hm²。药剂浸种消毒，采用旱育秧或湿润育秧方法。培育多蘖壮秧，秧龄45～50d，带蘖90%以上，单株带蘖2个以上。适度密植，栽插规格16.7cm×13.3cm，栽插密度45.0万穴/hm²，每穴栽2苗。水肥运筹，施农家肥22 500.0kg/hm²、尿素150.0kg/hm²、普通过磷酸钙450.0～750.0kg/hm²作底肥，栽后7d，施分蘖肥尿素150.0kg/hm²、硫酸钾112.5kg/hm²，抽穗前15d，视苗情况，施尿素30.0～75.0kg/hm²、普通过磷酸钙150.0kg/hm²、硫酸钾75.0kg/hm²。水浆管理，除返青期、分蘖期、孕穗期阶段以浅水管理外，其他时期以湿润灌溉为主。栽后25d茎蘖数达到390.0万个/hm²以上时撤水，以提高成穗率。收获前不宜过早断水。病虫害防治，该组合中抗稻瘟病和白叶枯病，搞好病虫预测预报，认真做好预防工作是夺取高产的重要措施。

云光9号（Yunguang 9）

品种来源：云南省农业科学院粮食作物研究所，于1997年用N7001S／云恢124组配选育而成。2002年通过云南省农作物品种审定委员会审定，审定编号：DS001—2002。

形态特征和生物学特性：粳型两系杂交水稻。全生育期158.0～193.0d，株高83.5～112.5cm。分蘖力中等，成穗率高，穗型配置好，穗大粒多，叶色绿，抽穗灌浆速度慢。有效穗数318.0万～588.0万穗/hm²，每穗总粒数118.7～158.6粒，结实率79.1%～95.3%。颖尖褐色，落粒性适中，千粒重23.5～29.0g。

品质特性：糙米率84.8%，精米率75.0%，整精米率63.0%，直链淀粉含量18.8%，胶稠度69.0mm，碱消值6.0级，糙米蛋白质含量6.8%，糙米粒长5.1mm，糙米长宽比1.8，垩白度10.0%～20.0%，米质较优，口感好。

抗性：较抗稻瘟病。

产量及适宜地区：2000—2001年云南省水稻区域试验，两年平均产量9 921.0kg/hm²；2001年在云南省内大面积生产示范，平均产量9 967.5kg/hm²，较合系22增产18.5%。适宜于云南省海拔1 500～1 800m地区种植。

栽培技术要点：在当地最佳节令播种移栽，扣种稀播，培育多蘖壮秧。合理密植，栽足基本苗，栽插密度37.5万～45.0万穴/hm²。科学施肥、管水、控氮、保磷、增钾，前期浅水浇灌，够苗晒田一周，后期不宜断水过早。实行保健栽培，注意防治病虫害。

第五节　不　育　系

H479A（H 479A）

不育系来源：云南农业大学稻作研究所用榆密15A /H479多代回交选育而成。2011年通过云南省农作物品种审定委员会鉴定。

形态特征和生物学特性：染败型不育系。在制种区种植，全生育期138.0d，播种至始穗历时92d。株型理想，剑叶挺直，不育性稳定，不育度高，不育株率100%，不育度100%。花粉染色镜检染败花粉率78.5%，圆败花粉率为19.4%，碘败花粉率为2.2%。主茎总叶片数13.9叶，株高104.2cm，剑叶挺直，穗长21.6cm，每穗总粒数159.5粒；单穗始花至终花历时6~8d，单株始花至终花历时9~11d，单株开花历时比保持系长2d，群体开花历时比保持系长3~4d；开花较为集中，颖花开放持续时间1~1.5h；正常天气条件下，始花时间为10:30~12:30，盛花时间为12:00~13:30。

品质特性：米质较好。

抗性：轻感稻瘟病。

应用情况：适宜配制粳型杂交组合。配组的主要品种有滇禾优34等。

繁殖技术要点：选择好隔离区，严防生物学混杂。要求隔离区距离应不短于500m；确保适宜的播栽期，保证安全齐穗。在云南省景东县种植，选择合适播种期，合理密植，科学管理。施足基肥，早施追肥，单株密植；及时去杂，确保种子质量。

合系42A (Hexi 42A)

不育系来源：云南农业大学稻作研究所用滇寻1号A/合系42多代回交选育而成。2009年通过云南省农作物品种审定委员会鉴定。

形态特征和生物学特性：染败型不育系。在制种区种植，全生育期148.0d，播种至始穗历时103d。株型好，剑叶挺直，不育性稳定，不育度高，不育株率100.0%，不育度100.0%。花粉染色镜检，染败花粉率78.0%，圆败花粉率为20.1%，典败花粉率为1.9%。主茎总叶片数14～15叶，株高92.0cm，穗长18.6cm，剑叶长28.0cm、宽1.8cm，每穗总粒数176.0粒；单穗始花至终花历时10～11d，单株始花至终花历时14～16d，单株开花历时比保持系长2d，群体开花历时比保持系长3～4d；开花较为集中，颖花开放持续时间1～1.5h；正常天气条件下，始花时间为11:39～12:30，盛花时间为12:10～13:30。

品质特性：米质较好。

抗性：轻感稻瘟病。

应用情况：适宜配制粳型杂交组合。配组的主要品种有滇杂46等。

繁殖技术要点：选择好隔离区，严防生物学混杂。要求隔离区距离应不短于500m；确保适宜的播栽期，保证安全齐穗。在云南景东县种植，3月10日播种，6月11日始穗；合理密植，科学管理。施足基肥，早施追肥，单株密植；及时去杂，确保种子质量。

锦103S (Jin 103S)

不育系来源：云南金瑞种业有限公司，于2003年用蜀光612s//GD～13s/JH18多代回交选育而成。2013年通过云南省农作物品种审定委员会鉴定。

形态特征和生物学特性：光温敏籼型两用核不育系。在云南水富正季播种，播种至始穗历时85d左右。平均叶片数13.4叶，株型紧凑，叶片直立、绿色，株、叶形态好，米质心白小；株高83.0cm左右。育性临界起点温度22.5℃左右。分蘖力强，单株有效穗8～12穗，剑叶直立，平均剑叶长23.9cm，宽1.4cm；穗子包颈度小，平均穗长22.9cm，平均颖花数176.7个；花药和柱头均为白色，柱头外露率高。开花习性好，花时适宜，单株花期持续5～8d，异交特性好。不育期内花粉败育彻底，以圆败和典败为主。套袋自交不实率为99.8%以上，田间不育株率100%，花粉不育度99.7%以上，在水富连续不育期大于30d；可育期内易于繁殖，自交结实率为50.0%以上。

品质特性：糙米率76.7%，精米率63.9%，整精米率56.5%，垩白粒率11.0%，垩白度2.1%，直链淀粉含量15.8%，糙米蛋白质含量11.6%，胶稠度81.0 mm，碱消值5.0级。米粒细长，色泽润亮，米质优软，属典型软米类型。

抗性：中感稻瘟病。

应用情况：适宜配制中籼型杂交组合。测配的组合主要有锦两优941、锦两优944等。

繁殖技术要点：确保育性转换安全可育期不低于25d；选择好隔离区域距离应不低于500.0m；实行肥效前促后控保健栽培，单穴单株合理密植，科学管理，施足基肥，早施追肥；及时除杂，严防生物学及人为混杂，确保种子质量。

锦201S （Jin 201S）

不育系来源：云南金瑞种业有限公司用N95076s//皖A201s/滇粳优6号多代回交选育而成。2013年通过云南省农作物品种审定委员会鉴定。

形态特征和生物学特性：光温敏两用粳型核不育系。育性临界起点温度22.5℃左右，在水富正季播种，主茎平均叶片数14.7叶，株型紧凑，叶片深绿色；株、叶形态好，籽粒大、椭圆形；平均株高81.5cm左右，单株有效穗数9.5穗，剑叶直立，长36.7cm、宽1.9cm；穗子包颈度小，平均穗长20.1cm，穗平均颖花数154.4个。开花习性好，花药瘦小、乳白色，柱头白色；柱头外露率为45%左右，单株花期持续5～8d。不育期内花粉败育彻底，表现为完全圆败和典败，套袋自交不实率为99.9%，田间不育株率100%，花粉不育度99.6%以上，水富连续不育期达40.0d。可育期内易于繁殖，其自交结实率可达80.0%以上。

品质特性：糙米率82.1%，整精米率75.4%，垩白粒率16.0%，垩白度2.1%，胶稠度88.0mm，直链淀粉含量为15.4%。软米类型核不育系，米质外观半透明。

抗性：中感稻瘟病，抗纹枯病和白叶枯病。

应用情况：适宜配制中、早籼型杂交组合。配组的主要组合有锦两优851等。

繁殖技术要点：确保育性转换安全可育期不低于25d；选择好隔离区域距离应不低于500.0m；实行肥效前促后控保健栽培，单穴单株合理密植，科学管理，施足基肥，早施追肥；及时除杂，严防生物学及人为混杂，确保种子质量。

锦瑞2S （Jinrui 2S）

不育系来源：云南金瑞种业有限公司，于2003年用皖A201s/云R230多代回交选育而成。2009年通过云南省农作物品种审定委员会鉴定。

形态特征和生物学特性：光温敏两用粳型核不育系。水富正季播种，播种及始穗历时100d左右，平均株高85.0cm左右。育性临界起点温度22.5℃左右。株型直立紧凑，长势较旺，叶片淡绿色，剑叶长短适中，直立；主茎平均叶片数15～16叶；分蘖力强，单株有效穗数8～14穗。籽粒大、椭圆形。穗子包颈度小，平均穗长21.1cm，穗子着粒密度大，穗平均颖花数217.2个，属于大穗型两用核不育系。花药和柱头均为白色，柱头外露75.0%左右。开花习性好，单株花期持续5～7d，花时集中。不育期内花粉败育彻底，花粉败育以典败和圆败为主。套袋自交不实率为99.9%，不育株率100%，花粉不育度99.5%以上，在水富连续不育期长达50d。可育期内易于繁殖，自交结实率平均达55.3%。

品质特性：糙米率80.3%，精米率71.9%，整精米率67.2%，垩白粒率21%，垩白度2.4%，碱消值6.6级，胶稠度56.0mm，直链淀粉含量16.1%，糙米蛋白质含量10.7%。属软米粳型核不育系。

抗性：中感稻瘟病，抗纹枯病和白叶枯病。

应用情况：适宜配制中、早粳型杂交组合。测配的主要组合有锦瑞2S/云粳恢7号、锦瑞2S/云粳恢851等。

繁殖技术要点：确保育性转换安全可育期不低于25d；选择好隔离区域距离应不低于500.0m；实行肥效前促后控保健栽培，单穴单株合理密植，科学管理，施足基肥，早施追肥；及时除杂，严防生物学及人为混杂，确保种子质量。

锦瑞8S（Jinrui 8S）

不育系来源：云南金瑞种业有限公司用N95076s/云R232多代回交选育而成。2010年通过云南省农作物品种审定委员会鉴定。

形态特征和生物学特性：光温敏两用粳型大穗核不育系。水富正季播种，播种至始穗历时100d，主茎平均叶片数12.2叶，平均株高75.3cm。育性临界起点温度22.5℃左右。株型紧凑，叶片直立宽大、深绿色，籽粒大、椭圆形；单株有效穗数7.6穗，剑叶长31.6cm、宽1.85cm；穗子包颈度小，平均穗长20.4cm，穗平均颖花数211.6个。开花习性好，花药瘦小、乳白色，柱头白色，柱头外露率为25%～50%，单颖开颖历时100min左右，张颖角度在20°～45°。不育期内花粉败育彻底，表现为完全圆败和典败，套袋自交不实率为99.9%，田间不育株率100%，花粉不育度99.6%以上，在水富连续不育期达40d。可育期易于繁殖，自交结实率为75.0%左右。

品质特性：糙米率82.1%，精米率72.3%，整精米率67.8%，垩白粒率16.0%，垩白度5.4%，碱消值6.1级，胶稠度52.0mm，直链淀粉含量15.7%，糙米蛋白质含量11.4%。属软米粳型核不育系。

抗性：中感稻瘟病，抗纹枯病和白叶枯病。

应用情况：适宜配制中、早粳型杂交组合。测配的主要组合有锦瑞8S/云粳恢7号、锦瑞2S/云粳恢874等。

繁殖技术要点：确保育性转换安全可育期不低于25d；选择好隔离区域距离应不低于500.0m；实行肥效前促后控保健栽培，单穴单株合理密植，科学管理，施足基肥，早施追肥；及时除杂，严防生物学及人为混杂，确保种子质量。

黎榆 A（Liyu A）

不育系来源：云南农业大学稻作研究所用滇榆1号 A//黎明/滇榆1号多代回交选育而成。2002年通过云南省农作物品种审定委员会鉴定。

形态特征和生物学特性：染败型不育系。在制种区种植，全生育期150d左右，播种至始穗历时105d，株高90.7cm，主茎总叶片数12～13叶。株型好，叶片挺直，剑叶直立，分蘖力强，不育性稳定，不育度高，不育株率100%，不育度均99.9%。花粉染色镜检，染败花粉率82.7%，圆败花粉率为11.2%，碘败花粉率为6.1%。穗长18.6cm，剑叶长27.7cm，剑叶宽1.4cm，每穗总粒数95.0粒；单穗始花至终花历时6～8d，单株始花至终花历时9～11d，单株开花历时比保持系长2d，群体开花历时比保持系长3～4d；开花较为集中，颖花开放持续时间1～1.5h；正常天气条件下，始花时间为10:30～12:30，盛花时间为12:00～13:30。

品质特性：米质较好。

抗性：轻感稻瘟病。

应用情况：适宜配制粳型杂交组合。配组的主要品种有滇杂32等。

繁殖技术要点：选择好隔离区，严防生物学混杂。要求隔离区距离应不短于500m，确保适宜的播栽期，保证安全齐穗。在云南蒙自草坝种植，2月27日播种，6月12日始穗；合理密植，科学管理；施足基肥，早施追肥，单株密植；及时去杂，确保种子质量。

榆密15A（Yumi 15A）

不育系来源：云南农业大学稻作研究所用滇榆1号A//滇榆1号/密阳15多代回交选育而成。2002年通过云南省农作物品种审定委员会鉴定。

形态特征和生物学特性：染败型不育系。在制种区种植，全生育期160.0d左右，播种至始穗历时115.0d。株型好，叶片挺直，分蘖力强，不育性稳定，不育度高，不育株率和不育度均达100%。花粉染色镜检，染败花粉率为80.5%，圆败花粉率为3.4%，典败花粉率为16.1%。主茎总叶片数14～16叶，单株有效穗数8～10穗，株高92.4cm，穗长17.3cm，剑叶长25.4cm、宽1.2cm，穗总粒数110.0粒；单穗始花至终花历时7～8d，单株始花至终花历时9～11d；始花时穗子伸出剑叶3.0～5.0cm；柱头单外露率33.2%、双外露率0.3%；开花较为集中，颖花开放持续时间1.0～1.5h，颖花间开颖时间长度稍有差异；在正常天气条件下，始花时间为12:12～13:26，盛花时间为13:00～14:00；若开花期间温度相对稳定而湿度发生变化，始花时间早迟也发生变化，湿度较高，始花时间提前，湿度较低，始花时间延迟。

品质特性：糙米率84.9%，整精米率77.6%，精米率76.6%，糙米粒长5.0mm，糙米长宽比1.7，垩白粒率34.0%，垩白度2.7%，透明度1级，碱消值7.0级，胶稠度84.0mm，直链淀粉含量17.4%，糙米蛋白质含量8.8%。

抗性：轻感稻瘟病。

应用情况：适宜配制粳型杂交组合。配组的主要品种有滇杂31等。

繁殖技术要点：选择好隔离区，严防生物学混杂。要求隔离区距离应不短于500m，确保适宜的播栽期，保证安全齐穗。在云南蒙自草坝种植，3月1日播种，6月23日始穗；合理密植，科学管理；施足基肥，早施追肥，单株密植；及时去杂，确保种子质量。

云粳202S（Yungeng 202S）

不育系来源：云南省农业科学院粮食植物研究所用N5008s//合系34/N5088s多代回交选育而成。2004年通过云南省农作物品种审定委员会鉴定。

形态特征和生物学特性：光温敏两用核不育系。在水富正季播种，播种至始穗历时110.0d左右，平均株高85.9cm，平均叶片数15.7叶。育性临界起点温度22.5℃左右，生育期适中，植株紧凑，剑叶直立，谷粒颖尖无色，椭圆形。单株平均有效穗数13.3穗，平均剑叶长25.9cm、宽1.7cm；穗长粒多，平均穗长19.5cm；花药和柱头均无色，开花较早，花时集中，单株花期持续8～10d，单穗花期历时5～7d，柱头外露率为25%～50%；穗子不包颈；不育性稳定，不育期内花粉以典败和圆败为主，败育彻底，套袋自交不育率为99.9%，花粉不育度99.6%以上；不育期长，在水富可达40.0d左右；可繁性好，繁殖产量一般为6 090.0kg/hm² 左右。

品质特性：糙米蛋白含量12.5%，直链淀粉含量13.8%，碱消值7.0级，胶稠度100.0mm。属软米类型核不育系。

抗性：中感稻瘟病。

应用情况：适宜配制中、早粳型杂交组合。配组的主要品种有云光107等。

繁殖技术要点：确保育性转换安全可育期不低于25d；选择好隔离区域距离应不低于500.0m；实行肥效前促后控保健栽培，单穴单株合理密植，科学管理，施足基肥，早施追肥；及时除杂，严防生物学及人为混杂，确保种子质量。

云粳206S（Yungeng 206S）

不育系来源：云南省农业科学院粮食植物研究所用N95076s//N94s/滇粳优7号多代回交选育而成。2010年通过云南省农作物品种审定委员会鉴定。

形态特征和生物学特性：光温敏两用核不育系。在水富正季播种，播种至始穗历时114.0d；主茎平均叶片数13.8叶，平均株高83.4cm。育性临界起点温度22℃左右、临界光长13.5h左右，植株紧凑，叶片直立宽大、深绿色，剑叶直立，籽粒大、椭圆形；单株有效穗数9穗，剑叶长32.8cm、宽1.8cm；穗子不包颈，平均穗长21.4cm，着粒密度适中，平均颖花数159.4个。开花习性好，花药瘦小、乳白色，柱头白色；柱头外露率高，开花较早，单株花期持续5～8d，花时集中，单颖开颖历时110min左右；柱头外露率为50%左右。不育期内花粉败育彻底，表现为完全圆败和典败；套袋自交不实率为99.9%，田间不育株率100%，花粉不育度99.6%以上，在水富连续不育期达40d。可育期内易于繁殖，自交结实率高达80.0%左右。

品质特性：糙米率81.0%，精米率72.7%，整精米率68.2%，垩白粒率25.0%，垩白度2.9%，碱消值6.1级，胶稠度44.0mm，直链淀粉含量16.5%，糙米蛋白质含量11.6%。属软米类型核不育系。

抗性：中感稻瘟病，抗纹枯病和白叶枯病。

应用情况：适宜配制中、早粳型杂交组合。配组的主要组合有云两优501等。

繁殖技术要点：确保育性转换安全可育期不低于25d；选择好隔离区域距离应不低于500.0m；实行肥效前促后控保健栽培，单穴单株合理密植，科学管理，施足基肥，早施追肥；及时除杂，严防生物学及人为混杂，确保种子质量。

云粳 208S （Yungeng 208S）

不育系来源：云南省农业科学院粮食植物研究所用 N95076s / 滇粳优 5 号多代回交选育而成。2010 年通过云南省农作物品种审定委员会鉴定。

形态特征和生物学特性：中穗粳型光温敏两用核不育系。在水富正季播种，播种至始穗历时 104d，平均株高 77.3cm 左右，剑叶长 32.5cm、宽 1.9cm；主茎平均叶片数 13.2 叶。育性临界起点温度 22℃左右、临界光长 13.5h 左右，株型直立紧凑，株、叶形态好，叶片直立宽大、绿色，剑叶直立，籽粒大、椭圆形。单株有效穗 8.3 穗；穗子不包颈，平均穗长 20.1cm，穗子着粒密度大，穗平均颖花数 178.4 个。开花习性好，在正常的天气（晴天）下，开花较早，单穗花期持续 2 ～ 4d，单株花期持续 5 ～ 8d，花时集中，张颖时间长，单颖开颖历时 110min 左右，柱头外露率为 40.0% 左右。该不育品系在不育期内花粉败育彻底，表现为完全圆败和典败，以圆败为主；套袋自交不实率为 99.9%，田间不育株率 100%，花粉不育度 99.7% 以上，在水富连续不育期达 40d。可育期内易于繁殖，自交结实率为 81.2%。

品质特性：糙米率 79.8%，精米率 71.1%，整精米率 66.8%，垩白粒率 24.0%，垩白度 2.4%，碱消值 6.0 级，胶稠度 47.0mm，直链淀粉含量 17.6%，糙米蛋白质含量 10.9%。属软米类型核不育系。

抗性：中感稻瘟病，抗纹枯病和白叶枯病。

应用情况：适宜配制中、早粳型杂交组合。配组的主要组合有云两优 502 等。

繁殖技术要点：确保育性转换安全可育期不低于 25d；选择好隔离区域距离应不低于 500.0m；实行肥效前促后控保健栽培，单穴单株合理密植，科学管理，施足基肥，早施追肥；及时除杂，严防生物学及人为混杂，确保种子质量。

云软209S（Yunruan 209S）

不育系来源：云南省农业科学院粮食植物研究所，于2000年用蜀光612s／云恢290多代回交选育而成。2007年通过云南省农作物品种审定委员会鉴定。

形态特征和生物学特性：光温敏两用核不育系。在水富正季播种，播始历期94.0d左右，主茎叶片数14.9叶，平均株高86.6cm。育性临界起点温度22.5℃左右，株型紧凑，叶片直立宽大、绿色；颖尖紫色，籽粒大、粒长；分蘖数15.2个，有效穗数9.2穗，剑叶直立，平均剑叶长32.8cm，宽2.1cm；穗子包颈度小，平均穗长20.7cm，穗平均颖花数194.9个；花药瘦小、淡黄色，柱头黑色，外露率高达80.0%左右。单株始末花期持续6～9d，开花较早，花时集中，张颖时间平均为100min左右。不育期内，花粉表现为完全典败和圆败，败育彻底，套袋自交不实率为99.9%，不育株系率、花粉败育度均在9.5%以上，群体不育株率100%，在水富连续不育期可达50d；可育期内结实率为50.0%左右。

品质特性：糙米率76.2%，整精米率55.4%，垩白粒率30%，垩白度3.0%，胶稠度100mm，直链淀粉含量14.64%。经RVA特征值测定分析，最高黏度134.0，热浆黏度73.0，冷胶黏度141.0，崩解值61.0，减消值7.0，回复值68.0。属软米类型核不育系。米质外观半透明、无心白，米样透明度介于粘米与糯米之间。

抗性：中感稻瘟病，抗纹枯病和白叶枯病。

应用情况：适宜配制中、早籼型杂交组合。配组的主要组合有云两优310等。

繁殖技术要点：确保育性转换安全可育期不低于25d；选择好隔离区域距离应不低于500.0m；实行肥效前促后控保健栽培，单穴单株合理密植，科学管理，施足基肥，早施追肥；及时除杂，严防生物学及人为混杂，确保种子质量。

云软217S（Yunruan 217S）

不育系来源：云南省农业科学院粮食植物研究所，于2000年用蜀光357s//蜀光357s/R527多代回交选育而成。2010年通过云南省农作物品种审定委员会鉴定。

形态特征和生物学特性：光温敏籼型两用核不育系。育性临界起点温度22.5℃左右，株型直立松散，叶片绿色，剑叶直立，剑叶长33.6cm、宽1.96cm；主茎平均叶片数13叶；单株有效穗数8.3穗；籽粒细长，平均穗长21.8cm，穗平均颖花数189.5个。开花较早，单穗花期持续2～3d，单株花期持续5～7d，花时集中，张颖时间长，单颖开颖历时100min左右，张颖角度25°～45°；柱头白色，柱头外露率为60.0%以上。不育期内花粉败育彻底，表现为完全圆败和典败，以圆败为主。套袋自交不实率为99.9%，田间不育株率100%，花粉不育度99.7%以上，在水富连续不育期达40d；可育期内易于繁殖，自交结实率为75.8%。

品质特性：糙米率77.4%，整精米率57.5%，垩白粒率28.0%，垩白度2.7%，胶稠度89.0mm，直链淀粉含量16.4%。属软米类型核不育系。米质外观半透明、无心白，米样透明度介于粘米与糯米之间。

抗性：中感稻瘟病，抗纹枯病和白叶枯病。

应用情况：适宜配制中、早籼型杂交组合。测配组合主要有云两优947、云两优934等。

繁殖技术要点：确保育性转换安全可育期不低于25d；选择好隔离区域距离应不低于500.0m；实行肥效前促后控保健栽培，单穴单株合理密植，科学管理，施足基肥，早施追肥；及时除杂，严防生物学及人为混杂，确保种子质量。

云软221S（Yunruan 221S）

不育系来源：云南省农业科学院粮食植物研究所，于2003年用蜀光612s//系16多代回交选育而成。2013年通过云南省农作物品种审定委员会鉴定。

形态特征和生物学特性：光温敏籼型两用核不育系。育性临界起点温度22.5℃左右，在云南主茎总叶片数平均14.4叶，株高85.0cm左右，株型较紧凑，茎秆粗壮抗倒伏，叶片绿色，剑叶直立长29.2cm、宽2.0 cm；单株有效穗数8～14穗；籽粒细长，平均穗长18.9cm，穗平均颖花数176.9个；花药和柱头均为白色，柱头白色外露率较高。开花习性好，花时适宜，单株花期持续5～8 d，张颖角度25°～45°，异交特性好。不育期内花粉败育彻底，以圆败和典败为主。套袋自交不实率为99.8%以上，田间不育株率100%，花粉不育度99.7%以上，在水富连续不育期大于30d；可育期内易于繁殖，自交结实率为61.3%，产量达3 050kg/hm²。

品质特性：糙米率78.5%，精米率71.9%，整精米率65.1%，垩白粒率7.0%，垩白度0.42%，直链淀粉含量15.4%，糙米蛋白含量11.5%，胶稠度78.0 mm，碱消值5.0级；通过RVA特征值测定分析，热浆黏度64.0，冷胶黏度126.0，最高黏度117.0，崩解值53.0，消减值9.0，回复值62.0。米粒细长，色泽润亮，米质优软，属典型软米类型。

抗性：叶稻瘟7级，穗稻瘟7级，白叶枯病5级。

应用情况：适宜配制中、早籼型杂交组合。测配组合主要有云两优934、云两优937等。

繁殖技术要点：确保育性转换安全可育期不低于25d；选择好隔离区域距离应不低于500.0m；实行肥效前促后控保健栽培，单穴单株合理密植，科学管理，施足基肥，早施追肥；及时除杂，严防生物学及人为混杂，确保种子质量。

第六节　地方农家品种

广南八宝谷（Guangnanbabaogu）

品种来源：八宝谷是云南省文山壮族苗族自治州广南县地方保存的原始古老品种，为地方特种米，属栽培历史悠久的特殊生态种。

形态特征和生物学特性：籼型常规水稻。全生育期160.0～170.0d，株高130.0～140.0cm。株型较紧凑，茎秆粗壮，叶片宽大，叶色淡绿，剑叶角度小，分蘖力强，抽穗整齐，成熟一致，抗旱耐肥，抗倒伏。穗长24.0～25.0cm，每穗粒数130.0～140.0粒，空秕率6.0%～10.0%，颖壳白色，颖尖无色，无芒，易落粒，千粒重29.0～30.0g。

品质特性：白米，米质优，米饭滋润可口，有香味，冷不回生。八宝米历史上作为"贡米"，封为"皇粮"。

抗性：轻感稻瘟病。

产量及适宜地区：生产示范产量4 500.0～5 250.0kg/hm²。适宜于广南县八宝镇海拔1 100m稻区种植。

栽培技术要点：适时播种，3月下旬至4月上旬播种，秧龄40～50d。栽插密度25.5万～30.0万穴/hm²。施足基肥，增施磷肥，早施追肥。做到浅水插秧，寸水返青、薄水促蘖。坚持够苗晒田、有水打苞、干湿壮籽的原则。防治病、虫、草、鼠、雀害。

冷水谷 （Lengshuigu）

品种来源：冷水谷是红河哈尼族彝族自治州红河县冷凉高山哈尼梯田稻作区种植的特有的传统红米地方品种，栽培历史悠久，在20世纪90年代以前种植面积稳定在0.2万 hm^2 以上，是哈尼族人民赖以生存和发展的水稻主栽品种。

形态特征和生物学特性：粳型常规水稻。全生育期180.0d左右，株高100.0～130.0cm。株型松散，株高适中，不耐肥，抗倒伏性偏差，叶色偏黄，剑叶低垂，成穗率低，穗位、群体不整齐，剑叶显早衰。单株分蘖数6～10个，穗长18.0～26.0cm，每穗总粒数100.0～120.0粒，结实率80.0%。谷粒小而扁圆，千粒重21.0～22.0g。

品质特性：米皮红色，米饭香软，食口好。

抗性：抗病性极强，高抗稻瘟病。

产量及适宜地区：生产示范产量3 750.0kg/ hm^2 左右，高产田块产量可达5 250.0kg/ hm^2 以上，适宜在红河县冷凉山区海拔1 600～2 000m稻区推广种植。

栽培技术要点：扣种稀播，培育壮秧，湿润薄膜育秧播种量450.0kg/ hm^2 左右，适宜在2月下旬播种，揭膜后施尿素150.0kg/ hm^2，移栽前5～7d施尿素75.0kg/ hm^2 作送嫁肥，秧龄控制在40d左右。及时整田，稻谷收割后及时人工铲埂除草还田，常年保水，移栽前做到三犁三耙。合理密植，该品种不耐肥，宜在中、下等肥力田块种植，栽插基本苗165.0万～195.0万苗/ hm^2，每穴1～2苗。施足底肥，适时追肥，施过磷酸钙750.0kg/ hm^2 作底肥，移栽后10d左右施尿素150.0kg/ hm^2 作追肥，始穗至扬花期喷施磷酸二氢钾2次，既可提高结实率又能增加千粒重。田间管理采用浅水分蘖、干湿交替的管理方法。秧苗移栽后常到田间查看病虫发生情况，做到早发现、早预防，综合防治病虫害。

丽江新团黑谷（Lijiangxintuanheigu）

品种来源：丽江新团黑谷属混合群体，是20世纪70年代初云南省丽江新团种植的本地老品种，也是丽江高寒稻区主栽品种之一。

形态特征和生物学特性：粳型常规水稻。全生育期180.0～195.0d，株高90.0cm。穗长15.6cm，每穗粒数45.0粒，结实率70.0%～80.0%，千粒重20.0g左右，叶片13叶左右，黑壳白米。

抗性：耐寒性极强，易感稻瘟病。

产量及适宜地区：大面积生产示范平均产量4 500.0kg/hm²左右，适宜于丽江市海拔2 000m以上的高寒稻区种植。

栽培技术要点：培育壮秧，3月中旬至4月初育秧，秧田播种量900.0kg/hm²；合理施肥，施15 000.0～22 500.0kg/hm²厩肥作底肥，施过磷酸钙300.0～375.0kg/hm²、尿素75.0kg/hm²作水皮肥，施尿素37.5.0～75.0kg/hm²作分蘖肥，施尿素22.5～37.5kg/hm²作穗肥；适时晒田，合理排灌；推广条栽，化学除草，单行或双行条栽，保证栽插密度60.0万～75.0万穴/hm²。

西南175（Xinan 175）

品种来源：原西南农业科学研究所从台湾粳稻中系选，于1955年育成。

形态特征和生物学特性：粳型常规水稻。全生育期160～165d，株高100cm，分蘖力强，有效穗数较多，千粒重24.0～25.0g。

抗性：抗病性弱，但抗逆性强，适应性较广。

产量及适宜地区：一般产量7 950kg/hm²。1982年在云贵高原推广8万hm²，是云贵高原20世纪70～80年代的主要当家品种之一，是该稻区中粳稻育种的主体亲本之一。截至1986年，由其衍生出27个品种，从其变异类型中，直接系选育成了14个品种。其中推广应用面积超过6 667.hm²以上的品种有65-36、75-64、云粳9号、云粳136、云粳219和129共6个品种，推广面积在2 000hm²以上的有50-701、云粳2号、云粳134、云粳127和65-113共5个品种。

应用情况：

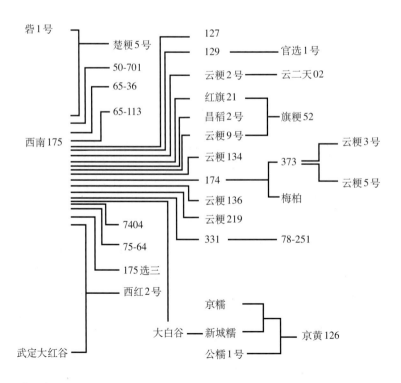

小蚂蚱谷 （Xiaomazhagu）

品种来源：小蚂蚱谷是红河哈尼族彝族自治州红河哈尼梯田稻作区种植的特有的传统红米地方品种，栽培历史悠久，是哈尼族人民赖以生存和发展的水稻主栽品种。

形态特征和生物学特性：籼型常规水稻。全生育期110d左右，株高110.0cm左右。株型松紧适中，剑叶中长、较宽、直立，熟期落色好。结实率80.0%左右，千粒重21.0g。

品质特性：糙米率80.0%以上，精米率70.0%以上，整精米率60.0%以上，米皮红色，米饭香软，食口好。

抗性：抗病、抗逆性较强，但很不耐肥。

产量及适宜地区：生产示范产量4 500.0 ～ 6 000.0kg/hm²，适宜在红河县海拔1 600m以下稻区种植。

栽培技术要点：种子消毒处理，播种前晒种1 ～ 2d，并进行风选或水漂选，再用0.3%的多菌灵或1%澄清石灰水浸种，24 ～ 36h后捞出用清水洗净即可催芽，等发芽达80%以上方可播种。适时播种，扣种稀播，培育带蘖壮秧，采用搭架式薄膜育秧，2月中旬育秧，秧田播种量375.0kg/hm²，秧龄40 ～ 50d，4月中旬移栽。秧田施精制有机肥15 000.0kg/hm²、普通过磷酸钙750.0kg/hm²作底肥，早施"断奶肥"，一般在二叶前后施尿素120.0kg/hm²；在栽前一周追"送嫁肥"，施尿素225.0kg/hm²。适时移栽，双行条栽，秧龄达40 ～ 50d及时移栽，大行距25cm，小行距15cm，株距12cm，栽插密度42.0万穴/hm²。加强田间肥水管理，底肥施农家肥15 000kg/hm²、尿素75kg/hm²、普通过磷酸钙750.0kg/hm²、硫酸锌45.0kg/hm²，最后一次耙田前施入，并做到肥泥交融，田平泥化。移栽后7d结合化除施尿素150.0kg/hm²作分蘖肥；孕穗末期施尿素75.0kg/hm²、硫酸钾75.0kg/hm²作壮粒肥。水浆管理以"浅水移栽，寸水活棵，浅水分蘖，够蘖晒田，深水孕穗，有水扬花，湿润壮籽，谷黄田干"为原则。病虫害监测与防治，严格按照国家A级绿色食品的标准进行防治。根据各生育期发生的病虫害，用对口生物农药进行防治，保证产品质量。适时收割，做到"九黄十收、颗粒归仓"，高桩收割，秸秆还田，补充有机质，提高土壤肥力。

第四章
著名育种专家

ZHONGGUO SHUIDAO PINZHONGZHI · YUNNAN JUAN

程侃声

　　湖北省安陆市曹家冲人（1908—1999），研究员。1931年毕业于北平大学农学院，同年留校任教。1950年任云南省农业试验站站长。先后被选为云南省第三、五届人大代表、第六届人大常委；云南省第二届科协副主席，中国农学会常务理事、顾问；1980—1983年任云南省农业科学院院长、名誉院长，云南省农学会副理事长，中国遗传资源研究委员会主任。1987年被授予云南省有突出贡献的优秀专业技术人才，1990年起享受国务院政府特殊津贴。

　　程侃声扎根云南稻作资源及育种研究40余载，不仅育出应用于云南各生态地区的水稻品种，而且在光温反应型及其亚洲稻的分类上，形成了自己独特的见解和学术思想体系。20世纪50年代末，在考察了云南省海拔80～3 000m的广大农区后，提出了"立体农业"的概念，找到了云南的特点和优势，为全省生产规划、作物布局、农业区划、稻区划分及品种安排提供了依据，其意义和影响深远。60年代初，程侃声参加了丁颖主持的中国水稻品种光温生态的研究课题，利用云南山地小范围内的海拔差异观察温度影响，再结合遮光或加光，探索日长效应，得到如下结果：①云南稻种光温反应型可分17种；②过去被认为是早粳的高海拔地区的水稻，实际是感温性强的"假早粳型"，而真正的早粳则见于云南陆稻中，这些稻种可能在探索北方粳稻的来源上有一定意义；③感光弱、感温不强、短日高温生育期长的品种具有广泛的适应性；④品种"三性"（即感光性、感温性、短日高温生育期）既相互联系又相互独立，由此，可以通过杂交实现品种"三性重组"，培育出具有不同适应性的新品种。20世纪50～80年代，曾组织、参加了多次云南稻种资源的综合考察，和大家一道共收集了5 000多份珍贵的云南稻种资源，为研究稻种分类提供了物质基础。他创立的"鉴别籼粳亚种的形态指数法"，经同工酶、DNA分子标记及统计分析等方法的验证，不仅结果准确，而且简便易行。

　　主持的云南稻种资源研究1978年获全国科学大会奖，1981年与中国农业科学院共同主持的云南稻种资源考察获农牧渔业部科技成果一等奖，育成的水稻新品种云粳136获1982年云南省科技成果三等奖，1985年主持的"云南省稻种资源综合研究与利用"项目获云南省科技成果一等奖。参与《中国稻作学》和《中国水稻品种及其系谱》等专著的编写和审稿，著有《亚洲稻籼粳亚种的鉴别》和《亚洲稻的起源与演化——活物的考古》等重要著作，论文数50余篇。

李月成

四川省安岳县人（1920—2018），汉族，云南省农业科学院研究员，水稻育种与栽培专家。1988年被评为云南省有显著成绩的科技工作者；1990年被授予全国农业劳动模范称号。1992年享受国务院政府特殊津贴。

1935年考入安岳县农业职业学校，1938年毕业。1939年，到四川省农业改进所"农业推广技术人员培训班"学习一年，1940年分配到安岳县农业推广所担任指导员。1943年承蒙李建业先生推荐，进入当时在重庆北碚的中央农业实验所稻作系工作。师从留美回国的著名水稻专家柯象寅先生直到1949年，还先后得到杨守仁、李士勋等先生的悉心指导。20世纪50年代中期，在西南农业科学研究所，与张尧清、李林烈等从中国农业科学研究所水稻品种资源中筛选、鉴定，系统选育出西南175，1958年，随西南农业科学研究所迁到云南，在程侃声先生领导下进行水稻品种选育研究及示范推广，并对水稻"泡呛""烂秧"等问题进行了深入的调查研究。60年代和70年代，与程侃声先生、叶惠民先生在昆明、宜良进行科技开发工作，大面积推广水稻良种，1972年，在李月成倡导下，云南省农业科学研究所水稻室继续利用西南175天然杂交株，采用系统育种方法，先后又育出云粳2号、云粳3号、云粳5号、云粳9号等品种。其中云粳9号1987年获云南省农业科技大会奖，1980年推广2.9万hm^2，1981年扩大到4.73万hm^2，成为滇中北温凉地区当家品种。主编云南省第一部《水稻栽培技术规范》，参与编写《云南稻作》等专著，为云南水稻生产做出了重要贡献。

邓有成

云南省腾冲县人，(1927—2010)，缅甸华侨，研究员。1955年毕业于云南大学农学系，1956年分配到楚雄彝族自治州农业科学研究所从事水稻育种工作。曾任楚雄彝族自治州农业科学研究所副所长、楚雄彝族自治州政协副主席、全国人大代表。获全国先进工作者、云南省劳动模范、云南省有突出贡献的专业技术人才、全国优秀归侨侨眷知识分子，楚雄彝族自治州有重大贡献的科技人员，享受国务院政府特殊津贴。

长期从事水稻遗传育种，是楚粳系列品种选育的奠基人。20世纪60年代，在楚雄彝族自治州开展了台北8号、西南175引进、试验和推广工作，使楚雄彝族自治州在全省率先实现了中海拔稻区"籼稻改粳稻""高秆变矮秆"的历史性变革。70年代初，成功育成了适宜冷凉稻区种植的"西红"系列良种，1973年全州种植面积达6 700hm²，单产较当地老品种武定大红谷增产30%以上。80年代，先后育成楚粳4号、楚粳5号、楚粳3号、楚粳2号、楚粳7号、楚粳8号、楚粳12，到80年代末期，楚粳系列的水稻品种已在云南省中海拔粳稻区广泛种植，1988年全省推广面积突破6 700hm²，在川、黔毗邻省份同生态类型地区也有较大种植面积，楚粳3号还被引种到卢旺达、玻利维亚等国家种植。40年来共育成楚粳系列品种12个，有3个品种被评为云南省粳型优质米品种，楚粳3号获优质米银奖。1983—1995年全省累计推广种植楚粳系列品种80.7万hm²。先后获得获云南省和楚雄彝族自治州科技进步奖7项。

杨诗选

　　重庆人（1933—2001），男，汉族，研究员。1955年毕业于四川大学农学系，同年进入西南农业科学研究所，于1958年随迁昆明，后在云南省农业科学院粮食作物研究所从事粳稻新品种的选育工作。1985年2月至1987年2月任云南省农业科学院粮食作物研究所副所长、代所长，1987年2月至1991年10月任云南省农业科学院粮食作物研究所副所长，1989年受聘云南省良种繁育领导小组咨询小组成员，1993年享受国务院政府特殊津贴。

　　主要参与云南水稻传统品种的调查、收集、评选、改良工作，是云南粳稻大穗大粒育种的主要推动者和实践者，云南省"六五""七五""八五"水稻育种攻关项目主持人，"七五"国家重点科技攻关项目"优质、高产、多抗水稻新品种选育"云南粳稻育种专题主持人。工作勤奋、严谨，研究成果丰硕。组织云南省十余个育种单位育成云粳系列、楚粳系列、云玉系列、京国系列、岫粳系列、凤稻系列、靖粳系列、昆粳系列、晋粳系列、沾粳系列品种；主持育成了大穗大粒粳稻品种云粳136、云粳219、轰杂135、云粳27、云粳33等。这批品种在20世纪80～90年代云南粮食快速增长的过程中发挥了重要的作用，为促进云南省稻作生产的快速发展、改善云南粮食供给做出了重要贡献。

　　成果先后获得国家"三委一部"和"二委一部"颁发的集体奖状，育成品种先后获云南省科学技术进步二等奖2项、三等奖5项。参与《中国水稻》《中国水稻品种及系谱》专著的编撰工作。

师常俊

四川省都江堰市人（1934—　），男，汉族，教授。1975年起云南农业大学稻作研究所育种室主任，1985—1991年任云南农业大学稻作研究所副所长，1992—1998年任云南农业大学稻作研究所所长。1960年毕业于云南昆明农林学院农学系，同年进入云南农业大学农学系工作，先后在云南农业大学农学系、云南农业大学稻作研究所任职，享受国务院政府特殊津贴。

1969—1983年与诸宝楚、李铮友教授等从事滇型杂交水稻育种研究，是滇型杂交水稻技术体系的主要创造者之一。20世纪80年代中期，主持云南省杂交粳稻研究利用攻关，育成的不育系滇农1号A是"七五""八五"期间滇型杂交粳稻育种组配的主要不育系。期间育成滇型杂交粳稻品种榆杂29、寻杂29，籼型常规糯稻品种滇新10号，籼稻香软米新品种滇屯502，其中榆杂29于1994年创下了单产16 628.25kg/hm^{2}的高产纪录。

1978年荣获全国科学大会奖集体奖，获云南省科技进步奖4项。发表研究论文28篇。

李铮友

四川省高县人（1935—2018），男，汉族，教授，中国致公党党员，全国政协第九届常委。1983年3月至1988年3月任云南省副省长，1988年3月任云南省人民政府农业咨询委员会主任。1991年10月至1997年4月，任云南省科学技术协会主席。1960年毕业于西南农学院农学系，1961年8月，在经过一年农业部农业院校师资培训后，分配到昆明农林学院工作，1970年昆明农林学院与云南农业劳动大学合并，成立云南农业大学，历任云南农业大学讲师、水稻研究室副主任、副研究员、教授、博士生导师。先后兼任云南农业大学稻作研究所所长、云南省杂交水稻研究中心主任等。获全国中青年有突出贡献专家、全国劳模和云南省劳模荣誉称号。

自1965年发现水稻不育株以来，他便在全国率先开展粳型杂交水稻的应用研究，在国家和云南省有关部门的支持下，组建了中国粳型杂交水稻研究协作组，任组长，1969年育成滇1型粳稻红帽缨不育系，1973年实现粳型水稻三系配套。育成的恢复系南34是粳型杂交稻组配的主要恢复系之一，育成滇型杂交粳稻品种有10多个在生产中推广应用，其中榆杂29在1994年创下了单产16 628.25kg/hm^{2}的高产纪录。通过对云南地方传统软米品种进行杂交改良，育成了一批云南优质籼稻品种，其中滇屯502至今仍在生产中应用。他是我国粳型杂交水稻育种研究的创始人之一，是杂交水稻育种繁育的开拓者。

曾获1978年全国科学大会奖、云南省科技进步奖、2008年袁隆平农业科技奖，以及巴基斯坦农委会荣誉奖等20余项。出版了《滇型杂交水稻》《滇型杂交水稻育种》《滇型杂交水稻论文集》3部专著。

贺庆瑞

重庆涪陵人（1937—　），男、汉族，研究员。1955年毕业于四川省江津园艺学校农学专业。毕业后分配到云南省弥勒县农技站，1958年调玉溪行署农业局从事农业技术推广工作，1985-1992年任云南省农业科学院粮食作物研究所瑞丽稻作站站长，1992年4月至1994年5月任云南省农业科学院粮食作物研究所副所长，1987年被授予云南省有突出贡献的优秀专业技术人才，1990年被评为云南省劳动模范，1991年享受国务院政府特殊津贴，1992年被评为国家有突出贡献的中青年专家。

长期从事籼稻软米和超级稻的育种研究，曾被日本专家称为云南软米育种第一人。先后主持云南省和国家的多项科研项目，育成了滇瑞408、滇瑞306、滇瑞409、滇瑞308、滇瑞313、滇瑞449、滇瑞502等滇瑞系列软米和特种米新品种，还参与了滇陇201、文稻1号、滇超1～8号等新品种的选育。育成的滇瑞408获得农业部优质米品种称号，滇瑞449获得中国农业博览会银奖。上述育成的品种在云南省累计推广应用200万hm²。

先后获国家"三委一部"奖励证书2次，农业部科技进步一等奖1项，国家农牧渔业部优质农产品金杯奖1项，1992年首届中国农业博览会银质奖1项；获云南省科技成果奖励10余项，其中获云南省科技进步一等奖1项，云南省科技进步二等奖2项，云南省技术发明二等奖1项，云南省科技进步三等奖6项，云南省自然科学三等奖2项。编写《中国水稻品种及其系谱》《云南稻作》《云南特种稻开发》和《中国优质稻米区划》专著4部，发表论文50多篇。

蒋志农

重庆市潼南人（1939—　），男，汉族，研究员。1962年毕业于云南大学生物系，同年分配到在云南省农业科学院工作。1981年11月至1987年5月任云南省农业科学院粮食作物研究所水稻研究室副主任、主任，1982—1996年任中日水稻育种合作研究项目育种课题主持人，1987—1996年任中方专家组组长，1997—2006年任云南省农业科学院粳稻育种中心主任，2002—2011年为云南省政府参事，现任云南声农水稻研究所所长。获全国先进工作者、全国农业科技先进工作者、第五届全国职工职业道德先进个人、全国职工创新能手、国家有突出贡献的中青年专家、云南省劳动模范、云南省爱岗敬业科技之星、云南省职工十佳创新能手、云南省直机关优秀共产党员等称号，享受国务院政府特殊津贴。

在高原粳稻遗传育种理论研究方面有较高的学术造诣，建立和完善了选育高产优质耐寒抗稻瘟病综合优良性状新品种的方法技术，提出了创制穗重型和穗数型相结合，中间型高产品种育种思路并加以应用，取得了丰硕的科研成果。1982年以来，主持育成了合系、云粳等32个新品种，其中合系41是云南省首个年种植面积超过6.67万hm^{2}的自育粳稻品种，该品种的选育及应用，获2000年云南省科技进步一等奖。育成合系、云粳系列品种在云南、黔西北、四川凉山、湘西山区等地累计推广面积333万hm^2。

先后获首届云南省科学技术奖突出贡献奖、省部级科技成果奖10项（一等奖3项，二等奖4项，三等奖3项）、全国农牧渔业丰收奖一等奖1项、日本育种学会奖1项、中华农业科教奖一等奖1项。主编《云南稻作》《我的农科之路》等著作，发表论文40余篇。

第五章
品种检索表

ZHONGGUO SHUIDAO PINZHONGZHI · YUNNAN JUAN

品种名	英文（拼音）名	类型	审定（育成）年份	审定编号	品种权号	页码
04-1267	04-1267	常规粳稻	1987			111
175选3	175 xuan 3	常规粳稻	1989			112
250糯	250 nuo	常规粳稻	1985			113
25-1	25-1	常规籼稻	1985			43
4-425	4-425	常规粳稻	1985			114
622-4	622-4	常规籼稻	1989			44
76两优5号	76 liangyou 5	杂交粳稻	2015	滇审稻2015021		326
83-1041	83-1041	常规粳稻	1987			115
85-764	85-764	常规粳稻	1993			116
86-167	86-167	常规粳稻	1993			117
86-1糯	86-1 nuo	常规粳稻	1990			118
86-42	86-42	常规粳稻	1990			119
86-65	86-65	常规粳稻	1990	86-65		120
86-7糯	86-7 nuo	常规粳稻	1990			121
88-146	88-146	常规粳稻	1993			122
88-635	88-635	常规粳稻	1993			123
89-290	89-290	常规粳稻	1993			124
91-10	91-10	常规粳稻	1998			125
Ⅱ优310	Ⅱ you 310	杂交粳稻	2010	滇特（昭通）审稻2010033		315
A210	A210	常规粳稻	1991			126
H479A	H479A	不育系	2011			363
八宝谷2号	Babaogu 2	常规籼稻	2015	滇审稻2015008		45
版纳15	Banna 15	常规籼稻	1993			46
版纳18	Banna 18	常规籼稻	2000			47
版纳21	Banna 21	常规籼稻	1993			48
版纳糯18	Bannanuo 18	常规籼稻	2014	滇特(版纳)审稻2014002		49
保粳杂2号	Baogengza 2	杂交粳稻	2012	滇审稻2012008		327
昌粳10号	Changgeng 10	常规粳稻	2010	滇特（保山）审稻2010023		127
昌粳11	Changgeng 11	常规粳稻	2010	滇特（保山）审稻2010024		128
昌粳12	Changgeng 12	常规粳稻	2010	滇特（保山）审稻2010025		129
昌粳8号	Changgeng 8	常规粳稻	2004	滇特(保山)审稻200403		130
昌粳9号	Changgeng 9	常规粳稻	2007	滇特（保山）审稻200701		131

（续）

品种名	英文（拼音）名	类型	审定（育成）年份	审定编号	品种权号	页码
昌糯6号	Changnuo6	常规粳稻	1993			132
楚粳12	Chugeng12	常规粳稻	1993			133
楚粳13	Chugeng13	常规粳稻	1994			134
楚粳14	Chugeng14	常规粳稻	1995			135
楚粳17	Chugeng17	常规粳稻	1997			136
楚粳2号	Chugeng2	常规粳稻	1988			137
楚粳22	Chugeng22	常规粳稻	1999			138
楚粳23	Chugeng23	常规粳稻	1999			139
楚粳24	Chugeng24	常规粳稻	2003	DS002—2003		140
楚粳25	Chugeng25	常规粳稻	2002	DS002—2002		141
楚粳26	Chugeng26	常规粳稻	2005	滇审稻200521		142
楚粳27	Chugeng27	常规粳稻	2005	滇审稻200522		143
楚粳28	Chugeng28	常规粳稻	2007	滇审稻200722		144
楚粳29	Chugeng29	常规粳稻	2007	滇审稻200723		145
楚粳3号	Chugeng3	常规粳稻	1987			146
楚粳30	Chugeng30	常规粳稻	2007	滇审稻200724		147
楚粳31	Chugeng31	常规粳稻	2010	滇审稻2010012		148
楚粳37	Chugeng37	常规粳稻	2014	滇审稻2014026		149
楚粳38	Chugeng38	常规粳稻	2014	滇审稻2014027		150
楚粳39	Chugeng39	常规粳稻	2014	滇审稻2014028		151
楚粳4号	Chugeng4	常规粳稻	1985			152
楚粳40	Chugeng40	常规粳稻	2015	滇审稻2015002		153
楚粳5号	Chugeng5	常规粳稻	1986			154
楚粳6号	Chugeng6	常规粳稻	1990			155
楚粳7号	Chugeng7	常规粳稻	1991			156
楚粳8号	Chugeng8	常规粳稻	1990			157
楚粳香1号	Chugengxiang1	常规粳稻	2003	DS003—2003		158
楚粳优1号	Chugengyou1	常规粳稻	2006	滇审稻200607		159
楚恢7号	Chuhui7	常规粳稻	2007	滇审稻200725		160
楚籼1号	Chuxian1	常规籼稻	1983			50
大粒香12	Dalixiang12	常规籼稻	1997			51
德农203	Denong203	常规籼稻	1997			52
德农211	Denong211	常规籼稻	2000			53

（续）

品种名	英文（拼音）名	类型	审定（育成）年份	审定编号	品种权号	页码
德糯2号	Denuo2	常规籼稻	2003	滇审稻DS006—2003		54
德双3号	Deshuang3	常规籼稻	2007	滇审稻200701		55
德双4号	Deshuang4	常规籼稻	2007	滇审稻200702		56
德优11	Deyou11	常规籼稻	2005	滇审稻200503		57
德优12	Deyou12	常规籼稻	2005	滇审稻200504		58
德优2号	Deyou2	常规籼稻	2003	DS005—2003		59
滇超1号	Dianchao1	常规籼稻	2001			60
滇超2号	Dianchao2	常规粳稻	2004	DS001—2004		161
滇超3号	Dianchao3	常规籼稻	2001			61
滇粳糯1号	Diangengnuo1	常规粳稻	2009	滇审稻2009005		162
滇禾优34	Dianheyou34	杂交粳稻	2013	滇审稻2013013		328
滇禾优4106	Dianheyou4106	杂交粳稻	2015	滇审稻2015018		329
滇禾优55	Dianheyou55	杂交粳稻	2015	滇审稻2015019		330
滇禾优56	Dianheyou56	杂交粳稻	2015	滇审稻2015020		331
滇花2号	Dianhua2	常规粳稻	1983			163
滇昆优8号	Diankunyou8	杂交粳稻	2014	滇审稻2014013		332
滇黎312	Dianli312	常规籼稻	1993			62
滇陇201	Dianlong201	常规籼稻	1986			63
滇瑞306	Dianrui306	常规籼稻	1986			64
滇瑞313	Dianrui313	常规籼稻	1991			65
滇瑞408	Dianrui408	常规籼稻	1986			66
滇瑞449	Dianrui449	常规籼稻	1990			67
滇瑞452	Dianrui452	常规籼稻	1994			68
滇瑞453	Dianrui453	常规籼稻	1994			69
滇瑞501	Dianrui501	常规籼稻	1988			70
滇屯502	Diantun502	常规籼稻	1993			71
滇系4号	Dianxi4	常规粳稻	2001			164
滇系7号	Dianxi7	常规粳稻	2001			165
滇籼糯1号	Dianxiannuo1	常规籼稻	2009	滇审稻2009006		72
滇新10号	Dianxin10	常规籼稻	1988			73
滇优34	Dianyou34	杂交粳稻	2007	滇审稻200734		333
滇优35	Dianyou35	杂交粳稻	2010	滇审稻2010024		334
滇优37	Dianyou37	杂交粳稻	2012	滇审稻2012004		335

（续）

品种名	英文（拼音）名	类型	审定（育成）年份	审定编号	品种权号	页码
滇优38	Dianyou38	杂交粳稻	2012	滇审稻2012005		336
滇优7号	Dianyou7	杂交粳稻	2005	滇审稻200502		316
滇榆1号	Dianyu1	常规粳稻	1983			166
滇杂31	Dianza31	杂交粳稻	2002	黔审稻2010018		337
滇杂32	Dianza32	杂交粳稻	2002	DS005—2002		338
滇杂33	Dianza33	杂交粳稻	2004	滇审稻200402		339
滇杂35	Dianza35	杂交粳稻	2006	滇审稻200606		340
滇杂36	Dianza36	杂交粳稻	2006	滇审稻200605		341
滇杂37	Dianza37	杂交粳稻	2010	滇审稻2010001		342
滇杂40	Dianza40	杂交粳稻	2009	滇审稻2009001		343
滇杂41	Dianza41	杂交粳稻	2009	滇审稻2009002		344
滇杂46	Dianza46	杂交粳稻	2011	滇审稻2011007		345
滇杂49	Dianza49	杂交粳稻	2012	滇审稻2012006		346
滇杂501	Dianza501	杂交粳稻	2009	滇审稻2009013		347
滇杂701	Dianza701	杂交粳稻	2012	滇审稻2012024		348
滇杂80	Dianza80	杂交粳稻	2006	滇审稻200604		349
滇杂86	Dianza86	杂交粳稻	2009	滇审稻2009012		350
滇杂94	Dianza94	杂交粳稻	2011	滇审稻2011022		351
凤稻10号	Fengdao10	常规粳稻	1995			167
凤稻11	Fengdao11	常规粳稻	1999			168
凤稻12	Fengdao12	常规粳稻	1997			169
凤稻14	Fengdao14	常规粳稻	2001			170
凤稻15	Fengdao15	常规粳稻	2002	DS003—2002		171
凤稻16	Fengdao16	常规粳稻	2003	滇审稻200406		172
凤稻17	Fengdao17	常规粳稻	2003	DS004—2003		173
凤稻18	Fengdao18	常规粳稻	2005	滇审稻200501		174
凤稻19	Fengdao19	常规粳稻	2006	滇审稻200603		175
凤稻20	Fengdao20	常规粳稻	2006	滇审稻200602		176
凤稻21	Fengdao21	常规粳稻	2007	滇审稻200720		177
凤稻22	Fengdao22	常规粳稻	2007	滇审稻200721		178
凤稻23	Fengdao23	常规粳稻	2010	滇审稻2010008		179
凤稻25	Fengdao25	常规粳稻	2012	滇审稻2012010		180
凤稻26	Fengdao26	常规粳稻	2012	滇审稻2012011		181

（续）

品种名	英文（拼音）名	类型	审定（育成）年份	审定编号	品种权号	页码
凤稻29	Fengdao29	常规粳稻	2014	滇审稻2014019		182
凤稻8号	Fengdao8	常规粳稻	1995			183
凤稻9号	Fengdao9	常规粳稻	1997			184
富优2-2	Fuyou2-2	杂交粳稻	2010	滇特（昭通）审稻2010032		317
粳籼1号	Gengxian1	常规籼稻	2007	滇审稻200704		74
广南八宝谷	Guangnanbabaogu	地方农家品种				377
广籼2号	Guangxian2	常规籼稻	2010	滇审稻2010021		75
合靖16	Hejing16	常规粳稻	2015	滇审稻2015006		185
合系10号	Hexi10	常规粳稻	1990			186
合系15	Hexi15	常规粳稻	1993			187
合系2号	Hexi2	常规粳稻	1991			188
合系22	Hexi22	常规粳稻	1991			189
合系24	Hexi24	常规粳稻	1993			190
合系25	Hexi25	常规粳稻	1993			191
合系30	Hexi30	常规粳稻	1995			192
合系34	Hexi34	常规粳稻	1997			193
合系35	Hexi35	常规粳稻	1997			194
合系39	Hexi39	常规粳稻	1998			195
合系4号	Hexi4	常规粳稻	1990			196
合系40	Hexi40	常规粳稻	1999			197
合系41	Hexi41	常规粳稻	1999			198
合系42	Hexi42	常规粳稻	1999			199
合系42A	Hexi42A	不育系	2009			364
合系5号	Hexi5	常规粳稻	1990			200
合选5号	Hexuan5	常规粳稻	2012	滇特（昭通）审稻2012027		201
鹤16	He16	常规粳稻	1989			202
鹤89-24	He89-24	常规粳稻	1994			203
鹤89-34	He89-34	常规粳稻	1994			204
黑选5号	Heixuan5	常规粳稻	1981			205
轰杂135	Hongza135	常规粳稻	1989			206
红稻10号	Hongdao10	常规籼稻	2014	滇审稻2014009		76
红稻6号	Hongdao6	常规籼稻	2010	滇审稻2010026		77
红稻8号	Hongdao8	常规籼稻	2011	滇审稻2011012		78

（续）

品种名	英文（拼音）名	类型	审定（育成）年份	审定编号	品种权号	页码
红稻9号	Hongdao9	常规籼稻	2011	滇审稻2011013		79
红香软7号	Hongxiangruan7	常规籼稻	2007	滇审稻200703		80
红优1号	Hongyou1	常规籼稻	2001			81
红优3号	Hongyou3	常规籼稻	2005	滇审稻200515		82
红优4号	Hongyou4	常规籼稻	2005	滇审稻200516		83
红优5号	Hongyou5	常规籼稻	2005	滇审稻200517		84
宏成20号	Hongcheng20	常规籼稻	2004	滇审稻200405		85
会9203	Hui9203	常规粳稻	1999			207
会粳10号	Huigeng10	常规粳稻	2010	滇审稻2010025		208
会粳16	Huigeng16	常规粳稻	2014	滇审稻2014017		209
会粳3号	Huigeng3	常规粳稻	2005	滇特（曲靖）审稻200508		210
会粳4号	Huigeng4	常规粳稻	2005	滇特（曲靖）审稻200509		211
会粳7号	Huigeng7	常规粳稻	2006	滇特(曲靖)审稻200605		212
会粳8号	Huigeng8	常规粳稻	2009	滇特(曲靖)审稻2009036		213
剑粳3号	Jiangeng3	常规粳稻	2005	滇特（大理）审稻200506		214
剑粳6号	Jiangeng6	常规粳稻	2009	滇特（大理）审稻2009006		215
锦103S	Jin103S	不育系	2013			365
锦201S	Jin201S	不育系	2013			366
锦瑞2S	Jinrui2S	不育系	2009			367
锦瑞8S	Jinrui8S	不育系	2010			368
京国92	Jingguo92	常规粳稻	1983			216
景泰糯	Jingtainuo	常规籼稻	2014	滇特(版纳)审稻2014001号		86
靖粳10号	Jinggeng10	常规粳稻	2005	滇审稻200520		217
靖粳11	Jinggeng11	常规粳稻	2007	滇审稻200727		218
靖粳12	Jinggeng12	常规粳稻	2007	滇审稻200728		219
靖粳14号	Jinggeng14	常规粳稻	2007	滇审稻200730		220
靖粳16	Jinggeng16	常规粳稻	2010	滇审稻2010014		221
靖粳17	Jinggeng17	常规粳稻	2010	滇审稻2010015		222
靖粳18	Jinggeng18	常规粳稻	2010	滇审稻2010016		223
靖粳20	Jinggeng20	常规粳稻	2012	滇审稻2012007		224
靖粳26	Jinggeng26	常规粳稻	2014	滇审稻2014029		225
靖粳8号	Jinggeng8	常规粳稻	2001			226
靖粳优1号	Jinggengyou1	常规粳稻	2003	DS007—2003		227

品种名	英文（拼音）名	类型	审定（育成）年份	审定编号	品种权号	页码
靖粳优2号	Jinggengyou2	常规粳稻	2005	滇审稻200518		228
靖粳优3号	Jinggengyou3	常规粳稻	2005	滇审稻200519		229
靖糯1号	Jingnuo1	常规粳稻	1998			230
科砂1号	Kesha1	常规籼稻	1985			87
昆粳4号	Kungeng4	常规粳稻	1991			231
昆粳5号	Kungeng5	常规粳稻	2014	滇审稻2014018		232
昆粳6号	Kungeng6	常规粳稻	2015	滇审稻2015005号		233
冷水谷	Lengshuigu	地方农家品种				378
黎榆A	LiyuA	不育系	2002			369
丽江新团黑谷	Lijiangxintuanheigu	地方农家品种				379
丽粳10号	Ligeng10	常规粳稻	2009	丽审（稻）（2009）001		234
丽粳11	Ligeng11	常规粳稻	2010	滇审稻2010009		235
丽粳14	Ligeng14	常规粳稻	2014	滇审稻2014015		236
丽粳15	Ligeng15	常规粳稻	2014	滇审稻2014016		237
丽粳2号	Ligeng2	常规粳稻	1984			238
丽粳3号	Ligeng3	常规粳稻	1989			240
丽粳314	Ligeng314	常规粳稻	2007	滇审稻200726		239
丽粳5号	Ligeng5	常规粳稻	1998			241
丽粳6号	Ligeng6	常规粳稻	2004			242
丽粳7号	Ligeng7	常规粳稻	2004			243
丽粳8号	Ligeng8	常规粳稻	2007			244
丽粳9号	Ligeng9	常规粳稻	2012	滇特（丽江）审稻2012028		245
两优2887	Liangyou2887	杂交粳稻	2010	滇特（保山）审稻2010022		352
临籼21	Linxian21	常规籼稻	2004	滇审稻200407		88
临籼22	Linxian22	常规籼稻	2005	滇审稻200514		89
临籼23	Linxian23	常规籼稻	2012	滇审稻2012012		90
临籼24	Linxian24	常规籼稻	2014	滇审稻2014012		91
临优1458	Linyou1458	常规籼稻	1998			92
龙粳6号	Longgeng6	常规粳稻	2007	滇特（保山）审稻200702		246
龙特优247	Longteyou247	杂交粳稻	2010	滇审稻2010013		318
龙特优927	Longteyou927	杂交粳稻	2015	滇审稻2015017		319
隆科16	Longke16	常规粳稻	2015	滇审稻2015003		247
竜紫11	Longzi11	常规籼稻	1988			93

（续）

品种名	英文（拼音）名	类型	审定（育成）年份	审定编号	品种权号	页码
泸选1号	Luxuan1	常规粳稻	1999	滇特（红河）审稻红粳1号		248
陆育3号	Luyu3	常规粳稻	2014	滇审稻2014023		249
马粳1号	Mageng1	常规粳稻	2005	滇特（曲靖）审稻200511		250
马粳3号	Mageng3	常规粳稻	2008	滇特（曲靖）审稻2008013		251
农兴4号	Nongxingsi4	常规籼稻	2014	滇特（版纳）审稻2014003		94
双多5号	Shuangduo5	常规籼稻	2010	滇审稻2010011		95
双多6号	Shuangduo6	常规籼稻	2010	滇审稻2010027		96
思选3号	Sixuan3	常规籼稻	2011	滇审稻2011014		97
塔粳3号	Tageng3	常规粳稻	2014	滇审稻2014025		252
腾糯2号	Tengnuo2	常规粳稻	2013	滇特（保山）审稻2013004		253
文稻1号	Wendao1	常规籼稻	1995			98
文稻11	Wendao11	常规籼稻	2014	滇审稻2014010		99
文稻13	Wendao13	常规籼稻	2014	滇审稻2014011		100
文稻2号	Wendao2	常规籼稻	1995			101
文稻4号	Wendao4	常规籼稻	2000			102
文稻8号	Wendao8	常规籼稻	2005	滇审稻200505		103
文富7号	Wenfu7	杂交粳稻	2008	滇审稻2008002		320
文粳1号	Wengeng1	常规粳稻	2014	滇审稻2014014		254
文糯1号	Wennuo1	常规籼稻	2008	滇审稻200719		104
武凉41	Wuliang41	常规粳稻	1998			255
西南175	Xinan175	地方农家品种				380
小玛蚱谷	Xiaomazhagu	地方农家品种				381
岫4-10	Xiu4-10	常规粳稻	1990			256
岫42-33	Xiu42-33	常规粳稻	1994			257
岫5-15	Xiu5-15	常规粳稻	1993			258
岫82-10	Xiu82-10	常规粳稻	2000			259
岫87-15	Xiu87-15	常规粳稻	2003			260
岫粳11	Xiugeng11	常规粳稻	2004	滇特（保山）审稻200402		261
岫粳12	Xiugeng12	常规粳稻	2011	滇特（保山）审稻2011031		262
岫粳14	Xiugeng14	常规粳稻	2009	滇特（保山）审稻2009007		263
岫粳15	Xiugeng15	常规粳稻	2009	滇特（保山）审稻2009008		264
岫粳16	Xiugeng16	常规粳稻	2012	滇审稻2012009		265
岫粳18	Xiugeng18	常规粳稻	2015	滇审稻2015001		266

（续）

品种名	英文（拼音）名	类型	审定（育成）年份	审定编号	品种权号	页码
岫粳19	Xiugeng19	常规粳稻	2011	滇特（保山）审稻2011032		267
岫粳20	Xiugeng20	常规粳稻	2011	滇特（保山）审稻2011033		268
岫粳21	Xiugeng21	常规粳稻	2013	滇特（保山）审稻2013001		269
岫粳22	Xiugeng22	常规粳稻	2013	滇特（保山）审稻2013002		270
岫粳23	Xiugeng23	常规粳稻	2013	滇特（保山）审稻2013003		271
岫糯3号	Xiunuo3	常规粳稻	2011	滇特（保山）审稻2011034		272
选金黄126	Xuanjinhuang126	常规粳稻	1998			273
寻杂29	Xunza29	杂交粳稻	1991			353
银光	Yinguang	常规粳稻	2001			274
永粳2号	Yonggeng2	常规粳稻	2015	滇审稻2015004		275
榆密15A	Yumi15A	不育系	2002			370
榆杂29	Yuza29	杂交粳稻	1995			354
榆杂34	Yuza34	杂交粳稻	2004	滇审稻200401		355
玉粳11	Yugeng11	常规粳稻	2010	滇审稻2010002		276
玉粳13	Yugeng13	常规粳稻	2012	滇审稻2012023		277
玉粳17	Yugeng17	常规粳稻	2014	滇审稻2014024		278
粤丰优512	Yuefengyou512	杂交粳稻	2009	滇特（保山）审稻2009009		321
云超6号	Yunchao6	常规粳稻	2005	滇审稻200508		279
云超7号	Yunchao7	常规籼稻	2004	滇审稻200404		105
云稻1号	Yundao1	常规粳稻	2005	滇审稻200506		280
云二天02	Yunertian02	常规粳稻	1987			281
云粳12	Yungeng12	常规粳稻	2005	滇审稻200511		282
云粳13	Yungeng13	常规粳稻	2005	滇审稻200512		283
云粳136	Yungeng136	常规粳稻	1983			284
云粳15	Yungeng15	常规粳稻	2005	滇审稻200513		285
云粳19	Yungeng19	常规粳稻	2010	滇审稻2010004		286
云粳20	Yungeng20	常规粳稻	2011	滇审稻2011020		287
云粳202S	Yungeng202S	不育系	2004			371
云粳206S	Yungeng206S	不育系	2010			372
云粳208S	Yungeng208S	不育系	2010			373
云粳219	Yungeng219	常规粳稻	1987			288
云粳23	Yungeng23	常规粳稻	1992			289
云粳24	Yungeng24	常规粳稻	2007	滇审稻200731		290

（续）

品种名	英文（拼音）名	类型	审定（育成）年份	审定编号	品种权号	页码
云粳25	Yungeng25	常规粳稻	2007	滇审稻200732		291
云粳26	Yungeng26	常规粳稻	2010	滇审稻2010003		292
云粳27	Yungeng27	常规粳稻	1994			293
云粳29	Yungeng29	常规粳稻	2011	滇审稻2011015		294
云粳30	Yungeng30	常规粳稻	2011	滇审稻2011016		295
云粳31	Yungeng31	常规粳稻	2011	滇审稻2011017		296
云粳32	Yungeng32	常规粳稻	2011	滇审稻2011018		297
云粳33	Yungeng33	常规粳稻	1995			298
云粳35	Yungeng35	常规粳稻	2014	滇审稻2014022		299
云粳38	Yungeng38	常规粳稻	2014	滇审稻2014020		300
云粳39	Yungeng39	常规粳稻	2014	滇审稻2014021		301
云粳优1号	Yungengyou1	常规粳稻	2004	滇审稻200403		302
云粳优5号	Yungengyou5	常规粳稻	2005	滇审稻200510		303
云光101	Yunguang101	杂交粳稻	2010	滇审稻2010022		356
云光104	Yunguang104	杂交粳稻	2011	滇审稻2011024		357
云光107	Yunguang107	杂交粳稻	2011	滇审稻2011009		358
云光109	Yunguang109	杂交粳稻	2011	滇审稻2011008		359
云光12	Yunguang12	杂交粳稻	2003	DS001—2003		360
云光14	Yunguang14	杂交粳稻	2000			322
云光16	Yunguang16	杂交粳稻	2007	滇审稻200711		323
云光17	Yunguang17	杂交粳稻	2005	滇审稻200530		324
云光8号	Yunguang8	杂交粳稻	2000			361
云光9号	Yunguang9	杂交粳稻	2002	DS001—2002		362
云恢115	Yunhui115	常规籼稻	2005	滇审稻200509		106
云恢188	Yunhui188	常规粳稻	2005	滇审稻200507		304
云恢290	Yunhui290	常规籼稻	2001			107
云两优144	Yunliangyou144	杂交粳稻	2009	滇审稻2009003		325
云农稻4号	Yunnongdao4	常规粳稻	2007	滇审稻200733		305
云软209S	Yunruan209S	不育系	2007			374
云软217S	Yunruan217S	不育系	2010			375
云软221S	Yunruan 221S	不育系	2013			376
云籼9号	Yunxian9	常规籼稻	2011	滇审稻2011021		108
云香糯1号	Yunxiangnuo 1	常规籼稻	1988			109

（续）

品种名	英文（拼音）名	类型	审定（育成）年份	审定编号	品种权号	页码
云玉1号	Yunyu1	常规粳稻	1985			306
云玉粳8号	Yunyugeng8	常规粳稻	2009	滇审稻2009009		307
云资粳41	Yunzigeng41	常规粳稻	2012	滇审稻2012001		308
云资粳84	Yunzigeng84	常规粳稻	2015	滇审稻2015007		309
云资籼42	Yunzixian42	常规籼稻	2012	滇审稻2012002		110
沾粳12	Zhangeng12	常规粳稻	2009	滇特（曲靖）审稻2009035		310
沾粳6号	Zhangeng6	常规粳稻	1991			311
沾粳7号	Zhangeng7	常规粳稻	1993			312
沾粳9号	Zhangeng9	常规粳稻	2005	滇特（曲靖）审稻200510		313
沾糯1号	Zhannuo1	常规粳稻	1998			314

图书在版编目（CIP）数据

中国水稻品种志. 云南卷／万建民总主编；袁平荣，
戴陆园主编. —北京：中国农业出版社，2018.12
ISBN 978-7-109-25073-4

Ⅰ．①中⋯　Ⅱ．①万⋯　②袁⋯　③戴⋯　Ⅲ．①水稻—
品种—云南　Ⅳ．①S511.037

中国版本图书馆CIP数据核字（2018）第288772号

中国水稻品种志·云南卷
ZHONGGUO SHUIDAO PINZHONGZHI·YUNNAN JUAN

中国农业出版社
地址：北京市朝阳区麦子店街18号楼
邮编：100125

策划编辑：舒　薇　贺志清
责任编辑：魏兆猛
装帧设计：贾利霞
版式设计：胡至幸　韩小丽
责任校对：巴洪菊　刘飔雨
责任印制：王　宏　刘继超

印刷：北京通州皇家印刷厂
版次：2018年12月第1版
印次：2018年12月北京第1次印刷
发行：新华书店北京发行所

开本：787mm×1092mm　1/16
印张：26.25
字数：620千字

定价：300.00元